OBILE COMMUNICATIONS INDOOR COVERAGE
ENGINEERING CONSTRUCTION MANAGEMENT MANUAL

M移动通信
室内覆盖工程建设管理手册

吴　鹏　臧晨阳　葛浩宇
姜　琦　王海元　王　强 ／ 编著

人民邮电出版社
北　京

图书在版编目（CIP）数据

移动通信室内覆盖工程建设管理手册 / 吴鹏等编著
. -- 北京 : 人民邮电出版社, 2016.12
ISBN 978-7-115-44269-7

Ⅰ. ①移… Ⅱ. ①吴… Ⅲ. ①移动通信－通信网－手册 Ⅳ. ①TN929.5-62

中国版本图书馆CIP数据核字(2016)第284282号

内 容 提 要

　　本书主要研究和分析移动通信室内覆盖工程全流程各阶段的工作流程、建设要求以及工程管理办法。全书包括"室分工程建设全流程阶段要求指导"和"室分工程建设管理指导"两部分内容，专门针对移动通信室内覆盖工程提出行之有效的实施和管理指导，涉及工程建设所有阶段全部流程的环节说明，可以有效提高行业人员对整体项目的熟悉程度、项目管理水平以及工程建设效率。

　　本书的主要读者对象为从事移动通信室内覆盖工程相关工作的从业人员，包含移动运营商、通信设计院、施工监理单位和设备厂家等相关人员。此外，通信类高校师生也可将本书作为参考学习读物。

◆　编　著　吴　鹏　臧晨阳　葛浩宇　姜　琦
　　　　　　王海元　王　强
　　　责任编辑　杨　凌
　　　责任印制　彭志环
◆　人民邮电出版社出版发行　　北京市丰台区成寿寺路 11 号
　　邮编　100164　电子邮件　315@ptpress.com.cn
　　网址　http://www.ptpress.com.cn
　　三河市中晟雅豪印务有限公司印刷
◆　开本：787×1092　1/16
　　印张：28.5　　　　　　　　2016 年 12 月第 1 版
　　字数：700 千字　　　　　　2016 年 12 月河北第 1 次印刷

定价：99.00 元

读者服务热线：(010) 81055488　印装质量热线：(010) 81055316
反盗版热线：(010) 81055315

前　言

当前传统室内覆盖工程建设存在的多网建设、多头管理、高投入、低效益、长周期、高整改等一系列问题不容忽视。现阶段，为科学、高效地进行室内覆盖的建设，一方面应突破管理困境，坚持 2G/3G/4G/WLAN 网络"统筹需求、统一规划、整体布局、协同建设、规范管理"的多网合一室内覆盖系统规划建设管理要求，另一方面应大胆开拓思路、鼓励创新，尽可能采用新方法、新技术、新手段，以提高资源利用率，降低建设成本，从而确保工程建设投资的长期性和有效性。

移动通信室内覆盖工程建设工作已经历经了近 15 年时间，为巩固质量竞争优势，强化需求管理、规划设计、工程建设、优化验收的全流程管理，全面提高室内覆盖建设管理水平，保障网络性能及投资效益，进一步提高室分工程建设管理的规范性，各运营商都希望通过在企业内全面推进室分工程建设周期全过程的全流程管理来进行完善和提升。为此，今后的工作需要从工程建设管理的"全过程、全方位和全员参与"着手，建立健全一套适合移动通信企业持续发展的工程建设综合管理模式，不断实践、探索，使工程建设管理更加趋于科学化、合理化、有效化，以达到室分工程建设周期内全过程的系统化、全方位的综合化以及全员参与的群众化管理，全面提升企业的综合管理能力和运营实力。

本书将室分建设流程分为 6 个阶段（启动阶段、规划设计阶段、工程实施阶段、工程验收阶段、网络优化阶段、维护阶段），对工作流程、工作要求、管理办法等进行了阐述；最后对室分工程新技术进行展望介绍，附加了常规室分工程建设管理办法和考核办法。本书为相关行业员工、管理者快速熟悉工作流程和要求提供了便捷，为今后理顺和统一各地区工作流程、高效进行室分工程建设提供了一种科学的思路模型。

本书由吴鹏策划并担任主编，葛浩宇、王强负责全书的结构和内容的掌握与控制，吴鹏、臧晨阳、葛浩宇、姜琦、王海元、王强等参与了全书内容的编写。在本书的编写过程中，得到了戴彬、冯小刚、吴晶、季峰、乔大贺等同仁的支持与帮助，在此谨向他们表示衷心的感谢。

由于时间仓促，编者水平有限，加之通信技术迅猛发展，书中难免有疏漏及不足之处，恳请读者批评指正。

作者
2016 年 8 月于南京

目　　录

第1章
室分工程启动阶段

室分工程启动阶段作为室分工程全流程的开始阶段,包括室分建设的需求来源、如何评估室分建设的可行性,以及如何启动一个室分工程项目等。本章将从需求分析、可研和立项批复几个方面逐一阐述室分工程启动阶段的要点。

1.1 需求分析

工程项目管理的核心任务是项目的目标控制,因此按照项目管理学的基本理论,没有明确目标的建设工程不是项目管理的对象。因此,室分工程建设的首要目的是明确建设的目标和需求。

室分建设站点的需求主要来源于以下几个方面。

(1)投诉站点需求:根据投诉报告确定需建设室分的场景;

(2)网优测试弱覆盖站点需求:根据网优 CQT 测试情况确定需建设室分的场景;

(3)省公司下发弱覆盖站点需求:根据省公司下发弱覆盖站点结合测试情况确定建设方案,形成室分建设的站点;

(4)数据密度热点区域站点需求:根据数据业务密度分布情况,选取数据业务密度较高的区域选取需要建设室分的站点;

(5)集团客户站点需求:由市场部、集团客户部等部门提供集团客户、大客户室分建设需求的站点;

(6)随建站点需求:根据区域内市政建设、楼宇建设的情况确定需建设室分的站点等。

将以上各种站点的需求,梳理形成工程资源库。对于前期遗留难点及未建成站点,同样要求纳入资源库中。依据资源库中站点重要性(以覆盖目标客户重要程度、投诉次数、选址难易程度等维度进行评估)进行排序,形成优先级从高到低的站点建设次序。

1.2 可研

室分工程现属省管工程,可研单位的选择,原则上由省公司进行把控。省公司依据《通信工程项目招标投标实施意见》《招标投标监督检查工作实施办法》《供应商管理办法》《工程设计要求》等对可研单位进行选取并进行考核监督。

可研报告就是一份计划书,需要写明白项目的分析、执行方案、盈利模式和预计收入。

（1）项目投资方名称，生产经营概况，法定地址，法人代表姓名、职务，主管单位名称；

（2）项目建设的必要性和可行性；

（3）项目产品的市场分析；

（4）项目建设内容；

（5）生产技术和主要设备，说明技术和设备的先进性、适用性和可靠性，以及重要技术经济指标；

（6）主要材料的需求量和解决方案；

（7）员工数量、构成和来源；

（8）投资估算，需要说明需要投入的固定资金和流动资金；

（9）投资方式和资金来源；

（10）经济效益初步估算。

对于室分工程来说，在可研深度的要求上，一般要求可研单位参照省公司当期工程的相关原则和指导意见，依据需求站点资源库的情况进行。并对最终选取的需求建设站点建设方案组织网优、工程、规划、可研单位等多方会审，对场景选取、建设模式、工程投资等方面进行审核。

可研投资估算方面，将室分建设分为新建和改造两种。对于新建室分，将室分建设场景分为宾馆酒店、写字楼、商场超市、居民小区、企事业单位等。依据不同场景的建设方式取定单位面积的造价，并按照覆盖站点的面积给出投资估算。对于改造站点，依据原有室分场景可利用程度确定改造量的大小，并对改造投资进行适当预估。

总体来说，可研需在省公司当期工程的相关原则和指导意见进行，对于规模和投资需严格把控。

1.3　立项批复

立项批复是指计划管理部门对《项目建议书》或《可行性研究报告》以文件形式进行同意建设的批复。

1. 立项批复流程

在可研单位将室分工程可研完成之后将《可行性研究报告》提交至省公司，省公司依据当期工程的相关原则和指导意见组织多方人员会审，对项目建设的必要性、可行性、市场分析、建设内容、主要技术、设备和材料的先进性、适用性和可靠性、投资估算的准确性、投资来源的可靠性、经济效益等方面进行评估，形成评审意见，可研单位依据评审意见进行修改。在完成修改，省公司确认无误之后，对该期工程进行立项批复，下发建设单位和相关部门，完成立项批复流程。

2. 立项批复要求

立项批复需以正式文件形式下发至建设单位和相关部门，内容需包括：同意建设的内容、规模、投资、进度要求、责任人等方面。

第2章
室分工程规划设计阶段

室分工程规划设计阶段的规划精准性、设计方案的合理性决定了整个室分工程生命周期的质量，因此室分工程规划设计在整个室分工程全流程中具有重要地位。本章从项目规划、站点勘察、方案设计、方案审核及评审几个环节介绍室分工程规划设计的流程和要点。

2.1 项目规划

2.1.1 规划流程

由省规划技术部制定年度实施方案，经由总经理办公决策会审批，待方案审批通过后，由省规技部通知省采购管理中心选择支撑单位根据省、市公司的选型结果进行采购物资，同时编制市公司规划指导意见进行下发。市公司结合规划指导意见和省规技部专家审核编写的省市规划衔接表进行规划初稿的编制。待完成规划初审、修改以及意见反馈后，省规划技术部组织规则修改，上报集团公司或下发省市规划衔接表（终稿），并且下发到市公司进行规划终稿的编制。市公司完成规划终稿及规划总结报告后上报省公司。最终省规划技术部对市公司规划进行考核并完成规划总结，结束本次规划流程。项目规划流程总图如图2-1所示。

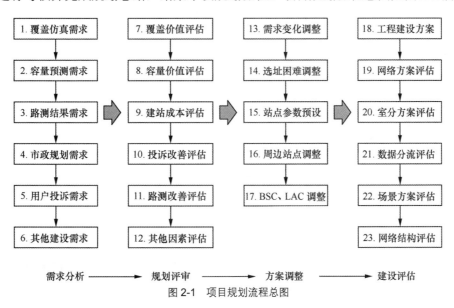

图 2-1 项目规划流程总图

2.1.2 规划原则方法

1. 规划总体原则

（1）多协同，坚持优化与建设、室外与室内、基站和室内分布协同的基本原则，多种手段解决多网室内覆盖需求

充分发挥网络优化作用，区分典型场景加强网络优化对室内话务的吸收作用；优先考虑采用多样化的室外、室内基站手段实现室内覆盖，建立宏站和室分联合优化机制，确有需要时再行考虑室内分布系统的建设。

（2）细需求，统筹室内覆盖建设需求，强化需求管理

以满足市场业务发展及保持网络竞争优势为主线，建立例行化需求收集机制；根据室内覆盖需求点周边各项网络环境，结合 2G/3G/4G/WLAN 各网络的室内覆盖建设总体原则，多维度统筹评估深入需求分析；优先满足数据业务热点区域 4G 网络的室内覆盖需求。

（3）共规划，实现多网统一规划，面向未来整体布局

遵循"信源按需耦合、分布系统一次到位"的总体规划原则；综合网络现状及室内覆盖需求特点，分阶段分目标，结合投资和建设难易程度综合制定规划方案。加强室外深度覆盖室内能力测试评估高数据业务量区域宜逐步形成室内外协同的立体覆盖网络。

（4）精建设，科学、灵活选择室内系统建设方式，控投资，有效保障网络性能及投资效益

遵循各网建设指导意见，综合评估多维度关键因素科学确定室内建设方式及建设手段；加强对已有室分系统改造利旧，最大化现有设备价值；按需建设双路室分系统，鼓励创新，推动变频系统、Femto、pico RRU 等各种新型技术的成熟与应用。

（5）强管理，强化规范体系执行力度，完善后评估体系

确立多网协同的规划、管理、建设室内覆盖网络的管理要求，坚决杜绝多头管理、多网重复建设的情况；梳理和确立多网协同室内覆盖网络闭环管理的整体流程和关键节点，分阶段制定各环节的规范化制度，提升室内覆盖的规划建设维护效率，确保质量和效益双提升；强化工程考核监督机制，从源头控制质量，避免事后整治。

2. 站点建设规划原则

室内分布系统工程的建设应统筹安排，分轻重缓急，逐步分批建设；解决室内覆盖问题应采用建设室内分布系统与网络优化相结合的方法。按照"室内、室外一张网"的思路进行整体、协调的规划。无线网络中室内和室外是一个相互影响、相互补充的有机整体，必须对二者的覆盖和容量进行统一协调的规划。

室内分布系统规划新建选点应遵循的原则如下。

（1）统一性：即室内室外站点规划的统一，在建设室内覆盖时，要考虑室外信号的影响，同时需考虑对室外干扰水平的提升。

（2）差异性：由于网络建设受投资限制，因此要以用户满足度为衡量标准，以制定不同建筑物的室内质量目标。对于不同的区域及建筑物，可在建设策略、建设阶段进行差异性调整。

（3）经济性：对于一个特定的建筑物，室内覆盖有多种选择时，需合理选择覆盖标准及设计方案，以达到性价比最大化。

（4）协同性：以提高室内深度覆盖和感知质量为目标，做好室内外协同。加强话务热点区

域底层站建设，实现结构的高中低协同。面向 2G/3G/4G/WLAN，做好多网络系统协同。

3. 网络建设规划策略

2G 重点保持新建区域的网络覆盖优势，3G 重点完善热点区域深度连续覆盖，4G 与 3G 同步建设。

（1）2G 网络覆盖建设策略：保持新建区域的网络覆盖优势，重点保障并提前规划大型市政项目、大型工业园、道路铁路等基础设施的覆盖需求；完善网络深度覆盖，解决用户投诉集中的弱覆盖盲点问题。

（2）3G 网络覆盖建设策略：围绕建设精品网目标，重点加强主城区、城区连续、深度覆盖水平，提升网络分流能力和利用率。

（3）4G 网络覆盖建设策略：4G 网络建设应坚持升级为主、新建为辅的原则，与 3G 新建站同步实施，实现快速布网。

（4）WLAN 覆盖建设策略：在热点区域与蜂窝网形成融合覆盖，实现对蜂窝网数据业务的有效分流；规划期内，重点盘活现有网络资源，提升利用率，并预留资源满足突发业务需求。

4. 新建站点规划指导意见

应以用户满意度为衡量标准，制定不同的质量目标，对各种典型应用场景的室内覆盖策略进行制定规划目标。

（1）站点选取条件

根据集团公司下发的建设指导意见："对无法利用室外基站信号达到室内良好覆盖的有价值的公共场所，以及对数据业务需求较大的公共场所，应安排室内覆盖建设。"

总体上，室内覆盖站点的确定应满足以下两个条件之一。

① 该室内场所本身为话务需求热点，按照"对业务热点就近设站"的原则应建设室内基站予以吸收话务；

② 该室内场所与室外环境相对较封闭（穿透损耗较大），为避免对网络链路预算规划带来较大的影响应实施室内覆盖。

（2）建设优先原则

室内覆盖系统的建设应根据覆盖等级、话务等级，结合市场发展策略，确定建设优先级，分批建设。对无法利用室外基站信号达到室内良好覆盖以及对业务需求大的公共场所，应优先安排建设。优先覆盖的原则如下。

① 从建筑物的性质考虑：大型公共场所、重要办公楼优先。

② 从话务量角度考虑：高业务量区域、人流量大的区域优先。应优先考虑 2G/3G/4G 需求有交集的建筑。可根据 2G 网络的话务量来分析 3G 的需求。

③ 从覆盖角度考虑：根据 2G 的经验，楼高 15 层以上、单层面积超过 1200m^2、室内间隔较多的建筑物优先。假如存在 2G 网络，且 3G 规划站址相同，可根据目前 2G 的覆盖情况较准确地猜测 3G 覆盖情况；也可根据室外基站规划仿真结果，对室外基站能否解决室内覆盖进行初步判定。

（3）建设网络类型选择

目前，2G 网络已进入成熟期，为必建网络；3G 网络已进入成长期，3G 网络与其他网络存在协同问题，网络的覆盖需要以驻留率为核心进行规划，主要服务于数据业务，依据客户感知情况进行扩容；4G 网络目前刚进入建设期，网络建设跟随 3G 建设，优先覆盖数据业务热点区域。

（4）站点类型分类

根据各地市站点情况，可分为一类、二类、三类和室外区域，具体分类见表2-1。

表 2-1　　　　　　　　　　　　站点类型划分表

区域类型	站点类型	覆盖区域	规划项目
一类区域	高校（含职业学校、中专）	教学楼、宿舍楼和图书馆	8000 人以上
			5000～8000 人
			5000 人以下
			楼宇覆盖率
	外来务工聚居区	宿舍楼	1500 人以上宿舍区
	医院（二级以上医院）	挂号区、候诊区、病房区、输液区	三级医院
			二级医院
	交通枢纽（机场、火车、汽车站）	候机大厅、VIP 候机室、休息点等	机场
			火车站
			汽车站
	垂直行业连锁服务机构（连锁咖啡厅；连锁酒店；连锁餐饮；连锁院线等）	办公区、服务等候区、会议室等	重点是连锁型酒店（本地有 10 个门店，门店房间数超过 30 个）
			休闲类和快餐类的餐饮和咖啡馆/茶社（如星巴克、麦当劳、锦江之星等）
	垂直行业聚类商业楼宇（甲级写字楼；专业市场；政府服务机构；终端卖场；500 强企业）	办公区、服务等候区、会议室等	写字楼
			专业市场
			规模终端卖场
			政府服务机构主要是综合性服务行政大厅
	市区和郊县自有营业厅（含自营厅、品牌店、体验厅等）	营业区	完成市区和郊县自有营业厅全覆盖
二类区域	会展中心/体育场馆	展厅、会议室、休息区等	大型场馆
	商务写字楼	办公区、会议室等	写字楼
	商业街区	大型商场/购物中心	大型商场/购物中心
		步行商业街、餐饮店铺	
	星级宾馆	重点是会议室和大堂	三星以上宾馆建设
		客房区域有选择的覆盖	
	政府机关	办公区、公共接待区	按市场需求及数据业务高流量情况建设
	大卖场/电脑城/小商品批发中心	商铺、会议室、展厅等	大卖场/电脑城/小商品批发中心
	银行	服务等候区	市县主营业厅
	地铁	站台、车厢	

区域类型	站点类型	覆盖区域	规划项目
三类区域	茶社/咖啡馆	营业区	根据具体发展需求加强覆盖，新建的热点原则上应在 2G/3G 网络数据流量前 50% 的小区内
	中小企业	办公区、会议室等	
	其他		
室外区域	高校	人员驻留时间长区域	小规模主要依托基站建设，不强调绝对的无缝连续覆盖
	核心商业街区		
	公交站台		
	广场、公园和景点		
	其他		

5. 室内分布系统建设要求

（1）站点选取要求

室内覆盖建设的目标区域主要包括室外站无法完全覆盖的覆盖盲区（如高档写字楼等）、室外站无法满足容量需求的业务热点区（如机场等）以及室外站导频污染等原因引起的覆盖质差区（如建筑物高层等）3 类目标场所。

结合运营商多网室内覆盖系统建设要求，总体上，2G 网络、4G 网络室内站点以网络覆盖补盲为主，保证整体区域内的网络连续覆盖，WLAN 以数据热点分流为主，具体执行应多维度评估室内覆盖系统建设需求，并结合 MR 数据、扫频及路测数据等地理信息化信息分析建设需求，实现精确选址与规划。

评估方法应至少包含以下维度。

① 场景分类等级（功能、建筑面积等）

从功能上优先覆盖党政机关办公楼、交通枢纽、高校、大型商用建筑及大型场馆等。从建筑面积上优先覆盖单体面积大的物业点，对于 5000m^2 以下的物业点，尽量不建设分布系统。

② 覆盖驱动等级

优先覆盖封闭性好、穿透损耗大的物业点，如地铁、交通枢纽、高档写字楼、高档酒店、大型商场、大型居民楼等。

③ 容量驱动等级（目标用户人数、相关宏基站负荷等）

优先覆盖目标用户人数较高的大型物业点，如地铁、交通枢纽等。

④ 投诉等级

根据当地用户投诉统计信息，优先覆盖投诉比重高的物业点，如大型居民区等。

⑤ 网络建设与运维难度等级

优先覆盖易于进行网络建设与运维的物业点，如大型商用建筑等。

⑥ 与竞争对手的网络比较等级

优先覆盖竞争对手覆盖效果较好的具有竞争价值的物业点。

⑦ 投资收益率等级

根据当地分类投资收益率统计信息，优先覆盖投资收益率高的物业点。

在上述评估体系的基础上，应持续推进工具软件成熟，逐步引入工具化手段对现网数据进行分析，提高选点的效率和精度。利用 MR 数据，结合体现室外宏基站网络性能的扫频及路测数据，综合分析物业点的覆盖和容量需求，并结合其他因素确定物业点建设的优先级。

（2）多网融合的综合室内分布系统建设应符合共用建设标准

① 信源建设部署充分考虑覆盖场景特点，对于高流量且流动人员集中聚集的区域，建设时必须统筹考虑 2G/3G/4G/WLAN 多网协同的发展目标，提前考虑后续网络扩容和扩展需求，确保各系统接口预留要求。

② 关注多系统同覆盖能力核定。充分考虑相关影响因素，包括各系统的设备能力及覆盖指标要求、各系统频段差异引起的分布系统及空间损耗的差异等，以最大允许路径损耗为基础，结合室内分布系统天线口功率辐射安全要求，核算各系统覆盖能力，电平应以满足覆盖要求最高的 4G 网络系统需求为标准，对于 WLAN 系统覆盖能力与其他系统不匹配问题应提前考虑。

③ 室内分布系统的改造和新建，器件、功率核算、实际频率配置应支持多网干扰规避要求，包括不同系统间杂散、阻塞和互调干扰。

（3）针对已有室分系统的覆盖目标，应充分通过改造利旧，最大化现有设备价值

① 对于需进行 4G 信源耦合的室分点，应首先对现网的室分部署进行排查和梳理，重点评估走线、设备、耦合器、天线等无源器件指标等。

② 根据业务发展和场景需求，对需进行 4G 改造的已有室分点进行充分和切实的容量预测，评估远期的 2G/3G/4G 的业务需求，按满足规划期内 2G/3G/4G 业务容量的标准对馈线、合路器等无源器件的功率容限、隔离度等指标进行评估和排查。对于现网不满足相关指标的元器件按需进行替换和改造。根据覆盖要求最高的 4G 网络为标准，对天线的布局和密度进行排查，对于不满足要求的区域按需进行天线布放和改造。

③ 对现有室分系统的双路改造应重点关注功率平衡且施工难度等问题，对确有双路改造需求的，除单路改造为双路、新建独立双路系统等传统改造方式外，积极推进变频分布系统的成熟和部署，同时在实践中不断验证光纤/五类线分布系统的合理应用模式。

④ 变频分布系统主要用于对原有单路分布系统进行变频改造，以有效实现 4G 网络 MIMO。总体来说，其改造复杂度低于双路，但设备成熟度尚低，可作为 4G 网络双路室分改造的一种手段在特定改造场景中应用。

（4）针对尚无室分系统的覆盖区域，应根据覆盖目标的建筑和业务特点因地制宜地设计分布系统建设方案

① 大面积物业点（超过 $5000m^2$），且人流量大业务需求高的场景

对于建筑面积大、用户数量多、人员流动性大的商业区、商场、体育场馆、大型医院、地铁等大型的公共场所，可根据业务发展情况和覆盖情况，规划全面或局部的室内分布系统。

高校、机场、高铁站、海关、政府楼宇、办证大厅等深度覆盖和业务密度都较高的特殊区域，应加强室分建设，确保网络竞争优势。

② $5000m^2$ 以下的室内封闭区域或高容量分流区域

充分应用室内小基站（一体化微站、4G Relay、Femto 等）或小型多模光纤直放站进行覆盖，减少室内分布系统建设需求，同时与其他室外覆盖室内方式、室内分布系统协同规划和应用，实现立体网络架构中各层网络的有效配合，保障网络质量，精确满足局部区域的覆盖和容量需求。

③ 对于建设困难、隐蔽性要求高、2G/3G/4G 都具有覆盖需求的中等容量的较大面积覆

盖场景

对于难以采用外围基站或街道站解决覆盖和容量问题的大型居民区、城中村、高校、打工者聚居区等流动人口聚集场景，应选择室外分布系统、光纤分布系统进行建设。其中光纤分布系统可更好地适应于需要 MIMO 以及隐蔽建设的区域。

积极推进光纤分布系统的应用探索，加快技术方案优化、管控能力增强和产业链成熟，对于具有建筑离散、需高功率覆盖等特点的各类场景，可优先进行光纤/五类线分布系统的部署。

④ 对仅有 2G 网络覆盖需求的城市局部封闭区域和低业务农村区域，可在保障网络质量的前提下适当部署 2G 网络数字直放站以满足覆盖需求。

（5）传输不易到达或铺设光缆投资较高的农村、矿区、山区等场景或停车场、电梯等基站信号无法到达低业务低价值区域的信号补盲，可选择数字无线直放站。

（6）容量需求较小的封闭区域，如电梯、地下室等低价值、边缘性区域；或偏远的山区、景区、矿区、农村等传输可到达但业务容量较低的区域，可选用数字光纤直放站。考虑到干扰控制和后续扩容需求，大业务容量区域不建议部署光纤直放站。

（7）考虑到模拟直放站的设备质量受限，易抬升基站底噪，对网络质量造成影响，原则上不再新增模拟光纤直放站。已部署的光纤直放站设备经过检测质量达标的，应加强监控、合理应用，确保网络质量稳定。

（8）对于有较高业务需求或演示作用的目标区域，在工程条件具备的情况下应优先部署双路分布系统；针对其他情况，可有效使用单路加双载波聚合的方式进行分布系统建设，降低施工难度，提高投资效益。

2.1.3　规划项目案例

随着业务的快速发展、竞争的加剧和资源的限制，对投资的效率要求越来越高。为了提高投资的精准度，确定重点投资区域，对网络的全面了解十分必要。为此，本章提出了两种评估办法：评估办法 1（中长期完善型综合评估）和评估办法 2（站点场景评分评估）。

1. 评估办法 1（中长期完善型综合评估）

综合考虑站点建设多维度因素，科学并细致体现站点优先级和重要性，本章提出基于网格化评估的投资决策方法。该方法涉及网格的划分和网格的评估两个主要内容。

（1）总体思路与流程

依据一定的原则，把网络划分为多个可单独投资建设的网格。对这些网格从多个维度进行评估打分，以得分数来体现网格的投资重要性，最后输出分析表格并可地理化显示，为下一阶段的投资决策服务。

具体流程如图 2-2 所示。

主要过程说明如下。

① 指标体系研究。网格评估的目标是判断网格的投资价值，为投资决策服务。这一目标的具体化需要一系列指标来实现。通过现场调研和沟通，制定可反映网格投资价值的指标。指标体系的制定主要遵循可测性原则和可量化原则，指标之间应尽量避免明显的关联和重叠。选定指标后还需要初步设置各指标的权重。权重的设置主要考虑重要性以及数据来源的准确性，重要且数据来源准确的指标赋予较大的权重。

② 数据需求分析。指标的建立以及计算是建立在可获取数据基础之上的。这一过程主

要通过各个部门的沟通和调研，分析指标体系的实现需要哪些数据、所需数据以现有的网络状况和技术发展水平能否取得、数据来源的参考价值如何等。通过数据需求分析一方面确定数据获取的接口和具体内容；另一方面进一步调整指标体系，增强网格评估系统的可实施性。

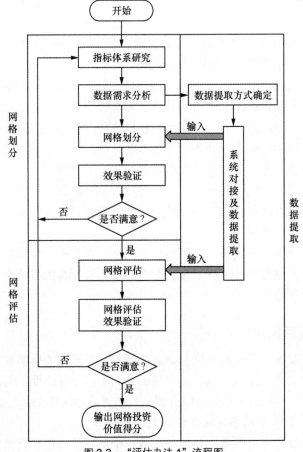

图 2-2 "评估办法 1" 流程图

③ 数据提取方式的确定。数据提取方式有两种：一种为人工提取再导入，另一种为系统对接。网格投资评估体系的建立主要是为了提升投资决策效率，显然系统对接的数据提取方式需要优先考虑。但不可避免的，有部分数据需要人工整理导入，对于这类数据需要调研现有平台和管理系统，制定和网格评估体系相适应的可常态化执行的数据整理和提取流程。

④ 系统对接和数据提取。可实现系统对接的数据，组织软件开发人员、各运维部门、平台厂家三方参与，实施相关软件开发，提取数据；无法实现系统对接的数据，需要组织具体人员整理数据。这一过程贯穿于网格划分和网格评估阶段。用于网格划分的数据应优先安排提取。

⑤ 网格划分。综合考虑行政区域、营销区域、运维区域、地物地貌、用户行为等因素，采用软件自动划分和人工微调的方法，把整个网络划分为可单独投资的多个网格。网格的划分需要充分结合现有的管理体系，以提升后期网格投资评估的效率。

⑥ 网格评估。依据指标体系和算法，对每个网格进行打分，输出每个网格的指标得分以及综合得分，综合得分体现了网格的投资价值，综合得分越高投资价值越大。网格的各个指标可用来作为投资方式的参考。网格评估的最后输出形式可以是表格也可以是图形。

指标体系、数据提取、网格划分随着发展策略、技术进步、用户需求变化等因素的变动，需要不断调整，是一个不断成熟的过程。

（2）项目内容及阶段划分

① 网格划分

网格划分是所有工作的基础，需要综合考虑行政区域、营销区域、运维区域和用户行为等各种因素，因此网格划分要同时使用自定义网格划分和自动化网格划分。

A．自定义网格划分

自定义网格划分是指根据特定的维度利用人工划分的方法进行网格划分，常见的划分维度如下。

a．根据行政区域进行人工网格划分

根据行政区域将指定区域划分成若干网格，划分的颗粒度可粗可细，可以是地级市、县级市，也可以是镇区。通过这种划分方法，可以很方便地以行政区域作为观察维度，进行各类指标的呈现、对比和分析。

b．根据营销区域进行人工网格划分

市场营销人员一般有着各自负责的区域，按照营销区域进行网格划分，可以方便地以营销区域为观察维度，进行各类指标的呈现、对比和分析。营销区域划分一般不存在颗粒度的选择。

c．根据维护区域进行人工网格划分

维护区域的划分与营销区域的划分类似。

为提升自定义网格划分的效率，需要研发 IT 软件工具提供自定义区域的绘制、导入、删除和修改功能。

B．自动化网格划分

自动化网格划分是指通过一定的规则，利用 IT 工具自动将指定区域划分成若干网格的方法。根据划分规则的不同，一般自动化网格划分有栅格划分法和小区划分法两种。

小区划分法是目前比较流行并值得推荐的划分方法，这种方法的基本思路及步骤如下。

a．计算现网小区的近似覆盖边界

利用覆盖仿真算法或平面几何算法，首先计算出各小区的覆盖边界多边形区域。

b．以小区覆盖边界为单位计算小区的属性

以小区覆盖边界为单位进行各类属性（如地物地貌、用户行为）的统计，当然，如有必要，也可以增加更多的维度为小区赋予更多的属性。

c．按小区属性进行分类

在对小区赋予属性之后，需要按照小区的属性将小区进行分类，分类方法可按照实际需求自行定义。

d．对小区按类型进行空间聚类合并

小区类型划分完毕后，根据小区的类型，利用平面计算算法，对相邻的具有相同类型的小区多边形进行聚类合并，合并完成后即得到最终的网格划分方案。

② 数据提取

数据主要来自网优、信息化、市场等部门，为了提高网格评估系统的实用性和效率，部分数据需要实现自动化的提取。数据类型和来源见表 2-2。

表 2-2　　　　　　　　　　　　　　数据类型和来源

数据类型	来源	备注
工程参数	网优部	网络建设和优化的常规数据，主要难度是如何实现自动化获取，需要调研现网的信息平台
话务统计	网优部	常规的网络优化数据，需要系统对接和厂家配合，可能涉及的厂家较多
路测数据	网优部	需要人工采集然后进行数据格式转换，工作量较大
投诉数据	网优部	主要难度是实现数据的自动获取，需要调研现有信息平台
经分数据	信息化部	数据量较大，尽量实现系统对接，但涉及商业机密，难度很大
市场分析	市场部	主观因素较大，数据获取困难，网格划分是要充分考虑营销区域划分因素

③ 网格评估

为准确了解站点的投资建设价值，需要尽量从多个角度对站点进行评估。评估指标体系的确定需要综合考虑全面性和相关数据的可获取性。通常需要关注以下 9 个指标：场景价值、业务类型、终端类型、网络负荷、覆盖强度、用户投诉、市场经营、发展前景、竞争差异。具体各指标算法如下。

a. 场景价值

用于区分场景的重要性，如高校、商业中心、居民小区等。不同场景赋予各自权重，根据网格内包含的场景计算出场景价值得分，地理化显示并输出表格。

b. 业务类型

不同的业务类型对 QoS 要求不同，也体现了不同的用户行为，反映了用户的价值。通过计算网格内不同业务类型的业务量，输出业务类型得分，并地理化显示。

c. 终端类型

终端的类型一定程度上反映了用户的消费水平和习惯，通过统计网格内智能终端与普通终端的数量，计算终端类型得分，并地理化显示。

d. 网络负荷

网络的利用率通常是推动网络建设的直接原因，通过统计网络的资源利用率计算出网络负荷得分，并地理化显示。

e. 覆盖强度

覆盖水平越差，投资需求越大，通过路测和拨打测试统计网格的覆盖水平，并地理化显示。

f. 用户投诉

用户的投诉直接反映了用户的感受，通过统计网格内不同类型用户的投诉强度计算出用户投诉得分，并地理化显示。

g. 市场经营

通过统计 ARPU 值，不同类型用户数量，计算网格的市场经营得分，并地理化显示。

h. 发展前景

通过市场部门对网格内未来业务发展的预期以及对市政规划的了解，评估出网格发展前景得分，并地理化显示。

i. 竞争差异

通过比较竞争对手的覆盖差异，计算网格的竞争差异得分。覆盖水平相比竞争对手越差，网格的竞争差异得分越高。

以上评估指标总分为 100 分。具体指标及权重、算法需要根据实际可获取的数据以及后期的效果验证加以调整。对以上指标进行加权求和，最后得到每个站点的投资价值，用来指导选点投资建设。

分公司可参考以上办法进行综合考虑分析，由于指标维度较多，数据分析量巨大，建议利用开发软件平台系统进行处理评估，通过长期验证来完善细化。介于目前现有资源条件情况，分公司可根据"评估办法 2"进行评估。

2. 评估办法 2（站点场景评分评估）

为了方便评估室分站点是否可以建设，在参考分析工程人员实际规划中的操作流程，结合室分建设的基本原则，现提出一种可以量化评分的方法。根据实际情况，从站点属性、人流量密集程度、网络弱信号分布、网络利用率情况 4 个方面对规划站点周围环境状况因素进行分析，采用分项打分，综合加权的方式来决定是否建站。站点分类如下。

➢ 1、2 类站点定义为高话务区域，应大力建设；

➢ 3 类站点定义为中话务区域，逐步扩大建设规模；

➢ 4、5 类站点定义为低话务区域，按需建设（高人流量、楼层）。

在规划中，需要对每一个规划站点的室分小区忙时网络利用率进行预估，同时对照打分表格场景的分类方式，结合周围场景的实际情况对应给出每一个规划站点在站点属性、人流量密集程度、网络弱信号状况 3 项中的具体得分，然后根据权重分配求得该规划站点的总分值，按照分值是否能够达到既定分数线的方式综合量化评估该站点是否可以建设。

建设可行性用公式表示如下：

$$L = \begin{cases} \left[\dfrac{R \times \alpha_1 + S \times \alpha_2 + T \times \alpha_3}{q}\right] \to K \geqslant 67\% \\[2ex] \left[\dfrac{R \times \beta_1 + S \times \beta_2 + T \times \beta_3}{m}\right] \to 60\% \leqslant K < 67\% \\[2ex] \left[\dfrac{R \times \gamma_1 + S \times \gamma_2 + T \times \gamma_3}{n}\right] \to K < 67\% \end{cases}$$

当 $L > 1$ 时，所规划站点可以建设；当 $L < 1$ 时，所规划站点不建设。

公式中各参数释义如下。

L：规划站点建设可行性；

K：规划站点的室分小区忙时网络利用率；

R：规划站点的属性类型值；

S：规划站点的人流量类型值；

T：规划站点的网络弱覆盖类型值；

α：高利用率规划站点各项对应权重；

β：中利用率规划站点各项对应权重；

γ：低利用率规划站点各项对应权重；

q：高利用率规划站点建设标准分数线值；

m：中利用率规划站点建设标准分数线值；

n：低利用率规划站点建设标准分数线值。

（1）规划站网络利用率分类

根据对现有室分站点网络利用率情况进行统计分析，设定所建站点的网络利用率指标参考值如下（各分公司应以当地现网数据为基础进行浮动微调）：

室分小区最忙时室分网络利用率为 67%；

全网室分最忙时室分网络利用率为 50%。

由于写字楼、住宅等场景的室分小区最忙时与全网室分最忙时不太一致，考虑到指标的普适性，选择室分小区最忙时的室分网络利用率作为评价站点网络利用率情况的指标，按高、中、低 3 挡进行分类。

在评分体系中，不同等级网络利用率的站点对应的场景中 3 个打分项的权重是不同的。在对规划站点场景打分项完成之后乘以相应的权重叠加得出规划站点的总分。

① 高利用率站点

所规划建设站点的室分小区最忙时室分网络利用率需达到或超过 67%。

这类站点的网络利用率较高，能够降低上层网络负荷、提升网络质量，在建设中重点关注于 1、2、3、4 类站点大力建设。在评分体系中，站点属性为较重要的因素权重为 1.2，而人流量和弱覆盖情况重要程度一般，权重分别为 1、0.85。

通过对可能存在的所有情况进行统计计算、加权打分、分析后得出高利用率站点的分数线如表 2-3 中阴影部分所示。

表 2-3　　　　　　　　　　　　　　　高利用率下分数线值

类型	分值	人流	分值	场景	分值	总分
				预期利用率≥67%		
3 类	6	中	5	停车场	4.25	15.25
3 类	6	中	5	厂房	4.25	15.25
3 类	6	中	5	旅游景点	4.25	15.25
1 类	10.8	低	1	电梯	3.4	15.2
3 类	6	低	1	高层（12 层以上，含 12 层）	7.65	14.65
4 类	3.6	中	5	小高层（6 层（含）～12 层）	5.95	14.55
2 类	8.4	低	1	会展中心	5.1	14.5

对于评估总分大于等于 15.2 分的站点，可以建设；对于评估总分小于 15.2 分的站点，则不建设。

② 中利用率站点

所规划建设站点的室分小区最忙时室分网络利用率在 60%（含）～67% 之间。

这类站点的网络利用率中等，在建设中重点关注于 1、2、3 类站点进行建设。在评分体系中，站点属性、人流量相对为较重要的因素，权重分别为 1.3、1.2，弱覆盖情况重要程度一般，权重为 0.9。

通过对可能存在的所有情况进行统计计算、加权打分、分析后得出中利用率站点的分数线如表 2-4 中阴影部分所示。

表 2-4　　　　　　　　　　　　　中利用率下分数线值

预期利用率为 60%（含）~67%						
类型	分值	人流	分值	场景	分值	总分
4 类	3.9	高	10.8	旅游景点	4.5	19.2
3 类	6.5	中	6	小高层（6 层（含）~12 层）	6.3	18.8
2 类	9.1	中	6	电梯	3.6	18.7
2 类	9.1	低	1.2	高层（12 层以上，含 12 层）	8.1	18.4
5 类	1.3	高	10.8	小高层（6 层（含）~12 层）	6.3	18.4
1 类	11.7	低	1.2	会展中心	5.4	18.3
4 类	3.9	高	10.8	电梯	3.6	18.3

对于评估总分大于等于 18.4 分的站点，可以建设；对于评估总分小于 18.4 分的站点，则不建设。

③ 低利用率站点

所规划建设站点的室分小区最忙时室分网络利用率小于 60%。

这类站点的网络利用率较低，在建设中应当重点关注于 1、2 类站点的建设。在评分体系中，站点属性为重要的因素权重为 1.7，人流量、弱覆盖情况重要程度一般，权重分别为 1、0.5。

通过对可能存在的所有情况进行统计计算、加权打分、分析后得出低利用率站点的分数线如表 2-5 中阴影部分所示。

表 2-5　　　　　　　　　　　　　低利用率下分数线值

预期利用率<60%						
类型	分值	人流	分值	场景	分值	总分
3 类	8.5	高	9	厂房	2.5	20
3 类	8.5	高	9	旅游景点	2.5	20
2 类	11.9	中	5	会展中心	3	19.9
1 类	15.3	低	1	小高层（6 层（含）~12 层）	3.5	19.8
3 类	8.5	高	9	电梯	2	19.5
2 类	11.9	中	5	多层（6 层以下）	2.5	19.4
2 类	11.9	中	5	停车场	2.5	19.4

对于评估总分大于等于 19.8 分的站点，可以建设；对于评估总分小于 19.8 分的站点，则不建设。

（2）规划站点场景评分项目

在场景评分项目中，从站点属性、人流量密集程度、网络弱信号分布情况 3 个方面对规划站点周围环境状况因素进行分析，分项量化打分。

① 站点属性评分

根据对室分能够覆盖的所有场景类型进行统计，把覆盖类型划分为 5 类站点，重要等级由 1 类至 5 类依次递减。

A．1 类站点

主要包括：交通枢纽、五星级酒店、建筑面积在 10 000m^2 以上的写字楼，营业面积在 80 000m^2 以上的大型购物中心、展区面积在 30 000m^2 以上的会展中心、三级医院、党政军办公场所以及直属营业厅。

1 类站点话务密度较高，在此区域中室内分布系统作为解决网络深度覆盖，以及降低上层网络负荷、提升网络质量的重要手段，应大力建设。规划站点周围场景符合此项在该打分项内得 9 分。

B．2 类站点

主要包括：四星级酒店、建筑面积为 5000～10 000m^2 的写字楼、高档住宅小区、营业面积在 1000m^2 以上的高级餐饮场所、二级医院、展区面积为 10 000～30 000m^2 的中型规模展馆、营业面积在 2000m^2 及以上的高级娱乐场所、旅游景点。

2 类站点话务密度较高，在此区域中室内分布系统作为进一步解决网络覆盖，以及减缓上层网络负荷、提升网络质量的重要补充，应着力建设。规划站点周围场景符合此项在该打分项内得 7 分。

C．3 类站点

主要包括：三星级酒店建筑面积为 2000～5000m^2 的写字楼、营业面积为 4000～8000m^2 的中型购物中心、中档住宅小区，营业面积为 1000～2000m^2 的大型娱乐场所、一级医院、10 000m^2 以下的小型展馆/场馆、专科及以上高等院校、党政军住宅楼、乡镇府所在地/行政村，村委办公室、卫生站、占地面积为 20 000m^2 的大型厂房。

3 类站点话务密度中等，在此区域中室内分布系统作为提高网络覆盖范围，提高网络质量的一部分，应逐步扩大建设规模。规划站点周围场景符合此项在该打分项内得 5 分。

D．4 类站点

三星级以下的酒店/宾馆、建筑面积在 2000m^2 以下的一般写字楼、营业面积为 2000～4000m^2 的商场、营业面积为 500～1000m^2 的中级餐饮场所、营业面积为 500～1000m^2 的中型娱乐场所、占地面积为 5000～20 000m^2 的中型厂房以及企事业单位办公场所。

4 类站点总体话务密度较低，但在部分区域有一定业务需求，在此区域中室内分布系统应参考人流量、网络信号强度等因素进行综合评价后建设。规划站点周围场景符合此项在该打分项内得 3 分。

E．5 类站点

主要包括：营业面积在 500m^2 以下的一般餐饮场所、营业面积在 2000m^2 以下的小型商场、营业面积在 500m^2 以下的小型娱乐场所、占地面积在 66 667m^2 以下的一般住宅楼、占地面积在 5000m^2 以下的小型厂房、中小学校园、村庄。

5 类站点总体话务密度较低，但在部分区域有一定业务需求，在此区域中室内分布系统应参考人流量、网络信号强度等因素进行综合评价后建设。规划站点周围场景符合此项在该打分项内得 1 分。

② 人流量评分

根据对室分能够覆盖的所有场景的人流量进行统计，按人流量大小分为 3 类，重要等级由高到低，见表 2-6。

表 2-6　　　　　　　　　　　　　　室分覆盖场景的重要等级

人流量	
高	忙时人口 5000 人及以上，如火车站等交通枢纽、大型购物中心、医院等
中	忙时人口 500 人（含）～5000 人，如中级饮食场所、娱乐场所等
低	忙时人口 500 人以下

忙时人口 5000 人及以上，此类区域话务密度较高，在此区域中室内分布系统作为解决网络深度覆盖，以及降低上层网络负荷、提升网络质量的重要手段，应大力建设。规划站点人流量符合此项在该打分项内得 9 分。

忙时人口 500 人（含）～5000 人，此类区域话务密度中等，在此区域中室内分布系统应参考站点属性、网络信号强度等因素进行综合评价后逐步扩大建设规模。规划站点人流量符合此项在该打分项内得 5 分。

忙时人口 500 人以下。此类区域话务密度一般，但在部分区域有一定业务需求，在此区域中室内分布系统应参考站点属性、网络信号强度等因素进行综合评价后建设。规划站点人流量符合此项在该打分项内得 1 分。

③ 网络弱覆盖评分

弱覆盖区域定义为信号场强小于 $-90\mathrm{dBm}$ 的区域，根据对室内分布系统能够覆盖的所有场景类型进行统计，把弱覆盖重点区域分成 8 种类型。

在室分系统规划建设中，所在区域的弱覆盖状况作为一个参考因素，应配合站点属性、人流量、网络利用率等分类综合评价后进行建设。

规划站点弱覆盖分类见表 2-7。

规划站点满足弱覆盖条件，若在高层（12 层以上，含 12 层）得 9 分，小高层（6 层（含）～12 层）得 7 分，多层（6 层以下）得 5 分，停车场得 5 分，电梯得 4 分，会展中心得 6 分，厂房得 5 分，旅游景点得 5 分。

表 2-7　　　　　　　　　　　　　　　网络弱覆盖评分值

当前覆盖	弱信号区域
高层（12 层以上，含 12 层）	信号场强小于 $-90\mathrm{dBm}$ 区域达到 70% 以上的作为弱覆盖区域
小高层（6 层（含）～ 12 层）	信号场强小于 $-90\mathrm{dBm}$ 区域达到 80% 以上的作为弱覆盖区域
多层（6 层以下）	信号场强小于 $-90\mathrm{dBm}$ 区域达到 90% 以上的作为弱覆盖区域
停车场	信号场强小于 $-90\mathrm{dBm}$ 区域达到 90% 以上的作为弱覆盖区域
电梯	信号场强小于 $-90\mathrm{dBm}$
会展中心	信号场强小于 $-90\mathrm{dBm}$ 区域达到 70% 以上的作为弱覆盖区域
厂房	信号场强小于 $-90\mathrm{dBm}$ 区域达到 70% 以上的作为弱覆盖区域
旅游景点	信号场强小于 $-90\mathrm{dBm}$ 区域达到 90% 以上的作为弱覆盖区域

（3）操作步骤

① 首先需要对每一个规划站点的室分小区忙时网络利用率 K 进行预估按高、中、低归类。

② 然后对照评分表格场景的分类方式，结合周围场景的实际情况对照打分标准页"室内覆盖需求评分标准"给出每一个规划站点在站点属性 R、人流量密集程度 S、网络弱信号状

况 $T3$ 项中的具体得分；

③ 最后代入可行性公式得出 L 的值。当值大于 0 时，所规划站点可以建设；当值等于 0 时，所规划站点不具备可行性可不建设。

根据以往经验，结合各地市网络实际情况，在实际应用中可以根据不同地区的实际环境因素对参数进行调整。以下数值仅供参考。

取定权重参考值：

$\alpha_1=1.2$，$\alpha_2=1$，$\alpha_3=0.85$；

$\beta_1=1.3$，$\beta_2=1.2$，$\beta_3=0.9$；

$\gamma_1=1.7$，$\gamma_2=1$，$\gamma_3=0.5$。

取定分数线标准参考值：

$q=15.2$，$m=18.4$，$n=19.8$。

2.2 站点勘察

2.2.1 勘察流程

勘察流程如图 2-3 所示。

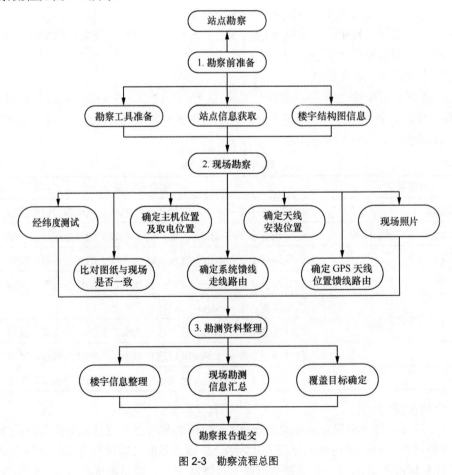

图 2-3 勘察流程总图

2.2.2　勘察要求

1. 勘察的意义及内容

勘察就是通过对查勘的目标实地查看，对目标各方面的资料进行采集，并现场确定设备的摆放位置，发现问题时提出可行性建议，为后续的规划设计以及优化提供最准确、完整的信息。勘察是网络规划工作中重要一环，也是网络规划方案的实施验证。通过勘察可以为工程建设提供安全第一、规范合理、经济实用的建设方案，便于准确指导施工。本勘察要求主要针对无线专业制定。室分站点勘察的核心内容是对勘察现场各方面信息的记录、核查。主要包含：

（1）站点基本信息的记录；

（2）楼宇建筑结构查勘；

（3）机房勘察；

（4）天面勘察；

（5）电源、接地、站址无线环境等其他内容的勘察；

（6）现场绘草图，拍照；

（7）初步设计方案的拟定；

（8）设计方案与现场模拟测试的偏离度分析。

现场勘察的顺序一般按照以下步骤执行：

（1）站点基本信息的记录；

（2）楼宇建筑结构查勘；

（3）机房勘察；

（4）天面勘察；

（5）草图绘制、拍照；

（6）初步设计方案的拟定。

2. 勘察前期准备

设计人员在接受设计任务之后，首先应研究设计任务书的要求与本阶段设计内容的要求，确定设计指导思想和设计原则，拟定查勘计划。勘察前需要做好相关准备工作，主要包括以下几个方面。

（1）明确分工界面

明确设计单位与建设单位、设备供应商之间的分工界面以及设计单位内部各个专业之间的分工界面，最好是三方一起查勘。

（2）查勘工具

主要包括 GPS 接收机、罗盘、数码相机、三色笔、卷尺、站表信息等，特殊情况还需要配置测试手机、望远镜、测距仪、手电筒等设备。

（3）收集和熟悉室分站点物业工程资料情况

① 向室分站点业主或集成厂家协调人员索取查勘建筑物的总体平面图、各楼层平面图、井道图、立面图、管线图等；

② 若为室内分布系统改造工程，需向运营商或铁塔公司索取原建设室内分布系统工程的相关设计文件（平面图、系统结构图等）。

在勘察出发前注意收集一些室分信源设备的技术指标相关要求以及设备的组网特性等一

些特殊要求。

（4）安全要求

穿符合安全规范、便于活动的衣裤，平底鞋；女士不宜穿着裙装；对于在建工程站点，需佩戴安全帽。

室分站点勘察期间需要记录的内容及模板见附件一"室分站勘察模板 2013"。

3. 勘察要点

现场勘测前，需向运营商或铁塔公司了解清楚目标站点周围现网情况，了解现网信号在本楼宇内的信号分布情况；通过现场测试室外网络信号至站点室内的情况，了解清楚室外信号对室内的影响。要仔细研究被测站点建筑物图纸，从图纸上了解清楚站点建筑结构情况；核实楼宇平面图的准确性，确定室内分布信源设备的安装摆放位置。

室分站点勘察要点分为新建室分系统站点勘察要点和改造室分系统站点勘察要点，具体如下。

（1）新建室分系统

① 机房查勘

a. 机房位置，信源方式确认：BBU-RRU；宏蜂窝；微蜂窝等；

b. 信源电源方式：直流或交流；

c. 是否计划机房跟宏基站共用机房；

d. 绘制机房总平面图（测量机房各项主要尺寸：房间的主要尺寸（长、宽、高）、门窗位置及尺寸、梁柱位置及尺寸、各种设备位置及尺寸和现有走线架（槽）、地沟和孔洞位置及尺寸）、立面图、相关机房楼层平面图，对拟安装的设备，绘制设备平面布置图和各种电缆线、电力线、信号线走线方式，测量所需电缆布放的距离和需新增的走线架（槽）的规格和长度以及新增孔洞等。

② 楼宇、小区查勘

a. 确定站点需要覆盖的范围；

b. 确定高层、标准层、裙楼结构及地下室结构及功能描述；

c. 确定楼宇通道、楼梯间、电梯间位置和数量及运行区间；

d. 确定电梯间共井情况、停靠区间、通达楼层高度及电梯间线缆进出口位置等；

e. 确定楼宇弱电竖井位置、数量、走线、空余空间及房间内部装修情况、天花板上部空间、能否布放电缆、确定馈线布放路由；

f. 确定楼宇公共区域（走廊等）弱电桥架布放路由。

③ 室内分布系统天面查勘

a. 测经度、纬度；

b. 绘制楼顶平面图及楼层立面图（标正北）；

c. 确定室内建筑内的（天花板等可安装区域）天线位置和覆盖半径等（需满足相关建设网络频段的覆盖要求）；

d. 确定 GPS 天线安装位置（GPS 天线应安装在较开阔的位置上，保证周围较大的遮挡物（如树木，铁塔，楼房等）对天线的遮挡不超过 30°，天线竖直向上的视角应大于 90°，在条件许可时尽量大于 120°；为避免反射波的影响，GPS 天线尽量远离周围尺寸大于 200mm 的金属物 1.5m 以上，在条件许可时尽量大于 2m；由于卫星出现在赤道的概率大于其他地点，对于北半球，应尽量将 GPS 天线安装在安装地点的南边；不要将 GPS 天线安装在其他发射和接收设备附近，不要安装在微波天线的下方，高压线缆下方，避免其他发射天线的辐射方向对准 GPS 天线；两个或多个 GPS 天线安装时要保持 2m 以上的间距，建议将多个 GPS 天线安装在不同地点，防止同时受到干扰；在满足位置的情况下，GPS 天线馈线应尽量短，以降低线缆对信号的衰减）；

e. 确定室外美化天线安装位置，保证天线主瓣附近无遮挡物。

（2）改造室分系统

① 机房查勘。

a. 机房位置，信源方式确认：射频；光纤；宏蜂窝；微蜂窝；

b. 信源电源方式：直流或交流；

c. 机房是否跟大站共用机房；

d. 机房是否有空余空间摆放 TD 设备及电源设备；

e. 绘制机房总平面图（测量机房各项主要尺寸：房间的主要尺寸（长、宽、高）、门窗位置及尺寸、梁柱位置及尺寸、各种设备位置及尺寸和现有走线架（槽）、地沟和孔洞位置及尺寸）、立面图、相关机房楼层平面图，对拟安装的设备，绘制设备平面布置图和各种电缆线、电力线、信号线走线方式，测量所需电缆布放的距离和需新增的走线架（槽）的规格和长度以及新增孔洞等。

② 核实原室内分布系统天线和馈线的规格类型，以及线缆走线路由情况。

③ 核实弱电井内是否有足够的空余空间摆放新增设备。

④ 核实原室内分布系统天线位置、间距以及无源器件的频率支持范围，在改造过程中器件是否可以利旧。

⑤ 确定改造网络的室内天线安装位置。

⑥ 室内分系统天面查勘（同新建室分系统）。

（3）照片拍摄要求

① 整体：需拍摄楼宇整体外观一张，有附楼、裙楼的应在照片上体现出来。

② 机房：需单独拍摄机房内各设备及机房整体。

③ 弱电井及楼宇内部：拍摄走线井，方便确定弱电井是否有空余空间摆放新设备，拍摄房间半截面情况，了解天花板及墙壁材质。

④ 天面：对安装室外美化天线或 GPS 天线的位置，采用不同角度拍摄 2～3 张。

4. 资料整理

勘察结束后要对勘察资料进行全面整理，将全部信息以电子文档形式保存至电脑中，运用地图软件结合勘察信息完成最终的勘察统计资料和设计信息填写工作，最后将纸质勘察资料整理收藏，以便后期查阅使用。

2.3　系统方案设计

系统方案设计是特指室内分布系统的方案设计，以信源设备的射频输出端口为界，射频输出端口之后的天馈系统。

2.3.1 设计流程

系统设计流程如图 2-4 所示。

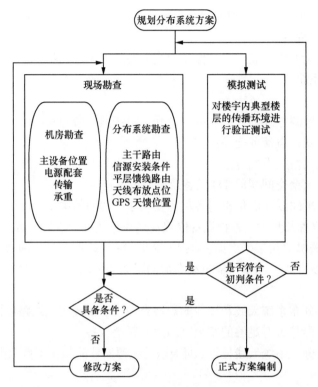

图 2-4 系统设计流程总图

2.3.2 设计要求

1. 技术参数

（1）2G 网络技术参数

① 干扰保护比

同频干扰保护比：

$C/I \geqslant 12$dB（不开跳频）；

$C/I \geqslant 9$dB（开跳频）。

邻频干扰保护比：

200kHz 邻频干扰保护比：$C/I \geqslant -6$dB；

400kHz 邻频干扰保护比：$C/I \geqslant -38$dB。

② 无线覆盖区内可接通率

要求在无线覆盖区内 95% 的位置，99% 的时间，移动台可接入网络。

③ 无线覆盖边缘场强

95% 的区域室内 $\geqslant -85$dBm，其他区域（地下室、停车场及电梯）$\geqslant -90$dBm。

（2）3G 网络技术参数

① 信源输出功率

3G 网络室内分布系统，采用 PCCPCH 信道功率进行功率预算，室内分布系统设计时按照 PCCPCH 信道功率（双码道）为 30dBm（可根据厂家设备实际情况调整）。

② 边缘场强

- 普通建筑物：PCCPCH RSCP≥−80dBm，C/I≥0dB；
- 地下室、电梯等封闭场景：PCCPCH RSCP≥−85dBm，C/I≥−3dB。

③ 天线口功率

3G 网络室内覆盖应本着"多天线、小功率"的原则，天线口功率原则上在 5～10dBm 之间。

④ 最小耦合损耗要求

3G 网络基站和终端间的最小耦合损耗应大于 57.5dB。TD 室内分布系统设计应考虑 MCL 的影响，通过合理的方案设计，保证分布系统路径损耗和天线至最近终端间的空间损耗之和大于允许的最小耦合损耗值。

（3）LTE 网络技术参数

① 信源输出功率

4G 网络室内分布系统，采用子载波功率进行功率预算。由于在 20MHz 带宽内共有 1200 个子载波，信源每通道输出总功率为 20W（即 43dBm），则参考信号 RS 的发射功率为 $10×\lg（20×1000/1200）=12.2dBm$；若信源总功率为 50W，则参考信号 RS 的发射功率为 16.2dBm。

② 边缘场强

一般区域（室内 95%以上区域）：RSRP≥−100dBm；电梯、地下室等其他区域：RSRP≥−105dBm。单路室分公共参考信号信干噪比 RS-SINR≥6dB，双路室分公共参考信号信干噪比 RS-SINR≥9dB。

（4）WLAN 技术参数

WLAN 无线网络应符合表 2-8 中的基本指标要求。

表 2-8　　　　　　　　　　　　　WLAN 基本指标要求

项目	建议指标
无线信号场强	≥−75dBm，WLAN 高流量区建议≥−70dBm
信噪比	≥20dB
网络时延	Ping AC 时延不高于 50ms
丢包率	Ping AC 丢包率不高于 3%
FTP 下载速率	≥512kbit/s
同频干扰	建议任意同频 AP 信号<−80dBm

天线口功率强度建议为 10～15dBm；需穿透一堵墙体天线的等效全向辐射功率一般≥10dBm。

室外建设 WLAN AP 覆盖室内时，WLAN 无线信号一般按穿透一堵墙设计，天线的等效全向辐射功率一般≥25dBm。

2. 合路方式

合路方式主要分为前端合路和后端合路两种。

（1）前端合路

在机房内，直接对 2G/3G/4G 信源信号进行合路，此方式仅适用于面积不大、用户数较少的小型、微型建筑物，一般小于 12 000m²。

（2）后端合路

对于一些中大型建筑物，需要较大容量，分布系统结构复杂，各个部分的容量和功率匹配需要差异较大，3G/4G 和 2G 信号一般采用主干分路、后端合路方式。针对 3G/4G RRU 输出功率小、通道多的特点，3G/4G 的主干独立敷设，在支路上和 2G 室内分布系统进行合路，将每一通道信号在覆盖区前与 2G 室内分布系统合路。3G/4G BBU 通过光纤与 RRU 相连，每个 RRU 负责覆盖若干楼层，每个 RRU 安装于覆盖目标区域相近的位置，在其覆盖目标区域前与 2G 信号合路。

后端合路方式适用于容量较大的大型建筑物，对原室内分布系统改造工作量相对较大，需要铺设多路光纤和电源线，每个 RRU 需考虑适当的安装位置，同时合路点较多，需要增加多个合路器。后端合路的优点是每一个 RRU 支路的功率输出一致，各路不会相互产生干扰，每个 RRU 带来的容量较大，充分发挥 RRU 的优势，易于将来的扩容和网络的延伸。

3. 空间传播损耗

由于室内环境的多样性，理论上很难采用一种传播模型来准确分析室内覆盖系统，进行实际模型测试是比较准确的。通常做理论估算空间传播损耗时可使用衰减因子传播模型进行分析，计算路径损耗的公式如下：

$$PathLoss(dB)=PL(d_0)+10\times n\times \lg(d/d_0)+R$$

其中：

$PL(d_0)$：距天线 1m 处的路径衰减，2025MHz 时的典型值为 38.5dB，900MHz 时为 31.5dB；

d 为传播距离；

n 为衰减因子。对不同的无线环境，衰减因子 n 的取值有所不同。不同环境下 n 的取值见表 2-9。

表 2-9　　　　　　　　　　　　　衰减因子取值表

环境	衰减因子 n
自由空间	2
全开放环境	2.0～2.5
半开放环境	2.5～3.0
较封闭环境	3.0～3.5

R 为附加衰减因子，指由于楼板、隔板、墙壁等引起的附加损耗。附加衰减因子取值见表 2-10。

表 2-10　　　　　　　　　　　　附加衰减因子取值表

类型	混凝土（承重墙）	砖墙	玻璃	石膏板	钢筋混凝土（有窗）	混凝土地板	电梯顶
穿透损耗（dB）	25～30	8	6	6～18	15	12	20～30

4. 分布系统损耗

分布系统损耗包括功分器、耦合器和合路器的器件损耗以及馈线损耗，器件损耗主要参考使用器件的性能指标计算，而馈线损耗可参照表 2-11 中的数据计算。

表 2-11 各种馈线在不同频段内的 100m 损耗表

馈线类型	900MHz 频段	2000MHz 频段	2400MHz 频段
8D 馈线	14.0dB	约 23dB	约 26dB
10D 馈线	11.1dB	约 18dB	约 21dB
1/2″馈线	6.9dB	10.7dB	12.1dB
7/8″馈线	3.9dB	6.1dB	7.0dB

5. RRU 规划

（1）RRU 数量及安装

根据系统图纸或建筑结构图纸，初步规划 RRU 的类型、数量及安装位置，RRU 规划应注意以下几个方面：

➢ RRU 数量及分布需满足网络覆盖电平要求；

➢ RRU 选取位置，尽可能靠近 2G 有源设备或器件箱/托盘位置，便于安装、维护及取电；

➢ 应考虑 RRU 与 BBU、后级 RRU 与前级 RRU 之间光缆路由实施的便利性。

（2）单通道 RRU 和多通道 RRU 选择

单通道 RRU 具有功率大、安装灵活、便于 A 频段引入的优点，在室内分布系统建设中建议优选单通道 RRU。对于部分通道数需求较多且多通道 RRU 功率能够满足覆盖要求的分布系统，也可选用多通道 RRU。单通道 RRU 和多通道 RRU 的比较见表 2-12。

表 2-12 单通道 RRU 和多通道 RRU 对比表

RRU 类型	设备特性	优劣势对比	适用场景
单通道 RRU	1. 1 个功率输出端口； 2. 端口输出功率>10W	1. 功率高； 2. 功率输出位置灵活； 3. 放置分散，不利于维护	全部场景，可完全替代多通道 RRU
多通道 RRU	1. 8 个功率输出端口； 2. 端口输出功率<5W	1. 设备数量少，便于维护； 2. 相对单通道，设备成本相对较低； 3. 功率低； 4. 8 个功率输出端口集中，使用不灵活； 5. 对安装条件要求较高	特殊场景，如建筑面积较大、建筑结构环形对称、平层面积大、竖井较少

（3）RRU 分区规划

对于使用多个 RRU 覆盖的物业点需进行 RRU 的覆盖分区规划，规划时应使得各个 RRU 分区间的隔离度尽可能高（建议隔离度应大于 12dB），以利于提高空分复用性能及后期扩容，降低改造工作量。

（4）RRU 级联

充分利用 BBU 所有的光口，减少级联，设计时充分利用 BBU 能够提供的光口数量，减少级联。建议通常情况下室内分布系统 RRU 级联级数建议为 3 级以内，最多不超过 5 级。

6. 切换区规划

（1）室内进出口的切换设计

室内要求设计切换带在出入口附近范围，切换带应避免落在马路上。

（2）窗户边切换设计

可以采取以下几种手段，使得室内用户尽量接入室内小区。

① 天线适当靠近窗边，使得窗口处室内信号最强，避免室内外信号的切换；

② 调整小区选择和重选参数，使用户容易选到室内小区；

③ 在多小区配置时，高层室内小区和室外小区采用单向邻区策略或不配置邻区关系。

（3）电梯的切换设计原则

① 进出电梯切换区域应该设在电梯厅而不是电梯门口；

② 同一电梯运行过程中没有切换。

7. 外泄控制

应通过"多天线、小功率"的设计方式，通过控制天线口功率、充分利用建筑物的阻挡、合理的天线安装位置来实现对泄漏电平的精确控制，具体要求如下。

① 2G 网络：室外 10m 处应满足室内信号强度≤–90dBm 或室内小区外泄的信号场强比室外主小区低 10dB（当建筑物距离道路不足 10m 时，以道路靠建筑一侧作为参考点）。

② TD：室外 0m 处应满足室内信号强度≤–95dBm 或室内小区外泄的信号场强比室外主小区低 10dB（当建筑物距离道路不足 10m 时，以道路靠建筑一侧作为参考点）。

建议对 1～3 楼进行外泄模拟测试，并在模拟测试图纸中标注室内信号泄漏到室外的信号强度。

2.4 信源设计

2.4.1 设计流程

（1）信源机房装修设计、机房承重核实；

（2）引电、接地的设计；

（3）主设备和配套设备（电源、传输、空调、监控等）的安装；

（4）走线架的设计、走线路由的设计；

（5）完成设计文本的编制出版、设计批复等。

2.4.2 设计要求

信源配套规划及设计要求如下。

1. 机房类型

（1）场景 1：机房面积较大，与宏站机房条件类似，信源可采用宏机柜、站点设备较多、配置较大，相关配套设计参照宏站机房相关要求。

（2）场景 2：机房为地下室、弱电井等狭小空间，信源可采用微蜂窝、BBU 等小型设备，配套电源和传输需根据机房面积进行设计和配置，相关设备可采取承重墙壁挂方式。

2．电源配套

（1）交流引入

根据室分设备功耗引电容量分为 10kW 以下、10～20kW 两种类型。其中功耗为 10～20kW 的站点建议按宏站电源配置考虑，站点采用 380V 交流引入；功耗 10kW 以下的站点，建议采用 220V 交流引入。

（2）电源系统配置方案

① 场景 1：站点设备较多、配置较大、机房条件与宏站机房条件一致。

按宏站标准配置电源系统，包括交流配电箱 1 个，若室分设备选用 48V 直流设备，则配置−48V 高频开关组合电源和蓄电池。室分设备选用 220V 交流设备，建议采用−48V 开关电源系统＋逆变器的方式供电。

② 场景 2：非标准机房，空间狭小，室分设备选用 48V 直流设备。

综合考虑机房现场条件及设备功耗，配置落地式一体化−48V 电源系统，或采用综合柜内安装嵌入式开关电源＋蓄电池，或配置壁挂式开关电源＋壁挂式铁锂电池。

③ 场景 3：非标准机房，空间狭小，室分设备选用 220V 交流设备。

综合考虑机房现场条件及设备功耗，配置落地式一体化 UPS 电源系统，或采用上述场景 2 中的−48V 开关电源系统＋逆变器的方式供电。

（3）RRU 供电方案

① 场景 1：位于城区，RRU 选用 48V 直流供电设备，BBU 和 RRU 在同一楼宇内，或 BBU 机房和 RRU 站点路由距离不超过 100m。

RRU 等拉远设备利用 BBU 基站中−48V 电源系统集中供电。

② 场景 2：位于城区，RRU 选用 220V 交流供电设备，BBU 和 RRU 在同一楼宇内，或 BBU 机房和 RRU 站点路由距离不超过 100m。

在 BBU 基站电源处加装逆变器，RRU 等拉远设备利用 BBU 基站中逆变后的交流供电。

③ 场景 3：位于城区，BBU 机房和 RRU 站点路由距离超过 100m。

城区场景下 RRU 拉远距离较远（超过 100m）时，供电方案推荐采用就近供电方式。RRU 拉远建设处采用室外型的直流一体化电源或一体化 UPS 电源，从供电安全性、可靠性、逆变效率和投资考虑，建议尽量采用室外型的直流一体化电源，VIP 站点和非 VIP 站点的蓄电池后备时间按分别按 4 小时和 2 小时考虑。

④ 场景 4：RRU 用于道路、农村覆盖。

推荐采用就近供电方式，RRU 拉远建设处采用室外型的直流一体化电源或一体化 UPS 电源，从供电安全性、可靠性、逆变效率和投资考虑，建议尽量采用室外型的直流一体化电源，郊区站点和农村站点的蓄电池后备时间按分别按 5 小时和 7 小时考虑。

以上 4 种场景的供电方案，在实际工程中，应根据不同的条件具体进行选择，要综合考虑市电情况、供电距离、施工难度、投资等情况，选择最优最合理的供电方案。

（4）后备蓄电池配置方案

室分站点后备蓄电池配置建议按照 VIP 站点 4 小时、非 VIP 站点 2 小时的后备时间 2 组（或 1 组）阀控式蓄电池组。

若采用 48V 开关电源，则电池组典型配置见表 2-13。

表 2-13 站点类型划分表

设备功耗需求（W）	负荷电流（A）	后备 2 小时电池计算容量（Ah）	后备 4 小时电池计算容量（Ah）
50	1.04	5	8
200	4.17	20	30
500	10.42	50	80
1000	20.83	100	150

若采用 UPS 电源，应根据具体 UPS 工作电压、负荷电流按照 VIP 站点 4 小时、非 VIP 站点 2 小时的原则配置 UPS 蓄电池。

对于机房承重较差、供电条件较差或未配置空调的站点，可以考虑采用铁锂电池，主要采用壁挂或安装在综合机柜内的安装方式。在机房承重条件较好的情况下，蓄电池也可采用胶体电池或铅酸电池，以节省投资。

（5）电源设备安装方式

若现条件及设备功耗允许的情况下，宜采用综合机柜，电源设备及蓄电池组宜采用机柜嵌入式的安装形式安装在综合机柜内。

对于非嵌入式安装的设备，在条件允许时，宜可采用扁钢、挂耳等器件，将设备安装在室分系统场景的综合机柜内。

机房不具备安装综合机柜安装条件时，电源设备及蓄电池组宜采用壁挂自带箱体式的安装形式。

当电源设备采用壁挂自带箱体式的安装形式时，蓄电池组宜优先安装在壁挂电源箱体内，当蓄电池容量较大时，蓄电池可采用落地独立安装方式。

3. 综合架配套

在有机房的情况下，室分站点尽量采用综合架，建议选用以下 3 种规格的机柜：

对应机房场景 1：600mm（宽）×600mm（深）×2000mm（高）；

对应机房场景 2：可根据机房实际情况选择 600mm（宽）×600mm（深）×1600mm（高）或 600mm（宽）×600mm（深）×1200mm（高）；

综合架内需内置交流分配单元、ODF、DDF 等模块，配置按中期需求考虑。

4. 空调配套

具备安装条件的机房一般配置 1 台 1.5 匹壁挂单相或 3 匹柜式单相空调、对于按宏站规格建设的室分机房采用 3 匹或 5 匹柜式三相空调，具体规格及数量根据机房面积及设备功耗情况确定；对于机房面积过大的站点，如配置空调，需制作隔断，隔离出独立机房，否则不考虑配置空调。对于室内外机无法安装、无排水位置的，机房内已有空调等情况下不考虑配置空调。

5. 接地

地线系统应采用联合接地方式，即工作接地、保护接地、防雷接地共设一组接地体的接地方式。在机房内应至少设置 1 个地线排。室分信源接地建议依次采用以下方式：

（1）优先采用建筑楼宇可用的接地排或接地扁钢；

（2）利用原大楼的地网，但须做电阻测试；

（3）有条件的可选择自建地网；

（4）利用大楼交流配电柜接地；

（5）利用建筑物内的主要金属管道（水管及暖气管道）实现接地；

（6）利用现有可靠接地槽道实现接地。

根据集团公司 2010 年 7 月下发的关于室分建设的指导意见，GPS 馈线接地，如果没有馈窗接地排，则尽量安装馈窗接地排，严禁连接至室外的走线架上。当 GPS 馈线室外绝缘安装时，GPS 避雷器的接地线也可接到室内接地汇集线（或总接地汇流排）。

6. 监控

有机房或配置蓄电池的室内分布系统原则上需具备监控市电、烟感、水浸、温湿度、电压 5 项功能。设备安装及施工由监控厂家负责。除 BBU 机房在宏站内的情况外，每站新建一套。

2.5　传输设计

2.5.1　设计流程

传输设计流程总图如图 2-5 所示。

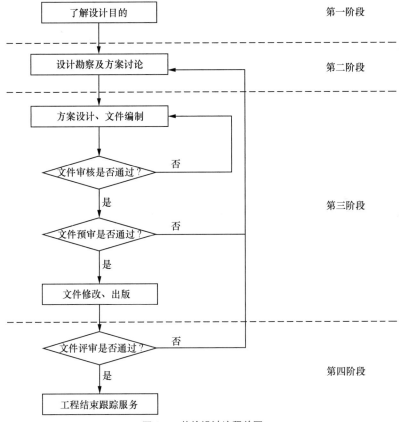

图 2-5　传输设计流程总图

2.5.2　设计要求

1. 传输线路设计

（1）2G 室分

a. 考虑 3G、WLAN 等其他业务的需求，光缆纤芯以 24 芯为主。

b. 物理上没有强制成环要求，若微蜂窝等数量较多，传输设备选择小容量 GE 速率设备及以上的配置，需考虑双路由保护。

（2）3G/4G 室分（BBU 可能不在宏站机房内安装、业主弱电间/楼梯间/配电房/地下室等处安装）

a．考虑 2G、WLAN 等其他业务的需求，BBU 上行光缆纤芯以 24 芯为主。

b．物理上没有强制成环要求，若 BBU 数量较多，传输设备选择增强型（含多个 GE 业务接口，以下相同）小容量 GE 速率设备及以上的配置，需考虑双路由保护。

c．RRU-BBU 之间光纤由系统集成商一体化施工。

（3）WLAN（独立放桩型/分布系统合路型）（AP 与 ONU 视现场情况，可类比直连或拉远方式）

a．考虑 2G/3G 室分等其他业务的需求，ONU 上行光缆纤芯以 24 芯为主。

b．物理上没有强制成环要求。

c．根据接入点所在位置，就近接入到综合业务接入区光交。

2．传输设备设计

（1）2G 室分根据站型可采用 PTN 或 ONU 设备传输。

a．宏蜂窝采用 PTN（一般选用小容量 GE 速率设备配置交流电源）；

b．微蜂窝若为共址站采用 PTN（一般选用小容量 GE 速率设备配置交流电源），若为不共址站，设备优先选用 ONU，配置交流电源。

（2）3G 室分根据 BBU 数量可采用 PTN 或光纤拉远方式传输。

a．1～2 个 BBU（含 2 个），采用光纤拉远；

b．2～6 个 BBU（含 6 个），装小容量 GE 速率设备；

c．6 个以上 BBU，装增强型小容量 GE 速率设备；

d．RRU 为光纤拉远，不需配置传输设备。

（3）若为 WLAN 业务，采用 ONU 传输方式，ONU 要求具备 POE 功能。

（4）4G 网络室分。

a．利用现有 PTN 设备：对于现有设备为增强型小容量 GE 速率设备的室分站点，可以直接利用现有设备。

b．新增增强型小容量 GE 速率设备替换原有小容量 GE 速率设备：如现有设备为小容量 GE 速率设备，但机房电源、空间、光缆等配套条件适宜安装增强型设备，则可新增增强型设备替换原有设备，增强网络安全和方便维护。

3．四网融合传输设计

（1）2G 与 3G 共址

若为宏站共址，传输方案如下。

a．尽可能采用大容量 GE 速率设备传输；

b．网络拓扑要求成环保护；

c．光缆纤芯主要考虑 48 芯为主；

d．需要成环接入，双路由保护；

e．根据接入点的所在位置就近接入综合业务接入区光交。

若为室分共址，细分 5 种场景分别采用对应的传输方案。

① 2G 分布系统的基站设备如与 3G 分布系统的 BBU 在同一位置，传输方案如下。

a．利用小容量 GE 速率设备上行；

b．光缆纤芯以 24 芯为主；

c．PTN 物理上无需成环，但需缆内成环，不需要双路由保护；

d．根据接入点所在位置就近接入附近基站或（非综合业务接入区）光交。

② 若 2G 无法与 3G 分布系统同一处放置的基站设备，且 BBU 数量不超过 2 台时，传输方案如下。

a．尽量将基站设备集中在别处并采用 ONU 设备加 2M 板卡开通 2G；

b．光缆考虑 24 芯为主；

c．根据接入点所在位置就近接入附近基站或光交，BBU 直接裸纤接入就近 PTN 设备中。

③ 若 2G 无法与 3G 分布系统同一处放置的基站设备，且 BBU 数量在 2～5 台时，传输方案如下。

a．采用小容量 GE 速率设备开通 2G 及 3G；

b．光缆考虑 24 芯为主；

c．根据接入点所在位置就近接入附近基站或（非综合业务接入区）光交；

d．PTN 物理上无需成环，但需缆内成环，不需要双路由保护。

④ 若 2G 无法与 3G 分布系统同一处放置的基站设备，且 BBU 数量超过 6 台时，传输方案如下。

a．采用增强型小容量 GE 速率设备开通 2G 及 3G；

b．光缆考虑 24 芯为主；

c．根据接入点所在位置就近接入附近基站或（非综合业务接入区）光交；

d．需要成环接入，双路由保护。

⑤ 若 2G 与 3G 分布系统 BBU 及 RRU 放在信源机房时，传输方案如下。

a．采用信源机房 PTN 开通 RRU 及 BBU，光纤拉远开通远端 RRU；

b．光缆考虑 48 芯为主；

c．成环、双路由保护情况同设备所在信源机房。

（2）2G 与 WLAN 共址

① 若 2G 宏站与 WLAN 共址时，考虑使用 PTN 方式开通，传输方案如下。

a．2G 宏站采用小容量 10GE 速率设备传输，WLAN 采用带 POE 模块的 PON 设备；

b．光缆纤芯主要考虑 48 芯为主；

c．物理上没有成环要求；

d．根据接入点的所在位置就近接入综合业务接入区光交。

② 若 2G 室分与 WLAN 共址时，考虑使用 PON 方式开通，传输方案如下。

a．采用 ONU 设备，光缆纤芯主要考虑以 24 芯为主；

b．物理上没有成环要求；

c．根据接入点的所在位置就近接入综合业务接入区光交。

（3）2G、3G 与 WLAN 共址

① 设备方案

A．WLAN

设备位置：根据现场情况确定，主要受五类线传输距离限制。

设备选型：仅可采用 ONU 设备。

B．3G

a．拉远：根据 RRU 数量计算纤芯需求。RRU 数量较多时考虑级联节约纤芯。

b．非拉远

设备位置：外部光缆通入的第一个 BBU 处安装，设备数量根据 BBU 数量的端口需求确定。

设备选型：仅可采用 PTN 设备。

C．2G

a．拉远：根据 RRU 数量计算纤芯需求。RRU 无法级联节约纤芯。

b．非拉远

设备位置：与 3G 设备同位置的利用 3G 配套的 PTN 设备，无 3G 配套 PTN 设备可利用的地点每个信源点新增 1 台小容量 GE 速率 PTN 设备。

设备选型：视情况可与 3G 共用小容量 GE 速率 PTN 设备，也可以单独安装 ONU。

② 光缆方案

2G 和 WLAN 所使用的 ONU 设备总数不足 6 台的，直接跳纤至附近光交，尽量利用原有分光器，资源不足才可新建。无论是利用原有分光器还是新增分光器，分光比均不得大于 2∶16。

在没有拉远的情况下，初次接入外缆的光缆规格应以 24 芯为主。

在 2G 或 3G 存在拉远的情况下，如拉远的纤芯需求大于 12 芯，可考虑使用 48 芯接入。

办公楼等业务需求大的外缆引入最少 48 芯。

外缆接入无强制成环要求。

（4）2G、3G 与 4G 网络共址

① 设备方案

A．WLAN

设备位置：根据现场情况确定，主要受五类线传输距离限制。

设备选型：仅可采用 ONU 设备。

B．4G 网络（不包含拉远场景）

设备位置：外部光缆通入的第一个 BBU 处安装，设备数量根据 BBU 数量的端口需求确定。

设备选型：仅可采小容量 GE 速率 PTN 设备。

C．2G

a．拉远：根据 RRH 数量计算纤芯需求。RRH 无法级联节约纤芯。

b．非拉远

设备位置：与 3G 设备同位置的利用 3G 配套的 PTN 设备，无 3G 配套 PTN 设备可利用的地点每个信源点新增 1 台 ONU 设备。

设备选型：视情况可与 4G 网络共用增强型小容量 GE 速率 PTN 设备，也可以单独安装 ONU。

② 光缆方案

2G 和 WLAN 所使用的 ONU 设备总数不足 6 台的，直接跳纤至附近光交，尽量利用原有分光器,资源不足才可新建。无论是利用原有分光器还是新增分光器,分光比均不得大于 2∶16。

在没有拉远的情况下,初次接入外缆的光缆规格应以 24 芯为主。

在 2G 存在拉远的情况下,如拉远的纤芯需求大于 12 芯,可考虑使用 48 芯接入。

办公楼等业务需求大的外缆引入最少 48 芯。

外缆接入无强制成环要求。

(5) 2G、3G、4G 网络与 WLAN 共址

① 宏站

传输方案如下。

A. 设备

a. 采用小容量 10GE 速率 PTN 设备,配置 10GE、GE、FE、E1 端口;

b. 拓扑结构:组建 10GE 接入环。

B. 管线

a. 市区及郊县管道接入选用 48 芯光缆,郊县架空部分考虑 48 芯光缆;

b. 要求成环接入,保证双路由保护。

② 室内分布

传输方案如下。

A. 设备

a. 采用增强型小容量 GE 速率 PTN 设备(配置 GE、FE、E1 端口)和 ONU 设备。

b. 采用 RRU 级联、BBU 拉远的方式,集中放置传输设备。

c. 1~2 个 BBU(含 2 个),采用光纤拉远,3 个以上 BBU,装增强型小容量 GE 速率 PTN 设备,壁挂式安装。

B. 管线

a. 光缆纤芯以 24 芯为主;

b. 要求成环接入,保证双路由保护;

c. 根据接入点所在位置,就近接入到附近基站。

4. 传输带宽设计

考虑传输开销,室分站点平均传输带宽按以下考虑:

(1) 2G 室分传输带宽:8Mbit/s /站;

(2) 3G 室分传输带宽:25Mbit/s/站;

(3) WLAN 传输带宽:30Mbit/s/站;

(4) 4G 网络室分传输带宽:60Mbit/s/站。

传输接口按以下考虑:

(1) 2G 室分传输接口:2M;

(2) 3G 室分传输接口:FE;

(3) WLAN 传输接口:FE;

(4) 4G 网络室分传输接口:FE。

目前常用设备(供参考):

小容量 GE 速率 PTN(烽火 620,华为 PTN910);

增强型 GE 速率 PTN(烽火 620A,华为 PTN910F);

大容量 GE 速率 PTN（烽火 640，华为 PTN950、960）；

小容量 10G 速率 PTN（烽火 640（10GE），华为 PTN960（10GE））。

5. 传输组网设计

（1）室分站点配置 PTN 设备，一般采用星形、链形上联至接入层 PTN 站点。如果采用链形，宜为短链，不宜为长链。

（2）因为 PTN 采用统计复用，在接入层宏站 PTN 组成的 GE/10GE 环上，控制环上所有节点数量（含支链上节点数量），以保证某个时间点个别站点达到峰值带宽。

2.6 设计审核

2.6.1 方案审核流程

方案审核要求及时、严谨、有据，审核流程应简洁、合理，以不耽搁工程进度为前提，以审核方案的合理性和规范性为要点，为运营商或铁塔公司室内分布系统建设工程把好第一关。

对方案的审核方法需针对不同的方案分别制定，根据工程的进程要求可以把方案分成两种。

（1）应急方案审核：自提交方案起 1～3 日内（含 3 日）需安排施工的非招标方案，1 个工作日内填写审核流转表，提交审核意见。

（2）常规方案审核：自提交方案起 3 日后需安排施工的非招标方案，2 个工作日内填写审核流转表，提交审核意见。

修改设计方案原则上时间不超过 2 天。

对于修改后的建设方案的审核，原则上 1 个工作日内完成，填写审核流转表，提交审核意见。

审核的意见反馈至地区分公司及室内分布的设计人员。每周向地市公司提交审核记录表格，每月向地市公

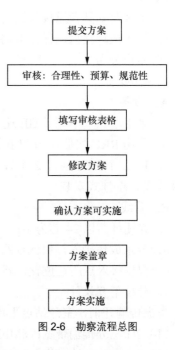

图 2-6　勘察流程总图

司和省公司相关部门提交一份审核报告，对方案审核过程中发现的问题进行总结汇报。最终修改完成的设计方案由审核方出具正式文本，加盖公章后发送至地区分公司存档。勘察流程总图如图 2-6 所示。

2.6.2 方案审核要求

1. 方案审核工作范围

审核目标：方案设计目标、系统组成、有源/无源设备的应用。

（1）室内分布系统建设目标

建设目标需符合运营商或铁塔公司关于室内分布系统的建设目标。

（2）空间链路分析

① 模拟测试分析：模拟测试的结果用来纠正空间链路分析中的穿墙损耗的取值和空间衰耗因子的取值，在模拟测试分析中应该得到体现。

② 边缘场强分析：边缘场强的分析应包含天线口功率的规划、天线增益、天线设计覆盖半径、天线设计穿墙数量、模测分析结果和方案设计功率冗余。

③ 信号泄漏分析：信号泄漏分析方法与边缘场强分析方法类似。

（3）组网方式分析

组网方式主要体现在 2G/3G/4G/WLAN 多网合一，多系统合路一般应该在主干完成，如需在平层内进行合路，则在方案中作情况说明；合路方式宜采用分级合路，二级合路器的端口频段需兼容一级合路器。组网方式需满足系统的兼容性和可扩展性。

① 系统兼容性：设计单一网络需满足多网运行的兼容性，优先考虑高频段网络的系统需求，2G/3G/4G/WLAN 四网合一需考虑 WLAN 对天线数量/点位的要求，对馈线规格的要求。

② 系统可扩展性：系统的可扩展性包括单一网络扩容的可行性和多网合一对功率的冗余。其中单一网络的扩容体现在 2G/3G/4G 信源载频的增加、WLAN 信源 AP 的增加要求 2 层交换机端口有冗余和传输的可扩容；功率的冗余要求在设计单一网络时系统功率保留至少 2dB 的冗余，设计双网合一或三网合一时，系统功率至少保留 1dB 的冗余。

（4）信源选取及配置方案

① 信源的选型：方案设计要求从站点的重要性、用户量/话务量预测、用户价值三方面综合分析确定。

② 信源频率规划：2G/3G/4G 频率规划需结合室外频点进行；WLAN 频率规划要求覆盖重叠区多 AP 信道编号差至少为 5，用户频率规划不宜采用 12 或 13 信道，同时考虑运营商的 AP 规划。

（5）网间干扰分析

多网合一的网间干扰分析包含 4 个方面：同频（杂散）干扰、邻道干扰、互调干扰和强干扰引起的阻塞。

（6）切换分析

方案设计需对 2G/3G/4G 切换区做出设计说明；WLAN 办公网络在同一集体内允许异频切换，否则禁止异频切换，应在 AP 内作 2 层隔离参数设置。

（7）系统上行噪声分析

2G 网络基站接收上行噪声电平小于 –120dBm/300kHz，3G 网络基站接收上行噪声电平小于 –113dBm/1.6MHz，方案设计需对系统上行噪声到达基站接收机的电平值进行计算分析。

（8）无源器件

无源器件的审核主要是无源器件的技术参数应符合运营商或铁塔公司的相关标准。

（9）馈线

馈线的审核包括馈线的选型和馈线的长度审核方法。

① 馈线的选型：新建站点的平层馈线以 1/2″阻燃馈线为主，超过 30m 时应考虑使用 7/8″馈线，跳线可使用标准长度跳线，20m 以上高楼主干优先考虑 7/8″馈线，在不影响覆盖效果不增加有源设备的前提下主干可考虑 1/2″馈线。

② 馈线的路由及长度：馈线长度允许有 5%损耗冗余，审核平面图中馈线长度是否合理；

方案设计人员在勘测时应了解站点的弱电线槽状况，馈线的设计应该符合楼宇线槽（或桥架）的路由。馈线和接头的余量要在设计后体现。在方案设计中与图纸保持一致。

（10）天线

天线的审核包括天线的选型、技术参数是否符合运营商或铁塔公司的网络相关标准；天线的设计安装位置应靠近检修口等易于维护的地方，金属吊顶内的天线必须设计明装，石膏吊顶内的天线尽量设计明装。

① 天线的点位：天线的点位应考虑该天线覆盖范围内信号的直射、穿射，避免依靠信号的绕射，穿墙数量承重墙不超过 1 堵，非承重墙不超过 2 堵，应避免覆盖半径内信号对墙体的斜穿，避免天线靠近柱子安装。

② 天线的数量：平层天线的数量取决于楼层的面积、建筑结构和设计天线覆盖半径，需核对平面天线覆盖半径和方案文本部分覆盖半径是否一致。

③ 天线型号：天线型号的选择取决于天线覆盖区域的建筑结构特点，电梯井道内一般采用较高增益的对数周期天线或定向板状天线，楼层内天线覆盖区域内结构均匀地采用全向吸顶天线，楼道两端或大堂等靠近窗口的天线宜采用定向吸顶天线，机场、展览厅等大型建筑内宜采用波瓣角适宜的定向板状天线。

④ 功率的平均数值：天线口的功率平均值应接近或稍高于满足网络覆盖要求。

⑤ 功率的设计差异：天线口的功率设计允许有差异，新建室内分布系统设计要求同一有源设备下所带所有天线的最高天线口功率－最低天线口功率<4dB。

⑥ 3G 对功率的限制：3G 系统要求天线口功率需满足 MCL 值>57.5dB 的要求。

2. 设计方案审核要点

（1）模拟测试图审核

① 审核模测点的合理性

a. 审核模拟测试图中发射点是否按照设计指导书要求，非标准层以及非标准结构的天线均要进行模拟测试；

b. 审核模拟测试图中测试点的选择是否合理，如测试点是否位于边缘、重要和典型区域是否进行测试。

② 审核模测数据

a. 审核模测数据是否正确且真实，例如，根据经验和尝试，粗略判断模拟测试数据的真实性；

b. 审核模测数据是否能够支持所安装的天线以及设计的天线功率能够达到覆盖要求。

③ 审核必要的标注是否齐全

审核图例、模测说明、测试结论、图纸名称等是否齐全。

（2）系统组网图审核

① 审核组网方式是否合理

a. 审核小区规划是否合理，从容量需求、电梯切换以及和室外小区切换方面考虑，看小区规划是否合理，是否方便日后载波扩容以及分裂小区扩容；

b. 审核系统的组网方式是否符合设备厂家的技术要求，如 BBU 光口数量、RRU 级联数量、RRU 到 BBU 之间光纤的距离、距离 BBU 最近的 RRU 和最远 RRU 距离差等是否满足设备厂家的技术要求。

② 审核系统是否上下行平衡

a．审核 RRU 输出功率是否按照集团设计指导原则中建议的功率；

b．引入干放等有源设备的系统，审核其干放上下行增益设置是否合理；

c．审核引入干放后，小区噪声抬升值是否在允许范围内。

③ 审核必要的标注是否齐全

a．审核 GPS、RRU、BBU 的安装位置是否明确；

b．审核 RRU 的取电方式和取电位置是否合理；

c．审核 RRU 各通道的覆盖范围是否明确；

d．审核图例是否齐全。

（3）原理图审核

① 审核功率分配是否合理

a．审核 RRU 或者干放功率是否合理、利用是否充分，尤其注意多台主设备安装在一起或者距离很近的情况；

b．审核原理图上天线口功率分配是否均匀；

c．功分器和耦合器的使用是否合理，是否存在大量重复走线的情况。

② 审核合路点、天线分裂点是否合理

a．审核合路点位置是否合理，例如，为何使用大量合路器等；

b．审核天线分裂是否合理，例如，天线的分裂是否充分利用了原来的天馈，采取末端分裂的方式。

③ 审核必要的标注是否齐全

审核图例、图纸名称、图例、版面、RRU 输出功率、断点的来去说明等是否符合设计指导书的要求。

（4）安装图审核

① 审核必备的图纸是否齐全

a．审核是否按照要求，画出 RRU 的光纤路由图，并标出全部 RRU 安装位置；

b．审核存在多栋建筑时，是否提供总体平面图，并清晰标注清楚每栋建筑的位置；

c．审核 RRU 以及 GPS 安装图上，安装位置是否准确。

② 审核天线布放是否合理

a．审核天线密度、安装位置是否能够对相应的覆盖区进行覆盖，且密度和位置合适，如重要会议室、重要办公室、电梯口等是否能够确保覆盖；

b．审核外泄控制采取的天线布放方式是否合理，图中的天线布放是否会造成外泄，如窗户边、走道两头的天线是否会造成严重外泄；

c．审核控制 1F 切换带的天线设计是否合理，切换带规划是否明确、合理；

d．审核电梯的覆盖以及电梯的切换设计是否合理。

③ 审核走线设计是否合理

a．审核主干路由是否合理，例如，水平面很大的建筑是否采取多路垂直主干走线；

b．审核是否因功分器和耦合器的使用不当，造成大量重复走线，例如，同一个方向是否存在超过 3 根馈线；

c．馈线断点来、去标注是否清楚。

④ 审核必要的标注是否齐全

审核图例、图签、天线二维坐标、安装说明等设计指导书中要求必备的标注是否齐全。

（5）工程投资预算审核

① 审核工程材料

审核材料清单中主要工程材料是否正确，线缆余量控制在5%以内，如RRU数量和型号、光纤数量等；必要时抽查其他材料的准确性。

② 审核设计预算

审核预算中主要工程材料是否和方案描述一致，审核预算相关工日计列是否准确，审核预算表相关费率计列是否符合国家规范。

（6）方案说明的审核

① 审核工程概况

审核站点地址、建筑楼高、电梯数量、经纬度等站点基本信息；

审核覆盖范围、覆盖方式、信源类型、机房位置、系统规模等信息；

通过对工程概况进行审核，掌握整个站点室内分布系统的基本信息，为后续审核打下基础。

② 审核容量分析

审核方案中对容量分析是否合理。

③ 审核切换分析

审核方案中切换设计、分析是否合理。

④ 审核场强分析

审核方案中场强分析是否合理，能否达到覆盖要求。

⑤ 审核外泄分析

审核方案中外泄控制措施以及对外泄的分析是否合理，能否达到外泄指标要求。

⑥ 审核安装说明

审核设备安装说明是否详细，安装位置是否合理，是否符合安装位置无强电、强磁、强腐蚀、方便维护的安装要求。

（7）方案设计规范性审核

审核目标：室内分布系统方案设计文本、室内分布系统方案设计平面图及系统原理图。设计要求如下。

① 方案设计文本说明部分需包含以下内容。

a．概述

概述中需明确站点的名称、详细地址、功能、重要性、建筑面积、设计覆盖面积。

b．站点现有无线网络环境测试

方案中需包含对站点原有无线网络环境的定性描述，并对站点的同网状况进行DT/CQT测试，在方案中用表格的形式体现。

c．方案设计技术指标

方案设计中需明确所设计网络的系统指标。

d．信号源设置方案

方案中需从以下三方面说明选取信源的依据：容量/话务量的分析；信源安装的可实施性；站点的用户价值。

e．方案中需对信号源的安装位置、参数配置用表格的形式体现。

f．无源器件设置方案

方案需明确无源器件的选取依据，并对所用无源器件进行性能指标说明。

g．天线设置方案

方案需明确天线型号的选取依据、设计覆盖半径，并对所用天线进行性能指标说明。

h．信号分布系统链路计算

方案需根据无线电波室内传播模型 Keean-Motley 模型对信号覆盖电平进行分析说明，说明中需包含以下两方面：覆盖区域边缘场强分析；覆盖区外信号泄漏的分析。

i．系统间干扰分析

方案如果设计为多网合一，则需要对各网络之间的干扰进行分析说明。

j．模拟测试

方案要求在标准层和非标准层分别进行模拟覆盖测试，模测可选取工作频段接近的信号源进行近似测试，模测结果需对方案设计模型进行纠正。

k．供电系统

方案需对信源设备的供电方案进行说明。

l．安装说明

方案需对信源设备、有源设备、无源器件、天馈系统的安装提出明确的规范，规范依据《室内分布系统施工验收规范》。

m．安装设备清单

方案需明确安装设备的名称、型号、数量等明细。

n．工程预算

方案需明确工程预算总额，单位为人民币。

② 方案设计图纸部分需依据以下内容。

方案设计图纸需包含工程图例、系统原理图、平面天线点位及电缆路由图、有源设备安装图、天线安装图、电梯井道天线安装位置及电缆路由图。

a．工程图例

工程图例需对图纸中所出现的所有设备标识进行说明。

b．系统原理图

系统原理图构图要求简洁清楚，原理图超过 2 张需加系统原理总图，原理图内容需遵守下列要求：

不同型号的设备标识符号不同；

有源设备的位置精确至机房（或弱电井道）；

无源器件及天馈系统的位置精确至楼层；

天线、无源器件需统一编号；

体现有源设备的输入输出功率电平；

体现天线口输出功率电平；

馈线的长度精确至 1m；

功率电平值精确到 0.1dBm。

c．平面天线点位及电缆路由图

平面图需体现所有天馈系统的安装位置，并对楼层的平面建筑结构（包括所有影响信号的门、墙、窗户等）进行详细的说明，并遵守下列要求：

平面图中所有的尺寸标注精确到"1"（"1"代表1mm）；

天线安装位置需要作参照说明；

馈线的长度需要说明，精确至1m；

定向天线的发射方向需在平面图中体现。

d．有源设备安装图

对有源设备的安装高度、安装方法进行说明。

e．天线安装图

对天线安装方法进行说明。

f．电梯井道天线安装位置及电缆路由图

电梯井道天线的安装位置需精确至楼层。

3．方案审核实施执行细则

输入：集成商完成的设计方案（模测报告、图纸、附表、预算和说明）、室内分布系统方案设计要求。

输出：审核意见表。

责任人：项目经理。

主要控制点：移动公司提供的方案设计要求，审核必须由项目经理来进行把关，当方案修改后须进行再次审核，分公司组织设计会审，由分公司、集成商、设计单位、监理单位参加。

相关记录：方案审核记录表、设计变更单、方案审核评分表。

（1）人员配置

根据移动集团和省公司室内分布方案审核的要求，成立方案评审小组。方案评审组设置项目经理1人，并根据地区建设规模配置评审工程师。

① 项目经理主要工作职责如下。

a．负责方案评审过程中和分公司以及集成商的信息沟通。

b．统计每周方案评审情况以及评审人员工作情况，填写评审记录表。

c．每周五提交评审记录表。

② 评审工程师主要工作职责如下。

a．负责方案审核，提出整改意见，填写相关评审表格。

b．参加每周定期召开的方案评审会，提交评审意见。

c．协助后期验收工作，提供相关技术资料。

（2）工作目标

负责完成集成商提交的室内分布技术方案的评审工作。

（3）工作量统计

以每周填写的评审记录表中统计的方案评审数量及相关信息，作为评审人员的工作效率以及评审质量的考核依据。

（4）评审细则

① 方案评审会

A．参加人员

a．分公司方案评审相关负责人；

b．设计院方案评审组以及相关人员；

c．集成商代表。

B．会议议题

a．总结、反馈集成商上次提交方案的预审情况，并向分公司相关负责人及时通报；

b．提出评审、修改意见；

c．听取分公司的评审意见，并安排下周方案审核计划。

② 内部评审会

A．参加人员

方案评审组成员以及相关人员。

B．议程

a．按照评审标准审核方案；

b．根据方案评审情况填写相应表格。

③ 原则

a．方案统一模板，可适时更新；

b．严格参照方案评审流程图以及评审标准审核方案；

c．尽量避免和集成商直接接触，方案沟通、交流原则上必须有分公司相应人员在场；

d．方案实行组内成员交叉双重审核，审核人员必须签字确认。

（5）评审过程输出表格

① 方案设计修改意见表

方案设计修改意见表

集成商：　　楼宇名称：　　　　楼宇编号：

序号	项目内容	修改意见
1	信号源	
2	天馈设计	
3	无源设备	
4	有源设备	
5	系统组网图	
6	安装图	
7	功率计算	
8	材料统计	
9	投资预算	
10	文本描述	
11	其他	
设计院工程师签字确认：		评审时间：
集成商代表签字确认：		

② 设计方案审核意见表

设计方案审核意见表

工程名称		设计单位		设计时间	
建设单位		审核人员		审核时间	

评审意见：					
评审小结：					
评审结论：					
设计院工程师签字确认：			建设代表签字确认：		

③ 设计方案变更登记单

设计方案变更登记单

建设单位名称	
业主名称	
方案设计单位	
设计补充图纸名称及图号	

原设计规定的内容：		变更后的工作内容：	
原设计工程量		变更后工程量	
变更原因及说明：			
设计院工程师签字确认：		移动代表签字确认：	

④ 室分设计方案评分表

室分设计方案评分表

室内分布系统方案审核标准			
评审内容	权重	得分	备注
一、文本方面			
1　**文本总体的流畅性，正确性**			
2　**整个楼宇情况的描述**			
地理位置、楼层高度、建筑面积、机房位置等			
3　**有关楼宇特殊重要情况的描述**			
周围基站情况描述			
4　**其他**			
二、设计方面			
1　**天线布放设计**			
不同的楼层结构放置天线是否合理			
底层靠近门口的天线是否考虑切换			
电梯的覆盖方式			
2　**天线输出功率设计**			
天线输出功率必须满足相关要求			
同一楼层天线输出功率最大最小相差 5dB			
3　**天线输出功率计算**			
计算是否正确			
是否按照方案设计要求填写			
4　**多系统远端设备**			
远端设计功率是否合理			
远端设计位置是否合理			
是否满足系统远端的使用原则			
5　**2G/3G/4G 主设备信源**			
2G/3G/4G 主设备信源的重要配置说明			
6　**元器件设备数量的正确性**			
耦合器、功分器、天线等无源设备			
RRU 等有源设备			
电缆、接头等辅助材料			
7　**双频系统**			
计算天线功率是否按照双频率系统要求			
8　**附上正确的各种有无源元器件的详细性能指标**			
9　**其他**			

室内分布系统方案审核标准			
评审内容	权重	得分	备注
三、绘图方面			
1	要求标注清楚耦合器、功分器、天线的位置和编号，同时要标明走线的方向			
2	需有绘制不同结构的单层平面图，并标识清楚一层各个门口的位置（各个不同结构的平面楼层均需要提供，包括井道位置，特殊结构的说明），设计时需要考虑门内外的切换			
3	系统配置图需要标明耦合器、功分器输入、输出的电平值，及天线口的输出功率			
4	系统配置图中各节点电平值，要求精确到小数点后 1 位			
5	其他			
四、重点考虑问题			
1	★设计是否能满足关键指标			
2	★外泄控制是否合理			
3	★切换区规划是否合理			
4	★是否考虑平滑扩容及演进			
5	★设计中其他考虑因素			
	评分			

评分标准

内容	权重
文本方面	15%
设计方面	40%
绘图方面	25%
重点问题	20%

注：最终评分将作为考核集成商的主要依据之一。

2.7 设计评审及批复

随着 4G 网络的快速建设，资金材料等投入巨大，且室内覆盖工程设计复杂，情况多变。为使工程建设更经济化、效益化，增加设计评审流程非常重要。在评审环节中，评审组和设计组可从各自角度对设计进行评审和讨论，进而加强设计质量和工程控制质量。

区域项目经理在发起站点建设需求后，集成商进行方案设计并提交给设计院对其方案进行审核，审核通过方案再由市公司网优班组织集中会审；设计院对网优审核通过的站点进行信源设计，待设计院完成信源设计后，项目经理组织监理、集成商、设计院共同进行信源评审，审核通过后委派设计院进行线路设计；设计院完成线路设计后再由市公司传输班组织集中会审；设计院将审核通过后线路、信源设计及分布系统设计集中梳理后，最终由市公司组织相关工程班、规划班及合作人员共同进行评审，评审通过后，签署会审纪要同意建设，反之暂停或取消建设。评审通过的站点打包推送省公司进行设计批复。设计评审及批复总图如图 2-7 所示。

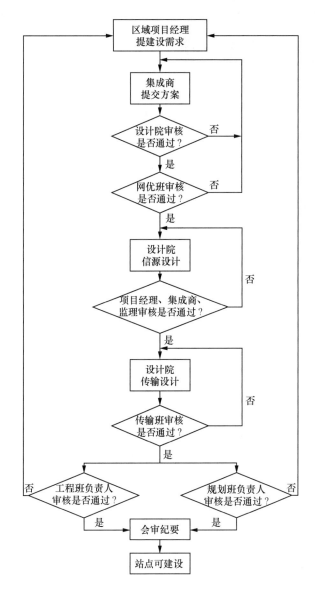

图 2-7　设计评审及批复总图

第3章
室分工程实施阶段

室分工程实施阶段是完成室分实质工程建设部分，室分工程建设的规范性决定了室分工程质量。本章从工程招标、合同准备、质量监督、配套请购和工程项目施工 5 个部分介绍了室分工程实施的一般流程和要点。

3.1　工程项目招标

通信工程项目招投标是国家为了规范通信工程建设程序、合理有效地控制建设成本、提高投资效益、保证通信工程质量所采取的强制手段。为此， 2000 年 9 月 22 日信息产业部发布了《通信建设项目招标投标管理暂行规定》，随后各运营商下发了相应的通信建设项目招投标暂行规定。

通信工程项目的招标更加科学、规范地选择满足项目要求的设计、施工和监理单位，是做好通信工程项目建设的基本保证；合理有效地控制建设成本，可以降低工程造价，改善企业的运营效益；有效防止暗箱操作，可以增加工程项目发包的透明度，是政府反腐倡廉工作的重点。对通信工程项目实行招标，可使建设、设计、施工、监理各方严格遵守国家法律，增强依法经营的意识；可使公司在通信建设工程项目建设管理上更加规范，提高对工程建设的管理水平。

3.1.1　项目招标流程

项目招标流程总图如图 3-1 所示。

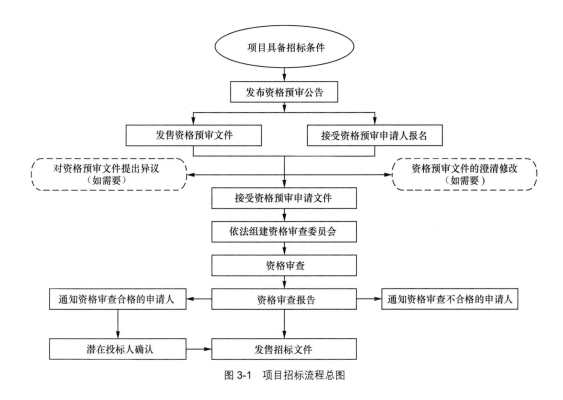

图 3-1　项目招标流程总图

　　应选择好通信工程建设项目设计、施工、监理单位。工程项目立项后，工程建设部门根据批准的立项金额及相关管理制度，采用入围、依法招标、比选、询价、直接发包等方式选择合作单位，其中采用依法招标、比选方式的项目，工程建设部门提交请购单，由采购部门组织、纪检部门监督。

　　纪检组（纪委）负责对招标、评标工作的程序性、合法性以及招标、评标人员的廉洁性、公正性等方面实施监督检查。纪检监察人员在招投标活动中履行监标员职责。对委托招标代理单位进行的招投标活动实行有选择的监督和抽查，对按公司规定由内部举行的邀标议标活动，每次必须由专、兼职纪检人员（市分公司纪委成员或由纪委指派的人员）参与监督检查。

3.1.2　项目招标要求

一、必须招标的通信工程项目

（一）根据《通信集团通信建设工程项目招标投标管理暂行规定》的要求，对达到下列标准之一的通信建设项目，包括项目的勘察、设计、施工、监理以及与工程建设有关的主要设备、材料等的采购，必须进行招标。

施工发包单项合同估算价在 200 万元人民币及以上；

通信建设所需主要设备、材料等货物的采购，单项合同估算价在 100 万元人民币及以上；

勘察、设计、监理等服务的采购，单项合同估算价在 50 万元人民币及以上；

单项合同估算价低于（一）、（二）、（三）项规定的标准，但项目总投资额在 3000 万元人民币及以上。

（二）以市分公司名义向当地政府报建的本地传送网工程项目，总投资额估算价在 50 万元人民币及以上，原则上需通过招标选择施工单位。

（三）其他按政府、集团公司和省公司有关要求必须进行招标的通信工程建设项目。

二、招标

（一）各市分公司按政府和省公司有关规定办理完建设项目审批手续后，方可进行招标。

（二）招标分为公开招标和邀请招标。公开招标，是指招标单位以招标公告的方式邀请非特定的法人或其他组织投标。邀请招标，是指招标单位以投标邀请书的方式邀请特定的法人或其他组织投标。

（三）一般的通信工程项目，原则上采取邀请招标方式，即同时向三个以上具备承担招标项目能力、资信良好的特定法人或者其他组织发出投标邀请书。对于项目总投资额在 3000 万元人民币以上的工程项目，则必须采用公开招标方式选择施工单位。

（四）目前，各市分公司应在省公司框架协议的范围内选择招标代理机构并委托其办理招标事宜。

三、投标单位的选择

（一）各市分公司采取邀请招标方式时，原则上在省公司框架协议的范围内选择设计、施工、监理项目的投标单位。特殊情况必须报省公司审批。

（二）物资采购的招投标按省公司有关规定执行。

四、通信工程项目招标工作的组织实施

通信工程建设项目招标工作由省公司、市分公司按建设单位分别组织实施。

对于招标限额规定以下的通信建设项目，按省公司相关管理规定执行。

3.2 合同准备

合同正式签订，必须坚持"资质调查在前，谈判、签约在后"的原则，合同承办部门应审查以下内容。

（一）企业营业执照、税务登记证、法定代表人身份证明、授权委托书；

（二）特种行业生产经营许可证书；

（三）工程建设企业的施工资质等级证书；

（四）依据合同性质、类别所要求的其他资质证明材料；

（五）审查对方当事人近三年来的经营业绩材料；

（六）审查对方有关生产规模、技术实力、施工或供货能力方面的相关资料，以确定其履约能力。

3.2.1 合同签订流程

（1）公司各部门负责起草与本部门负责职责范围内合同，参与合同谈判，组织会签，参加对合同履行的评价；

（2）工程建设部门负责审核工程合同的各项技术条款；

（3）采购部门负责合同的商务条款，确认待签合同与审批调整建议的一致性；

（4）财务部门审核合同付款，发票纳税等相关财务有关条款；

（5）其他部门审核本专业所有合同的技术条款。

合同执行部门负责起草和谈判，组织会签。合同应做到内容合法、条款齐全、文字清楚、表述规范、权利义务和违约责任明确、期限和数字准确，应包括以下内容。

（1）合同名称；

（2）甲乙方名称及地址，经办人联系电话；

（3）甲乙方法人代表或其合法代理人签字、公司公章或合同专用章；

（4）合同签订日期；

（5）数量、质量；

（6）价款或酬金（工程计价方法、工程款支付方式）；

（7）履约方式、地点、费用的承担；

（8）违约责任（甲乙方权利和义务）；

（9）生效、实效条件；

（10）争议解决的方法；

（11）合同的份数及附件；

（12）保密条款（视合同性质需要）；

（13）合同负责或主办部门填写《合同审批单》、合同摘要并附合同文本，合同业务单位营业执照和相关资质复印件加盖公章，法定代理人授权委托书原件，按权限审核报批。

3.2.2　合同签订要求

（1）合同原则上由对方先签字盖章。

合同按照规定审批顺序全部完成后，由综合部按照审批意见和即将最终签字/盖章的合同文本对照，有添加或需要修改的及时更正，确认无误后，按照公司印章使用管理规定办理签字盖章手续。

（2）合同存档、备案：合同签订一周内，合同正本原件交综合部存档，合同副本由合同执行部门留存使用。

（3）合同执行部门在合同履行过程中应注意：涉及工期、造价、质量的决定应以书面形式记录和确认。涉及双方往来函件，如以公司名义发出时应以法律规定的有效方式发送，并要求对方签收并保留发出的凭证，如对方拒收应即改为特快专递方式重发。

（4）合同执行过程中，合约部应及时对合同履行情况进行监督检查，并定期对合同执行情况进行分析，做到心中有数。

合同变更、转让及解除必须采用书面形式。

（1）变更合同范围和付款条件，转让合同义务、解除合同的应采用补充合同的形式。

（2）工程类合同可采用设计变更和现场签证方式进行合同变更。

（3）变更、转让或解除后合同执行部门应在一周内完成修改存档和通知，方式和范围同合同存档、备案的相关规定。各部门应对原合同文本进行标示，以免错误地执行原合同。

3.2.3　合同模板

主要包括场地租赁合同、工程监理合同、工程设计合同、零星接入工程协议、通信管道施工合同。

1. 场地租赁合同模板

场地租赁合同

甲方（出租人）：

地址：

联系电话：

乙方（承租人）：

地址：

联系电话：

根据《中华人民共和国合同法》及有关规定，为明确出租人与承租人的权利义务关系，经双方协商一致，签订本合同。

一、租赁场地

甲方同意将其有权出租的位于 市 路 号的场地/房屋/屋顶（以下简称租赁场地）租赁给乙方。租赁场地的使用面积为 平方米，租赁场地的范围及位置详见附件 。

二、租赁场地的法律状况

租赁场地现有的法律文件有：

1. 房屋产权证，证号为： ；

2. 土地使用权证，土地性质为： 、证号为： ；

3. 建设用地规划许可证，证号为： ；

4. 建设工程规划许可证，证号为： ；

5. 临时工程规划许可证，证号为： 。

三、甲方对租赁场地的权利

1. 甲方对租赁场地享有所有权/使用权。

甲方为使用权人的，应保证租赁行为已经取得产权人的同意。甲方应在签订本协议时向乙方提供产权人同意租赁的文书，该文书自动成为本协议的附件。

2. 甲方自行处理任何与本租赁场地有关的产权纠纷或债务纠纷并自行承担责任。若因甲方未能处理上述事务导致乙方损失的，甲方承担责任。

四、租赁用途

建设移动通信基站。包括但不限于设立铁塔、抱杆、桅杆、拉线塔、走线架、防雷接地系统、搭建机房等。

乙方保证在使用租赁场地的过程中，不破坏甲方的房屋及屋内设施。如因乙方行为导致甲方房屋或屋内设施损坏或损失的，由乙方负责及赔偿。

五、租赁期限

起租日： 年 月 日，终止日： 年 月 日。

六、交付

1. 甲方应在起租日前 日内向乙方交付租赁场地。甲方延期交付租赁场地的，双方按照如下方式处理：租赁期顺延（租金不变）。

2．交付是指甲方将租赁场地交乙方使用，若乙方受到阻碍，无法进入或虽然进入但受到他人的干扰导致无法正常使用场地，均视为甲方未能交付。

七、优先承租权

合同期满后，如出租人仍继续出租场地，同等条件下，乙方享有优先承租权。本协议所称同等条件，主要是指价格和付款时间。

八、租赁费用

1．租赁费标准为每年　　　　元；

2．乙方付款日期为：　　　　　　　；

3．乙方付款方式为：　　　　　　　；

4．非因双方违约，导致租赁提前终止或延后的，双方应以日为标准结算租金（日标准的计算公式为：年租金/365日）。

九、租赁登记手续

甲方负责办理租赁登记手续，乙方予以配合。因甲方原因未能办理登记手续，导致被行政机关处罚的，由甲方承担责任。

十、工程规划手续

乙方负责办理基站的规划手续，甲方予以配合。

十一、施工

1．租赁期内，乙方有权在租赁场地内施工。乙方的施工包括基站的初始建设和以后的改造、维修。

2．乙方应快速、安全地施工，应尽量减少对甲方和相邻方的影响；甲方应该协助协调与相邻方的关系。

3．施工期间，甲方应为乙方工程车辆和工程人员的进出提供方便；

4．施工期间的水电由甲方提供，由乙方按时结算。

十二、租赁场地使用

1．乙方应按照约定的用途使用租赁场地。

2．甲方应为乙方人员进出租赁场地提供便利。

3．甲方无偿提供通信电缆、天馈线、电力电缆及其他相关设施进出租赁场地的条件和路径，甲方无偿提供种植地气线的地方，空调室外机的安装位置。上述设施要经过相邻方的区域的，甲方参与协调。乙方应提前向甲方告知上述设施的路线、位置并充分尊重甲方的意见。租赁期内，乙方有权调整线路，如有上述调整的，应提前通知甲方。

4．甲方为乙方提供　　　　　　　　　，保证乙方基站机房的正常用电及设备工作接地。

5．乙方用水、电单独挂表计算，费用按　水、电表计量数×供水、电部门规定的收费标准　计算。水电费每　结算一次。

十三、租赁场地维修

租赁场地的修缮由甲方负责，甲方应保障乙方安全和正常使用的使用基站设施。

十四、消防及安全

乙方应按规定做好租赁场地内的消防和安全工作。甲方发现租赁场地内出现安全隐患时，应在及时通知乙方处理。

十五、拆迁

租赁期内，场地遇政府拆迁的，按照国家有关规定处理。

十六、违约责任

任何一方未按本合同规定履行的均视为违约，违约方应向对方支付年租金20%的违约金，违约金不足以弥补对方损失的，应增加赔偿直至弥补对方损失。

乙方无故延迟　月不交纳租金的，甲方有权解除合同，乙方除应补交所欠租金外，还应向甲方赔偿年租金的20%。

甲方未按本合同的规定履行合同，经催告在合理期限内（一般不超过1个月）仍未纠正的，乙方有权解除合同，乙方解除合同的，甲方承担下列违约责任：退还剩余租金，赔偿乙方改建机房、搬迁设备的所有费用，赔偿乙方年租金的20%。

十七、免责条件

因不可抗力导致租赁合同无法继续的，双方互不承担违约责任。若租赁合同因此提前终止，甲方应退还剩余租金。

十八、争议的解决方式

本合同在履行中如发生争议，双方协商解决；协商不成时，可向租赁场地所在地法院起诉。

十九、其他约定：

本合同一式　份，甲方执　份、乙方执　份。本协议自双方签字盖章后生效。

甲方：	乙方：
法定代表人或授权代表人（签字盖章）：	法定代表人或授权代表人（签字盖章）：
时间：　　年　月　日	时间：　　年　月　日

2. 工程监理合同模板

（　　）工程监理合同

第一部分　　建设工程委托监理合同
第二部分　　标准条件
第三部分　　专用条件
附件A　　　服务范围
附件B　　　报酬与支付

第一部分　　建设工程委托监理合同

本合同由_____（以下简称"业主"）为一方与_____（以下简称"监理单位"）为另一方签订，双方兹就以下事项达成本合同。

1. 业主委托监理单位监理的工程（以下简称"本工程"）概况如下：

工程名称：

工程地点：

工程规模：

监理费：

本合同中的措词和用语应与下文提及的"第二部分　标准条件"中分别赋予它们的含义相同。

2．下列文件应被认为是本合同的一部分，并应作为其一部分进行阅读和理解。

（a）标准条件；

（b）专用条件；

（c）附件，即：

　　　附件 A——服务范围

　　　附件 B——报酬与支付

基于业主对监理单位的支付，监理单位在此向业主承诺，将遵照本合同的规定提供监理服务。

3．监理单位向业主承诺，按照本合同的规定，承担本合同专用条件中议定范围内的监理业务。

4．业主在此同意：按本合同注明的期限和方式，向监理单位支付根据合同规定应支付的款项，以此作为所提供服务的报酬。

本合同谨于前文所书明之年月日，由立约双方根据其有关的法律签署并开始执行。

业主：	业主：
监理单位：	监理单位：
盖章：	盖章：
代表姓名：	代表姓名：
签字：	签字：
日期：	日期：
地址：	地址：
开户银行：	开户银行：
账号：	账号：

第二部分　标准条件

定义、适用范围和法规

1．定义、适用范围和法规

下列条词和用语，除上下文另有要求者外，有如下含义：

（1）"项目"是指第三部中指定的并为之建造工程的项目。

（2）"服务"是指监理单位根据合同所进行的各项工作，包括正常的工作、附加的工作和额外的工作。

（3）"工程"是指第三部分中业主委托实施监理的工程。

（4）"业主"是指本合同所指的_____及其合法继承人和允许的受让人。

（5）"监理单位"是指承担监理业务和监理责任的一方，以及其合法继承人和允许的受让人。

（6）"监理机构"是指监理单位派驻本工程现场实施监理业务的组织。

（7）"总监理工程师"是指经业主同意，监理单位派到监理机构全面履行本合同的全权负责人。

（8）"监理工程师"是指取得国家或信产部监理工程师执业资格证书并经注册的监理人员。

（9）"监理员"是指经过监理业务培训，具有同类工程相关专业知识，从事具体监理工作的监理人员。

（10）"承包人"是指除监理单位以外，业主就工程建设有关事宜签订合同的当事人。

（11）"工程监理的正常工作"是指双方在专用条件中约定，业主委托的监理工作范围和内容。

（12）"工程监理的附加工作"是指业主委托监理范围以外，通过双方书面协议另外增加的工作内容；由于业主或承包人的原因，使监理工作受到阻碍或延误，因增加工作量或持续时间而增加的工作。

（13）"工程监理的额外工作"是指正常工作和附加工作以外或非监理单位自己的原因而暂停或终止监理业务，其善后工作及恢复监理业务的工作。

（14）"一方"是指业主或监理单位。"双方"是指业主和监理单位。"第三方"是指业主和监理单位以外的其他当事人或实体。

（15）"合同"是指包括中标函、第一部分建设工程委托监理合同、第二部分标准条件、第三部分专用条件以及附件A（服务范围）、附件B（报酬与支付）。

（16）"日"是指任何一天零时至第二天零时的时间段。

（17）"月"是指根据公历从一个月份中任何一天开始到下一个月相应日期的前一天的时间段。

（18）"货币"指人民币。

2. 建设工程委托监理合同适用的法律是指中华人民共和国的法律、行政法规，以及工程所在地的地方法规、地方规章。

3. 本合同文件使用汉语语言文字书写、解释和说明。如专用条件约定使用两种以上（含两种）语言文字时，汉语应为解释和说明本合同的标准语言文字。

监理单位权利

4. 监理单位在业主委托的工程范围内，享有以下权利。

（1）对工程建设有关事项包括工程规模、设计标准、规划设计、生产工艺设计和使用功能要求，向业主的建议权。

（2）对工程设计中的技术问题，按照安全和优化的原则，向设计人提出建议；如果拟提出的建议可能会提高工程造价或延长工期，应当事先征得业主的同意。当发现工程设计不符合国家颁布的建设工程质量标准或设计合同约定的质量标准时，监理单位应当书面报告业主并要求设计人更正。

（3）审批工程施工组织设计和技术方案，按照保质量、保工期和降低成本的原则，向承包人提出建议，并向业主提出书面报告。

（4）主持工程建设有关协作单位的组织协调，重要协调事项应当事先向业主报告。

（5）征得业主同意，监理单位有权发布开工令、停工令、复工令，但应当事先向业主报告。如在紧急情况下未能事先报告时，则应在24小时内向业主作出书面报告。

（6）工程上使用的材料和施工质量的检验权。对于不符合设计要求和合同约定及国家质量标准的材料、构配件、设备，有权通知承包人停止使用；对于不符合规范和质量标准的工序、分部、分项工程和不安全施工作业，有权通知承包人停工整改、返工。承包人得到监理机构复工令后才能复工。

（7）工程施工进度的检查、监督权，以及工程实际竣工日期提前或超过工程施工合同规定的竣工期限的签认权。

（8）在工程施工合同约定的工程价格范围内，工程款支付的审核和签认权，以及工程结算的复核确认权与否决权。未经总监理工程师签字确认，业主不支付工程款。

5. 监理单位在业主的书面授权下，可对任何承包人合同规定的义务提出变更。如果由此严重影响了工程费用或质量、或进度，则这种变更须经业主事先批准。在紧急情况下未能事先报业主批准时，监理单位所做的变更也应尽快通知业主。在监理过程中如发现承包人人员工作不力，监理机构可要求承包人调换有关人员，但应征得业主同意。

6. 在委托的工程范围内，业主或承包人对对方的任何意见和要求（包括索赔要求），均必须首先向监理机构提出，由监理机构研究处置意见，再同双方协商确定。当业主和承包人发生争议时，监理机构应根据自己的职能，以独立的身份判断，公正地进行调解。协商和调解不成，双方应向业主所在地人民法院提起诉讼。

业主权利

7. 业主有选定工程总承包人，以及与其订立合同的权利。

8. 业主有对工程规模、设计标准、规划设计、生产工艺设计和设计使用功能要求的认定权，以及对工程设计变更的审批权。

9. 监理单位调换总监理工程师须事先经业主同意。

10. 业主有权要求监理单位提交监理工作月报、周报及监理业务范围内的专项报告。

11. 当业主发现监理人员不按监理合同履行监理职责，或与承包人串通给业主或工程造成损失的，业主有权要求监理单位更换监理人员，直到终止合同并要求监理单位承担相应的赔偿责任或连带赔偿责任。

监理单位义务

12. 监理单位应履行与项目有关的服务，服务范围和工作内容按照第三部分专用条件进行约定。

13. 认真地尽职和使用职权。

（Ⅰ）监理单位在根据本合同履行其义务时，应运用合理的技能，谨慎而勤奋地工作。

（Ⅱ）当监理单位行使权利或履行授权的职责或当业主和任何第三方签订合同时，监理单位应：

（a）根据监理服务合同和相关协议进行工作，如果未在附件 A 中对该权利和职责的详细规定加以说明，则这些详细规定必须是他可以接受的。

（b）如果获得业主的书面授权，应在业主和第三方之间公正地证明、提出建议。但不作为仲裁人而是根据自己的职能和判断，作为一名独立的专业人员进行工作。

14. 任何由业主提供或支付的供监理单位使用的物品都属于业主的财产。当服务完成或终止时，监理单位应将履行服务中未使用的物品的库存清单提交给业主，并按业主的指示移交此物品。

15. 在合同期内或合同终止后，未征得业主书面同意，不得向任何第三方泄露与本工程、本合同业务有关的任何业主声明保密的资料和信息。

业主义务

16. 为了不耽搁服务，业主在一个合理的时间内免费向监理工程师提供他能够获取的并与服务有关的一切资料。

17. 为了不耽搁服务，业主应在一个合理的时间内就监理单位以书面形式提交给他的一切事宜作出书面决定。

18. 在项目所在地，业主应尽一切力量对监理单位和他的工作人员以及他的下属按照具体情况提供协助；提供与其他组织相联系的渠道，以便监理单位收集他要获取的信息。

19. 业主应根据本合同约定支付各笔款项。

工作人员

20. 由监理单位派往项目工地的工作人员应接受体格检查并能适应他们的工作，同时他们的资格应得到业主的认可。

21. 为了执行本合同，双方应指定一位高级工作人员作为其代表。

22. 如果有必要更换任何人员，则负责任命的一方应立即安排，代之以一名具有同等（或以上）资历和能力的人员。

（Ⅰ）此要求应以书面形式提出且申述更换理由。

（Ⅱ）除因渎职或不能圆满地执行任务进行更换，则提出要求更换的一方应承担相关费用。

监理单位责任

23．监理单位的责任期即委托监理合同有效期。责任期的具体规定见专用条件。

24．监理单位在责任期内，应当履行约定的义务，如果因监理单位过失而造成了业主的经济损失，监理方应赔偿因此给业主造成的全部损失。

25．因不可抗力导致委托监理合同不能全部或部分履行，监理单位不承担责任。但对违反第 13 条规定引起的与之有关的事宜，监理单位应向业主承担赔偿责任。

26．监理单位向业主提出赔偿要求不能成立时，监理单位应当补偿由于该索赔所导致业主的各种费用支出。

业主责任

27．业主应当履行本合同约定的义务，如有违反则应当承担违约责任。

28．因业主违反本合同约定，给监理单位造成损失，应承担赔偿责任。

29．业主如果向监理单位提出赔偿的要求不能成立，则应当补偿由该索赔所引起的监理单位的各种费用支出。

保险

30．对责任的保险与保障

业主可以书面要求监理单位：

（Ⅰ）对本合同规定的监理单位的责任进行保险；

（Ⅱ）在业主首次邀请监理单位为服务提交建议书之日进行保险的基础之上，对本合同规定的监理单位的责任追加保险额；

（Ⅲ）对公共的或第三方责任进行保险；

（Ⅳ）在业主第一次邀请监理单位为服务提交建议书之日进行保险的基础上，对公共的或第三方责任追加保险额；

（Ⅴ）进行其他各项保险。

如果业主有上述要求，监理单位应做出一切合理的努力，在业主可接受的条件下，让承保人办理此类保险或追加保险额。

31．业主财产的保险

若业主有书面要求，监理单位应尽一切合理的努力，按业主可接受的条件对下列各项进行保险：

（Ⅰ）根据第 14 条提供或交付的业主财产的损失或损害；

（Ⅱ）由于使用该财产而引起的责任。

此类保险的费用应由业主负担。

合同生效、变更与终止

32．本合同自各方签字盖章之日起生效。在委托监理合同签订后，实际情况发生变化，使得监理单位不能全部或部分执行监理业务时，监理单位应当立即通知业主。

33．监理单位向业主办理完竣工验收或工程移交手续，承包人和业主已签订工程保修责任书，保修期满，监理单位收到监理报酬尾款后，本合同即终止。

34．当事人一方要求变更或解除合同时，应当在 42 日前通知对方，因解除合同使一方遭受损失的，除依法可以免除责任的外，应由责任方负责赔偿。变更或解除合同的通知或协议必须采取书面形式，协议未达成之前，原合同仍然有效。

35．监理单位在应当获得监理报酬之日起 30 日内仍未收到支付单据，而业主又未对监理单位提出任何书面解释时，或根据第 34 条已暂停执行监理业务时限超过六个月的，监理单位可向业主发出终止合同的通知，发出通知后 14 日内仍未得到业主答复，可进一步发出终止合同的通知，如果第二份通知发出后 42 日内仍未得到业主答复，可终止合同或自行暂停或继续暂停执行全部或部分监理业务。

36．监理单位由于非自己的原因而暂停或终止执行监理业务，其善后工作以及恢复执行监理业务的工作，应当视为额外工作，有权得到额外的报酬。报酬数额双方另行协商确定。

37．当业主认为监理单位无正当理由未履行监理义务时，可向监理单位发出指明其未履行义务的通知。若业主发出通知后 21 日内没有收到答复，可在第一个通知发出后 35 日内发出终止委托监理合同的通知，合同即行终止。监理单位承担违约责任。

38．合同的终止并不影响各方应有的权利和应当承担的责任。本合同部分条款的失效或归于无效并不当然影响其他条款的效力和履行。

监理报酬及其支付

39．本合同涉及的监理报酬及支付具体见附件 B。如果业主对监理单位提交的支付通知中报酬或部分报酬项目提出异议，应当在收到支付通知书 7 日内向监理单位发出表示异议的通知，监理单位应在收到通知后 7 日内给予答复，否则视为监理单位接受上述异议。但业主不得拖延其他无异议报酬项目的支付。

40．业主应按合同专用条件中规定的细则向监理单位支付正常的服务报酬。

41．适用于本合同的货币为第三部分中规定的货币。

42．双方保证：在本合同履行过程中无偷漏税、走私或其他违法行为。

43．如果业主对监理单位提交的发票中的任何项目或某项目的一部分提出异议，业主应立即发出通知说明理由，但他不得延误支付发票中的其他项目。

44．监理单位应保存能清楚证明有关时间和费用的最新记录。

45．除了合同规定固定总价支付外，在完成或终止服务后 12 个月内，业主可在发出通知后不少于 7 天要求由他指定一家有声誉的会计师事务所对监理单位申报的任何金额进行审计，该审计应在正常工作时间和保存记录的办公室内进行。

其他

46．转让和分包合同

（Ⅰ）没有业主的书面同意，监理单位不得将本合同涉及的任何权利进行转让。

（Ⅱ）没有对方的书面同意，无论业主或监理单位均不得将本合同规定的任何义务进行转让。

（Ⅲ）没有业主的书面同意，监理单位不得开始实行、更改或终止履行全部或部分服务的任何分包合同。

47．监理单位对于由他编制的所有文件拥有版权。业主仅有权为本工程和合同约定的目的使用或复制此类文件，在为此目的使用而复制此类文件时不需取得监理单位的许可。业主对于其提供的所有文件拥有版权或所有权。监理单位仅有权为本工程和本合同约定的目的使用或复制此类文件，在为此目的使用而复制此类文件时不需取得业主的许可。

48．除非业主另外书面同意，监理单位及其工作人员不应有也不应接受合同规定以外的与项目有关的利益和报酬。监理单位不得参与可能与合同中规定的业主的利益相冲突的任何活动。

49．本合同的有关通知应是书面的，并从在第三部分写明的地点收到时生效。通知可由人员递送，或传真通信，但要有书面回执确认。也可以使用挂号信，或电传，但随后要用信函确认。

50．除非在第三部分中另有规定，监理单位可单独或与他人联合出版有关本工程和服务的材料。但如果在合同有效期内或合同终止后两年内出版有关材料时，则须得到业主的批准。

51. 在监理业务范围内，如需聘用专家咨询或协助，由监理单位聘用的，其费用由监理单位承担；由业主聘用的，其费用由业主承担。

争议的解决

52. 所有与合同执行有关的争议将通过双方友好协商解决。如果双方不能通过友好协商解决争议，则将该争议交至业主所在地人民法院处理。

第三部分　专用条件

A. 参阅第二部分条款

1. 定义

（1）项目名称：

（2）工程名称：

2. 服务范围和工作内容

见附件 A

3. 责任期限起算日期为

本合同生效日　　　　；结束于

4. 监理报酬根据本合同附件 B 的规定进行计算和支付。

5. 通知

业主的地址：

电话号码：

传真电话号码：

监理单位的地址：

电话号码：

传真电话号码：

附件 A　服务范围

一、监理范围：巡回监理。

二、监理服务的工作内容（包括但不限于）

1. 对无锡移动 2G 网络 9.4 期基站工程无线基站主设备及相关配套设备的安装工程（含天馈设备、电源设备、环境监控、空调、室内传输设备及光缆等）进行巡回监理。并在约定的时间内把检查的情况以书面和图片的形式向甲方反馈。

2. 对参加本次无线设备工程安装施工队伍的现场施工管理情况、人员组织结构（安全员、质量员、施工负责人）、登高证等情况进行检查、复核。

3. 现场监理人员应检查核实施工单位实际进场的人员、工机具是否与组织设计相符合，相关人员资质是否相符等。

4. 现场监理人员对拟进场或已进场的设备和材料是否符合设计文件（或标书、采购订单或合同）所规定的厂家、型号规格和标准进行检查。对于不符合要求的，一律不准用于本工程。

5. 监督施工队严格按施工规范、设计图纸要求进行施工，严格执行施工合同。

6. 对重点部位、关键工序（如设备加电、天馈线安装及其安全措施、设备开通等）设置质量控制点，对上述质量控制点采用现场旁站监理方式并加强检查。

7. 监理人员对施工过程进行巡视检查。

8. 设备安装完毕后，在施工单位自检合格并由施工单位指定人员签署的提请质量检查报告书送达监理工程师的基础上，对施工质量进行全面检查，监理人员应到现场检查设备安装质量、工艺，确认通过后签署设备加电许可，同意设备加电。对不合格的项目和安装位置进行拍照，并注明站名和存在的问题。要求施工单位限期整改，并检查整改结果，直至合格为止。对施工单位报送的分项工程质量验评资料进行审核，符合要求后予以签认。

9. 若发现施工存在重大质量隐患，可能造成质量事故或已经造成质量事故，应及时下达工程暂停令，要求施工单位停工整改。整改完毕并经监理人员复查，符合规定要求后，签署工程复工报审表。下达工程暂停令和签署工程复工报审表，事先向建设单位报告。

10. 对所检查的基站室内设备安装布局、基站外景进行两个以上方位的拍照并编辑，确保真实反映上述设备布局和基站所在房屋和天线。

11. 现场监理督促施工队节约主辅材，杜绝浪费现象的发生。检查施工单位每个基站用量的实时记录并及时签证。监督施工单位按建设单位的要求将工余料和工程废料送达指定地点，确认工余料和审查材料记录平衡表。

12. 按照国家和建设单位的相关要求，对照已审查通过的施工单位报送的施工组织设计（方案），督促和检查施工单位的安全控制措施和检查记录情况，对其检查是否有重点、是否全面，数据是否齐全、正确进行评价并提出改进意见。

13. 在现场监理工作中，检查、控制施工过程中的安全措施是否有效、得力。对于不符合有关安全生产管理规定和要求的，应立即加以纠正。杜绝任何违反有关安全生产管理规定和要求的情况发生。

14. 如发现施工中存在重大不安全问题，可直接向施工单位负责人提出停止施工的意见，并写出书面监理意见，向建设单位直至政府主管部门反映。

附件 B　报酬与支付

1. 经双方协商同意该工程监理酬金为：

2. 支付方式：

3. 工程设计合同模板

（　）工程设计合同

甲方（委托单位）：
乙方（设计单位）：
（附乙方资质证书：　）

一、设计工程名称

二、设计内容及规模

三、设计依据和设计质量要求

四、设计进度要求

五、设计费及支付

1. 经甲乙双方核定，本期工程甲方应向乙方支付各项设计费共计人民币：_____（¥　　　元）。

2. 支付办法：设计工作完成且交付甲方后 15 个工作日内支付合同价款的　　%，工程竣工验收后　　个工作日内支付合同价款的　　%。乙方应提前向甲方开具正式发票。

六、双方权利与义务

1. 甲方权利与义务

（1）向乙方提供有关工程设计所需资料，并对其提供的时间、进度与资料的准确性负责。

（2）监督协调设计单位工作，及时组织设计会审。

（3）在设计过程中，甲方如需变更工程要求，应提前通知乙方，并给予乙方重新设计的必要时间；更改量大时，乙方可向甲方商定收取变更设计所需费用。

（4）为乙方勘察设计人员提供现场工作的便利条件。

2. 乙方权利与义务

（1）根据设计任务委托书、部颁设计文件编制办法、概预算定额等建设标准和上一级批准文件进行设计，按期交付设计文件，并对设计质量负责。

（2）根据工程设计委托书范围和设计会审后的审查意见，及时进行设计文件的必要修改。

（3）配合工程设计项目的建设施工，进行施工图设计技术交底、解决施工过程中有关设计问题；参加工程设计项目的设计会审及必要的验收工作。

（4）为甲方工程设计保守秘密，不得将工程设计文件泄漏给第三方。如因乙方泄密造成的甲方损失由乙方负责赔偿。

（5）及时提供设计文件的全套电子文档。

七、违约责任

1. 甲方超过合同约定时间付费，应支付相应的违约金，具体为合同总额　　%/天。

2. 乙方设计不符合相关要求的，应继续完善设计，未按期完成设计任务的，应支付相应的违约金，具体为合同总额　　%/天。如因乙方设计问题造成甲方损失的，乙方应予以赔偿。

八、设计文件数量

九、争议的解决

发生合同纠纷时，双方应及时协商解决，协商不成，提交甲方所在地人民法院处理。

十、本合同一式六份，甲乙双方各执三份。本合同经双方签字盖章后生效。

甲方：　　　　　　　　　　　　　　　乙方：

代表签字：　　　　　　　　　　　　　代表签字：

4. 集成商室分工程协议模板

集成商室分工程协议

第一章　协议说明

甲乙双方的联系地址和银行开户账号。

甲　　方		乙　　方	
通信地址		通信地址	
邮编		邮编	
电话		电话	
传真		传真	
开户银行		开户银行	
银行账号		银行账号	
税务登记号		税务登记号	
开票地址		当地客户代表	
发票类别		联系电话	
收货地址		联系传真	
备　　注		备　　注	

第二章　定义

2.1 甲方：

　　乙方：

2.2 双方：甲方和乙方。

2.3 协议：本框架协议及附件。

2.4 室分集成服务：2G 网络/3G 网络/WLAN/4G 网络等室内、外分布系统。

2.5 现场：协议中指定系统进行安装的场所。

2.6 集成技术服务：系统工程建设、搬迁、改造等的方案设计、选址协调、仓储运输、工程施工、系统调测、无线/传输/电源配套设施的安装及工程优化等服务。

2.7 初步验收：由甲方按照验收标准，组织工程管理、网络维护等相关人员，由乙方配合进行的系统移交测试，测试合格后，双方签署初验报告，系统进入试运行。

2.8 试运行：系统初验合格后进入试运行期，试运行期为 3 个月。

2.9 最终验收：在系统试运行期满后，系统未出现故障，由甲方按照验收标准，组织工程管理，网络维护等相关人员，由乙方配合进行系统移交测试，测试合格且相关遗留问题解决后，系统进入正式运行。

2.10 最终验收证书：最终验收合格后，由甲乙双方签署最终验收证书。

第三章　服务范围

3.1 经甲乙双方友好协商决定：

甲方同意向乙方购买＿＿室分＿＿相关的系统集成技术服务（以下简称"服务"），用于解决甲方各类通信覆盖。

3.2 集成质量：

乙方承诺集成后的系统均满足甲方有关覆盖质量规定标准。

3.3 协议集成范围：

本协议是在甲方对乙方技术能力、服务水平全面考核后签订的。本协议将作为甲方室分系统建设工程的协议，今后在新的协议或价格签订之前，甲乙双方有关本系统的勘测、协调、安装、维修以及费用、结算方式均按本协议执行。

乙方将根据甲方的要求，负责对指定地点提供工程技术服务。乙方的服务内容如下。

◆ 勘测：按照甲方要求，对指定地点进行现场勘测，并提供勘测报告。

◆ 协调：配合甲方进行站点协调。

◆ 方案设计：主要指分布系统设计，后期视甲方要求可能会增加信源设计及传输内缆设计等工作。

◆ 分布系统施工：负责全套系统设备安装、调试及开通，在施工中严格遵守甲方的设计要求，不得擅自更改设计，工程结束后提供详细的竣工资料。

◆ 传输系统施工：根据甲方要求，完成室分系统相关的传输线路及设备安装等工作。

◆ 工程优化：按甲方要求配备测试软件及测试终端，针对站点进行性能测试，对不达标区域进行整改，直至达到甲方验收标准。

◆ 资源数据录入：根据甲方要求完成各项系统数据、信息的录入。

◆ 维护：对所有系统提供终验后 3 年的免费保修服务及终生维护，并提供接到通知后 12 小时内到现场的维修服务。

◆ 其他：配合甲方的网络优化工作，负责完成因此引起的设备动迁及设备调整工作。

第四章　协议价格

4.1 本协议的计价单位为　　　元（人民币）。

4.2 系统集成报价包括系统协调、运输、系统勘测、方案设计、工程施工、调测开通、工程优化、技术培训、保修等费用。

4.3 甲方（含甲方下属各市分公司）与乙方可基于本框架协议约定的内容，采用订货单方式进行下单和结算，订货单由买卖双方签字盖章后生效，甲方（含甲方下属各市分公司）专业管理职能部门（中心）负责对订单的审批，部门负责人签字加盖部门章后生效，乙方签约代表签字并加盖公司合同章后生效。采购订单模版见附件二。具体集成价格见附件一。

4.3.1 室分概预算表见附件五。

4.3.2 室分集成站点工程量基础清单表见附件六。

注：本次根据工信部〔2008〕75 号文通信定额相关规范编制了室分建设主要的工程量核算清单，其中表三（甲）内容根据折扣率进行核算。增补项全部列入表五（甲），不参与折扣。

4.3.3 改造新建、改造、拆除项目工程量计价系数

类型	基数	工程量系数
新建	表三（甲）工程量预算表	1.0
改造		1.1
拆除		0.4

注：参照工信部〔2008〕75 号文通信定额相关规范制定。新建、改造项目在该系数基础上还需分别乘以厂家报价折扣率。

4.3.4 搬迁项目的集成费率

搬迁项目的集成费由两部分组成，即拆除费用和新建费用，分别参照各自费率执行（拆除费用=新建费用×0.4）。

4.3.5 乙供材料供应

乙方须按甲方要求的品牌或同等质量品牌提供乙供材，清单及基准价见附件七，最终结算价按厂家报价折扣率计算（如乙方提供非甲方指定品牌的乙供材，须在使用前提前向甲方申请，经同意后方可使用）。

4.4 乙方保证在系统终验后，如甲方要求，乙方将以本协议折扣价向甲方提供合同系统正常运行所需备件和原件。

第五章　付款

5.1 系统集成款的支付

5.1.1 开工款：站点已协调完毕，信源设备、甲供材已基本齐备，传输配套已基本到位或预计短期内可以到位，监理已在 EPMS 系统上上传开工报告，甲方应自乙方提供开工款发票之日起 30 天内支付开工款，开工款为施工预算费用的 20%。

5.1.2 初验款：系统安装完成后，经甲乙双方初步验收合格，签署初验报告后，甲方在乙方编制的施工结算书基础上组织施工结算内部审核和外部审计，在完成竣工结算审计后，甲方应自乙方提供初验款发票之日起 30 天内支付初验款，初验款为施工结算费用的 80%扣除已付开工款后费用。

5.1.3 终验款：系统正常运行 3 个月后，经双方最终验收合格，签署终验报告后，甲方应应自乙方提供终验款发票之日起 30 天内支付终验款，终验款为实际结算费用的 20%。

5.1.4 开票方式：甲方通过银行以电汇汇兑或汇票方式支付，乙方需提供全额增值税专用发票（增值税率：室分集成服务费为 6%、乙供材料费为 17%）。

5.2 安全生产费支付办法

5.2.1 工期在一年以下的，甲方自合同（或订货单或结算单）签订之日起 5 日内预付安全生产费总额的70%；工期在一年以上的（含一年），预付安全生产费总额的 50%。

5.2.2 其余安全生产费用支付：

对于实施监理的项目，施工单位在工程量或施工进度完成 50%时，乙方填写请款书，并经乙方企业负责人和监理单位总监签字盖章后提请甲方支付其余安全生产费用。甲方在向监理单位确认工程进度和现场安全情况后，支付其余安全生产费用。

对于没有实施监理的项目，乙方填写请款书并经乙方企业负责人签字盖章后，直接提请甲方申请支付其余安全生产费用。甲方在审核工程进度和现场安全情况后，支付其余安全生产费用。

5.2.3 具体安全生产费支付方式通过甲方与乙方签订的合同确定。

第六章　双方分工职责

6.1 甲方责任与义务如下：

6.1.1 负责组织管理工程的实施，落实工程的有关事项，负责协助提供系统开通的必备条件，如基站开通、室内覆盖系统与各网络系统接口的协调及相关技术资料、光纤到位等。

6.1.2 以书面形式通知乙方安装地点、技术要求和工程进度要求，如项目进度因甲方原因发生变化，应向乙方及时通报。

6.1.3 审定乙方提供的设计方案。

6.1.4 监督工程质量，负责进行工程的随工检查工作，指定一名代表处理与该项目有关的技术问题及协调工作。

6.1.5 负责组织各方进行工程验收，督促工程保质保量按时完成。

6.2 乙方具体分工职责如下：

6.2.1 接到甲方书面通知后，在规定期限内，保质保量地完成现场勘察、方案设计（主要指分布系统设计，后期视甲方要求可能会增加信源设计及传输内缆设计工作）、分布系统施工、传输系统施工、调测开通、工程优化等工作。严格按照甲方要求、说明文件及相关的邮电工程规范、规程和标准进行施工，并接受甲方与相关质检部门的监督。

6.2.2 对所负责集成项目，在项目施工及运行期间，其性能指标和使用效果要符合甲方的要求，在任何情况下，不能影响甲方网络的正常运行。

6.2.3 如施工过程中发生任何系统损坏或质量事故应及时如实向甲方报告，共商解决方法。负责施工过程中由于施工操作不慎或操作错误而引起的安全事故责任。

6.2.4 为工程提供必需的车辆、仪器、仪表、工具等器械。

6.2.5 自负施工过程中施工人员的交通、食宿费用。

6.2.6 因故无法按甲方要求实施的，乙方应经甲方的确认，并得到甲方的书面答复后方可作出更改或取消。

6.2.7 在工程竣工后，负责提供与系统有关的技术资料及竣工文件。

6.2.8 乙方根据系统验收标准，配合甲方共同对系统进行验收。验收合格，系统正常运行后，正式移交甲方。

6.2.9 乙方最终对系统整体覆盖质量以及后期因集成质量引起的安全责任事故负责。

6.2.10 乙方须及时、准确、全面根据甲方要求填报各项系统数据信息，如数据信息有误，由乙方承担责任。

第七章　系统安装调试及验收

7.1 进场施工前甲乙双方各指定一名代表全权负责处理从系统设备安装开始到合同系统验收为止这一过程中与合同系统有关的工程和技术事务。详细安排将通过双方代表友好协商而定，双方代表应充分合作来完成以上所提的合同系统工作。

7.2 安装及系统测试

7.2.1 乙方应在甲方要求时限内完成现场勘察设计、提供设计方案及系统设备清单，并经甲方签字确认后完成系统设备安装、调测工作。

7.2.2 乙方应在安装工作开始前 2 天向甲方提供 2 份有关合同系统安装的技术资料的复印件。

7.2.3 如因机房场地、机房电源、传输设备等安装、开通所必须之条件不能按时到位，系统安装和调试工作也将作相应的推迟。乙方应根据甲方的要求调整时间进度表。

7.2.4 系统设备的安装和系统测试由乙方人员严格按照乙方安装及测试的技术程序执行。

7.2.5 乙方应提供足够的和合格的技术人员参加系统的安装及系统测试。

7.2.6 乙方应根据甲方的要求完成分布系统的覆盖测试工作，并保证分布系统性能达标。

7.3 初验：乙方确认已具备竣工条件，向甲方申请初验。

7.3.1 乙方应携带测试仪器。

7.3.2 初验测试应在乙方技术人员的指导下按照有关测试规定进行。测试结果应做记录并且该记录应在初验测试完成后的 10 个工作日内由双方代表签字确认。

7.3.3 如果甲方确认所有合同系统指标都达到相关规定，初验测试验收证书应在测试完成后的 10 个工作日内由双方代表签署。初验测试验收证书一式两份，甲乙双方各执一份。

7.4　试运行

7.4.1 为了监督合同系统的详细运行情况，甲方对该系统进行 3 个月的试运行。

7.4.2 试运行期间出现的系统故障应清楚地书面报告给乙方。

7.4.3 如果在试运行期间系统不能达到甲方系统覆盖要求的，双方应一起调查，找出原因，明确责任，解决如下。

如果由于乙方的原因系统不能达标，双方同意给予再延长共 1 个月的试运行期以使乙方做出一些改进来执行进一步的试运行。在试运行延期阶段，所有为改进合同系统的费用和乙方技术人员的费用均由乙方承担。

若系统在延长试运行期 1 个月后仍不能达标，甲方有权将系统终止乙方集成服务，而乙方应退还甲方已支付的款额并按银行同期贷款利率向甲方支付罚息，乙方负责设备的拆除及运输，并由乙方赔偿由此而给甲方造成的损失。

同时甲方保留进一步追究乙方责任的权利。

7.5　终验：试运行期满后双方对系统作最终验收，验收合格后，甲方向乙方签发最终验收证书。终验后，系统进入保修期。

7.6　终验证书应由甲方和乙方代表签字，一式两份，甲乙双方各执一份。

第八章　售后服务承诺

8.1 乙方保证集成服务因市场价格下调，甲方应享受价格下调的优惠。

8.2 在合同执行过程中，乙方保证根据合同附件的原始数据对系统的配置计算是正确的。如果甲方或乙方发现由于计算错误而引起系统部件配置的缺失，乙方应负责免费向甲方提供缺失部件，使系统完整，并对乙方处以缺失部件价值两倍的罚款。

8.3 为支持合同系统的运行和维护，乙方保证由乙方提供的技术资料和图纸是完整的、清楚的和正确的并且与合同的规定一致。

8.4 乙方保证在××地区成立分公司或办事处。按甲方要求设置专为甲方服务的技术人员若干，技术人员均为大专学历以上，具有两年以上室内覆盖延伸系统工程经验，以此保证工程顺利实施。乙方应优先满足甲方所需的施工队伍资源，现场施工技术负责人原则上须为经甲方认证合格的人员或经甲方分公司考察认可人员，其他施工人员须持有相应的上岗证。项目负责人须取得通信主管部门核发的安全生产考核合格证书（B 证），项目专职安全生产管理人员必须取得通信主管部门核发的安全生产考核合格证书（C 证），特种作业人员必须经过专业培训并取得与操作类型相符的特种作业证书，所有施工人员必须做到持证上岗。

8.5　系统保修期

8.5.1 乙方所提供合同系统保修期为从终验证书签发之日起 3 年，人为因素除外。保修期满后，双方将签发一份证明保修期满的证书。

8.5.2 在保修期内如果因为乙方有缺陷的设计和集成造成系统的性能和质量与规定不符，乙方应负责免费排除缺陷，替换出现故障的部件、器件和设备。保修期将按照相同于上述问题持续的时间作相应延长。同时甲方保留进一步追究乙方责任的权利。

8.6 在保修期内，如果系统出现紧急技术问题，乙方工程师应在 2 小时内予以答复。如果甲方要求进行紧急处理，乙方在提供远端服务的同时，须在 12 小时内赶到现场（不包括边远地区），但非合同双方可控制的原因除外。

8.7 在覆盖延伸系统维保期内，乙方应对已投入使用的系统进行每年两次例行检查，并提交完整的检查报告。

8.8 乙方对系统的运行、维护情况进行跟踪记录并建立用户档案，在系统运行期间，办事处维护工程师将定期走访或电话询问用户系统运行情况，必要时，乙方维护工程师将赴现场指导维护工作。

8.9 在保修期内，如果由于火灾、水灾、地震、磁电串入、强雷击等不可抗力原因造成的系统损坏，乙方负责维修，系统维修费用由甲方承担，其价格不高于本协议价格。

第九章　不可抗力

由于不可抗力原因，致使一方或另一方不能履行合同有关条款，应在事件发生后的 15 天内，及时向对方通报情况，在取得合法机关的有效证明之后，允许延期履行或不履行有关合同义务，并可根据情况部分或全部免除违约责任。

第十章　双方责任

10.1 如果乙方不能按照附件《工程进度表》的规定、勘测设计、安装调试和完成开通初验，乙方应以如下方式向甲方支付违约金：

从延迟的第一周到第三周，每迟一周罚合同总价的 0.5%。

从第四周起，每迟一周罚合同总价的 1%。

不满一周的按一周计算。

上述违约金总值不超过合同总价的 5%。

如上所述的违约金不影响乙方履行义务。

10.2 如果违约金金额达到规定的最大数额，甲方可以终止合同。乙方应退还甲方已支付的款额并按银行同期贷款利率向甲方支付罚息，乙方负责拆卸系统和运输、保险。

10.3 如果根据第 11.1 节，甲方向乙方主张违约金，甲方应在违约发生后的 2 周内以书面形式向乙方通知违约金数额及其有关解释。乙方应在甲方主张违约金后的 30 天内向甲方支付违约金。

10.4 如果因为甲方原因导致合同《工程进度表》未能得到执行，则工程进度表将相应顺延。

如因甲方原因造成工期延误的，则乙方工期顺延（具体顺延时间由双方商定），甲方应赔偿乙方的人员停工损失（具体赔偿数额由双方商定）。

10.5 双方约定：系统初验一次性通过，按原定付款方式执行；

若初验二次通过，乙方赔偿合同价格的 2%～5% 给甲方；

若初验三次通过，乙方赔偿合同价格的 5%～30% 给甲方；

若初验三次仍未通过，乙方自行拆除系统，并赔偿甲方由此造成的一切损失。

10.6 乙方在工程中如不按相关通信工程建设规范实施，乙方应限期进行整改，如因此而造成的任何事故，乙方应承担所有责任，而甲方保留向乙方进一步索赔的权利。

10.7 双方应共同遵守国家有关版权、专利、商标等知识产权方面的法律、法规及部颁的保密规定中的相关条文，相互尊重对方的知识产权，对所知悉的对方的技术秘密和商业秘密负有保密责任。如有违反，违约方应负相关法律责任。

10.8 乙方应对甲方的网络情况进行保密，工程中的设计方案等各项技术资料产权和成果权双方共享，未经另一方同意，不得向第三方提供。

第十一章　争议的解决办法

11.1 在合同履行过程中如发生争议，应本着尽快、保质保量完成本工程的原则，在相互信任的前提下，双方友好协商解决。如果经协商不能达成一致，则应将争议提交南京仲裁委员会进行仲裁。

第十二章　其他

12.1 由于甲方　　　　工程建设和维护需要，乙方承诺××××公司可享受××××公司与乙方公司签订的所有协议或协议中的商务承诺及相应的优惠条款。

12.2 本协议一式两份，甲乙方双方各持一份，具有同等效力，双方签字盖章后生效，合同附件作为合同的一部分，与合同正文具有同等法律效力。

12.3 本协议的有效期到　年　月　日，协议到期前如双方均无异议，自动顺延一年。

12.4 甲方将制定最新的室分工程建设考核管理办法，甲方及其市分公司将在协议期内对乙方开展季度和年度考核，并根据乙方年度排名情况，进行下一年度的合作份额调整及其他考核结果应用。其中，如甲方发现乙方在设计督导人员数量、测试仪器仪表数量、办事处、仓库等实际情况与招标承诺有较大差异，及在日常工作中乙方出现违反甲方工程建设相关要求的情况时，甲方有权对乙方服务份额、服务区域等进行相应调整（具体内容参见甲方室分工程建设相关管理办法）。

12.5 本协议未涉及的部分均按《中华人民共和国合同法》执行。

12.6 本协议签定地：　　　。

第十三章　附件

附件一：报价单

附件二：订货单

附件三：备忘录

附件四：工程进度表

附件五：2015 年室分工程概预算模版

附件六：室分集成站点工程量清单基础表

附件七：乙供材指定厂家及价格限价

甲方：　　　　　　　　　　　　乙方：

授权代表：　　　　　　　　　　授权代表：

签署日期：　　　　　　　　　　签署日期：

3.3 质量监督申报

通信工程质量监督工作的主要内容是对参与通信工程建设各方主体的质量行为以及工程执行强制性标准的情况进行监督。具体内容包括：

（1）对建设单位相关质量行为进行监督；

（2）对勘察设计、施工、系统集成、用户管线建设、监理等单位的相关质量行为进行监督；

（3）对各参建单位和人员的资质和资格进行监督；

（4）对参建单位执行通信工程建设强制性标准的情况进行监督；

（5）受理单位或个人有关通信工程质量的检举、控告和投诉。

通信工程质量监督申报程序：

建设单位应在工程开工前的 7 日以前向通信工程质量监督机构办理质量监督申报手续，其中，国家重点通信工程、跨省通信工程应向部通信工程质量监督机构申报；省内通信工程应向所在省通信工程质量监督机构申报。

建设单位办理质量监督申报手续，应填写《通信工程质量监督申报表》（见附表一），并提供以下资料：

（1）项目立项批准文件；

（2）施工图设计审查批准文件；

（3）工程勘察设计、施工、系统集成、用户管线建设、监理等单位的资质等级证书（复印件）；

（4）其他相关文件。

通信工程质量监督机构受理申报后，应及时确定负责该项工程的质量监督人员，制定质量监督工作方案。质量监督工作方案应根据国家有关法律、法规和通信工程建设强制性标准，针对不同专业工程的特点，明确质量监督的具体内容和监督方式，做出实施监督的计划安排，并将《通信工程质量监督通知书》（见附表二）通知建设单位。

通信工程质量监督机构应根据质量监督工作方案检查、抽查、监督通信工程建设各方主体的质量行为。内容包括：

（1）核查施工现场工程建设各方主体及有关人员的资质或资格；检查勘察设计、施工、系统集成、用户管线建设、监理等单位质量保证体系和质量责任制落实情况；检查建设工程从立项、勘察设计、设备采购、施工、验收全过程的质量行为和有关质量文件、技术资料是否齐全并符合规定。

（2）抽查涉及通信工程建设强制性标准内容的相关实体质量；对可能影响通信质量、设备安全、使用寿命的薄弱环节进行现场实际抽查。

（3）监督建设单位组织的工程竣工验收的组织形式、验收程序以及在验收过程中提供的有关资料和形成的质量评定文件是否符合有关规定，实体质量是否存有严重缺陷，工程质量是否符合通信工程验收标准。

通信工程质量监督机构在质量监督过程中发现问题应填写《通信工程质量监督检查记录表》（见附表三），并以书面形式通知建设单位及有关责任单位，责令其改正。

建设单位应在工程竣工验收合格后 15 日内到信息产业部（原）或者省、自治区、直辖市通信管理局或者受其委托的通信工程质量监督机构办理竣工验收备案手续，并提交《通信工程竣工验收备案表》（见附表四），及工程验收证书。

通信工程质量监督机构应在工程竣工验收合格后 15 日内向委托部门报送《通信工程质量监督报告》（见附表五），并同时抄送建设单位。报告中应包括工程竣工验收和质量是否符合有关规定、历次抽查该工程发现的质量问题和处理情况、对该工程质量监督的结论意见以及该工程是否具备备案条件等内容。

信息产业部（原）及省、自治区、直辖市通信管理局或受其委托的通信工程质量监督机构应依据通信工程质量监督报告，对报备材料进行审查，如发现建设单位在竣工验收过程中有违反国家建设工程质量管理规定行为的，应在收到备案材料 15 日内书面通知建设单位，责令停止使用，由建设单位组织整改后重新组织验收和办理备案手续。

未办理质量监督申报手续或竣工验收备案手续的通信工程，不得投入使用。

通信工程质量事故发生后，建设单位必须在 24 小时内以最快的方式，将事故的简要情况向信息产业部（原）或省、自治区、直辖市通信管理局及相应的通信工程质量监督机构报告。

3.4　配套物资请购

通信工程物资是开展通信工程建设的重要物资基础。通信工程物资的范围为在建工程转固定资产之前的各类物资，包括满足通信工程项目建设需求的通信设备（包括主设备和配套设备）、材料和工器具。

主要原则：加强和规范通信建设项目工程物资管理，确保通信工程物资合理有效利用，控制工程投资成本，有效归集和管理工程余料，达到物资闭环管理、物尽其用、节能减排的目标。

请购流程：工程部门以会审通过的概、预算为依据，根据不同项目的特点，以单项工程或项目为单位（请购颗粒度详见附表一）按工程进度分批次向采购部门发起所需各类工程物资的请购需求。

规划部门及工程部门确保通信工程项目前期阶段建设方案和勘查设计方案准确性，确保工程物资配置合理、准确，从源头上控制工程余料的产生，避免出现大量剩余物资，提高运作效率。

工程建设部门依据工程建设方案向采购部门请购设备（材料）以及领用工程物资；根据建设方案和施工进度，制定工程物资需求计划，报备采购及财务部会签，会签通过后，综合部负责工程物资的采购管理和仓储物流管理，并确保供货的及时性和完整性；负责工程物资的物流管理，组织工程物资的接收入库；做好工程物资仓储实物管理；组织工程物资的出库及物资配送等。工程建设部门对在建工程物资的使用进行管理和监督，组织工余料退库、废料处置、损毁物资报废处理以及实物移交等各环节的规范管理。

为规范通信工程物资管理，原则上不允许在不同的工程项目间直接借料，特殊情况下确需借料的，应由工程部门在 ERP 系统中录入"现场调拨单"，完成项目间的工程物资调拨。

3.4.1　配套物资流程

（1）工程开工前，施工单位对工程开工报告、全套设计文本（或工程草图、工程预算）、工程线缆总量等相关资料进行详尽审核。

（2）施工单位提出用料申请，填报采购申请单据，必须详细标明材料品牌、规格型号、数量、领取日期等必要数据。

（3）施工单位汇总工程的线缆使用总量，提前 3 天统一向移动公司提出领料申请，组织生产部门领取施工线缆。

（4）施工单位在工程物料领取后，严格按照设计文件审核、批准领料单并对应工程编号向生产部门发放物料。

（5）施工单位在领取物料后，指派专人进行保管，同时对物料使用情况做好管控，避免材料浪费等不良现象的发生。受工程调整等客观因素的影响，工程施工过程中需增减物料的，应及时向施工单位工程管理部门提交变更申请，并注明增减缘由。对需增加物料的，重复申请、审核、领料等相关操作流程；对需减少物料的，及时办理多余材料退库手续，以便更好的保管和使用。

（6）工程竣工（完工）后，由生产部门出具工程完工报告，同时整理剩余物料，并于 7 天内办理物料退库手续。将竣工（完工）资料、工作量资料和领、退料记录报施工单位工程管理部门审核。

（7）施工单位工程管理部门对施工生产部门上报的工程竣工（完工）资料、工作量资料和领、退料记录进行审核，并按 30%的比例对单项工程进行现场抽查。对审核未通过的，依照考核办法进行处理。

（8）施工单位所领取的物料要做到专项专用，不得项目之间串用。

3.4.2　配套物资要求

1. 施工现场物资管理

（1）施工过程中，要严格按照设计要求使用工程物资。

（2）施工单位负责工程现场工程物资的管理工作，根据材料属性将工程物资分类摆放整齐，并采取相应的安全防护、防盗措施，做好必要的警示标识。

（3）施工过程中应做好环境保护工作，确保施工前后对环境不造成恶劣影响。保证现场通信设施运行安全以及施工人员人身安全。如同一场地有多个项目同时施工，各项目的物资摆放区域适当分开。

（4）到场的工程物资视物资性质不同，由施工单位、供应商、建设单位人员共同开箱及清点验货，或者进行材料进场验收。不足的工程物资或存在缺陷的工程物资及时反馈工程管理人员协调解决。严禁使用不合格物资。

（5）施工单位要在规定时间内进行设备安装、线缆布放等施工工作，避免工程物资在施工现场长时间堆放。施工过程中应及时归类整理工程剩余物资，堆放整齐、妥善保管。

（6）项目建设过程中应加强工程物资现场管理，合理、有效使用工程物资，严格控制工程损耗，监理人员和随工人员要严格进行现场监督，省市公司工程管理人员不定期进行现场检查。

（7）为规范工程物资管理及核算，工程物资跨项目使用或跨组织转移的，需办理相应的物资调拨手续。

2. 工程余料管理

（1）设计单位应加强项目前期阶段建设方案和勘查设计方案准确性控制，确保工程物资配置合理、准确，从源头上控制工程余料的产生，避免出现大量剩余物资，提高运作效率。

（2）设计会审阶段建设、维护及施工单位要共同确认工程物资使用量，确定合理损耗范围。

（3）工程物资及余料管理应遵循"材料使用可追溯、工程余料应退库、能用余料不浪费"的原则，工程完成后余料要求返回相应库存，促进剩余物资的及时回收和再利用，强化规范化管理，节省建设资金，防范管理风险。

（4）工程管理人员要加强对项目各类物资的管控，组织落实工程物资的领用、使用、完工后的退库、回收以及移交等各环节的规范管理。

（5）工程剩余物资的清点工作原则上应在项目建设地点进行，若是在仓库未使用的项目物资，则在仓库进行清点。工程剩余物资的清点应细致认真，完成项目全部剩余物资的整理和清理。

（6）工程竣工前由哈分公司计划建设部组织施工单位对工程余料进行清理和退库处理，参与的部门应包括物资管理部门和项目资产接收部门。

3．集成商仓库管理

（1）物料入库时，仓管员应同送货人办理交接手续，核对清点物料名称及数量规格是否一致，并予以签收。

（2）物料的储存保管，应根据物料的特性和用途来规划仓储区域，定置存放管理。进出频繁的物料，应考虑其装卸的便捷性。

（3）物料堆放应尽量做到过目点数、检点方便，成行成列，整齐易取。物料存放的货架号码应填于账册的"存放地点"栏或"备注"栏，以备了解物料储存位置，遵循先进先出的原则。

（4）仓管员对库存、代管、暂收的物料，以及设备、器材、工具等均负有保管的直接责任，应做到人各有责，物各有主。

（5）物料如有损失、报废、盘盈、盘亏，仓管员应如实上报，由工程部审批后，方可处理，未经批准一律不准擅自更改账目或处置物料。

（6）仓管员发料时应与领料人员办理手续，当面点交清楚，防止出错，并妥善保管好发料凭证。

（7）未经工程部批准，仓库的物料一律不准擅自借出、拆件零发或私自挪用等。

（8）做好每日领用工具或器材的登记手续，需当日归库的工具或器材应予以敦促回收。

（9）向总仓库领料时，领料单应填写物料编号、名称、规格、数量，并由经手人签名，审核单据是否手续齐全，与领料单规定的编号、名称、规格、数量是否相符，符合者予以发放物料，并当面点交完成，除领料单退回领料单位，其余三联由总仓库接收，其中一联自存，另两联分开汇总后，每日送往财务部及物控人员，不得马虎，违者重罚。

（10）切实做好防火、防潮、防盗等安全工作，非本库人员未经仓管人员同意不得擅自入库，严格遵守安全生产管理规范。

3.5　工程项目施工

3.5.1　安全施工管理

1．安全责任履行的目标

➤ 力争全年安全生产无事故；

➤ 杜绝重大火灾和考核性重大案件；

➤ 杜绝重伤以上事故；

➤ 杜绝直接经济损失达 5000 元以上的交通事故、生产性火灾、机械设备事故或经济损失事故；

> 杜绝员工因工责任死亡或重伤事故；

> 杜绝同等责任以上的交通事故。

2. 监理履行安全责任的工作内容、方法及措施

安全文明施工监理是现代工程建设的重要组成部分，是实现工程投资、进度和质量目标的重要保证。监理部将通过监督、检查和指导设备集成商建立和健全安全文明施工保证体系，严格按国家及政府有关安全作业规程，制定安全文明施工规章制度；加强施工现场管理，把安全文明施工贯彻于工程建设的始终。

（1）施工准备阶段

审查施工组织设计中的安全技术措施和危险性较大的分部分项工程安全专项施工方案是否符合工程建设强制性标准。

① 审查项目经理和专职安全生产管理人员是否具备信息产业部（原）或通信管理局颁发的《安全生产考核合格证书》，是否与投标文件相一致。

② 检查施工单位在工程项目上的安全生产规章制度和安全监管机构的建立、健全及专职安全生产管理人员配备情况，督促施工单位检查各分包单位的安全生产规章制度的建立情况。

③ 审查施工单位资质和安全生产许可证是否合法有效。

④ 审核特种作业人员的特种作业操作资格证书是否合法有效。电工、焊工、高处作业等工种必须要求持证上岗。

⑤ 审核施工单位应急救援预案和安全防护措施费用使用计划。

审查情况及意见由项目总监在"施工组织设计（方案）报审表（B.0.1）"上签署审核意见（见审查内容及将签署意见的范本）。

（2）施工前

① 监理工程师应督促承包单位，在开工前按照组织设计（方案）中的安全技术措施及安全生产操作规程落实各工序的现场安全防护措施。

② 监理单位应检查承包单位使用的机械设备和施工机具及配件，机具性能应完好。施工现场使用的安全警示标志必须符合相关规定。

③ 工程开工前应督促承包单位对与本工程有关的原有设施进行调查和了解，确保施工过程中不对原有的设施造成损害。当施工作业可能对毗邻设备、管线等造成损害时，监理工程师应要求承包单位采取有效的防护措施。

（3）施工过程中

按照法律、法规、规章制度、安全生产操作规范及工程建设强制性标准实施监理，并对工程建设生产安全承担监理责任。

① 依据

> 本专业工程建设强制性标准条文；

> 本专业安全生产操作规范（详见《通信建设工程安全生产操作规范》（工信部规〔2008〕110 号）相关部分）。

② 监督与旁站

监督施工单位按照施工组织设计中的安全技术措施和专项施工组织方案组织施工，及时制止违规施工作业；

督促施工单位进行安全自查工作；

监理人员对危险性较大的关键工序、关键部位进行旁站监督。

③ 巡视检查

检查施工单位在工程项目上的安全生产规章制度和安全监管机构的建立、健全及专职安全生产管理人员在位及履行职责、记录等情况。

定期巡视检查施工过程中危险性较大的工程作业情况，依据《安全生产操作规范》等法规对生产中的不安全环境、物的不安全状态、人的不安全行为进行检查并做相应记录。对于在巡视检查中发现的安全隐患，应及时发出监理指令，责令施工单位迅速消除隐患。

检查施工现场各种安全标志和人员、现场的安全防护措施是否符合强制性标准要求。

（4）关键工序和危险性较大的作业的处置

① 通信设备安装前，监理工程师应查验机房的荷载、消防、抗震和接地电阻值，其应符合相关规范的要求。

② 在运行中的通信设备机架内或设备旁侧进行安装作业时，监理工程师应督促承包单位提前制定带电作业的安全防护措施。在安装施工过程中，操作人员必须戴防静电的手环，手环接地良好。监理人员应旁站监督，防止安全事故的发生。机房维护人员应配合施工。

③ 施工人员在进行高处作业过程中，监理工程师应要求承包单位对施工现场进行圈围，禁止非施工人员进入。遇有恶劣气候影响施工安全时，严禁承包单位人员在高处施工作业。

④ 对于有割接工作的项目，应要求施工单位申报详细割接方案并经总监理工程师审核后，报建设单位批准。由建设单位、监理单位、施工单位共同实施，切实保证割接工作的安全。

⑤ 对于高处作业、带电操作、设备加电测试等关键工序，必须进行旁站监理。

（5）发现各类事故隐患的处理

现场监理人员发现的各类事故隐患，先要求施工队及时整改并做记录（包括拍照）；施工队不整改时，书面通知施工单位并督促其整改；情况严重的，报告总监由总监视现场情况做出处理：下达工程暂停令，要求施工单位停工整改，并及时报告建设单位。施工单位消除安全事故隐患并经现场监理人员检查确认后，施工单位请求复工，总监理工程师签署同意复工意见，施工单位才能复工。

3. 通信施工中常见事故认识、类别、主要原因及关键工序、危险性较大的作业

（1）常见伤亡事故类别

a. 高处坠落；

b. 触电事故；

c. 物体打击；

d. 坍塌；

e. 急性伤害。

（2）主要原因

a. 物的不安全状态：不合格的电杆、线材、构件，不合格的安全用具；

b. 人的不安全行为：不熟悉、不遵守安全操作规程，松懈、麻痹；

c. 不适合的环境：天气恶劣（雷电、暴雨雪、雹，狂风），地下、地面、空间不适合。

（3）通信工程施工中监理应关注的危险源

平层分布工程中监理应关注的危险源见表 3-1。

表 3-1　　　　　　　　　　　　平层危险源

序号	项目		危险源	危害	防范措施
1	安全措施	"三宝，四口"	坠落、毒气、铁件	人身伤亡、设备毁坏等	配备合格的安全防护用品，提高预留洞口的防护
		标志设置	施工围圈设施和安全警示标志有缺陷	人身伤害	做好围圈、安全警示标志清楚且位置摆放合理
2	临时用电	线缆布放凌乱、漏电以及接地问题	触电	人身伤亡、设备毁坏等	合理布放临时电缆
		电气设备安装造成电路故障	触电	人身伤亡、设备毁坏等	要有持证上岗的电工进行电气设备安装
		配件箱	无漏电保护	人身伤亡、设备毁坏等	（1）按三级配电要求，配备总配电箱、分配电箱、开关箱三类标准电箱，开关箱应符合一机、一箱、一闸、一漏。三类电箱中的各类电器应是合格品；（2）按两级保护的要求，选取符合容量要求和质量合格的总配电箱和开关箱中的漏电保护器
3	高处作业		坠落	人身伤亡、物毁等	不要高空抛物、设置作业隔离层
4	垂直运输		违章作业、违章指挥、违反劳动纪律	人身伤亡、设备毁坏等	服从指挥，不盲目操作

设备危险源见表 3-2。

表 3-2　　　　　　　　　　　　设备危险源

序号	工序	危险源	危害	防范措施
1	搬运重机柜	倾倒	伤人、伤物	使用手推车、升降机等机械协助搬运，搬运时注意小心谨慎
2	安装走线架、槽道	塌落、掉物	坠落，人身伤害	检查梯子是否牢靠，施工人员应取出衣物中的钥匙、硬币等以免落入设备中，并注意谨慎施工
3	高处作业（机架、走线架上作业）	梯凳滑倒、物件失落	人伤、物坏	检查梯子是否牢靠，施工人员应取出衣物中的钥匙、硬币等以免落入设备中，并注意谨慎施工
4	带电作业	电源	触电，损坏设备	涉电作业时，督促施工单位必须对工具、材料做好绝缘处理，施工人员需持证上岗，按规范作业
5	操作电动工具、不安全用电	工具有缺陷，线缆破损	伤人、伤物	检查电动工具是否正常无故障，电源插头、插座等是否安全可靠，现场操作是否符合规范
6	工程割接	计划、方案不严密，未按方案操作	通信系统瘫痪	审核割接计划、方案是否合理严密，割接方案需经建设单位和监理审批通过，割接时建设单位、监理单位、施工单位、厂家等几方都应在场，并严格按照方案流程操作

（4）事故处理及应急预案

当发生涉及人身伤亡、财产损失、通信网络中断等安全事故时，现场监理人员应立即按现场应急预案处理，应急预案的主要内容如下。

① 对现场可能存在的重大危险源和潜在事故危险性质的预测和评估。

② 发生事故时现场监理人员的处理原则和程序如下。

a．要求并监督施工单位（施工队）暂停施工并立即启动相应的事故应急预案。

b．立即按规定报告总监，总监作相应报告，请示发出工程暂停令；总监理工程师应根据现场监理人员的报告及时并向建设单位、监理单位或相关部门报告并赶赴现场了解情况。

c．要求并监督施工单位（施工队）迅速采取有效措施，组织人员救护、抢险，防止事故继续扩大和蔓延。

d．立即转达总监发布的口头工程暂停令。

e．要求并监督施工单位（施工队）妥善保护事故现场以及相关证据。

f．努力收集记录事故现象、相关证据。

g．在总监领导或指示（授权）下开展相关工作，配合调查。

③ 应急准备

a．应急领导小组：组长：

副组长：

成员：

b．项目监理部应急救援小组主要职责如下。

➤ 贯彻落实分公司"建筑工程安全生产事故应急救援预案"要求；

➤ 审查施工单位编制"应急救援预案"的可行性与可操作性，并检查其演练情况；

➤ 掌握施工单位对重大危险源部位或特殊部位的专项应急救援预案的编制，审核施工方案中的安全管理专项方案。

c．加强组织安全管理方面的教育及专项培训，认真学习，让所有员工熟悉公司安全管理流程及"应知、应会"的内容。

d．督促施工方做好安全交底工作；同时做好监理内部交底工作。

④ 应急响应

a．项目部应急救援领导小组接到事故报告后，即启动应急救援响应。迅速指挥、协调、落实项目监理部应急救援小组人员密切配合施工单位对已发生的重大安全事故进行应急救援，控制事故现场，防止事故的扩大，并及时上报上级管理部门。

b．分公司应急救援领导小组正、副组长根据事故的规模、状况或者现场的要求，迅速赶赴事故现场。协助指挥、协调相关的应急救援工作。

c．事故发生后，项目监理部的应急救援小组成员或值班人员，一方面迅速将事故情况向组长报告；另一方面应以高度的责任感和人道主义精神，积极投入到事故的应急救援、抢险和处理中去。

d．做好事故现场影像资料的收集工作，为后续事故处理工作提供准确的现场依据。

⑤ 事故处理流程（如图 3-2 所示）

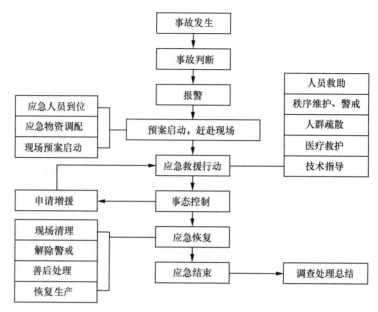

图 3-2　事故处理流程图

⑥　保障措施

a．通信与信息保障

项目负责人姓名：　　　　　　电话：

分公司办公室电话：　　　　　分公司经理：　　　电话：

b．应急人员保障

本地应急救援小组组长：　　　电话：

应急救援小组副组长：　　　　电话：

本地应急救援小组组员：

c．应急装备物资保障

抢险工具：消防器材、电工常用工具等。

应急器材：根据需要配备安全帽、安全带、应急灯、对讲机、救护包、灭火器等。

车辆：机动车 1～2 辆。

（5）安全生产管理工作

①　法律法规对建设单位安全责任的规定

➤　法律法规对建设单位安全责任的规定条款，有些是监理机构可以协助（在委托的前提下）的。

➤　建立完善的通信建设工程安全生产管理制度，建立生产安全事故紧急预案，设立安全生产管理机构并确定责任人。

➤　建设单位在通信建设工程开工前，应当就落实保证安全生产的措施进行全面系统的布置，明确相关单位的安全生产责任。

➤　建设单位在对施工单位进行资格审查时，应当对企业主要负责人、项目负责人以及专职安全生产管理人员是否经通信主管部门安全生产考核合格进行审查。有关人员未经考核合格的，不得认定投标单位的投标资格。

➢ 第 21 条关于安全生产费用的规定：建设单位与施工单位应当在施工合同中明确安全生产责任、安全生产计划；明确安全生产费用的数额、支付计划、使用要求、调整方式等条款。

② 监理机构协助建设单位工作的内容

➢ 本项目安全生产管理机构、职责与责任的确定（111 号第 11 条 4 款）。

➢ 审查。

➢ 管控措施的制订。

➢ 技术措施：考核检查奖罚。

➢ 合同措施：合同条款的建议，合同履行的管理。

➢ 经济措施：监理机构在收到由施工单位项目负责人填写并经企业负责人签字盖;章后的请款书时，应核查施工进度是否已完成 50%，施工现场是否存在安全隐患。经审核符合要求的，由总监签署请款书。

➢ 本项目安全生产管理制度的制订。

➢ 责任主体、自控主体和监控主体的认定。

➢ 六必（必报、必审、必依、必行、必查、必整改）制度、会议和报告制度。

（6）环境保护责任

本工程主要环境因素见表 3-3。

表 3-3　　　　　　　　　　　环境因素的影响

主要环境因素	对环境的影响
水电能源的消耗	资源、能源
废电池等有害物质的废弃	固体废弃物
空调氟利昂潜在泄漏	大气
潜在的火灾、爆炸	大气、噪声、固体废弃物、资源
施工噪声污染	噪声
材料消耗	资源
施工产生的垃圾	固体废弃物

针对上述环境因素，制订如下管理措施。

① 废弃物处置措施

督促施工单位将施工现场垃圾等废弃物及时收集并运至垃圾站，严禁随意抛散。

② 防止水源污染措施

督促施工单位将有害废弃物放置到业主指定地点，对危险性设备、材料或对健康有害物质进行鉴定和记录，防止有害物质的溢漏和防止这类物质进入大气流通或现场以外的区域。

③ 防止噪声污染措施

督促施工单位严格控制人为噪声，进入施工现场不得高声喊叫，最大限度减少噪声扰民；凡在人口稠密地区进行强噪声作业时，须严格控制作业时间。确系特殊情况必须昼夜施工时，先与业主或当地居民协调，张贴安民告示，求得群众谅解后施工，并尽量采取降低噪声措施。

④ 工余料管理措施

督促施工单位做好工余料管理，检查督促施工队认真按实填写《线料使用平衡表》《材料使用跟踪表》等表格，施工队长、监理签字确认。工程施工结束后将所有工程余料和废旧料归还建设单位仓库；要求施工队在每次领料、还料时都要按规定填写业主单位的《物资出入库登记表》。

3.5.2 施工安装环境检查

1. 基站设备或直放站设备工作环境及设备安装机房环境应满足工程设计要求。

2. 无线通信系统室内覆盖工程使用的器件及材料安装环境应保持干燥、少尘、通风，施工区域的井道、楼板、墙壁严禁出现渗水、滴漏、结露现象。

3. 施工区域及其附近严禁存放易燃易爆等物品。

4. 市电已引入，照明系统亦能正常使用。

5. 室内覆盖系统防静电环境要求参见行业标准《通信机房静电防护通则》（YD 754-95）和具体工程设计要求要求。不满足要求的应按相关规范要求进行改造建设。

6. 室内覆盖系统工程防火要求应满足符合行业标准《邮电建筑防火设计标准》（YD 5002-2005）（报批稿）要求。不满足要求的应按相关规范要求进行改造建设。

3.5.3 施工安装前器件及材料环境检查

1. 开工前建设单位、供货单位和施工单位（或集成商）共同对已到达施工现场的设备、材料和器件的规格型号及数量进行清点和外观检查，应符合下列要求。

（1）设备规格型号应符合工程设计要求，无受潮、破损和变形现象。

（2）材料的规格型号应符合工程设计要求，其数量应能满足连续施工的需要。工程建设中不得使用不合格的材料。

（3）器件的电气性能应能进行抽样测试，其性能指标应符合进网技术要求。

2. 当器材型号不符合原工程设计要求而需做较大改变时，应征得设计单位和建设单位的同意并办理设计变更手续。

3. 不符合要求的设备和器件应由建设单位、供货单位和施工单位（或集成商）共同鉴定，并做好记录，如不符合相关标准要求时，应通知供货单位及时解决。

4. 无线网室内分布系统使用的器件及材料严禁工作在高温、易燃、易爆、易受电磁干扰（大型雷达站、发射电台、变电站）的环境。

3.5.4 分布系统施工规范要求

1. 电源线布放

有源设备的电源线接在不间断电源的空开前端，不能在弱电井中穿电源线，电源线必须走线槽或铁管，要保持良好的接地，配电箱内的走线要美观可参照配电箱内原有的走线，要使用硬线，线槽要美观、牢固。

（1）主机电源直接接入空气开关内，原则上不使用插头及插座。

（2）电源线连接到主机架的电源线不能和其他电缆捆扎在一起。

（3）要求提供稳定的交流电输入（198～242V）。

（4）直流（48V、24V）供电采用 2.5mm^2 的供电电缆，交流供电采用三芯，每芯截面积为 2.5mm^2。

（5）电源走线较长时，应用线码固定（间距为 0.3m），走线外观要平直、美观。

（6）电源线要有移动标志和方向标识。

2. 无源器件安装

（1）无源设备的型号、安装位置应符合施工图纸要求。

（2）馈线接头与功分、耦合器等连接时，必须连接可靠，接头进丝顺畅。功分器、耦合器、电桥、合路器等无源器件应用扎带、固定件牢固固定，不允许悬空无固定放置。

（3）无源设备不应放置室外（如特殊情况需室外放置，必须做好防水、防雷处理）。

（4）无源设备严禁接触液体，并防止端口进入灰尘；设备空置端口必须匹配负载。

（5）功分、耦合器等标签需齐全，与设计路由相符。

3. 天线安装固定

若为挂壁式天线，必须牢固地安装在墙上，保证天线垂直美观，并且不破坏室内整体环境。若为吸顶式天线，可以固定安装在天花或天花吊顶下，保证天线水平美观，并且不破坏室内整体环境。如果天花吊顶为石膏板或木质，还可以将天线安装在天花吊顶内，但必须用天线支架对天线做牢固固定，不能任意摆放在天花吊顶人，支架捆绑所用的扎带不可少于 4 条。在天线附近须留有生口位。安装天线时应戴干净手套操作，保证天线的清洁干净。

（1）天线位置

天线的安装位置符合设计文件规定的范围内，并尽量安装在天花吊顶板的中央。

（2）天线安装

天线旋转要平衡牢固，如果垂直放置，安放位置要合理美观。天线连接容易，上紧天线时必须先用手拧紧，最后用扳手拧动的范围在 1 圈内即准确到位，要做到布局合理美观，做天线的过程中不能弄脏天花板或其他设施，摘装天花板时使用干净的白手套，室外天线的接头必须使用更多的防水胶带，然后用塑料黑胶带缠好，胶带做到平整、少皱、美观，安装完天线后要将天线擦干净。

（3）天线指向

覆盖天线和施主天线应使用方向性天线，其指向和俯仰角要符合设计方案的要求。

4. 馈线及相关设施

（1）馈线的规格型号、数量、布放路径应符合工程设计要求。

（2）馈线必须按照设计文件的要求布放，要求走线牢固、美观，布放整齐，不得有交叉、扭曲裂损等情况。当跳线或馈线需要弯曲布放时，要求弯曲角保持圆滑，其弯曲曲率半径不超过表 3-4 所列规定。

表 3-4　　　　　　　　　　　　馈线弯曲曲率半径规定

线径	二次弯曲半径（mm）	一次性弯曲的半径（mm）
1/4″软馈	30	
1/2″软馈	40	
1/4″	100	50
3/8″	150	50
1/2″	210	70
7/8″	360	120

（3）穿竖线要首先认真看清图纸，对竖线在各层中的排列顺序要有合理的安排，以方便以后器件的制作，竖线要直，做到方便检查，布局美观，如果业主要求要穿 PVC 管，扎带每 1m 一个、剪齐、方向一致。

（4）穿横线如业主有要求的，要穿 PVC 管，走线要水平、拉直，不可捆绑在细的线缆上，要做到单独捆绑，在天花板上每 1.5m 一个扎带，明线处 0.6m 一个扎带，扎带的头要剪齐，做到方向一致。注意走线的美观，经过白墙时要穿 PVC 管。在墙上固定时使用塑料管卡。所有 1/8 的馈线要用粗扎带捆扎，没有用 PVC 管的地方要用黑色扎带，有白色 PVC 管的地方用白色扎带。两条以上的馈线要平行放置，每条线单独捆扎。

（5）信号电缆与电源线、地线应分开布放，在同一电缆走道上布放时，间隔不小于 50mm。

（6）馈线所经过的线井应为电气管井，也就是通常指的弱电井，不能使用网管或水管管井。馈线尽量避免与强电高压管道和消防管道一起布放走线，确保无强电、强梯的干扰。对于不在机房、线井和天花吊顶中布放的馈线，应套用 PVC 管。要求所有走管布放整齐、美观，其转弯处要使用 PVC 管。要求所有走线管布放整齐、美观、其转弯处要使用 PVC 软管连接。

（7）走线管应尽量靠墙布放，并用线码或馈线夹进行牢固固定，其固定间距见表 3-5。

表 3-5 馈线固定间距的规定

	<1/2″线径馈线	≥1/2″线径馈线
馈线水平走线时	1.0m	1.5m
馈线垂直走线时	0.8m	1.0m

（8）走线不能有交叉和空中飞线的现象。大卡走线管无法靠墙布放（如地下停车场），馈线走线管可与其他线管一起走线，并用扎带与其他线管固定。

（9）馈线进出口的墙孔应用防水、阻燃材料进行密封。

（10）馈线的连接头必须安装牢固，正确使用专用的做头工具，严格按照说明书上的步骤进行，接头不可有松动馈线芯及外皮不可有毛刺，拧紧时要固定住下部拧上部，确保接触良好，保持驻波比小于 1.3，并做防水密封处理。

（11）室外馈线布放

① 馈线的布放要整齐、美观，不得有交叉、扭曲、裂损的情况。

② 馈线和室外跳线接头要接触良好，并作防水处理。若有馈线入室之前，要求有个"滴水湾"，以防止雨水沿着馈线渗透入室内。

③ 馈线布放暴露在外的，若没有专用走线槽道，馈线须用 PVC 套管加以保护，要求所有连线管布放整齐、美观，其转弯处要使用 PVC 软管连接，用扎带、馈线座或走线夹等加以牢固固定，馈线水平走线时不小于 1.5m，馈线垂直走线时不小于 1.0m；埋入地下的馈线，须套专用线路地埋套管，地埋的接头和分支相应要有人手井，以便维护、保养。进入墙孔的馈线需加保护套，不允许与尖锐物相磨擦，并用防水、阻燃的材料将洞口进行密封。

④ 室外所有接头连接处，要用防水胶泥和防水胶带密封，防止雨水渗入（建议具体防水施工标准为：中间包一层防水胶泥，外面再缠 3～5 层防水胶带，胶带缠绕方向由下向上缠，

胶带做到平整、少皱、美观）；严禁馈线沿建筑物避雷线捆扎。

⑤ 每根馈线都要贴有标签，注明此根馈线的起始点和终止点。

5. 接地

（1）干线放大器、光纤分布系统的主机单元设备必须接地，并应用 16mm² 的接地线与建筑物的主地线连接。

（2）在找不到建筑物主接地线的情况下，应按照规定，与大楼主钢筋相连接；也可与大楼电源系统（TN-S 系统）的 PE 线相连接。

（3）直放站室外接收天线必须在避雷针保护范围内，并与大楼避雷带相连；传输接入光缆的加强芯必须接地，且接地应用 16mm² 的接地线与建筑物的主地线连接；

6. 标签标识

（1）对每个设备和每根电缆的两端都要贴上标签，根据设计文件的标识注明设备的名称、编号和电缆的走向，各种设备标签的编号格式应符合运营商的相关规定及要求，平层布放时在 5m 处应粘贴标签，垂直布放是应在每个楼层粘贴标签。

（2）设备的标签要明显清晰，应贴在设备正面容易看见的地方，对于室内天线，标签的贴放应保持美观，且不影响天线的安装效果。

（3）所有主机设备接线端子 1～2cm 处起始连线上须贴标签（注明该连线的起始点和终止点）。

（4）主设备、干放应张贴"建设方名称通信设备"标签，电梯、地下室在业主同意的情况下，应张贴安装建设方的"网络信号覆盖"标志牌，标识要明显清晰。

3.5.5　机房、信源及配套施工规范要求

1. 有源设备安装

安装位置要求如下。

所有设备无损坏、无掉漆现象，对于载波选频直放站，载频选取模块安装数量符合设计要求，无设备单元的空位应装有盖板。安装时应用相应的安装件进行牢固固定。要求主机内所有的设备都正确安装，符合设计要求，牢固、安装正确。对于光纤分布系统的主机单元，各模块的安装数量应符合设计文件的规定，安装要求如下。

（1）安装位置（高度）应在 1.5m 左右，以便于维护、调测和散热需要。

（2）安装位置无强电、强磁和强腐蚀性设备的干扰。

（3）主机在条件允许的情况下，尽量安装在室内，对于室外安装的主机须做防雨水、防晒、防破坏的措施。

（4）安装位置应保证安全和牢固。

（5）设备电源必须与空开直连，每个有源设备单独连接一组空开，不能有一组空开接多个有源设备的情况，空开必须安装在配电箱内，配电箱内须安装一组三孔及两孔插座，工作状态时旋转于不易触摸到的安全位置并固定。

（6）必须粘贴标准（打印）标签，并写上名称及编号。

2. 加电前检查

（1）电源引入线极性正确，连接牢固可靠。

（2）设备通电前，应在熔丝盘有关端子上测量主电源电压，确认正常，方可逐级加电。

（3）设备工作电压应满足设备标称值要求。

（4）有源设备接地正确、牢固、可靠。

（5）按设备厂家提供的操作程序开机，设备应正常工作。

（6）检查设备各种可闻可见的告警系统，应工作正常、告警准确。

3. 机柜机架安装

（1）安装位置应符合设计图要求，如安装位置有变更，应有设计变更手续。

（2）防震加固。所有机柜、机架应对地加固，膨胀螺丝规格符合设计要求或不小于 M8；厂家有要求的应用厂家的配套螺丝；机柜、机架应按抗震和工程设计要求防震加固。

（3）机柜前后门应装好且开关顺畅；机架上的防静电手环要正确安装；机架有走线槽、顶盖和防鼠网时应安装齐全。

（4）机柜、机架垂直度误差≤机架高度的 1‰，同一列架的设备正面在一条直线上，相邻机架的缝隙应小于 3mm（设计另有要求的除外）。

（5）机柜里面、顶部不应有多余的螺钉、线头等杂物；机柜表面及各部件油漆不应有脱落或碰伤，不得变形，保持清洁。

4. 光纤布放

（1）MU 与 RRU 之间的光纤连接是否正确，RRU 光纤连接不要穿过 400N；RRU 光纤半径不小于 40mm。

（2）光纤布放方式是否正确，防水是否满足要求。

（3）光纤和 RRU 电源线布放路由是否符合要求，不要出现交叉或绑扎在一起的现象，光纤在机柜内是否用缠绕管保护。

5. 铁件安装

（1）新增走线架宽度应符合设计要求；机房内所有油漆铁件的漆色应一致，刷漆（或补漆）均匀，不留痕，不起泡。

（2）安装位置、高度和工艺应符合施工图设计要求，应与墙壁或机列保持平行。走线架横档面向上。

（3）走线架、凹钢安装应平直端正牢固，每米允许水平偏差为 2mm。立柱的允许偏差为 1.5‰，同一方向的立柱应在同一条直线上。

（4）对地对墙加固应牢靠稳固，应符合抗震要求。凹钢应与墙柱（无墙柱时与墙壁）固定，尽量避免与天花板、板墙固定。走线架、凹钢加固点或支撑点距离为 1.5～2m；所有支撑加固用的膨胀螺栓余留长度应一致（螺帽紧固后余留 5mm 左右）。

3.5.6 传输施工规范要求

1. 传输设备

（1）线缆敷设

➢ 电缆规格程式应符合设计要求。

➢ 电缆的布放路由应符合施工图纸的规定；机房交流电源线、直流电源线、光纤、通信线应按不同路由分开布放。如通信电缆与电力电缆相互之间距离较近，亦应保持 50mm 以上的距离。

➢ 绑扎电缆的线扣扎好后应将多余部分齐根剪掉，不留尖刺，扎扣朝同一个方向。

> ➢ 电缆下弯应均匀圆滑，排列整齐，电缆弯曲半径应不小于电缆直径或厚度的 10 倍。
> ➢ 架间电缆及布线的两端必须有明显标识，不得错接、漏接。插接部件应牢固，接触良好。架间电缆及布线插接完毕应进行整理、绑扎。
> ➢ 电缆成端处应留有方便检修的富余量，成束缆线留长应保持一致。
> ➢ 电缆开剥尺寸应与缆线插头（座）的对应部分相适合，成端好的接头尾端不应露铜。
> ➢ 已布放好的光纤，但未启用，光连接头应用保护套保护。
> ➢ 布放光纤时拐弯处不应过紧或相互缠绕，成对光纤要理顺绑扎，且绑扎力度适宜，光纤在线扣环中可自由抽动，不能成直角拐弯；布放后不应有其他线缆压在上面。
> ➢ 光纤法兰盘一定要安装在法兰盘固定架上，且光纤应理顺绑扎。
> ➢ 光跳线两端接头处，应粘贴标签，标识应清晰、准确、方案规范，同一类的光跳线标签应粘贴整齐一致。

（2）严禁在直流供电系统中将两只小负载熔丝并联代替大负荷熔丝使用。

（3）机房上下孔等处防火泥应按规定封好。

2. 传输线路

（1）楼道槽板或穿线管必须固定牢固，尽量靠近楼道上沿布放。

（2）需打穿楼板进行垂直布线的工程，孔洞必须封堵，污迹需恢复。

（3）室外明布户线不得飞线，需做钉固，并在转角、翻越处作防磨处理。

（4）人/手孔、入楼等处光缆需挂牌。

（5）ODF 框、纤芯资料及 MDF 资料在现场须标识清楚，示意图贴于光交或楼道箱门内侧。

（6）线缆使用塑料旗形标签，标签描述准确、清晰、规范，贴于线缆两端醒目位置。

（7）入楼道线缆规范，无飞线，余缆盘放整齐。

（8）采用沿墙布放缆线的方式，必须用卡钉固定缆线，卡钉间距相同，转角处需套管保护。

（9）管道引上处必须设置保护管，地上部分不小于 2.5m。

（10）箱外走线布局美观，必须套管或槽道，楼内同一路由有两根线缆或 PVC 管时，在条件具备情况下必须平行、美观（布放整齐、颜色统一）。

（11）光缆进线孔应采取防潮措施。

（12）光纤全部接续完成后应将余纤盘在光纤盘片内，盘绕方向应一致；光缆上 ODF 架或者光交箱，走线要美观。已布放好但未启用的光纤，光连接头应用保护套保护。

（13）墙壁光缆离地面高度应不小于 3m，跨越街坊、院内通路等应采用钢绞线吊挂，其缆线最低点距地面应符合规范要求。

（14）吊线式墙壁光缆使用的吊线程式应符合设计要求。墙上支撑的间距应为 8~10m，终端固定物与第一只中间支撑的距离应不大于 5m。

（15）光纤接续后应用接头套管保护，余纤在光纤盘片内的曲率半径应不小于 30mm，盘绕方向应一致。

（16）光纤及尾纤预留在 ODF 架盘纤盒中安装，应有足够的盘绕半径，并稳固、不松动。

（17）光缆内的金属构件与 ODF 接地装置接触良好，ODF 接地装置至机房防雷接地排的接地线规格型号应符合设计要求，接地线严禁成螺旋形布放。ODF 接地线线径不小于 16mm^2。

3.5.7　开通调测流程要求

（1）设备按照规划配置安装完成。

（2）网优发规划给厂商后台出开站脚本，厂商后台发开站脚本给开站督导。

（3）传输发基站电路给开站督导。

（4）室分厂家通知开站督导上站开站。

第4章

室分工程验收阶段

室分工程验收阶段发生在室分工程交付使用之前，主要通过施工工艺检查、工程质量检测和性能检测保证已完工的室分工程在工程工艺、工程质量和性能指标上都满足健康入网的要求。本章介绍了工程验收流程及其每个验收流程的要点。

4.1 工程验收流程

室分验收阶段涉及无线通信系统室内分布系统的信号源部分和室内分布系统部分的施工安装工艺质量、基本的网络性能、工程档案、工程建设程序规范化等方面的验收，网络侧的其他部分验收应参见相应的标准、规范。

无线通信系统室内分布系统工程中涉及的基站设备和直放站设备的设备验收可依据相关的技术体制及工程技术规范的要求进行，其中基站设备的验收详见《4G网络无线子系统工程验收规定》，直放站设备的工程验收详见《直放站工程验收规范（QB-G-011-2011）》。

验收应当在遵守国家法律法规、遵守国家、行业以及运营商或铁塔公司已有相关标准，组织与流程遵循遵守运营商或铁塔公司已有制度的前提下进行。

省市公司在进行实际验收时，可采取资料复核、现场检查测试、记录检查相结合的方式进行，现场不具备测试条件的项目，原则上可直接利用厂验报告、产品出厂检验报告、随工验收报告、运营商或铁塔公司通信有限公司统一组织的实验室测试及外场测试相关结论。

本阶段的验收项目分为必选项和可选项，必选项是必须进行验收的项目，可选项是由省公司根据实际情况决定是否需要验收的项目。

在满足基本验收项目前提下，重点验收如下类项目：对后期网络运行影响大的指标、侧重新业务和新功能、有利于后期运行维护以及本期工程的特殊场景。

综合室内分布系统应严格控制不同系统之间的干扰，所使用的器件和线缆应涵盖所有需要接入系统的工作频段，相关器件指标应满足无源器件及室分天线相关企业标准的要求，安装工艺和网络性能应满足本规范中各系统单独验收时的具体要求。

无线通信系统室内分布系统工程验收应按照图4-1所示的流程进行。

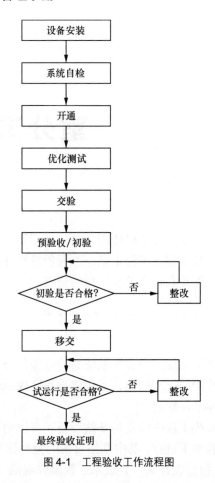

图 4-1 工程验收工作流程图

4.2 施工安装工艺验收

室内分布系统安装调试完备，集成商在提请工程验收前检查时，需同时提交自检报告，验收方对自检报告进行检查。自检报告中应包括对本章要求的各项工艺指标的测试自检结果。

4.2.1 信源设备安装验收

1. 一般要求

（1）信号源基站设备的安装工程验收参见企业标准《4G 网络无线子系统工程验收规定》等相关制式的无线设备（基站）验收规范。不满足要求的应按相关规范进行改造建设。

（2）设备电源安装要求应满足行业规范《通信电源设备安装设计技术规范》（YD/T 5040-2005）和具体工程设计要求要求。不满足要求的应按相关规范进行改造建设。

（3）设备安装要求应满足行业规范《电信设备安装抗震设计规范》（YD 5059-2005）。不满足要求的应按相关规范要求进行改造建设。

（4）设备防雷接地设施应满足行业规范《通信局（站）防雷与接地工程设计规范》（YD 5098-2005）和具体工程设计要求。不满足要求的应按相关规范进行改造建设。

2. 安装位置

（1）设备的安装位置符合设计文件（方案）的要求。并且垂直、牢固。安装位置有变更时必须征得设计单位、监理单位和建设单位同意，并办理设计变更手续。

（2）信源设备在条件允许的情况下尽量安装在室内。对于室外安装的信源设备，应做防雨水溅湿主机箱体和防雷、防晒、防破坏的措施，且室外安装的信源设备宜采用 C30 混凝土基础，基础高度应不低于 15cm；对于室内安装的信源设备，室内不得放置易燃易爆物品；室内的温度、湿度不能超过信源设备正常工作温度、湿度的范围。

（3）安装位置无强电、强磁和强腐蚀性设备的干扰。安装位置应保证信源设备便于调测、维护和散热需要，要求信源设备底边离地有一定的距离且周围 0.5m 内无热源设备。

（4）当有两个以上信源设备需要安装时，设备应在同一水平（或垂直）线上，设备间距便于日常操作维护，主设备安装中需要预留足够空间便于后期系统扩容。

（5）信源设备内的各子单元应安装正确、牢固，无损坏、掉漆的现象。

3．后备供电

室内用信号源及有源设备应按照重要性和断电情况配置后备电池。后备电池宜采用直流配电加铁锂电池，时间宜参照重要站点 4 小时，非重要站点 2 小时。重要和非重要站点由各公司根据话务大小、覆盖类型、市电稳定性等因素自行划分。

4.2.2　有源设备安装验收

1．有源设备的安装位置、设备型号必须符合工程设计要求。如安装位置需要变更，应征得设计单位、监理单位和建设单位的同意，具备设计变更手续，并最终与竣工图纸保持一致。

2．有源设备的安装位置应确保无强电、强磁和强腐蚀性设备的干扰，并预留一定操作维护空间以便后期维护人员排障操作。

3．有源设备的安装应牢固平整，有源设备上应有清晰、明确的标识。安装时应用相应的安装件进行固定。要求主机内所有的设备单元安装正确、牢固、无损伤、掉漆的现象。

4．有源设备的电源插板至少有两芯及三芯插座各一个，工作状态时放置于不易触摸到的安全位置。

5．有源设备应有良好接地，并应用 16mm^2 的接地线与建筑物的主地线连接。

6．直放站和干放等有源设备应保证添加监控，其中数字光纤直放站（GRRU）设备宜采用有线 E1 监控方式。

7．有源设备应有清晰明确的标签。

8．室外安装的有源设备应做好防水、防雷、防晒和防破坏措施。

9．施工完成后，所有器件要做好清洁，保持干净。

4.2.3　无源器件安装验收

1．无源器件的安装位置、设备型号必须符合工程设计要求。如安装位置需要变更，应征得设计单位、监理单位和建设单位的同意，并具备设计变更手续。

2．无源器件应妥善安置在线槽或弱电井中，固定位置要便于安装、检查、维护和散热，避免强电、强磁或强腐蚀的干扰。在线槽布放的无源器件应用扎带固定牢固。

3．对于分量较重的无源器件，安装时应用相应的安装件进行固定，并且垂直、牢固，不允许悬空放置。

4．无源器件的接头应牢固可靠，电气性能良好，两端应固定牢固。

5. 无源器件严禁接触液体，并防止端口进入灰尘。

6. 无源器件的设备空置端口必须接匹配负载。

7. 无源器件应有清晰明确的标签。

8. 室外安装的无源器件应做好防水、防晒和防破坏措施。

9. 施工完成后，所有器件要做好清洁，保持干净。

4.2.4　线缆布放验收

1. 一般要求

（1）线缆的规格型号、线径、数量、走线路由、接地方式应符合工程设计要求。如安装位置需要变更，应征得设计单位和建设单位的同意，并具备设计变更手续。

（2）信号线、控制线应尽量避免与强电高压管道和消防管道一起布放走线，确保无强电、强磁的干扰。当同轴电缆、五类线等线缆与电源线平行敷设时，应满足表4-1所列的隔离要求。

表4-1　　　　　　　　　　　　平行敷设时的隔离要求

条件	最小净距（mm）
电源线与同轴电缆平行敷设	130
有一方在接地的金属槽道或钢管中	70
双方均在接地的金属槽道或钢管中	10*

*注：双方都在接地的金属槽道或钢管中，且平行长度小于10m时，最小间距可为10mm。表中同轴电缆采用屏蔽电缆时，最小净距离可以适当减小，并应符合设计要求。

（3）线缆应沿走线架或线槽进行布放，走向应清晰、平直，不得交叉和空中飞线。线缆经过白墙时要穿走线管。

（4）线缆需进行绑扎或采用专用的线缆卡具固定，绑扎固定间隔保持一致且符合要求。多余线扣应剪除，所有线扣应齐根剪平不拉尖。预留的缆线应整齐盘放并固定好，不影响其他设备和器件的正常操作。

需要绑扎的线缆和走线管的绑扎间距应满足表4-2所列的隔离要求。

表4-2　　　　　　　　　　　　线缆的绑扎间距要求

	≤1/2"线径	>1/2"线径
水平布放时	≤1.0m	≤1.5m
垂直布放时	≤0.8m	≤1.0m

（5）线缆应平直、整齐，并避免凹凸不平和急剧弯曲现象；需要弯曲布放时，弯曲角应保持圆滑均匀，其曲率半径应满足相应线缆的指标要求。

① 同轴电缆的曲率半径必须满足表4-3所列的指标要求。

表4-3　　　　　　　　　　　　同轴电缆的弯曲半径要求

电缆俗称	7/8"（普通）	7/8"（超柔）	1/2"（普通）	1/2"（超柔）
馈线型号	22	21	12	9
一次最小弯曲半径（mm）	240	170	140	60
二次最小弯曲半径（mm）	500	260	250	110

②　泄漏电缆的曲率半径要求参照同轴电缆。

③　光缆的弯曲半径要求为：静态弯曲半径大于等于 10 倍光缆外径，动态弯曲半径大于等于 20 倍光缆外径，尾纤盘放弯曲直径大于等于 80mm。

④　馈电光缆的弯曲半径应大于等于 15 倍馈电光缆直径。

⑤　五类线/超五类线的弯曲半径应大于 30mm。

⑥　电源线拐弯处的弯曲半径应大于 50mm（或不小于线缆外径的 20 倍）。

⑦　接地线的曲率半径应大于 0.13m。

（6）线缆应采用阻燃材料，外表面应干净、清洁、无施工记号，无明显的折、拧现象，并避免强行拉伸，线缆的护套绝缘层无破损及划伤，馈管无裸露铜皮。

（7）当线缆接入室外设备时，线缆外径应与防水堵头孔内径相匹配。未使用的接头均应拧紧堵头或采用防水胶带将接头连接器端部密封，防止漏水。防水工艺要求可参照"315""333"等工艺方法。

（8）室外线缆进入室内前必须做滴水弯。波纹管滴水弯底部必须剪切一个滴水口，以防止雨水沿馈线进入室内，入线口、孔必须用防水材料密封。折弯时应满足曲率半径要求，以避免影响驻波比等指标。

（9）机房各进线孔洞（含走线管孔洞）在安装完成后均应用防火材料封堵；室内电缆走道穿越墙洞或楼板时，孔洞四周应加装保护框；馈线窗的防水密封处理应符合工程设计及相关规范的密封要求。

（10）对于含有金属材质的线缆，在进入机房前应有良好的屏蔽接地措施，如采用屏蔽线缆或穿钢管方式敷设时，金属屏蔽层两端应可靠接地。

（11）各种线缆应连接正确，线缆两段应有明确、清晰的标签。接头制作规范，无松动。

（12）双通道室分系统两个通道的布线应尽量对称。

2.　线缆走道（或槽道）

（1）线缆走道（或槽道）的位置、高度应符合工程设计要求。如安装位置需要变更，应征得设计单位和建设单位的同意，并具备设计变更手续。

（2）线缆走道（或槽道）的组装应平直，无明显扭曲和歪斜，沿墙水平电缆走道应与地面平行，沿墙垂直电缆走道应与地面垂直。

（3）线缆走道（或槽道）的侧旁支撑、终端加固角钢、吊挂、立柱等器件的安装应符合工程设计要求，牢固、端正、平直。

（4）所有支撑加固用的膨胀螺栓余留长度应一致。

（5）所有油漆铁件的漆色应一致，刷漆均匀，不留痕，不起泡。

（6）线缆走道（或槽道）使用金属钢管或线槽时，接地体应符合设计要求，就近接地，并应保持良好的电气连接。

3.　同轴电缆

（1）同轴电缆所经过的线井应为电气管井，不得使用风管或水管管井。

（2）同轴电缆应尽量在线井和吊顶内的线槽布放，走线美观，并按规定用扎带进行牢固固定，且不得与其他厂家的馈线及电线绑扎在一起。

（3）同轴电缆的连接头必须牢固安装，接触良好，并做防水密封处理。

（4）电缆头的规格型号必须与射频同轴电缆相吻合。

（5）电缆冗余长度应适度，各层的开剥尺寸应与电缆头相适合。

（6）电缆头的组装必须保证电缆头口面平整，无损伤、变形，各配件完整无损。电缆头与电缆的组合良好，内导体的焊接或插接应牢固可靠，电气性能良好。

（7）芯线为焊接式的电缆头，焊接质量应牢固端正，焊点光滑，无虚焊、无气泡，不损伤电缆绝缘层。焊剂宜用松香酒精溶液，严禁使用焊油。

（8）芯线为插接式的电缆头，组装前应将电缆芯线（或铜管）和电缆头芯子的接触面清洁干净，并涂防氧化剂后再进行组装。

（9）电缆施工时应注意端头的保护，不能进水、受潮；暴露在室外的端头必须用防水胶带进行防水处理；已受潮、进水的端头应锯掉。

4. 泄漏电缆

（1）泄漏电缆的布放应满足同轴电缆的上述布放要求。

（2）泄漏电缆不能与风道等金属管道平行敷设，周围应避免有直接遮挡物。

（3）泄漏电缆布放时，不应从锋利的边或角上划过。如果不得不将泄漏电缆长距离地从地面或小的障碍物上拉过，应使用落地滚筒。

5. 五类线

（1）（超）五类线终接后，应有余量。交接间、设备间对绞电缆长度宜为 0.5～1.0m，工作区为 10～30mm，有特殊要求的应按设计要求预留长度。

（2）（超）五类线的绑扎，在管道内和吊平顶内隐蔽走线位置绑扎的间距不应大于 40cm；在管道开放处和明线布放时，绑扎的间距不应大于 30cm。五类线必须用尼龙扎带牢固绑扎。

（3）对于不能在管道、走线井、吊顶、天花板内布放的五类线，应考虑安装在走线架上或套用 PVC 管。

（4）（超）五类线的布放长度不应超过 100m。如实际长度大于 100m 应修改设计，改用其他传输方式解决。

（5）水晶头（RJ-45）接头压制做工需满足设计、施工要求。

6. 走线管

（1）对于不在机房、线井和天花吊顶中布放的射频同轴电缆，应套用 PVC 走线管。要求所有走线管布放整齐、美观，其转弯处要使用转弯接头连接。

（2）走线管应尽量靠墙布放，并用线码或馈线夹进行牢固固定，其固定间距应能保证走线不出现交叉和空中飞线的现象。固定间距参考上文的统一要求。

（3）若走线管无法靠墙布放（如地下停车场），馈线走线管可与其他线管一起走线，并用扎带与其他线管固定。

7. 电源线

（1）电源线必须根据设计要求穿铁管或 PVC 管后布放，铁管和 PVC 管的质量和规格应符合设计规定，管口应光滑，管内清洁、干燥，接头紧密，不得使用螺丝接头，穿入管内的电源线不得有接头。

（2）直流电源线和交流电源线宜分开敷设，避免绑在同一线束内。

（3）芯线间和芯线与地间的绝缘电阻应不小于 1MΩ。

（4）电源插座必须牢固固定，如需使用电源插板，电源插板需放置于不易触摸到的安全位置。插座插板必须通过 3C 认证。

（5）电源线与电源分配柜接线端子连接，6mm^2 以上的电源线应采用铜鼻子与接线端子连接，并且用螺丝加固，接触良好。

（6）电源线两端线鼻子的焊接（或压接）应牢固、端正、可靠，芯线在端子中不可摇动，电气接触良好。

（7）电源线接线端子处应加热缩套管或缠绕至少两层绝缘胶带，不应将裸线和线鼻子鼻身露于外部。

（8）电源线与设备及电池组的连接应可靠牢固，接线柱处应进行绝缘防护。

（9）为射频拉远单元供电时布放的室外直流电源线，其金属屏蔽层应在天线处、离塔处以及机房入口处进行"三点接地"保护。

8.　接地系统

（1）电源地线和保护地线与交流中线应分开敷设，不能相碰，更不能合用。交流中线应在电力室单独接地。

（2）地线如遇穿墙走线，穿墙部分必须加套 PVC 管或波纹管加以保护，穿墙孔/口必须用防火泥加以密封。

（3）机房接地母线宜用紫铜带或铜编织带，每隔 1m 左右和电缆走道固定一处。

（4）接地线应连接至大楼综合接地排，走线槽已经与综合接地排相连的，可连接至走线槽。

（5）地线与地网连接时，严禁形成倒漏斗（即形成积水漏斗），漏斗方向必须朝下。

（6）接地点的选择必须高于地网，馈线接地要求向着馈线下行方向，绝不允许向上。

（7）室内设备保护地线禁止接至室外楼顶等高处避雷网带上。

（8）馈线上的接地点直接用防水胶泥密封再用电工胶布包裹，接地排或地网上的接地点应作防水、防锈处理。

（9）当接线端子与线料为不同材料时，其接触面应涂防氧化剂。

（10）设备的保护地线应采用截面积不小于 16mm^2 的接地线保护接地。接地位置应符合设计要求。

（11）交流地、直流地、保护地和防雷地应分开。每个接地点要求接触良好，不得有松动现象，并作防氧防锈处理。

（12）接地电阻应小于 5Ω。

（13）避雷针要求电气性能良好，接地良好。室外天线都应在避雷针的 45°保护角之内。

（14）由室外引入室内的馈线系统（含 GPS 馈线）应进行防雷接地。室外接地点宜分 A、B、C 3 点。其中 A 点距室外馈线头 25～30cm；B 点在下塔拐弯前向上 0.5～1m 处（当机房上没有铁塔，天线是固定在支撑杆时，要求馈线在由楼面拐弯下机房前实施 B 点接地）；C 点在馈线防水弯之前。禁止在馈线拐弯的弧度上做接地。当馈线长度超过 60m 时，应在中间部位增加一处接地。

（15）工作在室外或潮湿环境中的设备与线缆或天线与线缆或线缆与线缆之间的所有连接接头处必须采取防水措施。防水工艺要求可参照"315""333"等工艺方法。

9.　光缆及尾纤

（1）光缆在槽道内应加套管或线槽保护，无套管保护部分宜用活扣扎带绑扎。

（2）机架内用扎带固定尾纤时不应过紧，尾纤在扎带环中可自由抽动。固定尾纤时，推荐在尾纤外面缠绕尼龙粘扣带后，再用扎带固定。

（3）尾纤在机架外部布放应加套管保护，套管末端应固定或伸入机柜内部。尾纤保护套管两端应用绝缘胶带封扎，避免尾纤滑动被套管切口划伤。胶带颜色宜与套管颜色一致。

（4）光接续盒应安装牢固可靠，密封良好，并易于维护操作。当采用的光缆带有金属铠装层或金属加强筋时，其应于接续盒处进行可靠接地。

（5）敷设好的光缆或尾纤不应被重物或其他重量较大的线缆叠压。

（6）过长尾纤应整齐盘绕于尾纤盒内或绕成圈后固定。

（7）未用尾纤的光连接头应用保护套保护。

（8）光缆加强芯应进行防雷接地。接地线规格应不小于 $16mm^2$。

10. 光纤配线箱

（1）光纤配线箱安装位置应符合设计要求，设备安装应牢固、可靠，机壳应保护接地。

（2）光纤配线箱功能和技术要求应满足国家规范和运营商相关规定。光纤配线箱应采用封闭式结构。外壳材料采用优质钢材、铝型材或 ABS 塑料，表面喷塑处理，颜色满足局方要求或与局站原有设备相一致。

（3）光纤配线箱应能够具备壁挂安装条件，并应具备相关壁挂安装的材料。

（4）光纤配线箱建议分为 6 芯、12 芯和 24 芯 3 种规格，具体规格容量建议见表 4-4。

表 4-4　　　　　　　　　　　　　　光纤配线箱规格容量表

序号	容量（芯）	机架尺寸（高×宽×厚，建议值）
1	6	200mm×200mm×100mm
2	12	280mm×400mm×100mm
3	24	400mm×400mm×100mm

11. 其他信号线和监控线

连接到基站的环境告警采集线应有可靠的防雷保护措施。

4.2.5　天线安装验收

1. 天线的安装位置、设备型号必须符合工程设计要求。如安装位置需要变更，应征得设计单位和建设单位的同意，并具备设计变更手续。

2. 天线的整体布局应合理美观。安装天线的过程中不得弄脏天花板或其他设施，室外天线的接头必须使用更多的防水胶带，然后用塑料黑胶带缠好，胶带应做到平整、少皱、美观，安装完天线后应擦拭干净。

3. 天线的安装支架应为金属件，并做防锈处理。天线必须安装在手不能轻易触及处，但应保证能方便地对其他进行维护检查。

4. 全向吸顶天线或壁挂天线应用天线固定件牢固安装在天花板或墙壁上，定向板状天线应用壁挂安装方式或利用定向天线支架安装方式，天线主瓣方向应正对目标覆盖区。天线应尽量远离消防喷淋头。

5. 吸顶式天线安装必须牢固、可靠，并保证天线水平。安装在天花板下时，应不破坏室内整体环境；安装天花板吊顶内时，应预留维护口。

6. 全向天线安装时应保证天线垂直，垂直度各向偏差不得超过±1°；定向天线的方向角应符合施工图设计要求，安装方向偏差不超过天线半功率角的±5%。

7. 天线周围 1m 内不宜有体积大的障碍物。天线安装应远离附近的金属体，以减少对信号的阻挡。不得将天线安装在金属吊顶内。

8. 天线应安装在避雷针 45° 保护角内。天线的安装支架及抱杆必需良好接地。

9. 对于使用两个单极化天线的双通道室分系统，天线间距安装偏差应不超过设计文件（方案）的 5%；设计文件（方案）中未明确的应不小于 4λ，宜控制在 4～12λ 之间（如果采用 2320～2370mHz 频段，4λ 约为 0.5m，12λ 约为 1.5m；如果采用 1880～1900MHz 频段，4λ 约为 0.7m，12λ 约为 2.1m）。

10. 对于使用双极化天线的室分系统，室内天线的极化隔离度和交叉极化比应满足表 4-5 所列的要求。

表 4-5　　　　　　　　　　　双极化天线的隔离度要求

天线类型	极化隔离度（dB）	交叉极化比（dB）
全向双极化吸顶天线	≥25	≥15
定向双极化壁挂天线	≥25	≥18
定向双极化吸顶天线	≥25	≥20

11. 4G 网络（E 频段）与 WLAN 不共用分布系统时，4G 网络室分天线与 WLAN AP 天线距离安装偏差应不超过设计文件（方案）的 5%；设计文件（方案）中未明确的应控制在 1m 以上，条件具备的宜控制在 3m 以上。

12. GPS 天线和北斗天线应注意避免放置于基站射频天线主瓣的近距离辐射区域，禁止位于微波天线的微波信号下方、高压电缆的下方以及电视发射塔的强辐射下。以周边没有大功率的发射设备，没有同频干扰或强电磁干扰为最佳安装位置。

13. GPS 天线必须垂直安装，垂直度各向偏差不得超过 1°。GPS 天线必须安装在较空旷位置，上方 90° 范围内（至少南向 45°）应无建筑物遮挡。GPS 天线安装位置应高于其附近金属物，与附近金属物水平距离大于等于 1.5m。

14. GPS 天线应考虑防雷措施，如安装 GPS 馈线连接浪涌保护器（SPD）。

15. 北斗天线应保证在向南方向上，天线顶部与周边建筑物顶部任意连线与天线垂直向上的中轴线之间夹角应不小于 60°。北斗天线与 Wi-Fi 的天线安装间距应大于 3m。

16. 每幅天线都应有清晰明确的标识。

17. 为规避系统间干扰，独立建设室分系统时天线点的位置必须考虑到与其他系统的隔离，设计文件（方案）已明确的，具体间距应以设计文件（方案）为准，偏差不应超过 5%。

18. 连接天线与馈线的软跳线应避免弯折过大。

4.2.6　标签

1. 室内分布系统中每一个设备以及电源开关箱和馈线两端都应有明显的标签，方便以后的管理和维护。

2. 在并排有多个设备或多条走线时，标签应粘贴在同一水平线上。

3. 标签宜粘贴在设备、器材正面可视的地方，并用防水胶带进行防水处理。线缆的标签在首尾两端采用吊挂式，以方便阅读。

4．对于室内天线，标签的粘贴应保持美观，且不会影响天线的安装效果。

5．标签的标注应工整、清晰，并且标注方法要与竣工图纸上的标注一致。馈线的标签要标明进线和出线设备的编号和准确的长度。

常见室内分布标签规格建议见表4-6。

表4-6 常见室内分布系统标签的规格建议

标签类型	规格	标签类型	规格
室内信号线	49mm×25mm	传输	80mm×10mm
室外信号线	49mm ×25mm	DC 电源开关标签	18mm×11mm
地线、告警线	33mm ×10mm	AC 电源开关标签	45mm×10mm
电池线缆	42mm×22mm	外电引入电源线	42mm×22mm
电池组	70mm ×43mm	其他电源线	33mm×10mm
机架、电源架、AC 屏	70mm ×20mm	设备室内防雷排	100mm×25mm
DF 架	70mm ×20mm	机房总地排	100mm×25mm
空调	70mm ×20mm	室外总地排	100mm×25mm
防雷箱	70mm ×20mm	UPS	70mm×20mm

常见室内分布系统标签的编制示例如下。

无源分布系统设备标签：

① 天线：ANT n-m。

② 功分器：PS n-m。

③ 耦合器：T n-m。

④ 合路器：CB n-m。

⑤ 负载：LD n-m。

⑥ 衰减器：AT n-m。

⑦ 干线放大器：RP n-m。

有源分布系统设备标签：

① 射频有源天线：PT n-m。

② 有源功分器：PPS n-m。

③ 中途放大器：IA n-m。

④ 末端放大器：EA n-m。

⑤ 主机单元：HUB n-m。

光纤分布系统设备标签：

① 主机单元：HS n-m。

② 远端单元：RS n-m。

③ 光纤有源天线：OT n-m。

④ 光路功分器：OPS n-m。

馈线标签：

① 起始端：to ＿＿＿＿＿（设备编号）。

② 终止端：from＿＿＿＿（设备编号）。

注：以上 n 表示设备的编号，m 表示该设备安装的楼层。

举例说明。

（1）在 9 层编号为 2 的三功分器，它的标签为：

三功分器
PS2-9F

（2）一段馈线，起始点是安装在 9 层编号为 2 的功分器 PS2-9F，终止点为安装在 10 层编号为 3 的耦合器 T3-10F，则此段馈线的标签为：

起始端标签：

TO　T3-10F

终止端标签：

FROM　PS2-9F

4.2.7　加电检查

1．电源引入极性正确，连接牢固可靠。

2．设备工作电压应满足设备标称值要求。

3．按设备厂家提供的操作程序开机，设备应正常工作。

4．检查设备各种可闻可见的告警系统，应工作正常、告警准确。

4.3　工程初验

4.3.1　初验条件

（1）单项工程已按设计要求完成安装、调测。

（2）按照设计要求实现业务逻辑，并具备业务开通条件。

（3）各类技术文件、工程文件、竣工资料齐全完整，经建设单位检查与实际相符（初验所需资料参见工程初验资料及结论清单）。

（4）室内分布系统安装完毕，且自检测试合格，施主信源性能指标无劣化，室内分布系统工程设计资料、各类待验收器件说明书、操作测试手册齐全。

（5）室内分布系统工程安装的天线总数、各类馈线总长度、各类器件总数符合设计要求。若工程中建设规模有变动，需要征得设计、监理部门同意，应有设计变更单等相关文件。

（6）初验测试的内容依据本规范的要求制定。测试操作方法和手段参照行业规范、企业标准、设备供应商提供的技术文件以及专用仪表来进行。

（7）在初验时，如果主要指标和性能达不到要求，应由责任方负责及时处理，问题解决后再重新进行初验。

（8）室内分布系统提请工程初验时，集成商应提交工程自检报告，报告内容中应包含设备性能自检报告、施工安装工艺验收表、工程初验验收表，并附有监理公司的签字认可。其中，设备性能自检报告可以厂验报告的形式提交，作为系统自检报告的附表使用时，应包含建设单位所指定的全部验收条目。

附：竣工验收单

工程名称：_____

致：_____（监理单位）			
我方已按合同要求完成了_____工程，竣工资料自检完整，经自检合格，请予以检查和验收。			
附件：			
1．承包单位验收报告。			
2．工程实体质量验收资料。			
3．观感质量验收资料。			
4．相关安全和功能检测验收资料。			
5．主要功能项目的抽查结果资料。			
6．竣工图。			
7．其他材料。			
		承包单位项目经理部（章）：_____	
		项目经理：_____日期：_____	
项目监理机构签收人姓名及时间		承包单位签收人姓名及时间	

监理审核意见：
经（预）验收，该工程：
    1．符合/不符合设计文件要求；
    2．符合/不符合施工合同要求；
    3．竣工资料符合/不符合要求；
    4．需整改的内容：
 	
综上所述，该工程竣工（预）验收合格/不合格，建设单位可以/不可以组织竣工验收。
                    项目监理机构（章）：_____
                    总监理工程师：_____日期：_____			

注：项目监理机构一般应在自收到本报验单之日起 14 日内回复。			

附：完工报告

完工报告

工程名称：＿＿＿＿＿＿＿＿＿＿＿＿＿

具体地点：＿＿＿＿＿＿＿＿＿＿＿＿＿

建设单位：＿＿＿＿＿＿＿＿＿＿＿＿＿

设计单位：＿＿＿＿＿＿＿＿＿＿＿＿＿

集成单位：＿＿＿＿＿＿＿＿＿＿＿＿＿

监理单位（章）：＿＿＿＿＿＿＿＿＿＿

监理单位负责人：＿＿＿＿＿＿＿＿＿＿

文件编制人：＿＿＿＿＿＿＿＿＿＿＿

编制日期：＿＿＿＿＿＿＿＿＿＿＿

完工报告要点（需要包括但可不限于以下内容）

一、工程说明

二、材料领用记录表

三、开工报告

四、已安装设备明细表

五、工程设计变更单

六、停（复）工通知单

七、延迟竣工报告

八、施工安装工艺验收记录

九、工艺指标验收测试记录

十、网络性能验收测试记录

十一、交工验收申请表

十二、现场验收记录表

十三、竣工初验报告

十四、竣工终验报告

十五、竣工图纸

附：工程初验资料及结论清单

_____工程初验资料及结论清单

序号	资料名称	验收结果	备注
1	验收组成员构成表	□合格□不合格	
2	初验申请	□合格□不合格	
3	初验会议纪要	□合格□不合格	
4	原设计文件及方案评审会签表	□合格□不合格	
5	工程开工报告单	□合格□不合格	
6	已安装工程量总表	□合格□不合格	
7	已安装的设备、主材明细表	□合格□不合格	
8	已安装的辅材明细表	□合格□不合格	
9	工程设计变更单	□合格□不合格	
10	停（复）工通知单	□合格□不合格	
11	施工质量事故或设备质量问题的处理报告	□合格□不合格	
12	随工检查记录和隐蔽工程签证	□合格□不合格	
13	交工（中间交工）验收通知单	□合格□不合格	
14	竣工图纸（目录及图纸）	□合格□不合格	图纸包含一套电子图纸，推荐使用 CAD 图纸
15	设备安装、布线验收检测表	□合格□不合格	
16	初验报告	□合格□不合格	
17	初验证书	□合格□不合格	
18	各类待验收设备说明书、操作测试手册	□合格□不合格	
19	设备性能自检报告	□合格□不合格	
20	器件指标自检报告	□合格□不合格	
21	网络性能自检报告	□合格□不合格	
22	模拟测试报告	□合格□不合格	应包含典型楼层的模测结果
23	室内分布系统基础资料信息表附表	□合格□不合格	
初验结论			
存在的问题			
验收小组签字			

附：工程自检报告

工程自检报告

工程名称		具体地点	
施工单位			

我方承担的　　　　　　　　　　　　工程,已完成工程自检,现报上该工程自检报告,
请予以审查。

附件：自检表格

施工单位（签章）_____

日期：_____

附：施工安装工艺验收表

一、施工安装环境检查

序号	检查内容	是否通过	备注
1	基站设备或直放站设备工作环境及设备安装机房环境应满足工程设计要求		必选
2	无线通信系统室内覆盖工程使用的器件及材料安装环境应保持干燥、少尘、通风,施工区域的井道、楼板、墙壁严禁出现渗水、滴漏、结露现象		必选
3	施工区域及其附近严禁存放易燃易爆等物品		必选
4	市电已引入,照明系统亦能正常使用		必选
5	室内覆盖系统防静电环境要求参见：YD 754-95《通信机房静电防护通则》和具体工程设计要求。不满足要求的应按相关规范要求进行改造建设		必选
6	室内覆盖系统工程防火要求应满足符合 YD 5002-2005《邮电建筑防火设计标准》要求。不满足要求的应按相关规范要求进行改造建设		必选

二、施工安装前器件及材料环境检查

序号	检查内容	是否通过	备注
1	开工前建设单位、供货单位和施工单位应共同对已到达施工现场的设备、材料和器件的规格型号及数量进行清点和外观检查,应符合相关规范要求		必选
2	当器材型号不符合原工程设计要求而需做较大改变时,应征得设计单位和建设单位的同意并办理设计变更手续		必选
3	不符合要求的设备和器件应由建设单位、供货单位和施工单位共同鉴定,并做好记录,如不符合相关标准要求时,应通知供货单位及时解决		必选
4	无线网室内分布系统使用的器件及材料严禁工作在高温、易燃、易爆、易受电磁干扰(大型雷达站、发射电台、变电站)的环境		必选

三、信号源设备安装验收

3.1	一般要求		
序号	检查内容	是否通过	备注
1	信号源基站设备的安装工程验收参见运营商相关无线设备验收规范。不满足要求的应按相关规范进行改造建设		可选
2	设备电源安装要求应满足 YD/T 5040-2005《通信电源设备安装设计技术规范》和具体工程设计要求。不满足要求的应按相关规范要求进行改造建设		必选
3	设备安装要求应满足 YD 5059-2005《电信设备安装抗震设计规范》。不满足要求的应按相关规范要求进行改造建设		必选
4	设备防雷接地设施应满足 YD 5098-2005《通信局（站）防雷与接地工程设计规范》和具体工程设计要求要求。不满足要求的应按相关规范要求进行改造建设		必选
3.2	安装位置		
序号	检查内容	是否通过	备注
1	设备的安装位置符合设计文件（方案）的要求，并且垂直、牢固。安装位置有变更时必须征得设计单位、监理单位和建设单位同意，并办理设计变更手续		必选
2	信源设备在条件允许的情况下尽量安装在室内。对于室外安装的信源设备，应做防雨水溅湿主机箱体和防雷、防晒、防破坏的措施，且室外安装的信源设备宜采用 C30 混凝土基础，基础高度应不低于 15cm；对于室内安装的信源设备，室内不得放置易燃易爆物品；室内的温度、湿度不能超过信源设备正常工作温度、湿度的范围		必选
3	安装位置无强电、强磁和强腐蚀性设备的干扰。安装位置应保证信源设备便于调测、维护和散热需要，要求信源设备底边离地有一定的距离且周围 0.5m 内无热源设备		必选
4	当有两个以上信源设备需要安装时，设备应在同一水平（或垂直）线上，设备间距便于日常操作维护		必选
5	信源设备内的各子单元应安装正确、牢固，无损坏、掉漆的现象		必选
3.3	后备供电		
序号	检查内容	是否通过	备注
1	室内用信号源及有源设备应按照重要性和断电情况配置后备电池。后备电池宜采用直流配电加铁锂电池，时间宜参照 VIP 基站 4 小时，非 VIP 2 小时		可选

四、有源设备安装验收

序号	检查内容	是否通过	备注
1	有源设备（主要指干线放大器、光纤分布系统的主机单元、远端单元等器件、直放站）的安装位置、设备型号必须符合工程设计要求。如安装位置需要变更，应征得设计单位、监理单位和建设单位的同意，并具备设计变更手续		必选
2	有源设备的安装位置确保无强电、强磁和强腐蚀性设备的干扰，并预留一定操作维护空间以便后期维护人员排障操作		必选

四、有源设备安装验收

序号	检查内容	是否通过	备注
3	有源设备的安装应牢固平整，有源设备上应有清晰明确的标识。安装时应用相应的安装件进行固定。要求主机内所有的设备单元安装正确、牢固，无损伤、掉漆的现象		必选
4	有源设备的电源插板至少有两芯及三芯插座各一个，工作状态时放置于不易触摸到的安全位置		必选
5	有源设备应良好接地，并应用 $16mm^2$ 的接地线与建筑物的主地线连接		必选
6	直放站和干放等有源设备应保证添加监控，其中数字光纤直放站（GRRU）设备宜采用有线 E1 监控方式		必选
7	有源设备应有清晰明确的标签		必选
8	室外安装的有源设备应做好防水、防雷、防晒和防破坏措施		必选
9	施工完成后，所有的设备和器件要做好清洁工作，保持干净		必选

五、无源器件安装验收

序号	检查内容	是否通过	备注
1	无源器件（主要指合路器、功分器、耦合器等器件）的安装位置、设备型号必须符合工程设计要求。如安装位置需要变更，应征得设计单位和建设单位的同意，并具备设计变更手续		必选
2	无源器件尽量妥善安置在线槽或弱电井中，固定位置要便于安装、检查、维护和散热，避免强电、强磁或强腐蚀的干扰。在线槽布放的无源器件应用扎带固定牢固		必选
3	对于分量较重的无源器件，安装时应用相应的安装件进行固定，并且垂直、牢固，不允许悬空放置		必选
4	无源器件的接头应牢固可靠，电气性能良好，两端应固定牢固		必选
5	无源器件严禁接触液体，并防止端口进入灰尘		必选
6	无源器件的设备空置端口必须接匹配负载		必选
7	无源器件应有清晰明确的标签		必选
8	室外安装的无源器件应做好防水、防晒和防破坏措施		必选
9	施工完成后，所有的设备和器件要做好清洁工作，保持干净		必选

六、线缆布放验收

6.1　一般要求

序号	检查内容	是否通过	备注
1	线缆的规格型号、线径、数量、走线路由、接地方式应符合工程设计要求		必选
2	信号线、控制线应尽量避免与强电高压管道和消防管道一起布放走线，电源线与同轴电缆、五类线平行敷设时，应满足隔离度要求		必选
3	线缆应沿电源线应沿走线架或线槽进行布放，走向应清晰、平直，不得交叉和空中飞线。线缆经过白墙时要穿走线管		必选
4	线缆需进行绑扎或采用专用的线缆卡具固定，绑扎固定间保持一致，且符合要求。多余线扣应剪除，所有线扣应齐根剪平不拉尖。预留的缆线应整齐盘放并固定好，不影响其他设备和器件的正常操作		必选

6.1　一般要求

序号	检查内容	是否通过	备注
5	线缆应平直、整齐，并避免凹凸不平和急剧弯曲现象；确需要弯曲布放时，弯曲角应保持圆滑均匀，其曲率半径应满足相应线缆的指标要求		必选
6	线缆应采用阻燃材料，外表面应干净、清洁、无施工记号，无明显的折、拧现象，并避免强行拉伸，线缆的护套绝缘层无破损及划伤，馈管无裸露铜皮		必选
7	当线缆接入室外设备时，线缆外径应与防水堵头孔内径相匹配。未使用的接头均应拧紧堵头或采用防水胶带将接头连接器端部密封，防止漏水		必选
8	室外线缆进入室内前必须做滴水弯。波纹管滴水弯底部必须剪切一个滴水口，以防止雨水沿馈线进入室内，入线口、孔必须用防水材料密封。折弯时应满足曲率半径要求，以避免影响驻波比等指标		必选
9	机房各进线孔洞（含走线管孔洞）在安装完成后均应用防火材料封堵；室内电缆走道穿越墙洞或楼板时，孔洞四周应加装保护框；馈线窗的防水密封处理应符合工程设计及相关规范的密封要求		必选
10	对于含有金属材质的线缆，在进入机房前应有良好的屏蔽接地措施，如采用屏蔽线缆或穿钢管方式敷设时，金属屏蔽层两端应可靠接地		必选
11	各种线缆应连接正确，线缆两段应有明确、清晰的标签。接头制作规范，无松动		必选
12	双通道室分系统两个通道的布线应尽量对称		

6.2　线缆走道（或槽道）

序号	检查内容	是否通过	备注
1	线缆走道（或槽道）的位置、高度应符合工程设计要求。如安装位置需要变更，应征得设计单位和建设单位的同意，并具备设计变更手续		必选
2	线缆走道（或槽道）的组装应平直，无明显扭曲和歪斜，沿墙水平电缆走道应与地面平行，沿墙垂直电缆走道应与地面垂直		必选
3	线缆走道（或槽道）的侧旁支撑、终端加固角钢、吊挂、立柱等器件的安装应符合工程设计要求，牢固、端正、平直		必选
4	所有支撑加固用的膨胀螺栓余留长度应一致		必选
5	所有油漆铁件的漆色应一致，刷漆均匀，不留痕，不起泡		必选
6	线缆走道（或槽道）使用金属钢管或线槽时，接地体应符合设计要求，就近接地，并应保持良好的电气连接		必选

6.3　同轴电缆

序号	检查内容	是否通过	备注
1	同轴电缆所经过的线井应为电气管井，不得使用风管或水管管井		必选
2	同轴电缆应尽量在线井和吊顶内的线槽布放，走线美观，并按规定用扎带进行牢固固定，且不得与其他厂家的馈线及电线绑扎在一起		必选
3	同轴电缆的连接头必须牢固安装，接触良好，并做好防水密封处理		必选
4	电缆头的规格型号必须与射频同轴电缆相吻合		必选
5	电缆冗余长度应适度，各层的开剥尺寸应与电缆头相适合		必选
6	电缆头的组装必须保证电缆头口面平整，无损伤、变形，各配件完整无损。电缆头与电缆的组合良好，内导体的焊接或插接应牢固可靠，电气性能良好		必选

6.3　同轴电缆

序号	检查内容	是否通过	备注
7	芯线为焊接式的电缆头，焊接质量应牢固端正，焊点光滑，无虚焊、无气泡，不损伤电缆绝缘层。焊剂宜用松香酒精溶液，严禁使用焊油		必选
8	芯线为插接式的电缆头，组装前应将电缆芯线（或铜管）和电缆头芯子的接触面清洁干净，并涂防氧化剂后再进行组装		必选
9	电缆施工时应注意端头的保护，不能进水、受潮；暴露在室外的端头必须用防水胶带进行防水处理；已受潮、进水的端头应锯掉		必选

6.4　泄漏电缆

序号	检查内容	是否通过	备注
1	泄漏电缆的布放应满足同轴电缆的上述布放要求		必选
2	泄漏电缆不能与风道等金属管道平行敷设，周围应避免有直接遮挡物		必选
3	泄漏电缆布放时，不应从锋利的边或角上划过。如果不得不将泄漏电缆长距离地从地面或小的障碍物上拉过，应使用落地滚筒		必选

6.5　五类线

序号	检查内容	是否通过	备注
1	（超）五类线终接后，应有余量。交接间、设备间对绞电缆长度宜为 0.5～1.0m，工作区为 10～30mm，有特殊要求的应按设计要求预留长度		必选
2	（超）五类线的绑扎，在管道内和吊平顶内隐蔽走线位置绑扎的间距不应大于 40cm；在管道开放处和明线布放时，绑扎的间距不应大于 30cm。（超）五类线必须用尼龙扎带牢固绑扎		必选
3	对于不能在管道、走线井、吊顶、天花板内布放的（超）五类线，应考虑安装在走线架上或套用 PVC 管		必选
4	（超）五类线的布放长度不应超过 100m。如实际长度大于 100m 应修改设计，改用其他传输方式解决		必选
5	水晶头（RJ-45）接头压制做工需满足设计、施工要求		必选

6.6　走线管

序号	检查内容	是否通过	备注
1	对于不在机房、线井和天花吊顶内布放的射频同轴电缆，应套用 PVC 走线管。要求所有走线管布放整齐、美观，其转弯处要使用转弯接头连接		必选
2	走线管应尽量靠墙布放，并用线码或馈线夹进行牢固固定，其固定间距应能保证走线不出现交叉和空中飞线的现象。固定间距参考上文的统一要求		必选
3	若走线管无法靠墙布放（如地下停车场），馈线走线管可与其他线管一起走线，并用扎带与其他线管固定		必选

6.7　电源线

序号	检查内容	是否通过	备注
1	电源线必须根据设计要求穿铁管或 PVC 管后布放，铁管和 PVC 管的质量和规格应符合设计规定，管口应光滑，管内清洁、干燥，接头紧密，不得使用螺丝接头，穿入管内的电源线不得有接头		必选
2	直流电源线和交流电源线宜分开敷设，避免绑在同一线束内		必选
3	芯线间和芯线与地间的绝缘电阻应不小于 1MΩ		必选

6.7 电源线

序号	检查内容	是否通过	备注
4	电源插座必须牢固固定，如需使用电源插板，电源插板需放置于不易触摸到的安全位置。插座插板必须通过 3C 认证		必选
5	电源线与电源分配柜接线端子连接，6mm² 以上的电源线应采用铜鼻子与接线端子连接，并且用螺丝加固，接触良好		必选
6	电源线两端线鼻子的焊接（或压接）应牢固、端正、可靠，芯线在端子中不可摇动，电气接触良好		必选
7	电源线接线端子处应加热缩套管或缠绕至少两层绝缘胶带，不应将裸线和线鼻子鼻身露于外部		必选
8	电源线与设备及电池组的连接应可靠牢固，接线柱处应进行绝缘防护		必选
9	为射频拉远单元供电时布放的室外直流电源线，其金属屏蔽层应在天线处、离塔处以及机房入口处需进行"三点接地"保护		必选

6.8 接地线

序号	检查内容	是否通过	备注
1	电源地线和保护地线与交流中线应分开敷设，不能相碰，更不能合用。交流中线应在电力室单独接地		必选
2	地线如遇穿墙走线，穿墙部分必须加套 PVC 管或波纹管加以保护，穿墙孔/口必须用防火泥加以密封		必选
3	机房接地母线宜用紫铜带或铜编织带，每隔 1m 左右和电缆走道固定一处		必选
4	接地线应连接至大楼综合接地排，走线槽已经与综合接地排相连的，可连接至走线槽		必选
5	地线与地网连接时，严禁形成倒漏斗（即形成积水漏斗），漏斗方向必须朝下		必选
6	接地点的选择必须高于地网，馈线接地要求向着馈线下行方向，绝不允许向上		必选
7	室内设备保护地线禁止接至室外楼顶等高处避雷网带上		必选
8	馈线上的接地点直接用防水胶泥密封再用电工胶布包裹，接地排或地网上的接地点应作防水、防锈处理		必选
9	当接线端子与线料为不同材料时，其接触面应涂防氧化剂		必选
10	设备的保护地线应采用截面积不小于 16mm² 的接地线保护接地。接地位置应符合设计要求		必选
11	交流地、直流地、保护地和防雷地应分开。每个接地点要求接触良好，不得有松动现象，并作防氧防锈处理		必选
12	接地电阻应小于 5Ω		必选
13	避雷针要求电气性能良好，接地良好。室外天线都应在避雷针的 45° 保护角之内		必选
14	由室外引入室内的馈线系统（含 GPS 馈线）应进行防雷接地。室外接地点宜分 A、B、C 3 点。其中，A 点距室外馈线头 25～30cm；B 点在下塔拐弯前向上 0.5～1m 处（当机房上没有铁塔，天线是固定在支撑杆时，要求馈线在由楼面拐弯下机房前实施 B 点接地）；C 点在馈线防水弯之前。禁止在馈线拐弯的弧度上做接地。当馈线长度超过 60m 时，应在中间部位增加一处接地		必选
15	工作在室外或潮湿环境中的设备与线缆或天线与线缆或线缆与线缆之间的所有连接接头处必须采取防水措施。防水工艺要求可参照"315""333"等工艺方法		必选

6.9　光缆及尾纤

序号	检查内容	是否通过	备注
1	光缆在槽道内应加套管或线槽保护，无套管保护部分宜用活扣扎带绑扎		必选
2	机架内用扎带固定尾纤时不应过紧，尾纤在扎带环中可自由抽动。固定尾纤时，推荐在尾纤外面缠绕尼龙粘扣带后，再用扎带固定		必选
3	尾纤在机架外部布放应加套管保护，套管末端应固定或伸入机柜内部。尾纤保护套管两端应用绝缘胶带封扎，避免尾纤滑动被套管切口划伤。胶带颜色宜与套管颜色一致		必选
4	光接续盒应安装牢固可靠，密封良好，并易于维护操作。当采用的光缆带有金属铠装层或金属加强筋时，其应于接续盒处进行可靠接地		必选
5	敷设好的光缆或尾纤不应被重物或其他重量较大的线缆叠压		必选
6	过长尾纤应整齐盘绕于尾纤盒内或绕成圈后固定		必选
7	未用尾纤的光连接头应用保护套保护		必选
8	光缆加强芯应进行防雷接地。接地线规格应不小于 $16mm^2$		必选

6.10　光纤配线箱

序号	检查内容	是否通过	备注
1	光纤配线箱安装位置应符合设计要求，设备安装应牢固、可靠，机壳应保护接地		必选
2	光纤配线箱功能和技术要求应满足国家规范和运营商相关规定。光纤配线箱应采用封闭式结构。外壳材料采用优质钢材、铝型材或 ABS 塑料，表面喷塑处理，颜色满足局方要求或与局站原有设备相一致		必选
3	光纤配线箱应能够具备壁挂安装条件，并应具备相关壁挂安装的材料		必选
4	光纤配线箱建议分为 6 芯、12 芯和 24 芯 3 种规格		可选

6.11　其他信号线和监控线

序号	检查内容	是否通过	备注
1	连接到基站的环境告警采集线应有可靠的防雷保护措施		必选

七、天线安装验收

序号	检查内容	是否通过	备注
1	天线的安装位置、设备型号必须符合工程设计要求。如安装位置需要变更，应征得设计单位和建设单位的同意，并具备设计变更手续		必选
2	天线的整体布局应合理美观。安装天线的过程中不得弄脏天花板或其他设施，室外天线的接头必须使用更多的防水胶带，然后用塑料黑胶带缠好，胶带应做到平整、少皱、美观，安装完天线后应擦拭干线		必选
3	天线的安装支架应为金属件，并做防锈处理。天线必须安装在手不能轻易触及处，但应保证能方便地对其他进行维护检查		必选
4	全向吸顶天线或壁挂天线应用天线固定件牢固安装在天花板或墙壁上，定向板状天线应用壁挂安装方式或利用定向天线支架安装方式，天线主瓣方向应正对目标覆盖区。天线应尽量远离消防喷淋头		必选

七、天线安装验收

序号	检查内容	是否通过	备注
5	吸顶式天线安装必须牢固、可靠，并保证天线水平。安装在天花板下时，应不破坏室内整体环境；安装天花板吊顶内时，应预留维护口		必选
6	全向天线安装时应保证天线垂直，垂直度各向偏差不得超过±1°；定向天线的方向角应符合施工图设计要求，安装方向偏差不超过天线半功率角的±5%		必选
7	天线周围 1m 内不宜有体积大的阻碍物。天线安装应远离附近的金属体，以减少对信号的阻挡。不得将天线安装在金属吊顶内		必选
8	天线应安装在避雷针 45° 保护角内。天线的安装支架及抱杆必需良好接地		必选
9	对于使用两个单极化天线的双通道室分系统，天线间距安装偏差应不超过设计文件（方案）的 5%；设计文件（方案）中未明确的应不小于 4λ，宜控制在 4λ～12λ 之间（如果采用 2320～2370MHz 频段，4λ 约为 0.5m，12λ 约为 1.5m；如果采用 1880～1900MHz 频段，4λ 约为 0.7m，12λ 约为 2.1m）		必选
10	对于使用双极化天线的室分系统，室内天线的极化隔离度和交叉极化比应满足表 6-5 的要求		必选
11	4G 网络（E 频段）与 WLAN 不共用分布系统时，4G 网络室分天线与 WLAN AP 天线距离安装偏差应不超过设计文件（方案）的 5%；设计文件（方案）中未明确的应控制在 1m 以上，条件具备的宜控制在 3m 以上		必选
12	GPS 天线和北斗天线应注意避免放置于基站射频天线主瓣的近距离辐射区域，禁止位于微波天线的微波信号下方、高压电缆的下方以及电视发射塔的强辐射下。以周边没有大功率的发射设备，没有同频干扰或强电磁干扰为最佳安装位置		必选
13	GPS 天线必须垂直安装，垂直度各向偏差不得超过 1°。GPS 天线必须安装在较空旷位置，上方 90° 范围内（至少南向 45°）应无建筑物遮挡。GPS 天线安装位置应高于其附近金属物，与附近金属物水平距离大于等于 1.5m		必选
14	GPS 天线应考虑防雷措施，如安装 GPS 馈线连接浪涌保护器（SPD）		必选
15	北斗天线应保证在向南方向上，天线顶部与遮挡物顶部任意连线，该线与天线垂直向上的中轴线之间夹角应不小于 60°。北斗天线与 Wi-Fi 的天线安装间距应大于 3m		可选
16	每幅天线应有清晰明确的标识		
17	为规避系统间干扰，独立建设室分系统时天线点的位置必须考虑到与其他系统的隔离，具体间距以设计文件（方案）为准，偏差不应超过 5%		必选
18	连接天线与馈线的软跳线应避免弯折过大		必选

八、标签

序号	检查内容	是否通过	备注
1	室内分布系统中每一个设备以及电源开关箱和馈线两端都应有明显的标签，方便以后的管理和维护		必选

八、标签

序号	检查内容	是否通过	备注
2	在并排有多个设备或多条走线时，标签应粘贴在同一水平线上		必选
3	标签粘贴在设备、器材正面可视的地方，并用防水胶带进行防水处理。线缆的标签在首尾两端采用吊挂式，以方便阅读		必选
4	对于室内天线，标签的粘贴应保持美观，且不会影响天线的安装效果		必选
5	标签的标注应工整、清晰，并且标注方法要与竣工图纸上的标注一致。馈线的标签要标明进线和出线设备的编号和准确的长度		必选

九、加电检查

序号	检查内容	是否通过	备注
1	电源引入极性正确，连接牢固可靠		必选
2	设备工作电压应满足设备标称值要求		必选
3	按设备厂家提供的操作程序开机，设备应正常工作		必选
4	检查设备各种可闻可见的告警系统，应工作正常、告警准确		必选

附：工程初验验收表

一、初验条件

序号	检查内容	是否通过	备注
1	单项工程已按设计要求完成安装、调测		必选
2	按照设计要求实现业务逻辑，并具备业务开通条件		必选
3	各类技术文件、工程文件、竣工资料齐全完整，经建设单位检查与实际相符		必选
4	室内分布系统安装完毕，且自检测试合格，且施主信源性能指标无劣化，室内分布系统工程设计资料、各类待验收器件说明书、操作测试手册齐全		必选
5	室内分布系统工程安装的天线总数、各类馈线总长度、各类器件总数符合设计要求。若工程中建设规模有变动，需要征得设计、监理部门同意，必须有设计变更单等相关文件		必选
6	初验测试的内容依据本规范的要求制定。测试操作方法和手段参照行业规范、企业标准、设备供应商提供的技术文件以及专用仪表来进行		必选
7	初验时，如果主要指标和性能达不到要求，应由责任方负责及时处理，问题解决后再重新进行初验。包括每个节点驻波比、干线放大器性能指标、天线出口功率、DT/CQT 等的测试结果，并应有监理公司的签字认可。其中设备性能指标可以厂验报告的形式提交		可选
8	室内分布系统提请工程初验时，集成商应提交工程自检报告		必选

二、信号源设备验收

序号	检查内容	是否通过	备注
1	室内分布系统信号源包括基站设备和直放站设备，基站设备和直放站设备的性能验收参见运营商相关设备安装验收规范		可选

三、工艺指标验收

3.1 驻波比测试

序号	检查内容	是否通过	备注
1	测试室内分布系统的驻波比，包括信号源所带无源系统整体驻波比和平层分布系统驻波比。测试的点位原则上应不少于总点位的20%，要求驻波比应不超过1.5		必选

3.2 无源器件指标抽检

序号	检查内容	是否通过	备注
1	按照设计图纸进行抽查测试，具备条件的应按照无源器件测试规范相关要求进行测试，不具备条件应依据外部标识或产品型号核查器件的标称指标是否满足使用要求。3dB电桥、合路器、负载和衰减器应全检（重点关注4G网络与WLAN的合路器隔离度应达到90dB），耦合器、功分器和天线等器件抽检时原则上不少于该类器件总数量的5%，并尽量涵盖不同RRU所覆盖的典型楼层。 验收要求：无源器件的重要性能指标符合使用原则		必选

3.3 天线口输入功率测试

序号	检查内容	是否通过	备注
1	测试验证室内分布系统在各天线口面的输入功率，测试的点位原则上不少于总点位的10%，并且要涵盖到每个RRU下面的天线点。（单系统）天线口输入功率与设计方案标称值的差异不超过3dB，且必须满足国家电磁辐射防护规定。对于4G网络系统，测试时应注意区分设计方案中标识的功率是CRS功率或载波功率		必选

3.4 双通道功率平衡性测试

序号	检查内容	是否通过	备注
1	按照设计图纸进行抽查测试，测试的点位原则上不少于总点位的10%，并且要涵盖到每个RRU下面的天线点。验收要求：双通道功率差不超过5dB		必选

3.5 上行干扰测试

序号	检查内容	是否通过	备注
1	对于2G网络系统，通过话统数据，采集一周每日六忙时（早8:00～11:00时，晚18:00～21:00时）的上行干扰带信息；对于3G网络系统，采集一周每日六忙时的干扰信号码功率（ISCP）信息；对于4G网络系统，采集一周每日六忙时的上行接收干扰功率（RIP）信息。 验收要求： （1）对于2G网络系统，一周六忙时上行干扰不低于-100dBm的采样点比例应不超过30%； （2）对于3G网络系统，一周六忙时平均ISCP值不高于-105dBm； （3）对于4G网络系统，一周六忙时平均RIP值不高于-120dBm		必选

3.6　上行接收电平测试

序号	检查内容	是否通过	备注
1	通过话统数据，采集一周每日六忙时（早 8:00～11:00 时，晚 18:00～21:00 时）的上行接收电平（2G 网络系统）。 验收要求：一周六忙时上行接收电平不低于-95dBm 的采样点比例应不低于 95%		必选

四、网络性能验收

序号	检查内容	是否通过	备注
1	2G 网络信号覆盖率：≥95%		必选
2	3G 网络公共信道覆盖率：≥95%		必选
3	4G 网络参考信号覆盖率： 一般场所：≥95% 重要场所： $$\frac{符号（RSRP \geq -95dBm）\&（RS\text{-}SINR \geq 9dB）的采样点}{总采样点} \times 100\% \geq 95\%$$		必选
4	2G 网络室内信号外泄受控比例：室内信号泄露至室外 10m 处信号强度低于室外主小区 10dB（或信号强度≤-90dBm）的采样点比例≥95%		可选
5	3G 网络室内信号外泄受控比例：室内信号泄露至室外 10m 处信号强度低于室外主小区 10dB（或信号强度≤-95dBm）的采样点比例≥95%		可选
6	4G 网络室内信号外泄受控比例：室内信号泄露至室外 10m 处信号强度低于室外主小区 10dB（或信号强度≤-110dBm）的采样点比例≥95%		可选
7	2G 网络语音接通率：2G 网络网接通次数/ 2G 网络网试呼总次数×100%≥99%		必选
8	3G 网络语音接通率：3G 网络网接通次数/ 3G 网络网起呼次数×100%≥99%		必选
9	2G 网络语音掉话率：2G 网络语音业务掉话次数/释放前 2G 网络语音业务占用次数×100%≤1%		必选
10	3G 网络语音掉话率：3G 网络语音业务掉话次数/释放前 3G 网络语音业务占用次数×100%≤1%		必选
11	2G 网络/3G 网络语音总掉话率：（2G 网络网掉话次数+3G 网络网掉话次数）/（2G 网络网接通次数+3G 网络网接通次数）×100%≤1%		可选
12	2G 网络语音覆盖率：≥95%		可选
13	3G 网络语音覆盖率：≥95%		可选
14	2G 网络语音网内切换成功率：2G 网络网内成功切换次数/2G 网络网内切换尝试次数×100%≥98%		必选
15	3G 网络语音网内切换成功率：3G 网络网内成功切换次数/3G 网络网内切换尝试次数×100%≥98%		必选
16	3G 网络向 2G 网络语音切换成功率：3G 网络向 2G 网络系统切换成功次数/切换尝试次数×100%≥98%		必选

四、网络性能验收

序号	检查内容	是否通过	备注
17	2G 网络语音质量：上、下行 Rxqual 为 6 或 7 级采样点之和/上、下行信号质量采样点总和×100%≤5%		可选
18	EDGE 应用层传输效率：应用层传送文件平均速率/所选用的承载速率×100%≥50%		可选
19	EDGE/GPRS 业务掉线率：掉线次数/总 FTP 下载尝试次数×100%≤1%		可选
20	3G 网络分组数据业务应用层传输效率：应用层传送文件平均速率/所选用的承载速率≥90%		必选
21	3G 网络分组数据业务链路层误块率：3G 网络链路层出错块数/3G 网络链路层总块数×100%≤10%		可选
22	3G 网络分组数据业务掉线率：掉线次数/总 FTP 下载尝试次数×100%≤1%		可选
23	TD-HSPA 业务应用层传输效率：应用层传送文件平均速率/具体 HSPA 时隙配置情况下的理论速率≥60%		可选
24	TD-HSPA 业务链路层误块率：TD-HSPA 链路层出错块次数/TD-HSPA 链路层传输总块数×100%≤10%		可选
25	4G 网络系统内切换成功率：4G 网络网内成功切换次数/4G 网络网内切换尝试次数×100%≥98%		可选
26	4G 网络业务应用层传输效率：应用层传送文件平均速率/具体带宽、时隙和终端类型配置情况下的理论速率×100%≥60%		可选
27	4G 网络链路层误块率：4G 网络链路层出错块次数/4G 网络链路层总块数×100%≤10%		可选

附：工程质量评估表

承建项目名称：

承建单位：

监理单位：

建设单位：

工程概况	工程规模	
	建设工期	
工程材料质量检查		
隐蔽工程质量评定		

工程概况	工程规模	
	建设工期	
预验收 检查情况		
预验收遗留 整改结果		
质量评估 结论		

监理单位项目负责人：　　　　　　承建单位项目负责人：

日期：　　　　　　　　　　　　　日期：

附：模拟测试方法

测试方法是将模拟信源和天线直接相接，天线用支架架起，高度和室内分布系统安装的天线高度相当，在室内典型位置点测该点的功率并记录结果，如图 4-2 所示。根据计划好的测试路线，以 0.5m 一个测试点为原则，进行数据收集。每个测试点数据采集时间确定为 1 分钟，测试完成后，需要将每个测试点按照序号标注清楚，并记录在模拟测试记录表中。

每种覆盖场景应投放合适的发射点数量进行模拟测试，发射点所对应的接收点位置能有效地示意信号覆盖或外泄的范围；应给出模拟信号发生器的型号、输出连续波的信号中心频点以及功率大小；发射天线的辐射方向上不能有阻挡，天线的挂高应与实际安装高度相同。

测试前应先勘察实际楼层结构是否与平面图相符，在测试时应注意以下几点。

（1）每次更换天线、馈线等要重新测试天线口功率。

（2）模测时无需具体考虑天线的增益。

（3）最终数据应以多次测试的均值为准。

（4）注意两次测试之间不要有人员来回走动，以排除人体阻挡损耗干扰。

（5）天线固定好之后不要随意挪动、转动方向等。

模拟测试应包括所有典型结构楼层，每一层的测试位置应在该层的平面图中标记清楚。对于典型楼层，每一层都应包含一份标记测试位置的平面图和对应的测试记录表，如图 4-3 和表 4-7 所示。

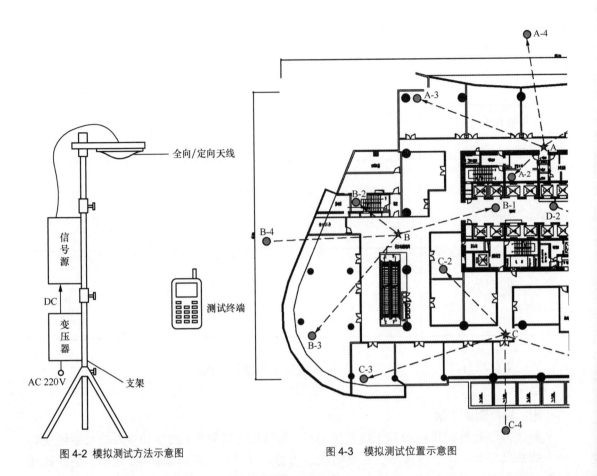

图 4-2 模拟测试方法示意图

图 4-3 模拟测试位置示意图

表 4-7 模拟测试记录表

模拟发射点	模拟测试点	模拟输出功率	实测功率 （dBm）	设计输出功率	预计场强 （dBm）
A	A-1	10dBm	−69	8.9dBm	−70.1
	A-2		−60		−61.1
	A-3		−68		−69.1
	A-4		−91		−92.1
B	B-1	10dBm	−63	10.2dBm	−62.8
	B-2		−68		−67.8
	B-3		−67		−66.8
	B-4		−100		−99.8
……	……		……		……

附：模拟测试报告

公司大楼

3G 网络模拟测试

×××× 公司
×××× 设计院有限公司
某年某月

目 录

1．测试概述

1.1　测试目的

对某典型办公楼场景进行 3G 网络模拟测试，确认该场景下的 TD-CDMA 传播模型，论证室分选点的合理性，从而制定天线布放和方案设计的原则。

1.2　测试时间

某年某月某日

1.3　测试仪器

小型化室分模测试终端（AIST/AISR），2 台

1.4　测试人员

某某单位：××××

1.5　测试方法

通过分别设定两台 3G 网络模拟终端的工作模式，其中一台设定为发送模式发射模拟基站下行主公共信号（PCCPCH_RSCP），另一台模拟终端设定为接收模式用于接收发送终端发送的信号，并且在模拟终端对接收到的信号进行打点路测测试，利用所得的测试结果统计分析测试平均信号强度和分段信号所占百分比，得出 3G 网络模拟测试终端的可实施性。

2．测试楼层及测试说明

现选取大楼的 15 层作为测试区域，该层主要是会议室和活动室，15 楼平面图如下。

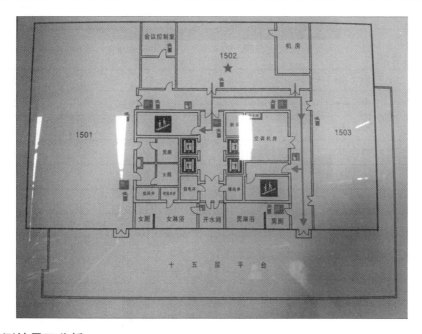

3．路测结果及分析

3.1　15F 办公区路测

3.1.1　路测轨迹图

其中，3G 网络模拟发射终端所在位置是放置在 1502 室中央位置，设置的发送功率为 −38dBm，测试轨迹图如下所示。

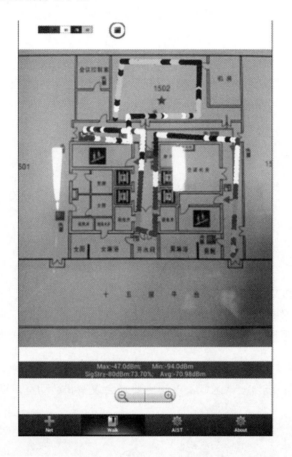

3.1.2 列表统计

范围（dB）	统计（个）	百分比
[-60，+∞]	63	0.20%
[-70，-60)	102	0.31%
[-80，-90)	76	0.23%
[-90，-100]	66	0.20%
[-100，-90)	20	0.06%

最大值：-47dB；最小值：-94dB；平均值：-70.98dB。

3.1.3 柱状图统计

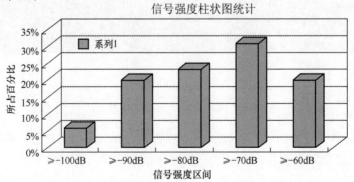

3.1.4　饼图统计

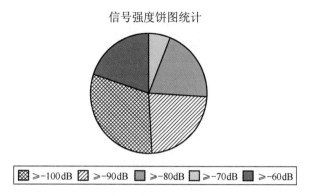

信号强度饼图统计

⊠ ≥-100dB	▨ ≥-90dB	▦ ≥-80dB	▢ ≥-70dB	■ ≥-60dB

3.1.5　路测小结

从路测轨迹图可以看出，在 1502 房间内的信号覆盖最好，同时也是模测发射终端所在的房间，当远离 1502 房间及有墙体阻挡时，信号明显变差。

从统计图可以看出信号强度主要集中于大于-90dBm 范围内，由此可以得出该模测终端的信号覆盖可以满足要求。

附：天线点下 1m 处接收功率计算方法

与室外基站的规划设计类似，室内分布系统也是通过合理的功率分配和天线布放来实现良好的覆盖。链路预算是功率分配的基础，即评估从信号源发射的无线信号分布系统各个射频器件以及空中接口的无线传播之后是否能满足自通覆盖边缘的功率要求。

天线点下 1m 处接收功率是各省工程验收实践中应用较多的一个指标，但目前限于建网目标、设备能力、场景差异等因素，不宜给出统一指标要求。

本节给出了两种典型假设前提下接收功率的估算方法，供各省市参照使用。

方法一：基于多制式等覆盖前提的接收功率估算

本方法以倒推的方法，从边缘场强要求和无线链路传播损耗来推算分布系统天线口的输出功率要求。对于室内天线一般采用衰减因子模型，即路径损耗计算公式为：

$$PathLoss(\text{dB})=PL(d_0)+10n\times\lg(d/d_0)+R$$

其中，$PL(d_0)$ 为距天线 1m 处的空间传播损耗，空间传播损计算公式为 $PL(d_0)=20\lg d_0+20\lg f-28$。举例来说，2010MHz 时的典型值为 38.1dB；d 为传播距离；n 为衰减因子。对于不同的无线环境，衰减因子 n 的取值有所不同。R 为附加衰减因子，指由于楼板、隔板、墙壁等引起的附加损耗。

根据以上公式，4G 网络、3G 网络、2G 网络在不同频率处所要求的天线口输入功率见表4-8。

表 4-8　　　　　　　　　　　　　　天线口输入功率计算表

指标	4G 网络	3G 网络	2G 网络
频段（MHz）	2400	2010	900
最小接收电平（dBm）	-105	-80	-80
覆盖半径（m）	12	12	12

指标	4G 网络	3G 网络	2G 网络
天线增益（dBi）	2	2	2
最大允许路损（dB）	94.4	91.8	80.9
天线口输入功率（dBm）	-12.6	9.8	-1.1

天线点下 1m 处的接收功率为：天线口输入功率+天线增益-空间传播损耗-综合衰减因子，其中，耗综合衰减因子是由于天线的不圆度以及不同垂直方向上的天线负增益差异等，建议综合取 8dB。则天线点下 1m 处的接收功率计算见表 4-9。

表 4-9 接收功率计算表

指标	4G 网络	3G 网络	2G 网络
天线口输入功率（dBm）	-12.6	9.8	-1.1
天线增益（dBi）	2.0	2.0	2.0
综合衰减因子（dB）	8.0	8.0	8.0
传播距离（m）	1.0	1.0	1.0
自由空间损耗（dB）	39.6	38.1	31.1
人体损耗+测试误差（dB）	5.0	5.0	5.0
天线点下 1m 处功率（dBm）	-63.2	-39.2	-43.2

方法二：基于实际设备能力的接收功率估算

本方法以信源发射功率推算出天线口输入功率，信源发射功率经过多个载波和天线点的分配后，分配给每载波上的各个用户，在经过器件插入损耗和线缆的传输损耗，可以得到天线后的输入功率，见表 4-10，表中分别针对 3G 网络和 2G 网络系统给出了几种典型信源发射功率下的天线口输入功率计算。

表 4-10 天线口输入功率计算表

指标	4G 网络（RS-EPRE）	3G 网络				2G 网络			
频段（MHz）	2400	2010				900			
信源发射功率（W）	20	2	12	16	20	5	20	40	50
信源发射功率（dBm）	12	33	41	42	43	37	43	46	47
载波数目（dB）	1	3	3	3	3	6	6	6	6
载波分配损耗（dB）	0	5	5	5	5	8	8	8	8
多用户分配损耗（6 用户, dB）	0	8	8	8	8	0	0	0	0
多天线分配损耗（10 个天线, dB）	10	10	10	10	10	10	10	10	10
器件插入损耗（10 个器件, dB）	3	3	3	3	3	3	3	3	3
线缆损耗（100m, dB）	12	12	12	12	12	8	8	8	8
天线口入口功率（dBm）	-13	-5	3	4	5	8	14	17	18

根据方法一中表 4-11 所使用的方法，可以计算天线点下 1m 处的接收功率见表 4-11。

表 4-11　　　　　　　　　　　　　　接收功率计算表

指标	4G 网络（RS-EPRE）	3G 网络				2G 网络			
频段（MHz）	2400	2010				900			
信源发射功率（W）	20	2	12	16	20	5	20	40	50
信源发射功率（dBm）	12	33	41	42	43	37	43	46	47
天线口输入功率（dBm）	−13	−5	3	4	5	8	14	17	18
天线增益（dBi）	2	2	2	2	2	2	2	2	2
综合衰减因子（dB）	8	8	8	8	8	8	8	8	8
传播距离（m）	1	1	1	1	1	1	1	1	1
自由空间损耗（dB）	39.6	38.1	38.1	38.1	38.1	31.1	31.1	31.1	31.1
人体损耗+测试误差（dB）	5	5	5	5	5	5	5	5	5
天线点下 1m 处功率（dBm）	−67	−57	−49	−48	−47	−37	−31	−28	−27

以上为天线明装的情况下，天线点下 1m 处接收功率，如果天线暗装，则天线点下 1m 处的功率可在此基础上相应降低 5dB。

4.3.2　信号源设备验收

室内分布系统信号源包括基站设备和直放站设备，基站设备和直放站设备的性能验收参见运营商相关制式设备的硬件验收规范及功能验收规范。

对于 4G 网络系统，在使用 E 频段的情况下，原则上业务子帧配置为 1：3，特殊子帧配置为 10：2：2；上行业务需求大的楼宇可将业务子帧配置为 2：2，特殊子帧配置为 10：2：2；F 频段室内分布系统如与室外宏基站交叠则应与室外宏基站子帧配置一致。如果和其他运营商的 4G 网络系统临频共存，需要注意添加一定的隔离。

4.4　工艺指标验收

4.4.1　驻波比测试

针对室内分布系统具体制式的实际使用频段，测试室内分布系统的驻波比，包括信号源所带无源系统整体驻波比和平层分布系统驻波比。

按照设计图纸进行抽查测试，测试的点位原则上应包含主干驻波且不少于总点位的 20%。

验收要求：驻波比不应超过 1.5。

驻波比测试见表 4-12。

表 4-12　　　　　　　　　　　　　　驻波比测试

测试项目	分布系统主干驻波比、平层驻波比测试
测试目的	统计室内分布系统驻波比，评估网络性能
测试环境	按照设计图纸进行抽查测试，测试点位的选择必须包括主干驻波，点位数量原则上不少于总点位的 20%

准备条件	（1）验收测试区内所有小区正常工作； （2）按测试要求对设计图纸进行驻波点位编号； （3）驻波比测试仪等测试仪器设备到位
测试步骤	（1）针对个系统的实际使用频段进行测试； （2）测试主干驻波比时，从基站信号源引出处测试，前端未接任何有源器件或放大器。若中间有放大器或有源器件，在放大器输入端处加一负载或天线，所有有源器件应改为负载或天线再进行驻波比测试； （3）测试平层分布系统驻波比时，从管井主干电缆与分支电缆连接处至天线端的驻波比； （4）测试时，从放大器输出端测试至末端的驻波比，前端未接任何放大器或有源器件
测试输出	（1）统计信号源所带无源分布系统驻波比； （2）统计平层分布系统驻波比； （3）统计干线放大器所带分布系统驻波比
结果分析	评估测试结果是否满足驻波比指标
备注	参考评估标准：驻波比≤1.5

4.4.2 无源器件指标抽检

室内分布系统所使用无源器件的工作频段应与所支持技术保持一致，详见表4-13。

表4-13　　　　　　　　　我国室内分布系统制式的频段范围

制式	上行频段	下行频段
FM广播和DTV数字电视系统	80～108MHz 和 207～215MHz	
公安、消防系统	350MHz	
SCDMA	406.5～409.5MHz	
CMMB	470～806MHz	
集群	806～821MHz	851～866MHz
数字移动	824～844MHz	869～889MHz
CDMA	825～835MHz	870～880MHz
GSM（中国移动）	889～909MHz	934～954MHz
GSM（中国联通）	909～915MHz	954～960MHz
DCS（中国移动）	1710～1735MHz	1805～1830MHz
DCS（中国联通）	1745～1755MHz	1840～1850MHz
SCDMA	1710～1730MHz	
PHS	1900～1910MHz	
CDMA1900	1900～1905MHz	1980～1985MHz
UMTS FDD	1920～1935MHz	2110～2125MHz
	1935～1950MHz	2125～2140MHz
	1950～1965MHz	2140～2155MHz
	1965～1980MHz	2155～2170MHz

续表

制式	上行频段	下行频段
UMTS TDD[1]	1880～1900MHz	
	2010～2025MHz	
	2320～2370MHz	
4G 网络	2320～2370MHz	
WLAN	2400～2483.5MHz	

[1]注：UMTS TDD 的频段使用参考工信部无函〔2009〕11 号和工信部无函〔2009〕572 号文件。

为了降低无源器件互调产物对室内覆盖系统的影响，对于新建分布系统、直放站改主设备信源的分布系统、高容量配置的分布系统以及经排查确定因无源器件引起高干扰的分布系统，当无源器件的注入功率（单系统总功率）在 36dBm（约 4W）及以上时，应采用性能指标要求较高的无源器件（铭牌为黑底白字，具体指标要求参见《无源器件技术规范》）。

对于 2012 年起建设与改造的室分系统的新器件，所使用无源器件的互调抑制、功率容量和端口隔离度（仅针对合路器）等指标应符合无源器件相关企业标准要求，即互调抑制和功率容量应与系统多载波功率需求相匹配，端口隔离度应符合多系统共存要求；对于 4G 网络 E 频段与 WLAN 共室分系统的场景，应对合路器的隔离度进行逐一检查，要求采用 WLAN 通道带外抑制指标为 90dB 的合路器。

对于使用双极化室内天线的室分系统，室分天线的极化隔离比和交叉极化比应满足表 4-14 中的要求。

对于上述指标，按照设计图纸进行抽查测试，具备条件的应按照无源器件的测试规范相关要求进行测试，不具备条件应依据外部标识或产品型号核查器件的标称指标是否满足使用要求。3dB 电桥、合路器、负载和衰减器应全检，耦合器、功分器和天线等器件抽检时原则上不少于该类器件总数量的 5%，并尽量涵盖不同 RRU 所覆盖的典型楼层。

验收要求：无源器件的重要性能指标符合使用原则。

表 4-14　　　　　　　　　　　无源器件指标抽检

测试项目	无源器件指标抽检
测试目的	对无源器件的指标进行抽检，评估无源器件性能是否满足无源器件设备规范相关要求
测试环境	1. 按照设计图纸进行抽查测试，具备条件的应按照无源器件测试规范相关要求进行测试，不具备条件应依据外部标识或产品型号核查器件的标称指标是否满足使用要求； 2. 3dB 电桥、合路器、负载和衰减器应全检，耦合器和功分器等器件抽检时原则上不少于该类器件总数量的 5%
准备条件	1. 室内分布系统正常开通； 2. 频谱仪、互调测试仪、信号源、功放、矢量网络分析仪等，具体参见无源器件测试规范相关要求
测试步骤	1. 针对各系统的实际使用频段进行测试； 2. 测试互调抑制、功率容量和端口隔离度（仅针对合路器）等指标，具体方法参见无源器件测试规范； 3. 整理测试记录

测试输出	互调抑制、功率容量和端口隔离度（仅针对合路器）等指标
结果分析	评估指标是否满足无源器件设备规范相关要求
备注	1. 单系统总功率在 36dBm 以上的器件三阶互调抑制应不差于−140dBc（@2×43dBm），五阶互调抑制应不差于−155dBc（@2×43dBm）； 2. 功率容量应与系统多载波功率需求相匹配； 3. 端口隔离度应符合多系统共存要求

4.4.3　天线口输入功率测试

针对室内分布系统具体制式的实际使用频段，测试验证室内分布系统在各天线口面且进入天线之前的输出功率。

按照设计图纸进行抽查测试，测试的点位原则上不少于总点位的 10%，并要涵盖到每个 RRU 下面的天线点。

验收要求：（单系统）天线口输入功率与设计方案标称值的差异不超过 3dB，且必须满足国家电磁辐射防护规定。对于 4G 网络系统，测试时应注意区分设计方案中标识的功率是 CRS 功率或载波功率。

天线口输入功率测试见表 4-15。

表 4-15　　　　　　　　　　　天线口输入功率测试

测试项目	天线口输入功率测试
测试目的	统计室内分布系统天线口输入功率，评估天线口输入功率与设计方案的一致性及天线辐射情况
测试环境	按照设计图纸进行抽查测试，测试的点位原则上不少于总点位的 10%
准备条件	1. 室内分布系统正常开通并加载到设计的网络负荷； 2. 频谱仪或功率计一部
测试步骤	1. 针对各系统的实际使用频段进行测试； 2. 将天线拧下，直接连频谱仪或功率计，分别读取室内分布系统各制式的信号强度； 3. 整理测试记录
测试输出	天线口输入功率
结果分析	评估天线口输入功率是否满足发射功率要求
备注	1. 天线口输入功率与设计方案一致性参考标准： |实际发射功率 − 设计发射功率|≤3dB； 2. 必须满足国家电磁辐射防护规定； 3. 对于 4G 网络系统，测试时应注意区分设计方案中标识的功率是 CRS 功率或载波功率

4.4.4　双通道功率平衡性测试

按照设计图纸进行抽查测试，测试的点位原则上不少于总点位的 10%，并且要涵盖到每个 RRU 下面的天线点。

验收要求：双通道功率差应不超过 5dB。如双通道功率差超过 5dB，建议优先通过无线参数优化的方式提高较低一路的功率，不宜简单使用衰减器降低较高一路的功率。

双通道功率平衡性测试见表 4-16。

表 4-16　　　　　　　　　双通道功率平衡性测试

测试项目	4G 网络双通道功率平衡性测试
测试目的	统计 4G 网络双通道室内分布系统通道发射功率平衡情况，以保证 MIMO 性能
测试环境	按照设计图纸进行抽查测试，测试的点位原则上不少于总点位的 10%
准备条件	1．验收测试区内的所有小区是否正常工作； 2．频谱仪或功率计一部
测试步骤	1．根据室内环境，选择测试点位； 2．将天线拧下，直接连频谱仪或功率计，分别读取两路信号的输出功率； 3．整理测试记录
测试输出	4G 网络双通道功率平衡率
结果分析	评估 4G 网络双通道功率平衡率是否满足要求。 此处，1 个共室分系统的天线点位即为 1 个采样点
备注	1．参考评估标准：4G 网络双通道功率平衡率≥95%； 2．该指标可以通过室内分布系统调整进行改进

4.4.5　上行干扰测试

对于 2G 网络系统，通过话统数据，采集一周每日六忙时（早 8:00～11:00，晚 18:00～21:00）的上行干扰带信息；对于 3G 网络系统，采集一周每日六忙时的干扰信号码功率（ISCP）信息；对于 4G 网络系统，采集一周每日六忙时的上行接收干扰功率（RIP）信息。上行干扰测试见表 4-17。

验收要求如下。

（1）对于 2G 网络系统，一周六忙时上行干扰不低于-100dBm 的采样点比例应不超过 30%。

（2）对于 3G 网络系统，一周六忙时平均 ISCP 值不高于-105dBm。

（3）对于 4G 网络系统，一周六忙时平均 RIP 值不高于-120dBm。

表 4-17　　　　　　　　　上行干扰测试

测试项目	上行干扰测试
测试目的	统计室内分布系统上行干扰，评估有源器件、系统间干扰及外部干扰引起的上行干扰情况
测试环境	按照设计图纸对每一个信源设备进行测试
准备条件	室内分布系统正常开通
测试步骤	通过网管系统读取 2G、3G 和 4G 网络系统的上行干扰
测试输出	系统上行干扰值
结果分析	评估系统上行干扰是否满足要求

备注	参考测试评估标准： 2G 网络系统：一周六忙时（早 8:00～11:00，晚 18:00～21:00）上行干扰不低于-100dBm 的采样点比例不超过 30%； 3G 网络系统：一周六忙时平均 ISCP 值不高于-105dBm； 4G 网络系统：一周六忙时平均 RIP 值不高于-120dBm

4.4.6　上行接收电平测试

通过话统数据，采集一周每日六忙时（早 8:00～11:00，晚 18:00～21:00）的上行接收电平（2G 网络系统）。上行接收电平测试见表 4-18。

验收要求：一周六忙时上行接收电平不低于-95dBm 的采样点比例应不低于 95%。

表 4-18　　　　　　　　　　　　　　**上行接收电平测试**

测试项目	上行接收电平测试
测试目的	统计室内分布系统上行接收电平，评估上行链路质量
测试环境	按照设计图纸对每一个信源设备进行测试
准备条件	室内分布系统正常开通
测试步骤	通过网管系统读取 2G 网络系统上行接收电平
测试输出	系统上行接收电平
结果分析	评估系统上行接收电平是否满足要求
备注	参考测试评估标准： 2G 网络系统：一周六忙时（早 8:00～11:00，晚 18:00～21:00）上行接收电平不低于-95dBm 的采样点比例应不低于 95%

4.4.7　测试环境要求

室内分布的覆盖测试原则上要求遍历室内分布系统的各层，但实际上许多相邻楼层覆盖情况接近，故可选典型楼层进行测试。典型楼层的选取原则如下。

（1）大楼的非标准层（专用楼层、一楼大厅、会议楼层）、地下层、停车场为必测层；标准层选择低、中、高层分别测试。

（2）每个测试层测试走廊、楼道、电梯厅、公共区域、卫生间以及有代表性房间的窗口边缘区域（距离窗口 1m 处）。

（3）每个 RRU 或直放站覆盖范围内至少抽测一层。

（4）每层电梯均需要进行测试。由进入电梯前开始记录，出电梯进入电梯厅后停止记录。

4.4.8　性能验收项目

室内覆盖工程的网络性能验收项目应包括如下内容。

1. 公共信道覆盖测试

（1）公共信道覆盖率。

（2）信号外泄情况。

2．语音业务测试

（1）语音业务接通率。

（2）语音业务掉话率。

（3）语音业务切换成功率。

（4）语音业务质量。

（5）CSFB 回落成功率和回落时延。

3．数据业务测试

（1）数据业务应用层传输效率。

（2）数据业务掉线率。

4.4.9 公共信道/参考信号覆盖测试

1．2G 网络信号覆盖测试

2G 网络信号覆盖测试，按照表 4-19 中的测试规范进行测试。

表 4-19 **2G 网络信号覆盖测试**

测试项目	2G 网络信号覆盖测试
测试目的	测试室内的 2G 网络 BCCH 信道的信号强度，评估 2G 网络室内覆盖情况
测试环境	1．应根据建筑物设计平面图和室内分布系统设计平面图设计测试路线，尽可能遍布建筑物各层的主要区域，包括楼宇的地下楼层、一层大厅、中层、高层房间、走廊、电梯等区域； 2．对于办公室、会议室，应注意对门窗附近的信号进行测量；对于走廊、楼梯，应注意对拐角等区域的测量
准备条件	1．验收测试区内的所有小区是否正常工作； 2．室内路测系统一套以及测试终端一部
测试步骤	1．根据室内实际环境，选择合适的测试路线； 2．以步行速度按照测试路线进行测试； 3．使用路测系统和测试终端，记录 BCCH 信道的 RXLEV
测试输出	2G 网络信号覆盖率
结果分析	2G 网络信号覆盖率=BCCH 条件采样点数（$RXLEV\geqslant-80dBm$）/总采样点×100%
备注	1．参考评估标准： 2G 网络信号覆盖率≥95%； 2．对于电梯间、地下室等施工难度较大的封闭空间，该项目中 BCCH RXLEV 的取值可以降低至-85dBm

2．3G 网络公共信道覆盖测试

3G 网络公共信道覆盖测试，测试按照表 4-20 进行。

表 4-20 **3G 网络公共信道覆盖测试**

测试项目	3G 网络公共信道覆盖测试
测试目的	测试室内的 PCCPCH RSCP 和 C/I，评估 3G 网络室内覆盖情况
测试环境	1．应根据建筑物设计平面图和室内分布系统设计平面图设计测试路线，尽可能遍布建筑物各层的主要区域，包括楼宇的地下楼层、一层大厅、中层、高层房间、走廊、电梯等区域； 2．对于办公室、会议室，应注意对门窗附近的信号进行测量；对于走廊、楼梯，应注意对拐角等区域的测量

准备条件	1. 验收测试区内的所有小区是否正常工作； 2. 室内路测系统一套以及测试终端一部
测试步骤	1. 根据室内实际环境，选择合适的测试路线； 2. 以步行速度按照测试路线进行测试； 3. 使用路测系统和测试终端，记录 PCCPCH $RSCP$ 和 C/I 的测量值
测试输出	3G 网络公共信道覆盖率
结果分析	3G 网络公共信道覆盖率=PCCPCH 条件采样点数（$RSCP \geqslant -80\text{dBm}$ & $C/I \geqslant 0\text{dB}$）/总采样点 ×100%
备注	1. 参考评估标准： 3G 网络公共信道覆盖率≥95%； 2. 对于电梯间、地下室、停车场等施工难度较大的封闭空间，该项目中 PCCPCH 的取值可以降低至 $RSCP \geqslant -85\text{dBm}$ & $C/I \geqslant -3\text{dB}$

3. 4G 网络参考信号覆盖测试

4G 网络参考信号覆盖测试，测试按照表 4-21 进行。

表 4-21   4G 网络参考信号覆盖测试

测试项目	4G 网络参考信号覆盖测试
测试目的	测试室内的 RSRP 和 RS-SINR，评估 4G 网络室内覆盖情况
测试环境	1. 应根据建筑物设计平面图和室内分布系统设计平面图设计测试路线，尽可能遍布建筑物各层的主要区域，包括楼宇的地下楼层、一层大厅、中层、高层房间、走廊、电梯等区域； 2. 对于办公室、会议室，应注意对门窗附近的信号进行测量；对于走廊、楼梯，应注意对拐角等区域的测量
准备条件	1. 验收测试区内的所有小区是否正常工作，邻区 50%网络负荷； 2. 室内路测系统一套以及测试终端一部
测试步骤	1. 根据室内实际环境，选择合适的测试路线； 2. 以步行速度按照测试路线进行测试； 3. 使用路测系统和测试终端，记录 RSRP 和 RS-SINR 的测量值
测试输出	4G 网络 RS 覆盖率
结果分析	一般场景下：4G 网络 RS 覆盖率 =RS 条件采样点数（$RSRP \geqslant -105\text{dBm}$ & $RS\text{-}SINR \geqslant 6\text{dB}$）/总采样点×100%； 营业厅（旗舰店）、会议室、重要办公区等业务需求高的区域：4G 网络 RS 覆盖率=RS 条件采样点数（$RSRP \geqslant -95\text{dBm}$ & $RS\text{-}SINR \geqslant 9\text{dB}$）/总采样点×100%。
备注	参考评估标准： 4G 网络 RS 覆盖率≥95%

4. 天线点下 1m 处接收功率测试

天线点下 1m 处接收功率测试，按表 4-22 进行测试。

表 4-22   4G 网络参考信号覆盖测试

测试项目	天线点下 1m 处接收功率测试
测试目的	统计 4G/3G/2G 网络共用室内分布系统时三制式天线点下公共信道发射功率的差异情况，以保证 4G 网络和 3G 网络能够达到与 2G 网络系统相比拟的覆盖效果。
测试环境	按照设计图纸进行抽查测试，测试的点位原则上不少于总点位的 10%

准备条件	1. 验收测试区内所有小区及室外临近小区正常工作; 2. 室内路测系统一套(可选)、4G 网络测试终端一部、3G 网络测试终端一部、2G 网络测试终端一部
测试步骤	1. 根据室内环境,选择测试点位; 2. 将 4G 网络、3G 网络和 2G 网络测试终端(或带有工程模式的商用终端)置于天线点下(视距 1m 内,天线正下方 65°张角内)1 分钟,(建议使用路测软件或简易路测软件)记录 RSRP、PCCPCH RSCP 和 2G 网络 RXLEV; 3. 分别计算 RSRP、PCCPCH RSCP 和 2G 网络 RXLEV 的均值
测试输出	1. 2G 网络天线点下 1m 处接收功率; 2. 3G 网络天线点下 1m 处接收功率; 3. 4G 网络天线点下 1m 处接收功率
结果分析	1. 2G 网络天线点下 1m 处接收功率:BCCH Rxlevel>-45dBm 的天线点位占比; 2. 3G 网络天线点下 1m 处接收功率:PCCPCH RSCP>-40dBm 的天线点位占比; 3. 4G 网络天线点下 1m 处接收功率:CRS RSRP>-65dBm 的天线点位占比
备注	1. 参考评估标准:占比≥95%; 2. 该指标主要针对当前阶段室内分布建设及验收工程数量较多,在室内使用测试仪表进行步行路线测试时较难实施或工作量较大,仅希望粗略验收室分系统覆盖性能,验收结果应以第 5.3 节为准; 3. 此处门限值的前提:(1)均为按照天线覆盖半径约为 12m 的估算值,不适用于设计半径本就与此相差较大的天线点;(2)设备能力及设备数量不受限制,从而可达到 3 种制式同覆盖

5. 2G 网络室内信号外泄测试

2G 网络室内信号外泄测试,按照表 4-23 进行。

表 4-23 **2G 网络室内信号外泄测试**

测试项目	2G 网络室内信号外泄测试
测试目的	评估室内无线网络的信号泄露情况
测试环境	建筑物外 10m 处;当室外道路距离建筑物小区小于 10m 时,以道路为测试参考点
准备条件	1. 验收测试区内的所有小区及室外临近小区是否正常工作; 2. 室内路测系统一套以及测试终端一部
测试步骤	1. 根据室外环境,选择测试路线; 2. 打开路测系统,将测试终端锁定到一层室内小区,以步行速度沿测试路线行走
测试输出	2G 网络信号外泄受控比例
结果分析	2G 网络信号外泄受控比例 = 室内信号泄露至室外 10m 处信号强度低于室外主小区 10dB(或信号强度≤-90dBm)的采样点比例
备注	参考评估标准:2G 网络信号外泄受控比例≥95%

6. 3G 网络室内信号外泄测试

3G 网络室内信号外泄测试,按照表 4-24 进行。

表 4-24   **3G 网络室内信号外泄测试**

测试项目	3G 网络室内信号外泄测试
测试目的	评估室内无线网络的信号泄露情况
测试环境	建筑物外 10m 处；当室外道路距离建筑物小区小于 10m 时，以道路为测试参考点
准备条件	1. 验收测试区内的所有小区及室外临近小区是否正常工作； 2. 室内路测系统一套以及测试终端一部
测试步骤	1. 根据室外环境，选择测试路线； 2. 打开路测系统，将测试终端锁定到一层室内小区，以步行速度沿测试路线行走，记录 PCCPCH 的 RSCP
测试输出	3G 网络信号外泄受控比例
结果分析	3G 网络信号外泄受控比例=室内信号泄露至室外 10m 处信号强度低于室外主小区 10dB（或信号强度≤-95dBm）的采样点比例的采样点比例
备注	参考评估标准： 3G 网络信号外泄受控比例≥95%

7. 4G 网络室内信号外泄测试

4G 网络室内信号外泄测试，按照表 4-25 进行。

表 4-25   **4G 网络室内信号外泄测试**

测试项目	4G 网络室内信号外泄测试
测试目的	评估室内无线网络的信号泄露情况
测试环境	建筑物外 10m 处；当室外道路距离建筑物小区小于 10m 时，以道路为测试参考点
准备条件	1. 验收测试区内的所有小区及室外临近小区是否正常工作； 2. 室内路测系统一套以及测试终端一部
测试步骤	1. 根据室外环境，选择测试路线； 2. 打开路测系统，将测试终端锁定到一层室内小区，以步行速度沿测试路线行走，记录 RSRP
测试输出	4G 网络信号外泄受控比例
结果分析	4G 网络信号外泄受控比例 = 室内信号泄露至室外 10m 处信号强度低于室外主小区 10dB（或信号强度≤-110dBm）的采样点比例
备注	1. 参考评估标准：4G 网络信号外泄受控比例≥95%

4.4.10   业务信道性能测试

1. 2G 网络语音业务覆盖测试

2G 网络语音业务覆盖测试，按照表 4-26 所列测试规范进行测试。

表 4-26   **2G 网络语音业务覆盖测试**

测试项目	2G 网络语音业务覆盖测试
测试目的	评估室内覆盖区域内 2G 网络语音业务覆盖情况
测试环境	1. 应根据建筑物设计平面图和室内分布系统设计平面图设计测试路线，尽可能遍布建筑物各层的主要区域，包括楼宇的地下楼层、一层大厅、中层、高层房间、走廊、电梯等区域； 2. 对于办公室、会议室，应注意对门窗附近的信号进行测量；对于走廊、楼梯，应注意对拐角等区域的测量

准备条件	1. 验收测试区内的所有小区是否正常工作； 2. 室内路测系统一套以及测试终端一部
测试步骤	1. 根据室内实际环境，选择合适的测试路线； 2. 以步行速度按照测试路线进行测试； 3. 使用测试终端发起语音呼叫，拨打 PSTN，如无法拨通，则等候 15s 后重播；如拨通，则等候 45s，挂断，等候 15s 后重播；如果碰到掉话，则记录测试地点，重新建立呼叫，继续进行测试，直至遍历测试路线； 4. 使用路测系统记录测试路线上的如下指标：TCH 信道的 RXLEV、终端发射功率和下行误块率，并记录试呼总次数、接通次数和掉话次数
测试输出	1. 2G 网络语音呼叫建立成功率； 2. 2G 网络语音掉话率； 3. 2G 网络语音覆盖率； 4. 2G 网络语音质差率
结果分析	1. 2G 网络语音呼叫建立成功率= 2G 网络网接通次数/ 2G 网络网起呼次数×100%； 2. 2G 网络语音掉话率= 2G 网络网掉话次数/释放前 2G 网络网占用次数×100%； 3. 2G 网络语音覆盖率=TCH 条件采样点数（$RXLEV \geq$-80dBm）/总采样点×100%； 4. 2G 网络语音质差率=上、下行 Rxqual 为 6 或 7 级采样点之和/上、下行信号质量采样点总和×100%
备注	1. 参考评估标准： （1）2G 网络语音呼叫建立成功率≥99%； （2）2G 网络语音掉话率≤1%； （3）2G 网络语音覆盖率≥95%； （4）2G 网络语音质差率≤5%。 2. 测试次数：呼叫建立成功率、掉话率的测试次数应在 20 次以上，以 100 次为宜

2. 2G 网络 EDGE 业务单用户多点测试

2G 网络 EDGE 业务单用户多点测试，按照表 4-27 所列测试规范进行测试。

表 4-27　　　　　　　　　　　　2G 网络 EDGE 业务单用户多点测试

测试项目	2G 网络 EDGE 业务单用户多点测试
测试目的	评估室内覆盖区域内 2G 网络 EDGE 业务覆盖情况
测试环境	1. 应根据建筑物设计平面图和室内分布系统设计平面图设计测试路线，尽可能遍布建筑物各层主要区域，包括楼宇的地下楼层、一层大厅、中层、高层房间、走廊、电梯等区域； 2. 对于办公室、会议室，应注意对门窗附近的信号进行测量；对于走廊、楼梯，应注意对拐角等区域的测量
准备条件	1. 验收测试区内的所有小区是否正常工作； 2. 室内路测系统一套以及测试终端一部； 3. 上下行流速测试软件正常工作； 4. 验收测试区域内禁止其他用户接入
测试步骤	1. 根据室内实际环境，选择合适的测试点位。测试点应为人员经常活动区域，测试楼层的选点应保证 BCCH RXLEV 不小于-80dBm； 2. 使用 DUMETER 等工具记录应用层速率； 3. 用测试终端，通过 FTP 工具发起数据下载业务。如不能成功，等候 15s 后重新激活，直到成功；下载一个 20MB 的文件，记录 1 分钟的 FTP 平均下载速率和上下行平均 BLER

测试输出	1. EDGE 应用层传输效率； 2. EDGE 业务掉线率
结果分析	1. EDGE 应用层传输效率=应用层传送文件平均速率/所选用的承载速率×100%； 2. EDGE 业务掉线率=掉线次数/总 FTP 下载尝试次数×100%
备注	1. 参考评估标准： （1）EDGE 应用层传输效率≥50%； （2）EDGE 业务掉线率≤1%。 2. 测试次数：掉线率的测试次数应在 20 次以上，以 100 次为宜

3. 3G 网络语音业务测试

3G 网络语音业务测试，按照表 4-28 所列测试规范进行测试。

表 4-28　　　　　　　　　　　　3G 网络语音业务测试

测试项目	3G 网络语音业务测试
测试目的	评估室内覆盖区域内 3G 网络语音业务（CS 12.2kbit/s）的覆盖情况和业务性能
测试环境	1. 应根据建筑物设计平面图和室内分布系统设计平面图设计测试路线，尽可能遍布建筑物各层主要区域，包括楼宇的地下楼层、一层大厅、中层、高层房间、走廊、电梯等区域； 2. 对于办公室、会议室，应注意对门窗附近的信号进行测量；对于走廊、楼梯，应注意对拐角等区域的测量
准备条件	1. 验收测试区内的所有小区是否正常工作； 2. 室内路测系统一套以及测试终端一部
测试步骤	1. 根据室内实际环境，选择合适的测试路线； 2. 以步行速度按照测试路线进行测试； 3. 使用测试终端发起 CS 12.2kbit/s 语音呼叫，拨打 PSTN，如无法拨通，则等候 15s 后重播；如拨通，则等候 45s，挂断，等候 15s 后重播；如果碰到掉话，则记录测试地点，重新建立呼叫，继续进行测试，直至遍历测试路线； 4. 使用路测系统记录测试路线上的如下指标：DPCH 信道的 C/I
测试输出	1. 3G 网络语音呼叫建立成功率； 2. 3G 网络语音掉话率； 3. 3G 网络语音覆盖率
结果分析	1. 3G 网络语音呼叫建立成功率= 3G 网络网接通次数/ 3G 网络网起呼次数×100%； 2. 3G 网络语音掉话率= 3G 网络网掉话次数/释放前 3G 网络网占用次数×100%； 3. 3G 网络语音覆盖率=DPCH 条件采样点数（$C/I \geq 0dB$）/总采样点×100%
备注	1. 参考评估标准： （1）3G 网络语音呼叫建立成功率≥99%； （2）3G 网络语音掉话率≤1%； （3）3G 网络语音覆盖率≥95%。 2. 测试次数：呼叫建立成功率、掉话率的测试次数应在 20 次以上，以 100 次为宜

4. CSFB 业务单用户多点测试

CSFB 业务单用户多点测试，按照表 4-29 所列测试规范进行测试。

表 4-29　　　　　　　　　　CSFB 业务单用户多点测试

测试项目	CSFB 业务单用户多点测试
测试目的	评估室内覆盖区域内 CSFB 业务性能
测试环境	1. 应根据建筑物设计平面图和室内分布系统设计平面图设计测试点位，尽可能遍布建筑物各层的主要区域，包括楼宇的地下楼层、一层大厅、中层、高层房间、走廊、电梯等区域； 2. 对于办公室、会议室，应注意对门窗附近的信号进行测量；对于走廊、楼梯，应注意对拐角等区域的测量
准备条件	1. 验收测试区内的所有小区是否正常工作； 2. 室内路测系统一套以及测试终端一部；CSFB 功能手机一部；
测试步骤	1. 根据室内实际环境，选择合适的测试点位，测试点应为人员经常活动区域，测试楼层的选点应保证 RSRP 不小于-80dBm； 2. 主叫用户驻留在 2G，被叫用户驻留在 4G，主叫用户发起语音业务，记录 CSFB 回落成功率
测试输出	1. CSFB 回落成功率； 2. CSFB 回落时延
结果分析	1. CSFB 回落成功率=4G 网络成功回落到 2G 网络的次数/4G 网络尝试回落次数×100% 2. 4G 网络成功回落到 2G 网络的时延在 12s 以内（信令起始 Extended Service Request→Alerting）
备注	1. 参考评估标准： （1）CSFB 回落成功率≥98%； （2）CSFB 回落时延≥98%。 2. 测试次数：CSFB 回落成功率的测试次数应在 20 次以上，以 100 次为宜

5. 3G 网络分组数据业务单用户多点测试

3G 网络分组数据业务单用户多点测试，按照表 4-30 所列测试规范进行测试。

表 4-30　　　　　　　3G 网络分组数据业务（PS）单用户多点测试

测试项目	3G 网络分组数据业务（PS 64/64kbit/s、PS 64/128kbit/s、PS 64/384kbit/s）单用户多点测试
测试目的	评估室内覆盖区域内 PS 业务的覆盖情况和业务性能
测试环境	1. 应根据建筑物设计平面图和室内分布系统设计平面图设计测试点位，尽可能遍布建筑物各层的主要区域，包括楼宇的地下楼层、一层大厅、中层、高层房间、走廊、电梯等区域； 2. 对于办公室、会议室，应注意对门窗附近的信号进行测量；对于走廊、楼梯，应注意对拐角等区域的测量
准备条件	1. 验收测试区内所有小区正常工作； 2. 室内路测系统一套以及测试终端一部； 3. 上下行流速测试软件正常工作； 4. 验收测试区域内禁止其他用户接入
测试步骤	1. 根据室内实际环境，选择合适的测试点位。测试点应为人员经常活动区域，测试楼层的选点应保证 PCCPCH RSCP 不小于-80dBm； 2. 使用路测系统记录下行 BLER，并在网络侧记录上行 BLER； 3. 使用 DUMETER 等工具记录应用层速率； 4. 用测试终端，通过 FTP 工具发起 PS 64/64kbit/s 业务，如不能成功，等候 15s 后重新激活，直到成功；上传一个 20MB 文件，记录 FTP 上传速率； 5. 用测试终端，通过 FTP 工具建立依次发起 PS 64/64kbit/s、PS 64/128 kbit/s、PS 64/384 kbit/s 业务，如不能成功，等候 15s 后重新激活，直到成功；下载一个 20MB 的文件，记录 1 分钟的 FTP 平均下载速率和上下行平均 BLER

测试输出	1．3G 网络分组数据应用层传输效率； 2．3G 网络分组数据链路层误块率； 3．3G 网络分组数据业务掉线率
结果分析	1．3G 网络分组数据业务应用层传输效率=应用层传送文件平均速率/所选用的承载速率×100%； 2．3G 网络分组数据链路层误块率= 3G 网络链路层出错块次数/3G 网络链路层传输总块数×100%（链路层，分上下行）； 3．3G 网络分组数据业务掉线率= 掉线次数/总 FTP 下载尝试次数×100%
备注	1．参考评估标准： （1）3G 网络分组数据应用层传输效率≥90%； （2）PS 64/64kbit/s 应用层下载速率≥58kbit/s； （3）PS 64/128kbit/s 应用层下载速率≥116kbit/s； （4）PS 64/384kbit/s 应用层下载速率≥346kbit/s； （5）PS 64/64kbit/s 下行 BLER≤10%； （6）PS 64/128kbit/s 下行 BLER≤10%； （7）PS 64/384kbit/s 下行 BLER≤10%； （8）PS 64/64kbit/s 上行 BLER≤10%； （9）3G 网络分组数据业务掉线率≤1%。 2．测试次数：掉线率的测试次数应在 20 次以上，以 100 次为宜

6．TD-HSPA 分组数据业务单用户多点测试

TD-HSPA 分组数据业务单用户多点测试，按照表 4-31 所列测试规范进行测试。

表 4-31　　　　　　　　　　**TD-HSPA 分组数据业务单用户多点测试**

测试项目	TD-HSPA 分组数据业务单用户多点测试
测试目的	评估室内覆盖区域内 TD-HSDPA 业务的覆盖情况和业务性能
测试环境	1．应根据建筑物设计平面图和室内分布系统设计平面图设计测试点位，尽可能遍布建筑物各层的主要区域，包括楼宇的地下楼层、一层大厅、中层、高层房间、走廊、电梯等区域； 2．对于办公室、会议室，应注意对门窗附近的信号进行测量；对于走廊、楼梯，应注意对拐角等区域的测量。
准备条件	1．验收测试区内的所有小区是否正常工作； 2．室内路测系统一套以及测试终端一部； 3．上下行流速测试软件正常工作； 4．验收测试区域内禁止其他用户接入
测试步骤	1．根据室内实际环境，选择合适的测试点位，测试点应为人员经常活动且容易采用上网卡上网的区域，测试楼层的选点应保证 PCCPCH RSCP 不小于-80dBm； 2．使用路测系统记录下行 BLER，并在网络侧记录上行 BLER； 3．使用 DUMETER 等工具记录应用层速率； 4．用测试终端，通过 FTP 工具建立发起 HSDPA 业务，如不能成功，等候 15s 后重新激活，直到成功；下载一个 100MB 的文件，记录 1 分钟的 FTP 平均下载速率和上下行平均 BLER 5．用测试终端，通过 FTP 工具建立发起 HSUPA 业务，如不能成功，等候 15s 后重新激活，直到成功；上传一个 100MB 的文件，记录 1 分钟的 FTP 平均上传速率和上下行平均 BLER

测试输出	1. TD-HSPA 应用层传输效率; 2. TD-HSPA 链路层误块率
结果分析	1. TD-HSPA 业务应用层传输效率=应用层传送文件平均速率/具体 HSPA 时隙配置情况下的理论速率×100%。其中,HSPA 的理论速率按照 0.56Mbit/s/时隙计算; 2. TD-HSPA 分组数据链路层误块率=3G 网络链路层出错块次数/3G 网络链路层传输总块数×100%
备注	参考评估标准: (1) TD-HSPA 业务应用层传输效率≥60%; (2) TD-HSPA 业务上下行 BLER≤10%

7. 4G 网络高速数据业务单用户多点测试

4G 网络高速数据业务单用户多点测试,按照表 4-32 所列测试规范进行测试。

表 4-32　　　　　　　　　　4G 网络高速数据业务单用户多点测试

测试项目	4G 网络高速数据业务(FTP)单用户多点测试
测试目的	评估室内覆盖区域内高速数据业务的覆盖情况和业务性能
测试环境	1. 应根据建筑物设计平面图和室内分布系统设计平面图设计测试点位,尽可能遍布建筑物各层的主要区域,包括楼宇的地下楼层、一层大厅、中层、高层房间、走廊、电梯等区域; 2. 对于办公室、会议室,应注意对门窗附近的信号进行测量;对于走廊、楼梯,应注意对拐角等区域的测量
准备条件	1. 验收测试区内的所有小区是否正常工作,邻区 50%网络负荷; 2. 室内路测系统一套以及测试终端一部; 3. 上下行流速测试软件正常工作; 4. 验收测试区域内禁止其他用户接入
测试步骤	1. 根据室内实际环境,选择合适的测试点位,测试点应为人员经常活动区域,测试楼层的选点应保证 RSRP 不小于-105dBm; 2. 使用路测系统记录下行 BLER,并在网络侧记录上行 BLER; 3. 使用 DUMETER 等工具记录应用层速率; 4. 用测试终端(Category3 或 Category4),通过 FTP 工具发起业务,如不能成功,等候 15s 后重新激活,直到成功;上传一个 1GB 的文件,记录 FTP 下载速率
测试输出	1. 4G 网络高速数据应用层速率; 2. 4G 网络高速数据链路层误块率
结果分析	1. 4G 网络高速数据业务应用层传输效率 = 应用层传送文件平均速率/网络实际配置情况下的理论速率×100%,典型的 20MHz 带宽,1:3(10:2:2)上、下行子帧配比,MIMO 双通道系统的 Category3 终端下行理论速率约为 80Mbit/s;Category4 终端下行理论速率约为 110Mbit/s; 2. 4G 网络高速数据业务应用层下行峰值速率=应用层传送文件峰值速率; 3. 4G 网络高速数据业务应用层下行平均速率=应用层传送文件平均速率; 4. 4G 网络高速数据链路层误块率=4G 网络链路层出错块次数/4G 网络链路层传输总块数×100%(链路层,分上、下行)

备注	参考评估标准： （1）4G 网络业务应用层传输效率≥60%； （2）4G 网络业务上下行 BLER≤10%； （3）应用层下行平均速率。 对于 E 频段，20MHz 带宽，上下行子帧配置 1∶3，特殊时隙配置 10∶2∶2，2T2R 的典型配置下： （1）3 类终端的平均速率为： 双路：下行 50Mbit/s，上行 6.5Mbit/s（理论峰值：下行 110Mbit/s，上行 9Mbit/s）； 移频双路：下行 40Mbit/s，上行 6.5Mbit/s（理论峰值：下行 90Mbit/s，上行 9Mbit/s）； 单路：下行 25Mbit/s，上行 6.5Mbit/s（理论峰值：下行 56Mbit/s，上行 9Mbit/s）。 （2）4 类终端的平均速率为： 双路：下行 70Mbit/s，上行 7Mbit/s（理论峰值：下行 110Mbit/s，上行 11Mbit/s）； 移频双路：下行 60Mbit/s，上行 7Mbit/s（理论峰值：下行 90Mbit/s，上行 11Mbit/s）； 单路：下行 45Mbit/s，上行 7Mbit/s（理论峰值：下行 56Mbit/s，上行 11Mbit/s）。 （3）5 类终端的平均速率为： 双路：下行 70Mbit/s，上行 7.5Mbit/s（理论峰值：下行 110Mbit/s，上行 14Mbit/s）； 移频双路：下行 60Mbit/s，上行 7.5Mbit/s（理论峰值：下行 90Mbit/s，上行 14Mbit/s）； 单路：下行 45Mbit/s，上行 7.5Mbit/s（理论峰值：下行 56Mbit/s，上行 14Mbit/s）

附：单用户下行峰值速率参考表

制式	网络配置参数	等级 3 终端 峰值速率	等级 4 终端 峰值速率	等级 5 终端 峰值速率
4G 网络 （20MHz） 双流	上、下行时隙配置/特殊时隙配置：1∶3/10∶2∶2	80Mbit/s	110Mbit/s	110Mbit/s
	上、下行时隙配置/特殊时隙配置：1∶3/3∶9∶2	60Mbit/s	90Mbit/s	90Mbit/s
	上、下行时隙配置/特殊时隙配置：2∶2/10∶2∶2	60Mbit/s	80Mbit/s	80Mbit/s

4.4.11　切换成功率测试

1. 2G 网络语音切换成功率测试

2G 网络语音切换成功率测试，按照表 4-33 所列测试规范进行测试。

表 4-33　　2G 网络语音切换成功率测试

测试项目	2G 网络语音切换成功率测试
测试目的	测试室内覆盖区域内语音切换成功率，评估室内覆盖切换性能
测试环境	1. 室内小区切换测试路线要包含室内不同小区间的切换带，典型场景是电梯和平层之间或平层和平层之间不同小区间的切换带； 2. 室内外小区切换测试路线应覆盖建筑物内外所有出入口，遍历室内外小区切换带
准备条件	1. 验收测试区内的所有小区是否正常工作； 2. 测试终端若干部
测试步骤	1. 选择室内小区切换测试路线，测试路线要包含室内不同小区间的切换带，典型场景是电梯和平层之间或平层和平层之间不同小区间的切换带； 2. 按照测试路线以步行速度进行测试，发起语音电话业务，记录切换失败次数、切换成功次数和发生切换次数； 3. 选择室内外切换测试路线，测试路线要包含建筑物所有出入口，遍历室内外小区切换带

测试输出	1．2G 网络语音切换成功率（室内小区间）； 2．2G 网络语音切换成功率（室内外小区间）
结果分析	2G 网络语音切换成功率=（切换成功次数/切换尝试次数）×100%
备注	1．参考评估标准： 2G 网络语音切换成功率≥98%； 2．测试次数：切换成功率的发生切换次数应在 20 次以上，以 100 次为宜； 3．可使用多部语音终端并行发起相互拨打测试

2．3G 网络语音切换成功率测试

3G 网络语音切换成功率测试，按照表 4-34 测试规范进行测试。

表 4-34　　　　　　　　　　3G 网络语音切换成功率测试

测试项目	3G 网络语音切换成功率测试
测试目的	测试室内覆盖区域内语音切换成功率，评估室内覆盖切换性能
测试环境	1．室内小区切换测试路线要包含室内不同小区间的切换带，典型场景是电梯和平层之间或平层和平层之间不同小区间的切换带； 2．室内外小区切换测试路线应覆盖建筑物内外所有出入口，遍历室内外小区切换带
准备条件	1．验收测试区内的所有小区是否正常工作； 2．测试终端若干部
测试步骤	1．选择室内小区切换测试路线，测试路线要包含室内不同小区间的切换带，典型场景是电梯和平层之间或平层和平层之间不同小区间的切换带； 2．按照测试路线以步行速度进行测试，记录切换失败次数、切换成功次数和发生切换次数； 3．选择室内外切换测试路线，测试路线要包含建筑物所有出入口，遍历室内外小区切换带
测试输出	1．3G 网络语音切换成功率（室内小区间）； 2．3G 网络语音切换成功率（室内外小区间）
结果分析	3G 网络语音切换成功率=（切换成功次数/切换尝试次数）×100%
备注	1．参考评估标准：3G 网络语音切换成功率≥98%； 2．测试次数：切换成功率的发生切换次数应在 20 次以上，以 100 次为宜； 3．可使用多部语音终端并行发起相互拨打测试

3．3G 向 2G 网络系统语音切换成功率测试

3G 向 2G 网络系统语音切换成功率测试，按照表 4-35 所列测试规范进行测试。

表 4-35　　　　　　　　3G 向 2G 网络系统语音切换成功率测试

测试项目	3G 向 2G 网络系统语音切换成功率测试
测试目的	测试室内覆盖区域内语音切换成功率，评估 3G 与 2G 网络的切换性能
测试环境	测试路线要包含室内 3G 覆盖小区与室内或室外 2G 网络主覆盖小区的切换带，典型场景是建筑物出入口、车库出入口等 3G 与 2G 网络的切换地带
准备条件	1．验收测试区内的所有小区是否正常工作； 2．测试终端若干部

测试步骤	1. 选择 3G 向 2G 网络切换测试路线，测试路线要包含室内 3G 覆盖小区与室内或室外 2G 网络主覆盖小区的切换带，典型场景是建筑物出入口、车库出入口等 3G 与 2G 网络的切换地带； 2. 按照测试路线以步行速度进行测试，记录切换失败次数、切换成功次数和发生切换次数； 3. 选择室内外切换测试路线，测试路线要包含建筑物所有的出入口，遍历 3G 向 2G 网络切换带
测试输出	1. 3G 网络向 2G 网络系统语音切换成功率（室内小区间）； 2. 3G 网络向 2G 网络系统语音切换成功率（室内外小区间）
结果分析	3G 网络向 2G 网络语音切换成功率=（切换成功次数/切换尝试次数）×100%
备注	1. 参考评估标准： 　3G 网络向 2G 网络系统语音切换成功率≥98%； 2. 测试次数：切换成功率的发生切换次数应在 20 次以上，以 100 次为宜； 3. 可使用多部语音终端并行发起相互拨打测试

4. 4G 网络切换成功率测试

4G 网络切换成功率测试，按照表 4-36 所列测试规范进行测试。

表 4-36　　　　　　　　　　　　　　**4G 网络切换成功率测试**

测试项目	4G 网络切换成功率测试
测试目的	测试室内覆盖区域内切换成功率，评估室内覆盖切换性能
测试环境	1. 室内小区切换测试路线要包含室内不同小区间的切换带，典型场景是电梯和平层之间或平层和平层之间不同小区间的切换带； 2. 室内外小区切换测试路线应覆盖建筑物内外所有的出入口，遍历室内外小区切换带
准备条件	1. 验收测试区内的所有小区是否正常工作，邻区 50%网络负荷； 2. 测试终端若干部
测试步骤	1. 选择室内小区切换测试路线，测试路线要包含室内不同小区间的切换带，典型场景是电梯和平层之间或平层和平层之间不同小区间的切换带； 2. 用测试终端，通过 FTP 工具发起业务； 3. 按照测试路线以步行速度进行测试，记录切换失败次数、切换成功次数和发生切换次数； 4. 选择室内外切换测试路线，测试路线要包含建筑物所有的出入口，遍历室内外小区切换带
测试输出	1. 4G 网络切换成功率（室内小区间）； 2. 4G 网络切换成功率（室内外小区间）
结果分析	4G 网络切换成功率=（切换成功次数/切换尝试次数）×100%
备注	1. 参考评估标准： 　4G 网络切换成功率≥98%； 2. 测试次数：切换成功率的发生切换次数在 20 次以上，以 100 次为宜； 3. 可使用多部终端并行发起业务测试

4.4.12　初验问题整改

在初验时，发现有重大缺陷或质量问题的工程，不能通过初验，直至此工程重大缺陷或质量问题已解决，再重新组织初验；在初验期间发现的一般问题，由建设单位责令集成商进行整改和初验问题的解决，经整改，初验问题全部落实解决后，建设单位应当组织施工、设计、监理等单位检查、确认，并在集成商提交的相关报告上签字盖章后，方可通过初验。

4.5　工程试运行

4.5.1　试运行要求

试运行验收是对系统质量稳定性观察的重要阶段；试运行验收应从初验测试完毕开始，如合同无特殊要求，试运行时间不少于 6 个月。

4.5.2　试运行观察指标

1. 系统试运行期间，应观察下列项目，并做好记录。

（1）硬件故障率：设备因部件等损坏、失效需要更换电路板的次数应不大于系统所有正在运行电路板数量的 0.5%；关键部件的故障率（如处理器板、电源转换器、磁盘等）应为 0。

（2）在试运器期间，不得由于硬件设备原因进行系统再装载。

2. 系统试运行期间，应借助网管系统统计以下指标。

（1）接通率：接通率应不低于 99%。

（2）语音业务掉话率：语音业务掉话率应不高于 1%。

（3）系统内切换成功率：系统内切换成功率应不低于 98%。

4.5.3　试运行问题整改

在试运行期间，建设单位指定具体部门对系统运行情况认真、仔细观察，定期统计、分析运行指标，在试运行期间如发现有质量问题，由集成商负责免费返修，经修复，试运行问题全部落实解决后，建设单位应当组织施工、设计、监理等单位检查、确认，并在集成商提交的相关报告上签字盖章，试运行时间应适当延长，试运行期间如发生重大事故，事故排除后试运行时间重新计算。

4.6　工程终验

4.6.1　终验条件

工程终验应满足以下条件。

（1）终验工作原则上应在试运行期结束后开始。

（2）工程项目的返修部件已返回，且手续齐全，返回的部件可以保证设备运行正常。

（3）施工单位应向建设单位提交竣工技术文件。

4.6.2 终验内容和要求

1．工程终验的内容

（1）确认各阶段测试检查结果及问题整改落实情况。

（2）验收组认为必要的项目需要进行复检。

（3）设备的清点核实。

（4）对工程进行评定和验收。

（5）编制终验报告。

2．对验收中发现的质量不合格项目，应由验收组查明原因，分清责任，并提出处理意见。

3．工程竣工后，对施工单位的施工质量应进行综合考核。

衡量施工质量标准的等级如下。

（1）优良：主要工程项目全部达到施工质量标准，其余项目较施工质量标准稍有偏差，但不会影响设备的使用和寿命。

（2）合格：主要工程项目基本达到施工质量标准，不会影响设备的使用和寿命。

4．终验问题整改

在终验时，对发现的质量不合格项目，应由验收小组查明原因，分清责任，提出处理意见，由责任单位按要求处理后方可通过终验。

第5章
室分优化阶段

室分优化阶段主要针对在网运行的网络资源进行合理的质量和覆盖优化，保证室分工程的建设效益。本章介绍了室分优化流程、室分常见优化手段、室分优化的测试方法以及室分优化的参数配置原则。

5.1 室分网络优化流程

随着移动通信业务的高速增长，室内分布系统已成为吸收业务量、解决深度覆盖并提升用户感知的主要手段，是移动通信网络的重要组成部分。由于室分系统涉及规划、建设、维护、优化等多个环节，信源、器件、分布系统以及参数的设置都会对室分网络的质量造成影响。

本书梳理了室分系统几个常见的网络优化流程，从覆盖提升、质量提升、干扰整治、外泄处理、业务量优化、切换优化 6 个维度，对室分常见的问题进行研究，提出解决上述各类问题的优化建议以及问题排查的常用方法，为现网室分优化提供解决方案和指导意见。

5.1.1 覆盖提升优化流程

覆盖提升优化流程如图 5-1 所示。

1. **排查基站硬件故障（告警）**

如基站功放输出功率过低，接收机灵敏度下降，合路器出现驻波比严重告警致使信号损耗大，射频连线错误等各种现象影响覆盖。

2. **排查无线参数设置问题**

无线参数设置不合理：如功率等级设置不一致，发射功率设置不合理，最小接入电平过大等。

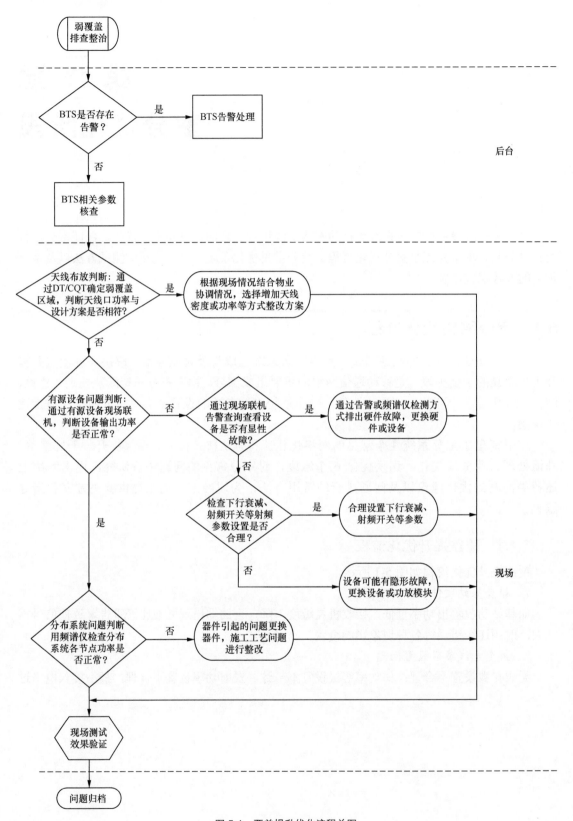

图 5-1　覆盖提升优化流程总图

3. 排查天线布放问题

现场排查时，首先需要排除弱覆盖是否由天线布放不合理问题引起，如果天线口功率满足设计要求但还是存在弱覆盖的情况，则说明天线布放不合理，如果天线口功率不满足设计要求则应该重点检查有源设备及分布系统的问题。

天线布放问题造成弱覆盖的常见原因如下。

（1）设计方案不合理：部分站点可能存在方案设计不合理的情况，存在弱覆盖区域。如天线布放过远，使得天线与天线的交叠覆盖处存在弱覆盖区；地下层与标准层或出口处，天线的布放没有充分考虑信号的连续性，使得交叠处存在弱覆盖；

另外电梯、电梯厅、拐角处等区域，由于信号会陡降，信号的接续和切换存在问题，需要特别的考虑卫生间、拐角房间、消防通道等特殊区域，容易出现弱覆盖或盲区。

（2）物业协调难：由于物业无法协调，导致天线设计或安装时无法装在房间内，只能布放在走廊等公共区域，造成房间内或窗边区域弱覆盖。

（3）施工质量问题：工程施工时，天线点位未按照设计方案要求严格布放，会造成弱覆盖问题。

天线口功率可通过一些工程经验判断，一般天线口设计功率在 0～15dBm 时，天线直视下方 2m 处接收信号强度 900MHz 频段大致在–38～–22dBm 之间，若实际电平可能受人体阻挡、手机天线接收相位和接收灵敏度影响相比此值会偏弱，但在明放天线底下应该不低于–48～–33dBm，如果天线隐蔽在天花内接收信号应该不低于–54～–39dBm，同时结合设计方案的输出功率设置来评估，看与设计功率是否相符。

若天线口功率能够满足设计要求，则应判断信号弱区域是否由于遮挡屏蔽严重造成，可以通过增加天线来满足弱信号区域的覆盖要求，如果物业协调不允许，可通过合理放开设备余量、调整分布系统功率分配或更换馈线的方式增加功率、或增加信源设备的方式满足信号弱区的覆盖要求。

4. 排查有源设备问题（直放站等远端设备）

当确认弱覆盖不是由设计方案引起，而是由天线口功率与设计不符引起时，可以首先排查有源设备是否存在问题，若存在问题，则依次判断是有源设备故障造成的问题还是调测不当造成的问题。

有源设备造成弱覆盖的常见原因如下。

（1）有源设备故障：由于设备故障等原因造成弱覆盖，如设备掉电、电源模块故障、光收发模块故障、功放故障等。

有源设备的显性故障可以通过后台网管告警查询，若存在告警可预先做一些后台处理，如重启、软修复等，对于没有接入网管平台的有源设备，需要通过现场联机查询。有源设备故障告警监控画面如图 5-2 所示。

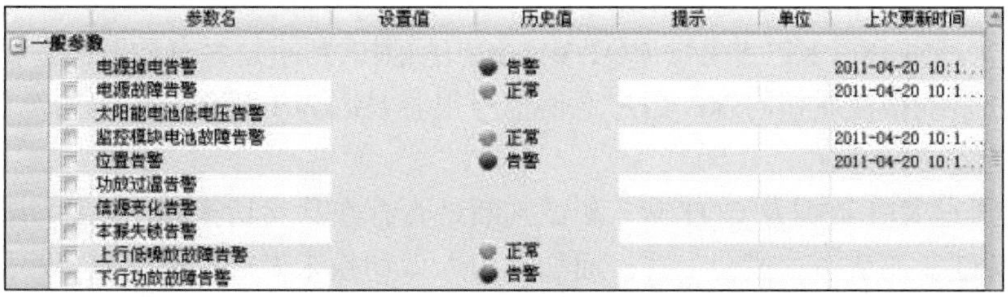

图 5-2　有源设备故障告警监控画面

设备隐形故障需要现场处理，可以通过硬件排查替换等方式判断解决硬件故障，或直接通过更换硬件的方式解决问题。

（2）有源设备调测不当：直放站开站时，功率余量预留较多导致输出功率偏小，或下行增益、信道号设置不正确、输入信号过弱等也会造成设备无输出或输出功率小。

对于有源设备设置参数，需要通过网管查询或现场联机的方式查看，重点排查射频开关是否关闭，输出功率是否与设计功率相符。若输出功率不符，则应检查是否是由于输入功率不足，或输出功率余量过大等原因造成。

5. 排查天馈系统问题

排除了有源设备问题，则需要详细检查整个分布系统。

分布系统造成弱覆盖的常见原因如下。

（1）无源器件问题：由于无源器件老化或指标不合格，会发生耦合损耗变大的情况，此时也会造成分布系统整体功率变低。

（2）施工工艺问题：由于工艺不达标，如馈线接头制作不正确、天馈系统进水、馈线弯曲半径过小，均会使得天馈系统驻波过高（大于1.5），造成弱覆盖。

由天馈系统引起的弱覆盖整治时要先定位弱覆盖故障点，此时需要结合 CQT/WT 测试数据大致判断信号较弱的区域，结合施工图纸查找连接该区域的分布系统节点，用频谱仪测试该节点前后的功率情况，并逐级往后定位分布系统故障点。可通过更换器件、提高施工工艺、更换馈线的方式解决问题。

5.1.2 质量提升优化流程

质量提升是指一些与用户感知相关的 KPI 指标优化，如语音业务质量、数据业务速率、呼叫成功率、掉话（掉线）率等，各种 KPI 指标优化流程都是类似的，这里以掉话（掉线）率优化为例说明相关优化流程。

掉话（掉线）率优化流程图如图 5-3 所示。

1. BTS 硬件故障需要在后台首先排查。

设备硬件故障的小区，由于设备的不稳定性，通话时占不上业务信道造成话务偏低。

2. 接着通过 KPI 指标分析判断是否是射频掉话占主导，如果不是，那么应优先处理传输等其他问题。

3. 同时通过 KPI 指标察看是否存在高干扰，如果存在，则转入高干扰排查整治流程。

高干扰很容易造成解码困难而导致掉话。

4. 接下来通过 CQT/WT 测试判断是否有弱覆盖。

当室分覆盖范围内有弱覆盖区时，有时这个区域并不大，但容易使通话的用户在这个或移动到这个区域产生掉话。

5. 接下来通过分析 KPI 指标、CQT/WT 和扫频测试判断是否有质差问题。

如果室分系统存在质差问题，用户通信信号很容易因为干扰造成解码困难而直接与基站失去信息交互造成掉话。

6. 接着通过 KPI 数据及 CQT/WT 测试判断是否存在乒乓切换和出入口切换问题。

乒乓切换过多掉话率一般会上升。而如果出入口切换未做好，会使室分小区掉话率大幅上升。

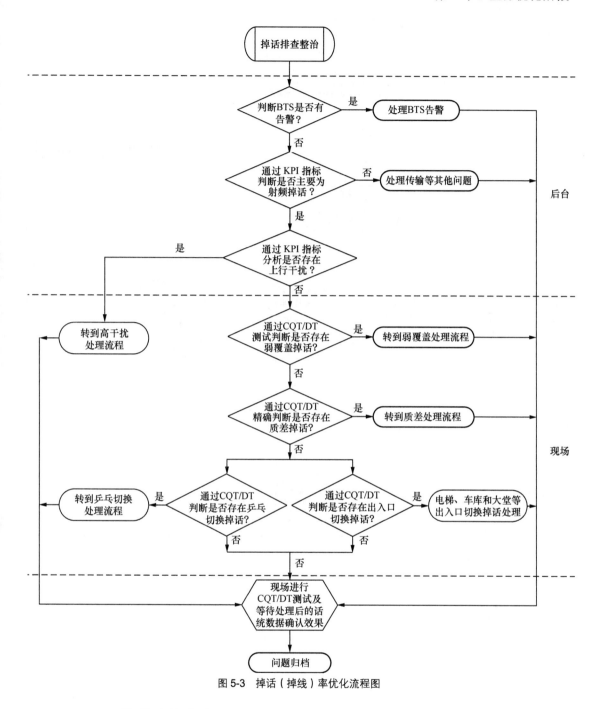

图 5-3　掉话（掉线）率优化流程图

5.1.3　干扰整治优化流程

干扰整治优化流程图如图 5-4 所示。

1. 后台统计信源基站 KPI 指标，如业务量、用户数、使用频段、干扰电平强度，并获取站点基础信息资料，通过直放站网管查询直放站告警和参数设置情况。

2. 分析是否是部分频点受到干扰，且分布没有规律，则可判断为同/邻频干扰；否则进入无源器件干扰分析。

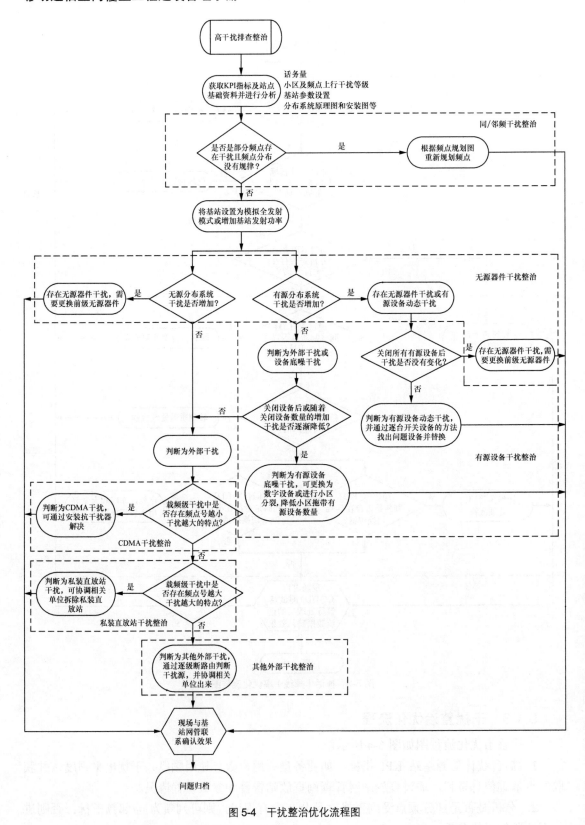

图 5-4　干扰整治优化流程图

同/邻频干扰常见的情况有：大网优化或翻频的时候未同步考虑对有源设备或室分的影响造成上行同/邻频干扰；密集城区频率复用度过高造成上行同/邻频干扰；室分高层天线接收到室外同/邻频干扰。

同/邻频高干扰的特征如下。

（1）部分频点有干扰且频点分布没有规律。

（2）如果是 BCCH 的同/邻频干扰，表现为不随话务量变化；如果是 TCH 的同/邻频干扰，表现为随话务变化，话务量越大，干扰越大。

（3）受到高干扰的频点可能存在各种等级的干扰。

同邻频干扰测试频谱图如图 5-5 所示。

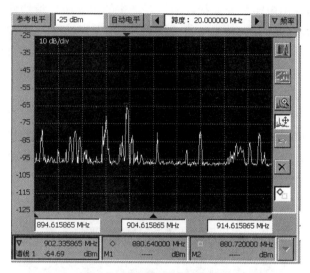

图 5-5　同/邻频干扰测试频谱图

同/邻频干扰排查通常采用"断信源法"，如图 5-6 所示。

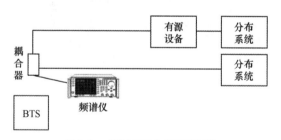

图 5-6　"断信源法"测试高干扰

采用"断信源法"连接好频谱仪后，将频谱仪的 MARKER 标志到信源小区频点号上行，频谱仪采用刷新的状态进行观察，观察各频点是否是脉冲信号且频谱仪在刷新的状态下是否高于–100dBm，分析判断频点是否存在同/邻频高干扰，同时将频谱仪设置在最大保持状态，持续 30s 左右判断该频点的最大干扰电平。

经过以上过程，得出该基站小区受到干扰的频点，知会网优对该基站小区或周边基站小区进行频点优化。对于 2G 网络 900MHz 频点确实紧张的区域，则尽量采取多建设DCS1800 小区吸收话务、多利用 TD 和 WLAN 网络吸收数据业务，从而降低 2G 网络 900MHz

小区承载的语音和数据业务，降低 2G 网络 900MHz 小区载波配置，就可以很好地避免同/邻频干扰。

另外，如果在话务统计中发现同/邻频干扰在关闭小区跳频后，表现为一个单频点的干扰，也可以直接通过频率优化的方法解决。

3．将基站设置为全模拟发射或调大 TRX 发射功率。对于无源分布系统，如果此时干扰增加，则判断为无源器件干扰；对于有源分布系统，如果在关闭所有有源设备的情况下干扰增加，则判断为无源器件干扰。

无源器件是前期发现影响室分干扰的另一重大问题，无源器件对室内分布系统产生干扰主要是由功率容量与互调抑制两个指标引起的。

功率容量是指器件由电阻和介质损耗所消耗产生的热能所导致器件的老化、变形以及电压飞弧现象不出现所允许的最大功率负荷。无源器件功率容量在 2G+3G 组网中，随着微蜂窝载频数量的增多，以及新扩容系统的接入，现网的绝大多数器件已经出现老化或者无法满足网络对器件的功率容量要求。当不满足要求时，主要表现在两个方面：器件局部微放电，造成频谱扩张，产生宽带干扰。

无源互调是指当两个以上不同频率的信号作用在无源器件时，会产生无源互调产物（PIMP，assive Inter-Modulation）。在所有的互调产物中，对于 2G 网络系统，五阶产物可能落在本系统接收频段，危害性最大，无法通过滤波器滤除，从而对系统造成较大危害。无源器件干扰测试频谱图如图 5-7 所示。

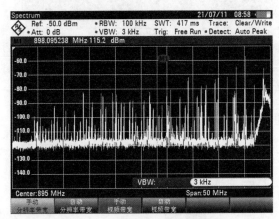

图 5-7　无源器件干扰测试频谱图

对于通过后台网管数据发现干扰等级高低随话务大小变化，具有典型的互调干扰特征站点时，建议先采用无源器件替换的原则简单快速地解决问题。

根据节点功率等级，将基站信源前级无源器件替换成相应的高性能无源器件（如单系统总功率大于等于 4W，建议使用互调-140dBc@43dBm×2、均值功率和峰值功率均可以满足节点要求的器件）。

具体的排查方法如下。

无源器件问题带来的高干扰排查通常采用"双工器法"，如图 5-8 所示。

无源器件和施工工艺问题带来的高干扰具体排查整治方法如下。

按"双工器法"连接好频谱仪。

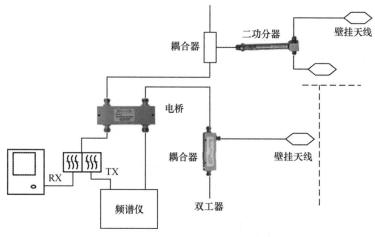

图 5-8　"双工器法"测试高干扰

（1）在基站（射频）关断的状态下观察 890～909MHz 频段的整体波形。

①　如果上行波形整体不超过-100dBm，则判断为无源器件高干扰；

②　如果上行波形大于-100dBm，则判断为有源设备高干扰和外部高干扰。

（2）在基站正常运行的状态下观察 890～909MHz 频段的整体波形，如果是无源分布系统，且此时频谱仪测试到的整个上行波形抬升大于-100dBm，判断为无源器件高干扰。

（3）在基站正常运行状态下观察 890～909MHz 频段的整体波形，如果是有源分布系统：

①　逐台且一次只关闭一台有源设备，如果在此过程中高干扰消失，则判断为相应有源设备及其分布系统高干扰，按有源设备高干扰排查整治方法进行处理；

②　如果随着关闭设备数量的增加干扰逐渐降低，则判断为设备底噪叠加干扰，则在不影响覆盖的情况下降低有源设备上行增益（但上下行增益相差不得大于 5），或进行小区分裂减少每小区拖带的有源设备数量的方法处理；

③　如果以上两种情况下干扰一直存在，则判断为无源器件高干扰。

（4）如果判断无源器件干扰，则关闭基站逐级更换无源器件，并重新做前级接头，直至解决整个上行频段波形抬升带来的高干扰问题。也可以通过频点规划的方法进行规避，具体方法如下。

当室分系统无法对问题器件进行升级替换时，可以考虑频点规划降低互调干扰。可将移动 2G 网络 19MHz 频段分为 A、B、C 三段（见表 5-1），使用原则如下。

①　单独使用 A、B 或 C 段频点资源，不会产生 5 阶互调；

②　B 段与 C 段可组合使用，不会产生 5 阶互调；

③　A 段与 B 段可组合使用，不会产生 5 阶互调；

④　A 段与 C 段组合使用时，产生反射互调的概率较大。

表 5-1　　　　　　　　　　中国移动 2G 网络 19MHz 频段划分

A 段（5MHz）	B 段（7MHz）	C 段（7MHz）
（1～25）	（26～60）	（61～94）
935～940MHz	941～947MHz	948～953.8MHz

上行频段 890+0.2f=3（935+0.2f_1）±2（935+0.2f_2），

下行频段简化即有 $f=225-2f_1+3f_2$，如图 5-9 所示。

	频点号	94	93	92	91	90	89	88	87	86	85	84	83	82	81	80	79	78	77	76	75	74	73	72	71
1020	-4	25	27	29	31	33	35	37	39	41	43	45	47	49	51	53	55	57	59	61	63	65	67	69	71
1021	-3	28	30	32	34	36	38	40	42	44	46	48	50	52	54	56	58	60	62	64	66	68	70	72	74
1022	-2	31	33	35	37	39	41	43	45	47	49	51	53	55	57	59	61	63	65	67	69	71	73	75	77
1023	-1	34	36	38	40	42	44	46	48	50	52	54	56	58	60	62	64	66	68	70	72	74	76	78	80
1024	0	37	39	41	43	45	47	49	51	53	55	57	59	61	63	65	67	69	71	73	75	77	79	81	83
	1	40	42	44	46	48	50	52	54	56	58	60	62	64	66	68	70	72	74	76	78	80	82	84	86
	2	43	45	47	49	51	53	55	57	59	61	63	65	67	69	71	73	75	77	79	81	83	85	87	89
	3	46	48	50	52	54	56	58	60	62	64	66	68	70	72	74	76	78	80	82	84	86	88	90	92
	4	49	51	53	55	57	59	61	63	65	67	69	71	73	75	77	79	81	83	85	87	89	91	93	
	5	52	54	56	58	60	62	64	66	68	70	72	74	76	78	80	82	84	86	88	90	92	94		
	6	55	57	59	61	63	65	67	69	71	73	75	77	79	81	83	85	87	89	91	93				
	7	58	60	62	64	66	68	70	72	74	76	78	80	82	84	86	88	90	92	94					
	8	61	63	65	67	69	71	73	75	77	79	81	83	85	87	89	91	93							
	9	64	66	68	70	72	74	76	78	80	82	84	86	88	90	92	94								
	10	67	69	71	73	75	77	79	81	83	85	87	89	91	93										
	11	70	72	74	76	78	80	82	84	86	88	90	92	94											
	12	73	75	77	79	81	83	85	87	89	91	93													
	13	76	78	80	82	84	86	88	90	92	94														
	14	79	81	83	85	87	89	91	93																
	15	82	84	86	88	90	92	94																	
	16	85	87	89	91	93																			
	17	88	90	92	94	公式: f(上行频点号)$=225-2f_1$(下行频点号)$+3f_2$(下行频点号)																		
	18	91	93																						
	19	94																							

图 5-9 下行频段简化图

注：5 阶互调不一定会落到自身的频率上，但无源器件的互调指标是评估该无源器件质量的重要标准之一，互调指标不过关的无源器件容易对网络造成干扰，输入功率越大产生干扰越严重。

4. 如果在增加基站 TRX 发射功率或设置全模拟发射，干扰没有增加，则判断为设备底噪干扰和外部干扰，逐台关闭有源设备，如果系统随着关闭设备的增加底噪逐步降低，则可判断为有源设备底噪干扰。如果在上一步中干扰增加，但关闭所有有源设备后干扰没有增加，就判断为有源设备下行输出反射干扰；否则判断为外部干扰。

当室分系统拖带有源设备时，有源设备调测不当（如上行增益设置过大）或拖带模拟有源设备过多均可能带来上行干扰，同时有源设备本身的质量问题也会带来上行干扰。

有源设备使用一段时间后硬件故障或有源设备性能变差也会引入干扰。有源设备干扰测试频谱如图 5-10 所示。

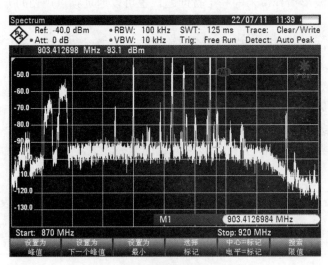

图 5-10 有源设备干扰测试频谱图

有源设备带来的高干扰排查的连接方法也采用双工器法，具体排查整治方法如下。

按"双工器法"连接好频谱仪。

（1）在基站（射频）关闭的情况下如果观察到上行波形整体抬升没有超过-100dBm，则判断为无源器件高干扰，按照无源器件高干扰进行排查整治。

（2）在基站（射频）关闭的情况下如果观察到上行波形整体抬升超过-100dBm，则进行以下操作。

① 采取逐台且每次关闭一台设备的方法发现干扰会消失，则判断为相应有源设备及其分布系统带来了高干扰。

② 判断是某台设备及其分布系统带来高干扰后，先断开该设备的下行输出，如果高干扰消失，则判断为外部高干扰；如果有，则判断为设备自身高干扰。

③ 如果随着关闭有源设备数量逐渐增加干扰逐渐消失，判断为有源设备底噪叠加干扰，则在不影响覆盖的情况下降低有源设备上行增益（但上下行增益相差不得大于 5），或进行小区分裂减少每小区拖带的有源设备数量的方法处理。

（3）在基站正常运行的状态下，观察 890～909MHz 频段内的上行高干扰情况。

① 首先采用逐台且一次只关闭一台有源设备，如果在此过程中高干扰消失，则判断为相应有源设备及其分布系统带来了高干扰。

② 判断是某台设备及其分布系统带来高干扰后，先断开该设备的下行输出，如果高干扰还存在，则判断是有源设备带来的干扰，需要更换相应设备。

③ 如果高干扰消失，则断开设备的下行输出，并将下行输出馈线直接连接在频谱仪上，如果还观察到高干扰，则判断为外部干扰，按照外部干扰的方法进行处理。如果干扰消失，则判断为设备后无源器件及工艺带来了高干扰，采取逐级更换器件和重新做接头处理高干扰问题。

5．如果判断为外部干扰，根据载频级干扰数据分析，如果频点号越小干扰越大，则判断为 CDMA 干扰。

系统外干扰中较常见的是 CDMA 对 2G 网络的干扰，因为 CDMA 与 2G 网络频率相近，若隔离度不够，将产生干扰，主要是 CDMA 的发射会干扰 2G 网络 900MHz 的接收，CDMA 带外泄漏信号落在 2G 网络接收机信道内，提高了 2G 网络接收机的噪声电平，使 2G 网络上行链路变差。CDMA 干扰测试频谱如图 5-11 所示。

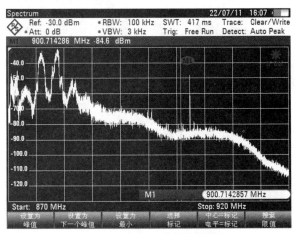

图 5-11　CDMA 干扰测试频谱图

CDMA 高干扰排查整治的连接方法也采用"断信源法"，具体排查流程如下。

（1）按"断信源法"连接好频谱仪，观察到上行波形整体抬升情况。

（2）如果超过-100dBm，且干扰特点符合 CDMA 干扰波形，则通过逐级断开路由的方法判断干扰来自于哪条路由。

（3）检查该条路由上的 CDMA 干扰来源，在路由上加装抗干扰器解决，如图 5-12 所示。

6．如果判断为外部干扰，根据载频级干扰数据分析，如果移动和联通频段内的信号同时放大就应该为私装直放站干扰；如果移动频段内的上行噪声明显高于联通频段内的上行噪声时就应该是移动的自身直放站干扰。

私装直放站高干扰在城中村中较为常见，有时在某些私企也有遇到，其干扰的波形特点是频段越高，干扰越大。私装直放站干扰测试频谱如图 5-13 所示。

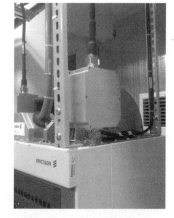

图 5-12　抗干扰器安装图

私装直放站高干扰排查整治的连接方法采用"断信源法"，具体排查流程如下。

（1）按"断信源法"连接好频谱仪，观察上行波形整体抬升情况。

（2）如果超过-100dBm，且干扰特点符合私装直放站高干扰波形，则通过逐级断开路由的方法判断干扰来自于哪条路由。

（3）检查该条路由上私装直放站干扰来源，协调相关单位和个人关闭私装直放站。

7．如果判断为外部干扰，所有频点干扰等级接近，可以判断为其他系统干扰。

其他系统高干扰中较常见有手机信号屏蔽器高干扰、大功率用电设备 EMI 高干扰和其他无线通信系统高干扰，其产生的高干扰波形和时间没有规律可循，如图 5-14 所示。

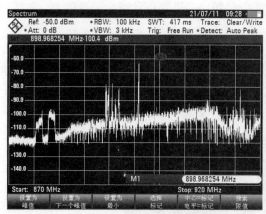

图 5-13　私装直放站干扰测试频谱图

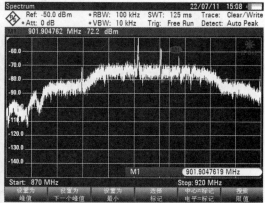

图 5-14　其他系统干扰测试频谱图

其他系统高干扰排查整治的连接方法采用"断信源法"，具体排查流程如下。

（1）按"断信源法"连接好频谱仪，观察上行波形整体抬升情况。

（2）如果超过-100dBm，则通过逐级断开路由的方法判断干扰来自于哪条路由。

（3）如果高干扰来源路由上没有有源设备，则继续精确查找干扰源，协调相关单位和个人处理。

（4）如果高干扰来源路由上安装了有源设备，则断开有源设备下行输出馈线后干扰消失就证实为外部干扰，继续通过逐级断开路由的方法判断高干扰来源，找到后协调相关单位和个人处理。

5.1.4　外泄处理优化流程

外泄处理优化流程图如图 5-15 所示。

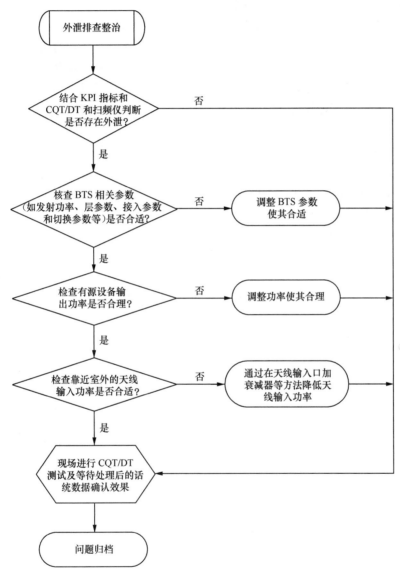

图 5-15　外泄处理优化流程图

1. 首先结合 KPI 指标和 CQT/DT 确定外泄室分小区。

如果确定此外泄不是由于参数设置、话务拥塞等原因引起，则该小区极有可能存在微蜂窝泄露问题。另外有厂家网管具备这样的功能，如爱立信网管通过 RPMO 系统的事件位置的分析功能，就可以发现微蜂窝泄漏问题。再结合 CQT/DT 测试就可以很好地对室分外泄进行确认。

2．然后对 BTS 参数核查，主要核查射频参数、层参数、接入参数和切换参数。

这些参数对控制手机的接入和切入切出有密切的关系，通过调整这些参数可以很好地控制室分小区的外泄。

3．接下来检查有源设备输出功率是否合理。

如果有源设备输出功率较高，整体室内信号较强，但也会引起外泄。如果室分覆盖较好可以考虑下调有源设备的输出功率来减少外泄信号。

4．接下来检查靠近室外的天线选型、安装和输入功率是否合理。

如选用定向天线朝外覆盖，容易引起外泄的天线安装在没有屏蔽的地方，靠近室外的天线输入功率过大，只要一项不合理都容易带来外泄问题。如果系统本来就有室外天线覆盖室外，就不能简单定义为室分小区外泄，应该更多地考虑覆盖室外的信号的频率规划是否合理，覆盖区域的信号覆盖是否合理、对日常的 DT 测试是否有影响等方面情况。

5.1.5　业务量优化流程

业务量优化分为超低业务量优化调整和超高业务量优化调整两个方面。

超低业务量优化调整流程图如图 5-16 所示。

1．BTS 硬件故障需要在后台首先排查。

设备硬件故障的小区，由于设备的不稳定性，通话时占不上业务信道造成话务偏低。

2．排查完基站硬件故障问题，要在后台排查无线配置参数设置是否有误。

无线参数设置不合理，比如邻区列表，小区重选参数，允许最小接入电平，切换容限，小区切入、切出触发电平等定义的不合理造成的位置更新和切换，使得该小区不容易被占用。

由于数字有源设备的时延较大，若基站与它相关的接入与切换参数不放开，也会导致用户无法接入或切换至室分小区，从而造成低话务。

3．通过网管查看该站点是否存在干扰或质差，排查干扰及质差问题导致用户接入困难。

4．弱覆盖：现场应首先查看室分整体是否存在弱覆盖区域而导致低话务。

5．接入困难：排除覆盖问题，应现场查看是否存在起呼困难，导致用户无法接入，从而产生低话务。

6．如果以上都没问题，应具体摸清站点用户规模，确定是否是由于用户量本来就少造成的低话务。

7．如果用户数正常，需要重点查看室内用户主要活动区域是否存在弱覆盖情况。

8．如果天线安装位置不合理，信号衰减严重导致室内主要活动区域信号弱，用户不容易占用室分小区通话，从而使室分小区的话务量超低。

9．接下来通过 CQT/WT 测试判断是否存在高入侵现象，导致用户主要话务区域占用室外宏站信号。

室分系统本身不存在问题，但由于室外宏站信号在本室分系统覆盖范围内信号过强，用户大部分的时候占用室外宏站信号进行通信，必然导致本室分小区产生超低话务问题。

超高业务量优化调整流程图如图 5-17 所示。

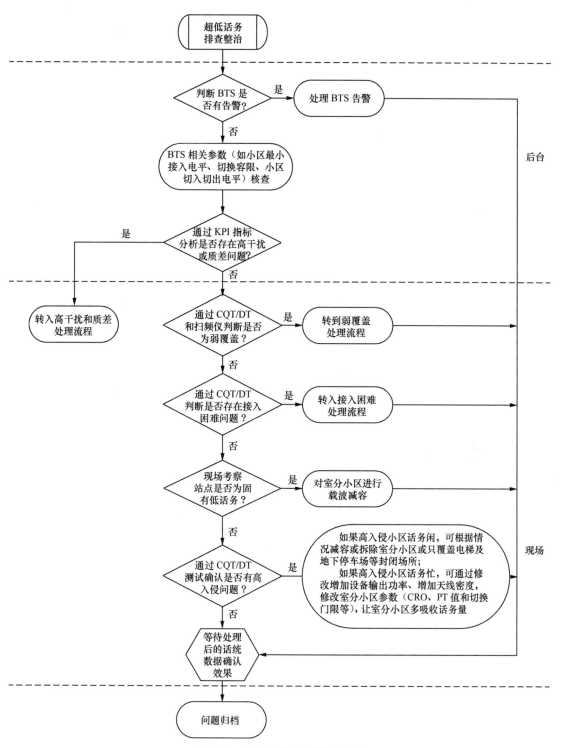

图 5-16　超低业务量优化调整流程图

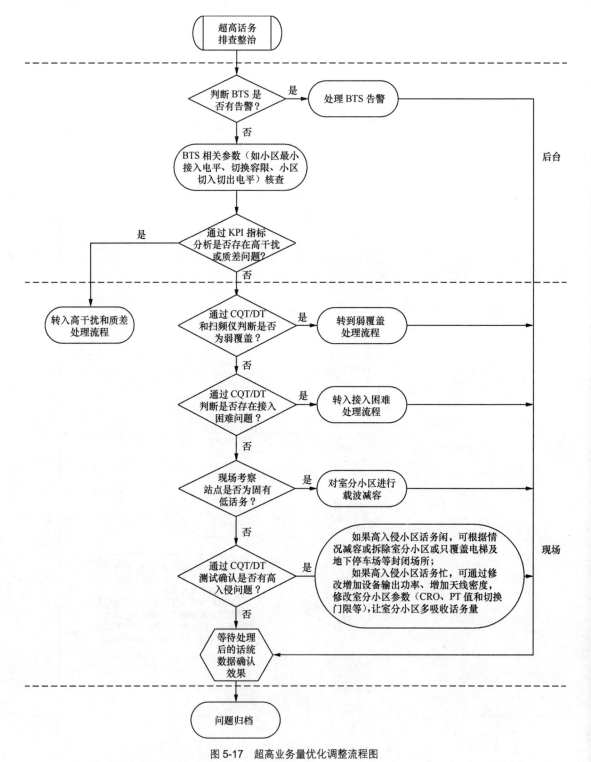

图 5-17 超高业务量优化调整流程图

1. BTS 硬件故障需要在后台首先排查。

设备硬件故障的小区，由于设备的不稳定性，通话时占不上业务信道造成话务偏低。

2. 排查完基站硬件故障问题，要在后台排查无线配置参数设置是否有误。

无线参数设置不合理，比如邻区列表，小区重选参数，允许最小接入电平，切换容限，小区切入、切出触发电平等定义的不合理造成的位置更新和切换，使得该小区不容易被占用。

由于数字有源设备的时延较大，若基站与它相关的接入与切换参数不放开，也会导致用户无法接入或切换至室分小区，从而造成低话务。

3．通过网管查看该站点是否存在干扰或质差，排查干扰及质差问题导致用户接入困难。

4．弱覆盖：现场应首先查看室分整体是否存在弱覆盖区域而导致低话务。

5．接入困难：排除覆盖问题，应现场查看是否存在起呼困难，导致用户无法接入，从而产生低话务。

6．如果以上都没问题，应具体摸清站点用户规模，确定是否是由于用户量本来就少造成的低话务。

7．如果用户数正常，需要重点查看室内用户主要活动区域是否存在弱覆盖情况。

8．如果天线安装位置不合理，信号衰减严重导致室内主要活动区域信号弱，用户不容易占用室分小区通话，从而使室分小区的话务量超低。

9．接下来通过 CQT/WT 测试判断是否存在高入侵现象，导致用户主要话务区域占用室外宏站信号。

室分系统本身不存在问题，但由于室外宏站信号在本室分系统覆盖范围内信号过强，用户大部分的时候占用室外宏站信号进行通信，必然导致本室分小区产生超低话务问题。

5.1.6　切换优化流程

切换优化流程图如图 5-18 所示。

1．检查 BTS 无线参数设置是否合理。

BTS 参数如切换参数设置不合理容易引起乒乓切换问题。

2．通过 KPI 数据分析室分小区是否存在质差问题。

质差会引起切换判决条件，存在质差可能会引起乒乓切换。

3．通过 CQT/WT 分析是否存在邻区问题。

邻区如果过多，特别是高层楼宇，很可能会引起乒乓切换。

4．结合 KPI 数据和 CQT/WT 分析室分小区是否存在弱覆盖问题。

弱覆盖不仅会带来质差，而且也是切换判决条件，因此弱覆盖会带来乒乓切换。

5．通过 CQT/WT 判断是否为高入侵问题，是则首先通过设置合理的参数避免乒乓切换。

低层一般不存在频率干扰，因此在没有干扰、质差和弱覆盖的情况下要看是否是邻区问题带来的。

6．如果参数设置作用不大则判断是否可以通过增强覆盖的方式来解决。

频率干扰导致乒乓切换的重要原因是没有主导小区，因此可以通过增强室分信号的办法让室分小区作为主导小区，从而解决乒乓切换问题。

7．如果无法增强覆盖可以通过高低分层并使用专用频点的方法解决乒乓切换。

由于采用了高低分层和专用频点，并使得高层小区与低层室分小区只有定义相邻关系，因此可以完美地解决乒乓切换问题。

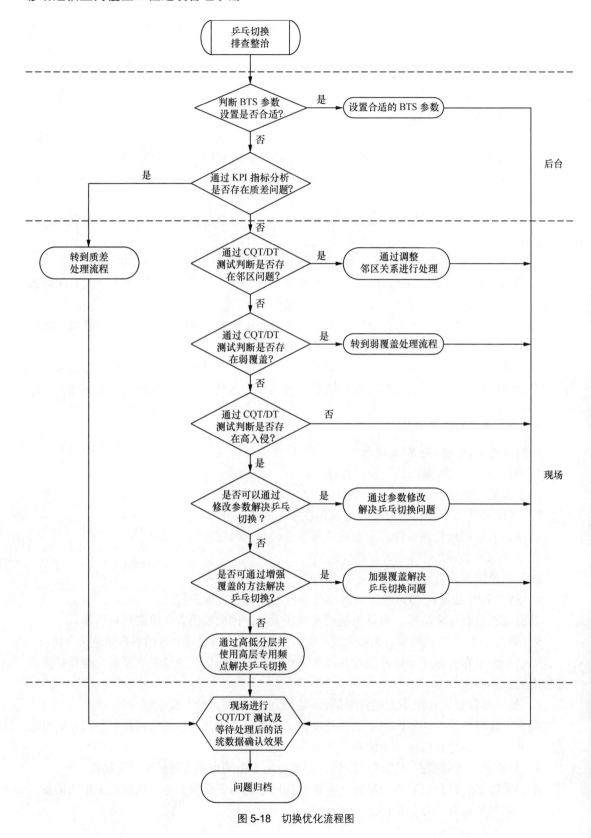

图 5-18 切换优化流程图

5.2　室分网络优化测试方法

5.2.1　仪表介绍及其使用

1. 测试系统组成

自动 CQT 测试系统包括前端设备和服务器平台两大部分。前端设备包含以下模块：数据采集部分、数据回传部分、控制及告警部分和电源部分；服务器平台包含数据存储、数据统计与分析、语音评估、GIS 和 LS 等。系统能平滑升级，支持 3G、HSDPA 等后续运营商投入商用服务的无线技术。

2. 设备配置

前端设备为远程设置、无人值守，能适应恶劣的工作环境，具有良好的可靠性和较高的集成度。其关键设备为：测试模块、数据传输 Modem、全球定位 GPS、LS 模块（陀螺仪、加速度计等组成）存储设备、供电设备、中央处理单元和 MOS 评估设备。

服务器平台包括：采集服务器、数据库服务器、统计服务器、Web 服务器、GIS 服务器和管理监控工作站等。

3. 自动 CQT 测试系统框图

自动 CQT 测试系统框图如图 5-19 所示。

4. 前台测试设备介绍

前台测试仪表包括主机和手持测试设备，主机上有很多接口能够连接 GPS 和天线等零件，手持测试设备负责进行测试操作和指标查看。

主机系统采用分布式结构，由 1 个回传模块和 9 个测试模块组成（分别为 2 个 2G 网络模块、2 个 WCDMA 模块、2 个 CDMA 模块、2 个 TD 模块以及 1 个 WLAN 模块），每个模块负责进行相对应的测试任务，WLAN 的测试不能和数据语音同时进行。主机中备有 SIM 的卡槽，但是没有 WLAN 的槽位，在 WLAN 测试的时候只需在配置任务的时候手动输入开通 WLAN 功能的手机号码和 WLAN 的账号密码即可进行测试。电源给主机中各模块供电，为了提供更加持久的电力，还配备了一块备用的外接电池，只需通过连接线将外接电池和主机连接在一起即可提供电源。在主机的界面上装有液晶显示屏，显示屏会标有设备工作的状态，包括 GPS 信息、通道信息等，能够直观地查询设备的工作状态。并且主机界面上有 LED 指示灯标示工作状态。液晶显示屏和 LED 指示灯具体介绍如下（以鼎利设备为例，其他设备相差不大）。

液晶显示屏状态（见图 5-20）说明如下。

➢ Modem 右侧的箭头状态显示 RCU Light 是否与服务器连接。

➢ WLAN 测试状态。

➢ GPS：右侧如果有 "×" 则说明没有 GPS 信号，否则有 GPS 信号。

➢ CH*代表第*个通道，后面是 "ON" 则代表在测试，"OFF" 则代表 IDLE，无信息则代表没有测试计划，"ON" 后面的数字代表该通道未上传文件个数，而后面的信号图标则表示该通道此时的信号强度。

➢ 55℃代表设备温度。

➢ 插头图标表示外接电源供电，否则显示内置电池剩余电量。

➢ 6132 为剩余磁盘空间，单位为 MB。

> ➤ 9 代表所有未上传文件个数。
> ➤ 0 代表无测试点信息，如果测试计划配置了测试点信息则这里的数字代表当前测试点序号。
> ➤ 右侧空白区则显示告警信息，没有告警则为空。

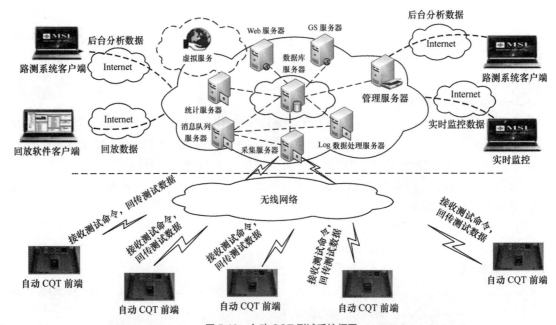

图 5-19　自动 CQT 测试系统框图

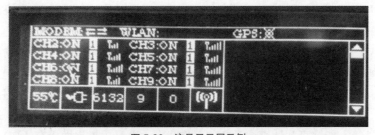

图 5-20　液晶显示屏示例

图 5-21　指示灯示例

LED 指示灯（见图 5-21）状态说明如下。

> ➤ 电源指示灯：显示蓝色为外接电源供电，显示绿色为内置电池供电。
> ➤ 内置电池低电压指示灯：平时不亮，低电压时显示红灯长亮并报警。
> ➤ 模块工作状态指示灯：模块正常测试显示为绿灯长亮，测试完毕但在回传数据则绿色闪烁，不亮则处于无测试状态，异常显示为红灯长亮。

➤ Modem 工作状态指示灯：Modem 正常显示为绿灯并闪烁，Modem 连不上服务器显示为绿灯长亮，Modem 模块异常显示为红灯长亮。

➤ 系统状态指示灯：系统正常显示为绿灯并闪烁，系统异常显示为红灯长亮。

➤ GPS 指示灯：GPS 正常显示为绿灯并闪烁，GPS 没有信号显示为绿灯长亮，GPS 模块异常显示为红灯长亮。

➤ 卡槽与通道的对应关系为：Modem、2G 网络 1、2G 网络 2、WCDMA1、WCDMA2、EV-DO1、EV-DO2、TD1、TD2 依次对应 CH1～CH9，如图 5-22 所示，WLAN 模块不需要插入 SIM 卡，只需有开通 WLAN 功能的手机号码即可。

图 5-22　卡槽示例

➤ 将主机底部的插槽盖打开，呈现 9 个推拉式 SIM/UIM 卡插槽（SIM 插槽的数量会随设备中模块数量配置不同而不同），将 SIM 卡插入弹起的 SIM 卡插槽中，放下卡插槽，固定 SIM 卡，调试正常后，将底部的插槽盖盖上并用螺丝固定紧。

手持终端在测试的过程中首先通过蓝牙与主机进行连接，首次连接时需要输入密码，具体密码请与各设备厂商索取。当连接成功后，主机设备状态将显示在终端上，手持设备上会有一些标识来指示设备的连接状态，如果被测试的室分有做好的图层，在任务下发成功之后，会自动下发测试的地图，地图就会显示在手持设备的界面上。GPS 连接成功之后，在地图上会有测试者的经纬度，在测试的过程中，会根据测试者的行走路径进行打点。在手持设备的界面上会显示测试过程中的指标情况，包括 MOS、事件和告警信息，如图 5-23 所示。

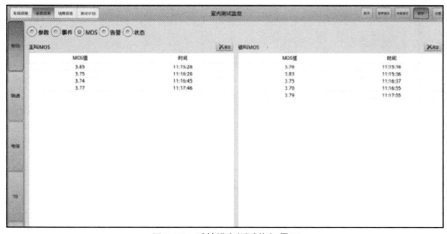

图 5-23　手持设备测试指标界面

5.2.2　任务配置

通过运营商室内测试管理平台进行设备的配置，与 ATU 测试的平台类似，具体配置过程也相似，只是一些微小的区别，具体配置要求详见以下示例。

CQT 测试计划配置

1.　添加测试计划

测试计划管理→选中设备号→添加，如图 5-24 所示。

图 5-24　测试计划添加

选择添加后，配置测试计划基本信息，包括：添加测试目标、测试级别、下发时间、执行日期、执行时间，并编制测试顺序，如图 5-25 所示。

注意：与 DT 测试不同的是，一是测试计划类型为 CQT；二是编制测试顺序。

图 5-25　测试计划配置

编制测试顺序详细说明：

单击编制测试顺序后会出现如图 5-26 所示的界面，在该界面选择所要配置的测试点。

图 5-26　选择测试点

依次选择测试日期、一级域、二级域，就可以出现全部的可供选择的测试点。以北京域下的北京测试域为例，选择测试日期 9 月 17 日，一级域北京，二级域北京测试后，在最左侧的框里就会出现全部的测试点，单击需要配置的测试点，该测试点将会显示在中间的框里（注意：此次测试无需选择关键点），直接单击提交，将会在右侧框中出现已编制测试点，单击确定后，测试点就选择完毕，如图 5-27 所示。

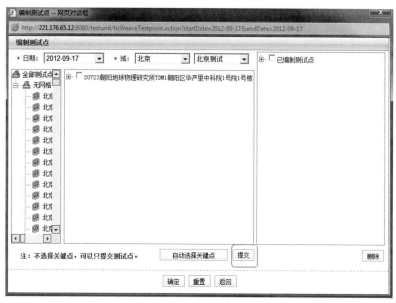

图 5-27　选择测试点

测试点选择成功后将出现如图 5-28 所示的界面，在该界面中将显示所选择的测试点。

图 5-28　显示选择的测试点

2．通道配置

单击图 5-29 所示的图标后出现如图 5-30 所示的界面，单击左侧的各个模块，再单击添加，可以配置每个模块的具体信息。

图 5-29　通道信息

图 5-30　通道配置

2.1 语音测试通道配置

语音测试的业务类型有：2G 网络语音业务、WCDMA 语音业务、CDMA 语音业务、TD 语音业务。

2.1.1 2G 网络模块—通道 2

2.1.1.1 测试命令组信息

单击通道 2，选择添加，出现图 5-31 所示界面。

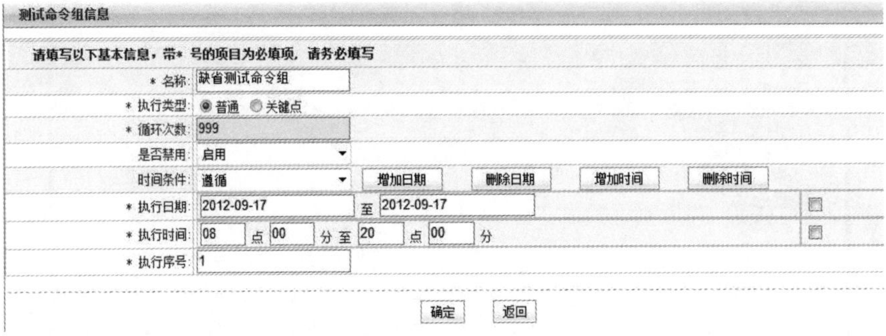

图 5-31　通道 2 测试命令组信息

设置执行类型：普通；

循环次数：999 次。

2.1.1.2 测试命令列表

选择"2G 网络/TD/WCDMA 语音主叫命令"，出现图 5-32 所示界面。

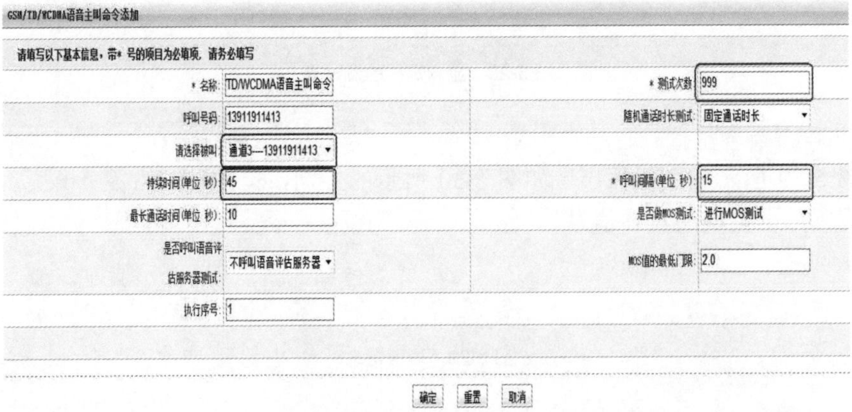

图 5-32　通道 2 测试命令列表

需要更改的选项如下。

（1）请选择被叫：在这里选择被叫号码，通道 3；

（2）测试次数：999 次；

（3）持续时间：45s；

（4）呼叫间隔：15s。

2.1.2　2G 网络模块—通道 3

2.1.2.1　测试命令组信息

单击通道 3，选择添加，出现图 5-33 所示界面。

图 5-33　通道 3 测试命令组信息

设置执行类型：普通；

循环次数：999 次。

2.1.2.2　测试命令列表

选择"2G 网络/TD/WCDMA 语音被叫命令"，出现图 5-34 所示界面。修改测试次数为 999 次。

图 5-34　通道 3 测试命令列表

2.1.3　WCDMA 模块—通道 4

2.1.3.1　测试命令组信息

单击通道 4，选择添加，出现图 5-35 所示界面。

图 5-35　通道 4 测试命令组信息

设置执行类型：普通；

循环次数：999 次；

网格测试锁定：W/G 双模切换。

2.1.3.2 测试命令列表

选择"2G 网络/TD/WCDMA 语音主叫命令"，出现图 5-36 所示界面。

图 5-36 通道 4 测试命令列表

需要更改的选项如下。

（1）请选择被叫：在这里选择被叫号码，通道 5；

（2）测试次数：999 次；

（3）持续时间：45s；

（4）呼叫间隔：15s。

2.1.4 WCDMA 模块—通道 5

2.1.4.1 测试命令组信息

单击通道 5，选择添加，出现图 5-37 所示界面。

图 5-37 通道 5 测试命令组信息

设置执行类型：普通；

循环次数：999 次；

网格测试锁定：W/G 双模切换。

2.1.4.2 测试命令列表

选择"2G 网络/TD/WCDMA 语音被叫命令"，出现图 5-38 所示界面。修改测试次数为 999 次。

图 5-38　通道 5 测试命令列表

2.1.5　CDMA 模块—通道 6

2.1.5.1　测试命令组信息

单击通道 6，选择添加，出现图 5-39 所示界面。

图 5-39　通道 6 测试命令组信息

设置执行类型：普通；

循环次数：999 次。

2.1.5.2　测试命令列表

选择"CDMA 语音主叫命令"，出现图 5-40 所示界面。

图 5-40　通道 6 测试命令列表

需要更改的选项如下。

（1）请选择被叫：在这里选择被叫号码，通道 7；

（2）测试次数：999 次；

（3）持续时间：45s；

（4）呼叫间隔：15s；

（5）模式：EVRC。

2.1.6 CDMA 模块—通道 7

2.1.6.1 测试命令组信息

单击通道 7，选择添加，出现图 5-41 所示界面。

图 5-41　通道 7 测试命令组信息

设置执行类型：普通；

循环次数：999 次。

2.1.6.2 测试命令列表

选择"CDMA 语音被叫命令"，出现图 5-42 所示界面。修改测试次数为 999 次。

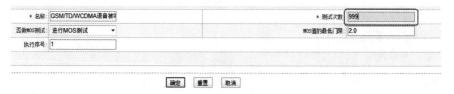

图 5-42　通道 7 测试命令列表

2.1.7 TD 模块—通道 8

2.1.7.1 测试命令组信息

单击通道 8，选择添加，出现图 5-43 所示界面。

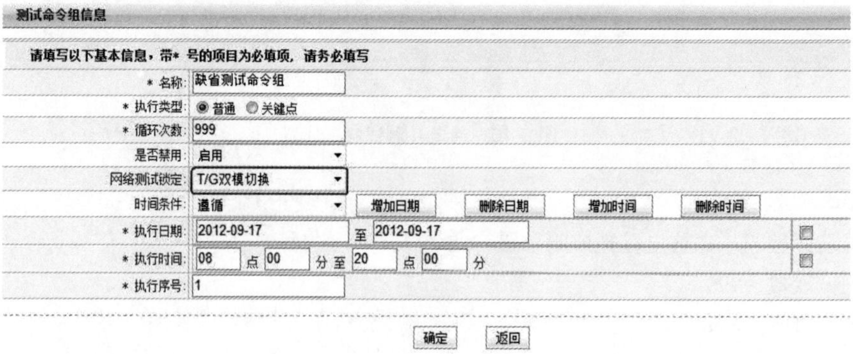

图 5-43　通道 8 测试命令组信息

设置执行类型：普通；

循环次数：999 次；

网格测试锁定：T/G 双模切换。

2.1.7.2　测试命令列表

选择"2G 网络/TD/WCDMA 语音主叫命令"，出现图 5-44 所示界面。

图 5-44　通道 8 测试命令列表

需要更改的选项如下。

（1）请选择被叫：在这里选择被叫号码，通道 9；

（2）测试次数：999 次；

（3）持续时间：45s；

（4）呼叫间隔：15s。

2.1.8　TD 模块—通道 9

2.1.8.1　测试命令组信息

单击通道 9，选择添加，出现图 5-45 所示界面。

图 5-45　通道 9 测试命令组信息

设置执行类型：普通；

循环次数：999 次；

网格测试锁定：T/G 双模切换。

2.1.8.2　测试命令列表

选择"2G 网络/TD/WCDMA 语音被叫命令"，出现图 5-46 所示界面。修改测试次数为 999 次。

图 5-46　通道 9 测试命令列表

2.2　数据测试通道配置

数据测试的业务类型如下。

（1）2G 网络 WAP：包括 WAP 登录、WAP 刷新、WAP 图铃下载；

（2）2G 网络 FTP；

（3）WCDMA FTP；

（4）CDMA FTP；

（5）TD FTP。

以下将详细介绍各业务的配置方法。

2.2.1　2G 网络模块—通道 2

2.2.1.1　测试命令组信息

单击通道 2，选择添加，出现图 5-47 所示界面。

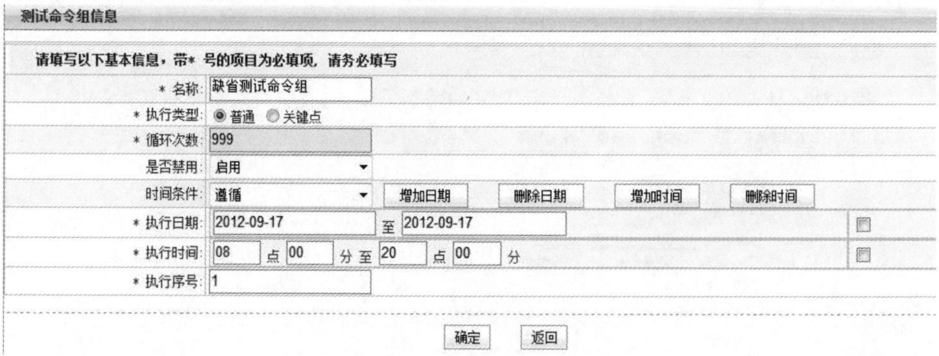

图 5-47　通道 2 测试命令组信息

设置执行类型：普通；

循环次数：999 次。

2.2.1.2　测试命令列表

依次添加"（E）GPRS/CDMA WAP 登录""（E）GPRS/CDMA WAP 页面刷新""（E）GPRS/CDMA WAP 图铃下载""（E）GPRS/CDMA WAP 登录""（E）GPRS/CDMA WAP 页面刷新""（E）GPRS/CDMA WAP 图铃下载"测试命令。具体步骤如下。

（1）选择"（E）GPRS/CDMA WAP 登录"，出现图 5-48 所示界面。更改测试数：10。

图 5-48　（E）GPRS/CDMA WAP 登录界面

（2）选择"（E）GPRS/CDMA WAP 页面刷新"，出现图 5-49 所示界面。更改测试数：10。

图 5-49　（E）GPRS/CDMA WAP 页面刷新界面

（3）选择"（E）GPRS/CDMA WAP 图铃下载"，出现图 5-50 所示界面。测试默认次数：5。更改 WAP 下载地址：

http://ring.bullyyw.us/ring/0210133386.mp3?sid=019B185BA7D&id=133386

图 5-50　（E）GPRS/CDMA WAP 图铃下载界面

（4）按照以上方法，再配置 10 次 WAP 登录、10 次 WAP 页面刷新、5 次 WAP 图铃下载。配置后结果如图 5-51 所示。

	名称	命令执行次数	执行序号
	（E）GPRS/CDMA Wap登录	10	1
	（E）GPRS/CDMA Wap页面刷新	10	2
	（E）GPRS/CDMA Wap 图铃下载	5	3
	（E）GPRS/CDMA Wap登录	10	4
	（E）GPRS/CDMA Wap页面刷新	10	5
	（E）GPRS/CDMA Wap 图铃下载	5	6

图 5-51　"（E）GPRS/CDMA WAP 图铃下载"配置

2.2.2　2G 网络模块—通道 3

2.2.2.1　测试命令组信息

单击通道 3，选择添加，出现图 5-52 所示界面。

图 5-52　通道 3 测试命令组信息

设置执行类型：普通；

循环次数：999 次。

2.2.2.2　测试命令列表

选择"（E）GPRS/CDMA/TD/WCDMA/EV-DO FTP 上传/下载"，出现图 5-53 所示界面。

图 5-53　（E）GPRS/CDMA/TD/WCDMA/EV-DO FTP 上传/下载界面

测试次数：999 次；

远程服务器、用户名、密码和主被动模式根据各省 FTP 服务器的实际情况填写；

传输模式：二进制；

远程文件：大小为 1MB。

2.2.3　WCDMA 模块—通道 4

2.2.3.1　测试命令组信息

单击通道 4，选择添加，出现图 5-54 所示界面。

图 5-54　通道 4 测试命令组信息

设置执行类型：普通；

循环次数：999 次；

网格测试锁定：W/G 双模切换。

2.2.3.2　测试命令列表

选择"（E）GPRS/CDMA/TD/WCDMA/EV-DO FTP 上传/下载"，出现图 5-55 所示界面。

图 5-55　（E）GPRS/CDMA/TD/WCDMA/EV-DO FTP 上传/下载界面

测试次数：999 次；

远程服务器、用户名、密码和主被动模式根据各省 FTP 服务器的实际情况填写；

传输模式：二进制；

远程文件：大小为 4MB。

2.2.4　CDMA 模块—通道 7

2.2.4.1　测试命令组信息

单击通道 7，选择添加，出现图 5-56 所示界面。

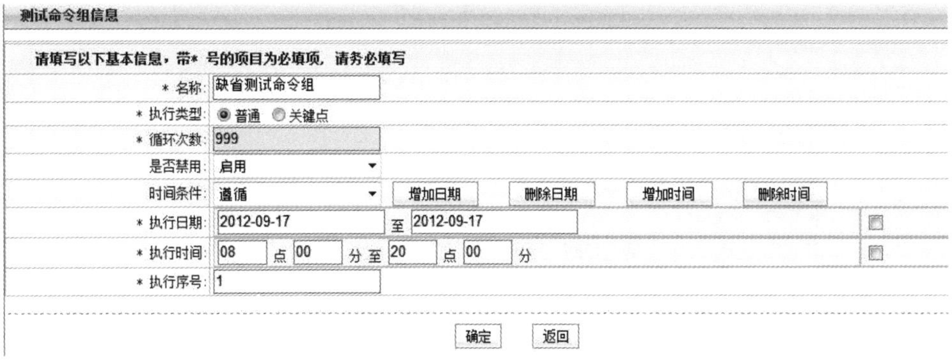

图 5-56　通道 7 测试命令组信息

设置执行类型：普通；

循环次数：999 次。

2.2.4.2　测试命令列表

选择"（E）GPRS/CDMA/TD/WCDMA/EV-DO FTP 上传/下载"，出现图 5-57 所示界面。

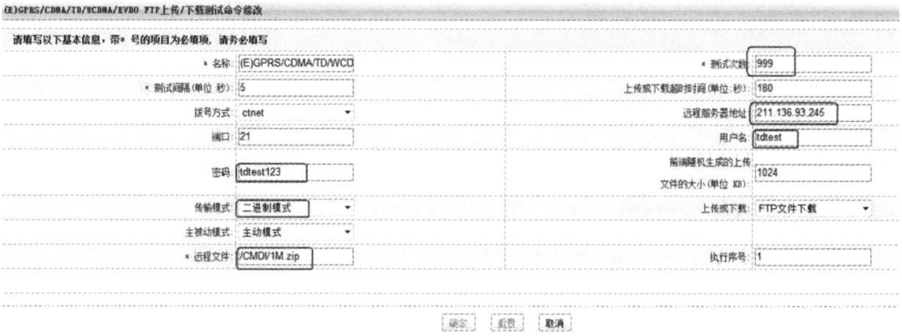

图 5-57 （E）GPRS/CDMA/TD/WCDMA/EV-DO FTP 上传/下载界面

测试次数：999 次；

远程服务器、用户名、密码和主被动模式根据各省 FTP 服务器的实际情况填写；

传输模式：二进制；

远程文件：大小为 1MB。

2.2.5 TD 模块—通道 8

2.2.5.1 测试命令组信息

单击通道 8，选择添加，出现图 5-58 所示界面。

图 5-58 通道 8 测试命令组信息

设置执行类型：普通；

循环次数：999 次；

网格测试锁定：T/G 双模切换。

2.2.5.2 测试命令列表

选择"（E）GPRS/CDMA/TD/WCDMA/EV-DO FTP 上传/下载"，出现图 5-59 所示界面。

图 5-59 （E）GPRS/CDMA/TD/WCDMA/EV-DO FTP 上传/下载界面

测试次数：999 次；

远程服务器、用户名、密码和主被动模式根据各省 FTP 服务器的实际情况填写；

传输模式：二进制；

远程文件：大小为 4MB；

上行速率：2MB；

下行速率：2MB。

2.2.6　WLAN 测试

在模块列表中选择"WLAN 模块—通道 0"，然后在测试方案列表中单击"添加"进行添加测试方案，如图 5-60 所示。

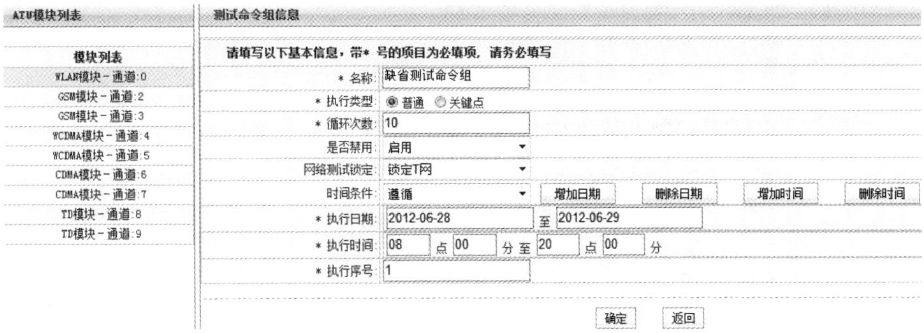

图 5-60　WLAN 模块通道 0 添加测试方案

测试命令组信息一般可以默认，由于 WLAN 测试为定点测试，需要进行关键点测试，但现厂家 WLAN 测试无法直接进行关键点测试，需要先配置普通点测试，通过普通点测试切换至 WLAN 关键点测试。因此，在 WLAN 模块下需要先配置一个普通点测试，再配置一个关键点测试，如图 5-61 所示。

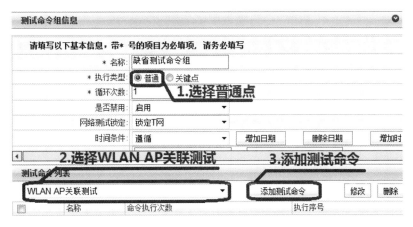

图 5-61　WLAN 模块通道 0 测试命令组信息

普通业务可以进行 5 次关联任务，待测试可以启动起来，便可以切入至关键点测试，如图 5-62 所示。

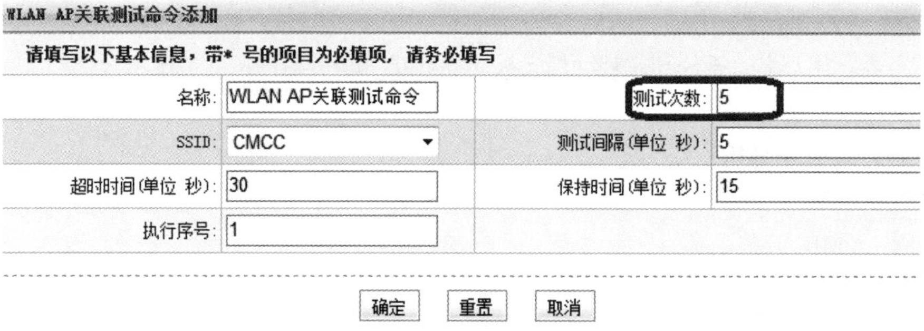

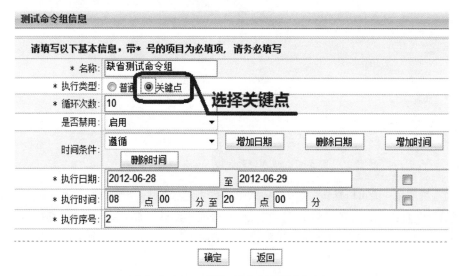

图 5-62　WLAN AP 关联测试命令添加

再单击"WLAN 模块—通道 0"回到测试方案列表，单击"添加"以添加新的测试命令组，在新的测试命令组中执行类型选择"关键点"（见图 5-63）。

图 5-63　WLAN 模块 0 添加新的测试命令组

测试命令组信息配置完成后，进入测试命令列表中，一次添加"WLAN AP 关联测试命令""WLAN Web 用户认证测试命令""WLAN Http 网站访问测试命令""WLAN FTP 下载/上传测试命令"以及"WLAN PING 命令"任务。

在 Web 用户认证命令中需要填写 WLAN 的用户名以及密码（见图 5-64），测试次数可以根据需求修改（见图 5-65）。

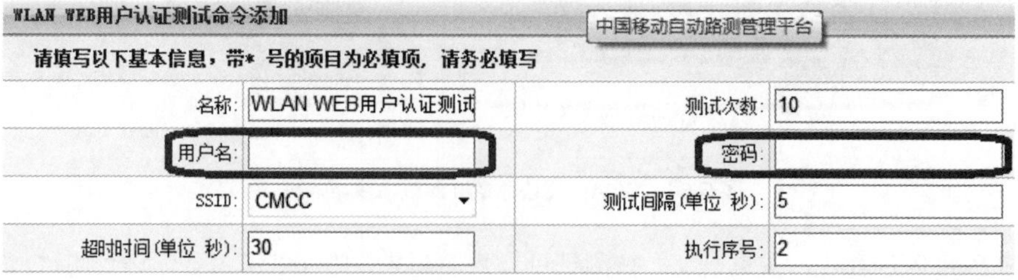

图 5-64　WLAN Web 用户认证测试命令添加

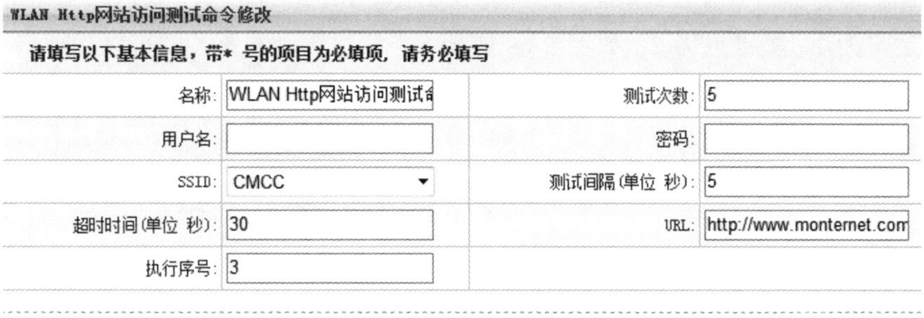

图 5-65　WLAN Http 网站访问测试命令修改

HTTP 下载需要填写 WLAN 用户名以及密码，URL 可以默认。

WLAN FTP 下载/上传测试命令中需要填写 WLAN 的用户名以及密码，测试次数可以根据需求修改，根据不同情况选择不同的远程服务器下载地址，FTP 用户名密码需要填写，远程文件需要根据所选的远程服务器进行选择，如图 5-66 所示。

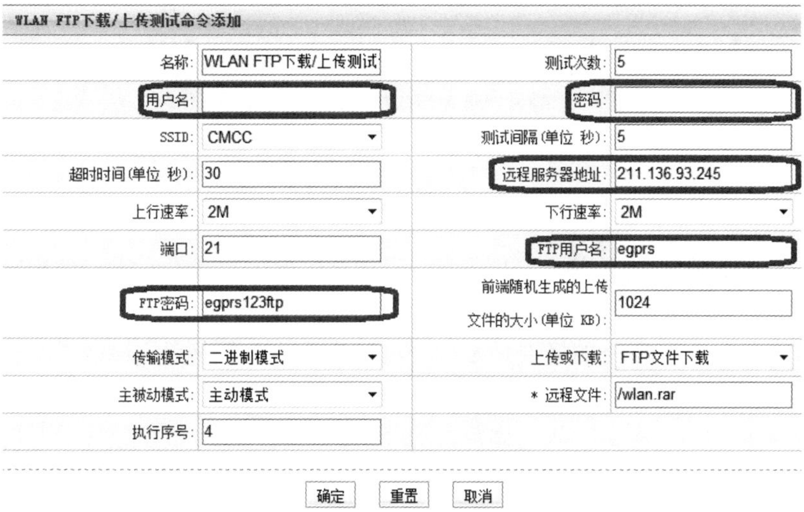

图 5-66　WLAN FTP 下载/上传测试命令添加

WLAN 下载文件大小为 4MB。

PING 命令添加需要填写 WLAN 用户名密码，IP 需要修改到梦网的地址，如图 5-67 所示。

图 5-67　WLAN PING 命令添加

所有命令添加完成后（见图 5-68），回到测试方案列表中可以看到是有两个测试方案的，执行序号普通点为 1，关键点为 2，如图 5-69 所示。待测试启动起来，便可以手动切入至关键点测试。

图 5-68　WLAN PING 测试命令列表

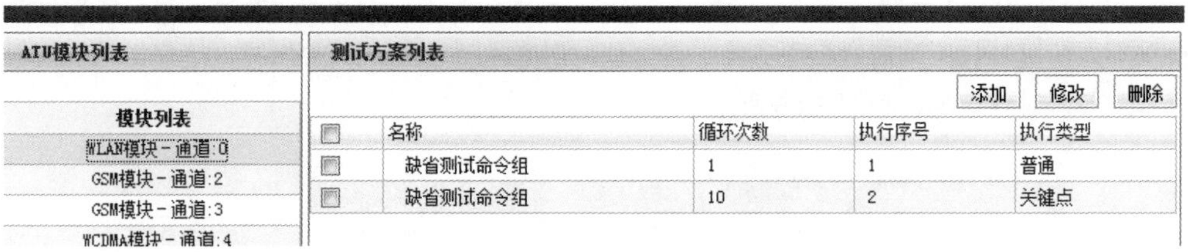

图 5-69　WLAN 通道 0 测试方案列表

5.2.3　测试要求

1. 测试区域要求

（1）用背包测试设备进行室内 DT 测试，且测试软件中加载站点平层结构图，按照结构图自动打点完成楼层内所有区域的覆盖测试。

（2）大楼内进行室分覆盖的楼层是必测层，按照遍历性要求完成该楼层所有区域的覆盖测试，测试的区域包括走廊、电梯厅、公共区域以及该楼层的所有房间。

（3）每部电梯均需要测试，从电梯覆盖的最高层至最底层，或从最底层至最高层。

（4）地下室在测试过程中除了进行车库等区域的测试外，还需进行地下室出入口的切换测试。

2. 每层测试要求

使用室内背包测试设备对室内分布系统进行测试，采用语音和数据测试的方式，如果楼中有 WLAN 覆盖，WLAN 也要完成测试过程。每台背包测试设备一次只能进行语音、数据或 WLAN 的测试。

如图 5-70 所示，将室内测试的图层导入到平台之后，选择将要测试的地点，测试区域的图层就能够自动导入到测试 PAD 显示的界面上，绿色的轨迹就是根据测试者行走的路线打点的路线，在一层测试中必须保证该平层的可走区域都遍历。测试者按照要求测试电梯厅、走廊、办公区域、会议室、窗边等所有区域的测试工作。如该楼层测试完毕，切换至下一层进行测试。

WLAN 的测试工作选取 AP 热点周围均匀分布的 3、4 个点进行上传下载测试，确保选择的测试点均在 WLAN 覆盖区域内。

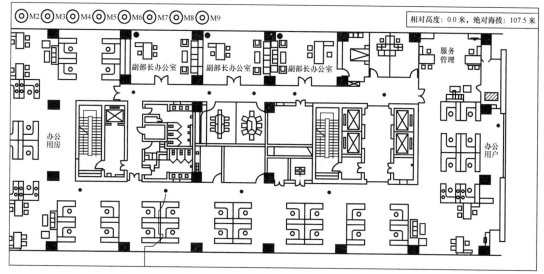

图 5-70　WLAN 测试过程

3．测试时长规范

所有测试点每层保证语音测试 10 分钟或 10 分钟以上，数据测试 10 分钟或 10 分钟以上（数据测试期间如有某项测试超过 30 分钟仍未完成一次完整的测试，则可以停止当前楼层的数据测试并进行记录）。

有 WLAN 覆盖的测试点进行单独的 WLAN 业务测试。

测试点类型如下。

公共建筑展馆	每层测试	语音：10 分钟	数据：10 分钟
交通枢纽	每层测试	语音：15 分钟	数据：15 分钟
酒店	每层测试	语音：10 分钟	数据：10 分钟
居民小区	每层测试	语音：10 分钟	数据：10 分钟
商场	每层测试	语音：15 分钟	数据：15 分钟
写字楼	每层测试	语音：10 分钟	数据：10 分钟
学校	每层测试	语音：10 分钟	数据：10 分钟
医院	每层测试	语音：10 分钟	数据：10 分钟

4．外泄测试方法

使用室内测试设备进行室内信号外泄测试。

测试大楼周边的主要道路，沿大楼周边道路与建筑物保持 10m 左右的距离，绕楼宇行走一周。

5.2.4　室内外切换测试方法

➤ 使用室内测试设备进行室内外切换测试。

➤ 在手机占用分布系统信号的情况下，启动语音 CS 12.2kbit/s 拨打测试，并向室外移动，直至切换至室外信号；在手机占用室外信号的情况下，启动语音 CS 12.2kbit/s 拨打测试，并向室内移动，直至切换至分布系统信号。

➤ 测试主要出入口的室内外切换。

➤ 驱车或步行测试地下车库进出口切换。

➢ 测试室外经过大厅快速进入电梯时切换。

5.2.5　网优建设项目 2G 网络验收测试规范

1. 网优建设项目 2G 网络性能验收项目及指标要求

2G 网络网优建设项目验收测试规范共分为 3 个大项、6 个小项，其中 4 个小项必选，2 个小项可选，各测试项目具体指标要求见表 5-2。

表 5-2　　　　　　　　　　　　　**2G 网络测试项目具体指标要求**

序号	验收项目	验收类别	测试要求	指标要求
2G 网络-IDS-1-1	覆盖测试	BCCH 和 TCH 信道覆盖测试	必选	2G 网络覆盖率大于 98%（大于−75dBm 占比）；通话质量大于 98%（话音质量等级≤3 占比）；呼叫建立成功率>98%；掉话率<1%
2G 网络-IDS-1-2		信号外泄测试	必选	2G 网络信号外泄受控比例≥90%
2G 网络-IDS-2-1	语音切换测试	室内外切换	必选	切换成功率大于 98%
2G 网络-IDS-2-2		室内小区间切换	可选	切换成功率大于 98%
2G 网络-IDS-3-1	其他测试	驻波比测试	必选	驻波比<1.5
2G 网络-IDS-3-1		天线口输出功率	可选	天线口各系统实际输出功率与设计功率误差小于±5dB，且天线口输出总功率小于 15dBm

2. 网优建设项目 2G 网络验收测试方法及用例

（1）2G 网络 BCCH 和 TCH 信道覆盖测试

2G 网络 BCCH 和 TCH 信道覆盖测试，按照表 5-3 所列测试规范进行测试。

表 5-3　　　　　　　　　　　　**2G 网络 BCCH 和 TCH 信道覆盖测试**

测试项目	2G 网络 BCCH 和 TCH 信道覆盖测试
测试目的	评估室内覆盖区域内 2G 网络 BCCH 和 TCH 信道覆盖
测试环境	1. 应据建筑物设计平面图和网优建设项目设计平面图设计测试路线，尽可能遍布建筑物； 2. 各层主要区域，包括楼宇的地下楼层、一层大厅、中层、高层房间、走廊、电梯等区域； 3. 对于办公室、会议室，应注意对门窗附近的信号进行测量，对于走廊、楼梯，应注意对拐角等区域的测量
准备条件	1. 验收测试区内所有小区正常工作； 2. 室内自动测试前端设备一套
测试步骤	1. 根据室内实际环境，选择合适的测试路线； 2. 以步行速度按照测试路线进行测试； 3. 室内自动测试前端设备自动记录测试数据，在手持终端上进行查看

续表

测试输出	1. 2G 网络语音呼叫建立成功率； 2. 2G 网络语音掉话率； 3. 2G 网络语音覆盖率
结果分析	1. 2G 网络语音呼叫建立成功率=2G 网络网接通次数/2G 网络网起呼次数×100%； 2. 2G 网络语音掉话率=2G 网络网掉话次数/释放前 2G 网络网占用次数×100%； 3. 2G 网络语音覆盖率=TCH 条件采样点数（$RXLEV \geqslant -75\text{dBm}$）/总采样点×100%
备注	1. 评估标准： 2G 网络语音呼叫建立成功率≥98%； 2G 网络语音掉话率≤1%； 2G 网络覆盖率≥98%； 2. 对于电梯间、地下室等施工难度较大的封闭空间，该项目中 RXLEV 的取值可以降低至−85dBm； 3. 测试次数：呼叫建立成功率、掉话率的呼叫测试次数应在 20 次以上，以 100 次为宜

（2）2G 网络室内信号外泄测试

2G 网络室内信号外泄测试，按照表 5-4 进行。

表 5-4　　　　　　　　　　　　2G 网络室内信号外泄测试

测试项目	2G 网络室内信号外泄测试
测试目的	评估室内无线网络的信号泄露情况
测试环境	建筑物外 10m 处，当室外道路距离建筑物小区不到 10m 时，以道路为测试参考点，有覆盖花园小区的还必须对花园小区道路进行测试
准备条件	1. 验收测试区内的所有小区及室外临近小区是否正常工作； 2. 室内路测系统一套以及测试终端一部
测试步骤	1. 根据室外环境，选择测试路线； 2. 打开路测系统，将测试终端锁定到一层室内小区，以步行速度沿测试路线行走
测试输出	2G 网络室内信号外泄受控比例
结果分析	2G 网络室内信号外泄受控比例=室内信号泄漏至室外 10m 处的信号强度≤−90dBm 或低于室外主小区 10dB 的采样点比例
备注	评估标准： 2G 网络室内信号外泄受控比例≥90%

（3）2G 网络语音切换成功率测试

2G 网络语音切换成功率测试，按照表 5-5 所列测试规范进行测试。

表 5-5　　　　　　　　　　　　2G 网络语音切换成功率测试

测试项目	2G 网络语音切换成功率测试
测试目的	测试室内覆盖区域内语音切换成功率，评估室内覆盖切换性能
测试环境	1. 室内小区切换测试路线要包含室内不同小区间的切换带，典型场景是电梯和平层之间或平层和平层之间不同小区间的切换带； 2. 室内外小区切换测试路线应覆盖建筑物内外所有出入口，遍历室内外小区切换带

准备条件	1. 验收测试区内所有小区正常工作； 2. 室内自动测试前端设备一套
测试步骤	1. 选择室内小区切换测试路线，测试路线要包含室内不同小区间的切换带，典型场景是电梯和平层之间或平层和平层之间不同小区间的切换带； 2. 按照测试路线以步行速度进行测试，发起语音电话业务，记录切换失败次数、切换成功次数和发生切换次数； 3. 选择室内外切换测试路线，测试路线要包含建筑物所有出入口，遍历室内外小区切换带
测试输出	1. 2G 网络语音切换成功率（室内小区间）； 2. 2G 网络语音切换成功率（室内外小区间）
结果分析	2G 网络语音切换成功率=（切换成功次数/切换尝试次数）×100%
备注	1. 评估标准： 2G 网络语音切换成功率≥98%； 2. 测试次数：切换成功率的发生切换次数应在 10 次以上

（4）2G 网络驻波比测试

2G 网络驻波比测试，按照表 5-6 所列测试规范进行测试。

表 5-6　　　　　　　　　　2G 网络驻波比测试

测试项目	2G 网络驻波比测试
测试目的	统计网优建设项目驻波比，评估网络性能
测试环境	按照设计图纸进行抽查测试，测试点位的选择必须包括主干驻波，其中平层驻波比测试点位数量原则上不少于总点位的 20%
准备条件	1. 验收测试区内的所有小区是否正常工作； 2. 按测试要求对设计图纸进行驻波点位编号； 3. 驻波比测试仪等测试仪器设备到位
测试步骤	1. 针对 2G 网络和 3G 网络的实际使用频段进行测试； 2. 测试主干驻波比时，从基站信号源引出处测试，前端未接任何有源器件或放大器，若中间有放大器或有源器件，在放大器输入端处加一负载或天线，所有有源器件应改为负载或天线再进行驻波比测试； 3. 测试平层分布系统驻波比时，从管井主干电缆与分支电缆连接处测至天线端的驻波比； 4. 测试时，从放大器输出端测试至末端的驻波比，前端未接任何放大器或有源器件
测试输出	1. 统计信号源所带无源分布系统驻波比； 2. 统计平层分布系统驻波比； 3. 统计干线放大器所带分布系统驻波比
结果分析	评估测试结果是否满足驻波比指标
备注	评估标准：驻波比<1.5

（5）2G 网络天线口输出测试

仅对新建网优建设项目天线口输出功率测试，按照表 5-7 所列测试规范进行测试，如影响在网系统正常运行的改造站点不需进行该项测试。

表 5-7　　　　　　　　　　　　　　2G 网络天线口输出测试

测试项目	2G 网络天线口输出功率测试
测试目的	统计网优建设项目天线口输出功率，评估天线辐射情况
测试环境	按照设计图纸进行抽查测试，测试的点位原则上不少于总点位的 10%
准备条件	1. 网优建设项目正常开通； 2. 频谱仪测试仪器设备到位
测试步骤	1. 针对 2G 网络和 3G 网络的实际使用频段进行测试； 2. 将天线拧下，直接连频谱仪，从频谱仪中分别读取网优建设项目各制式的信号强度； 3. 整理测试记录
测试输出	天线口输出功率
结果分析	评估天线口输出功率是否满足发射功率要求
备注	参考测试评估标准：天线口各系统实际输出功率与设计功率误差在±5dB，且天线口输出总功率小于 15dBm

3. 网优建设项目 2G 网络性能验收测试记录表模板

基础资料见表 5-8，验收表见表 5-9。

表 5-8　　　　　　　　　　　　　　基础资料

地区	
名称	
建设原因	
经度	
纬度	
VIP 等级（1～3 级）	
设备厂家	
开通日期	
业主姓名	
业主联系电话	
地址	
覆盖点照片	
备注	

表 5-9 验收表

小区信息		覆盖 DT 测试情况						泄露（周围 10m 处室内小区信号<–95dBm，或较室外低 10dB 以上）			切换测试	
LACCI	BCCH 频点	覆盖率	呼叫次数	接通次数	语音质量	掉话次数	DT 测试文档（以 Word 附件形式插入）	室内小区室外 10m 平均外泄场强	室外宏站小区平均信号	是否满足外泄要求	室内外小区切换成功率	室内小区间切换成功率

5.2.6　网优建设项目 3G 网络验收测试规范

1. 网优建设项目 3G 网络性能验收项目及指标要求

3G 网络网优建设项目验收测试规范共分为 4 个大项、8 个小项，其中 5 项为必选，3 项为可选，各测试项目具体指标要求见表 5-10。

表 5-10 3G 网络测试指标要求

序号	验收项目	验收类别	测试要求	指标要求
TD-IDS-1-1	覆盖测试	PCCPCH 及 AMR 12.2kbit/s 业务信道覆盖测试	必选	覆盖率大于 95%（PCCPCH $RSCP \geqslant$ –80dBm $C/I \geqslant$ 0dB 占比）； 呼叫建立成功率> 98%； AMR 12.2kbit/s 掉话率< 1%； 平均呼叫建立时长（鉴权打开）<8s； $BLER$<1%
TD-IDS-1-2		PCCPCH 信道外泄强度测试	必选	2G 网络信号外泄受控比例≥90%
TD-IDS-2-1	业务性能测试	CS 64kbit/s	可选	呼叫建立成功率≥98% 掉话率<1%； 平均呼叫建立时长（鉴权打开）<8s； 平均图像显现时长<3s； CS 64kbit/s $BLER$<1%； UE 发射功率<10dBm 的比例高于 90%
TD-IDS-2-2		HSDPA	必选	FTP 应用层下载速率>1Mbit/s（单用户使用情况下）； $BLER \leqslant$ 10%
TD-IDS-3-1	切换测试	室内外切换 AMR 12.2kbit/s	必选	切换成功率>98%； 切换期间 $BLER$<1%
TD-IDS-3-2		室内间切换 AMR 12.2kbit/s	可选	切换成功率>98%； 切换期间 $BLER$<1%

序号	验收项目	验收类别	测试要求	指标要求
TD-IDS-4-1	其他测试	驻波比测试	必选	驻波比<1.5
TD-IDS-4-2		天线口输出功率	可选	天线口各系统实际输出功率与设计功率误差小于± 5dB，且天线口输出总功率小于15dBm

2．网优建设项目 3G 网络验收测试内容

（1）PCCPCH 及 AMR 12.2 kbit/s 业务信道覆盖测试

3G 网络 PCCPCH 及 AMR 12.2 kbit/s 业务信道覆盖测试，按照表 5-11 所列测试规范进行测试。

表 5-11　　　　　　　　　　　　　3G 网络业务信道覆盖测试

测试项目	3G 网络业务信道覆盖测试
测试目的	评估室内覆盖区域内 3G 网络 PCCPCH 和 DPCH 信道覆盖情况和业务性能
测试环境	1. 应根据建筑物设计平面图和网优建设项目设计平面图设计测试路线，尽可能遍布建筑物各层的主要区域，包括楼宇的地下楼层、一层大厅、中层、高层房间、走廊、电梯等区域； 2. 对于办公室、会议室，应注意对门窗附近的信号进行测量，对于走廊、楼梯，应注意对拐角等区域的测量
准备条件	1. 验收测试区内的所有小区是否正常工作； 2. 室内自动测试前端设备一套
测试步骤	1. 根据室内实际环境，选择合适的测试路线； 2. 以步行速度按照测试路线进行测试； 3. 室内自动测试前端设备记录测试数据，在手持终端上进行查看
测试输出	1. 3G 网络语音呼叫建立成功率； 2. 3G 网络语音掉话率； 3. 3G 网络语音覆盖率； 4. 3G 网络 BLER； 5. 3G 网络平均呼叫时延
结果分析	1. 3G 网络语音呼叫建立成功率=3G 网络网接通次数/3G 网络网起呼次数×100%； 2. 3G 网络语音掉话率=3G 网络网掉话次数/释放前 3G 网络网占用次数×100%； 3. 3G 网络语音覆盖率=采样点数（$RSCP \geqslant -80$dBm，且 $C/I \geqslant 0$dB）/总采样点×100%
备注	1. 评估标准： （1）3G 网络语音呼叫建立成功率≥98%； （2）3G 网络语音掉话率≤1%； （3）3G 网络语音覆盖率≥90%； （4）3G 网络 $BLER$<1%； （5）3G 网络平均呼叫时延（鉴权打开）<8s。 2. 测试次数：呼叫建立成功率、掉话率的呼叫测试次数应在 20 次以上，以 100 次为宜。 3. 对于电梯间、地下室等施工难度较大的封闭空间，该项目中采样点的取值可以降低至 $RSCP \geqslant -85$dBm，且 $C/I \geqslant -3$dB

（2）3G 网络 PCCPCH 信道外泄强度测试

3G 网络 PCCPCH 信道外泄强度测试，按照表 5-12 所列的测试规范进行测试。

表 5-12   **3G 网络 PCCPCH 信道外泄强度测试**

测试项目	3G 网络 **PCCPCH** 信道外泄强度测试
测试目的	评估室内无线网络的信号泄露情况
测试环境	建筑物外 10m 处，当室外道路距离建筑物小区不足 10m 时，以道路为测试参考点
准备条件	1. 验收测试区内的所有小区及室外临近小区是否正常工作； 2. 室内路测系统一套以及测试终端一部
测试步骤	1. 根据室外环境，选择测试路线； 2. 打开路测系统，将测试终端锁定到一层室内小区，以步行速度沿测试路线行走，记录 PCCPCH 的 RSCP
测试输出	3G 网络信号外泄受控比例
结果分析	3G 网络信号外泄受控比例=室内信号泄漏至室外 10m 处的信号强度≤–95dBm 或低于室外主小区 10dB 的采样点比例
备注	评估标准： 3G 网络信号外泄受控比例≥90%

（3）CS 64kbit/s 业务测试

3G 网络 CS 64kbit/s 业务测试，按照表 5-13 所列测试规范进行测试。

表 5-13   **3G 网络 CS 64kbit/s 业务测试**

测试项目	3G 网络 CS 64kbit/s 业务测试
测试目的	评估室内覆盖区域内视频电话业务（CS 64kbit/s）的覆盖情况和业务性能
测试环境	测试时通话时长 45s，空闲 15s，如出现未接通或掉话，应间隔 15s 进行下一次试呼，每个测试点应进行最少 3 次呼叫，整个建筑物测试最少进行 20 次呼叫
准备条件	1. 建有网优建设项目的小区和室外邻近小区工作正常； 2.3G 网络路测系统正常工作； 3. 打开呼叫鉴权； 4. 使用测试 UE 进行测试，RNC 测记录测试 UE 的信令
测试步骤	1. 选择室内测试点，测试点应为人员经常活动区域且为覆盖边缘； 2. 测试 UE 作为主叫连接测试软件移动； 3. 使用测试终端发起 CS 64kbit/s 视频呼叫，拨打另一部测试终端，如无法拨通，则等候 15s 后重播；如拨通，则等候 45s，挂断，等候 15s 后重播；如果碰到掉话，则记录测试地点，重新建立呼叫，继续进行测试； 4. 使用路测系统记录测试路线上的如下指标：终端发射功率和链路层下行误块率，并记录试呼总次数、接通次数和掉话次数
测试输出	1.3G 网络视频电话呼叫建立成功率； 2.3G 网络视频电话掉话率； 3.3G 网络视频电话链路层误块率
结果分析	1.3G 网络视频电话呼叫建立成功率=3G 网络网接通次数/3G 网络网起呼次数×100%； 2.3G 网络视频电话掉话率=3G 网络网掉话次数/释放前 3G 网络网占用次数×100%； 3. 3G 网络视频电话链路层误块率=3G 网络链路层出错块次数/3G 网络链路层传输总块数×100%（链路层）

备注	评估标准: （1）3G 网络视频电话呼叫建立成功率≥98%; （2）3G 网络视频电话掉话率≤1%; （3）3G 网络视频电话链路层误块率≤1%; （4）平均呼叫建立时长（鉴权打开）<8s; （5）平均图像显现时长<3s; （6）UE 发射功率小于 10dBm 的比例>90%

（4）3G 网络 HSDPA 业务测试

3G 网络 HSDPA 业务测试，按照表 5-14 所列测试规范进行测试。

表 5-14　　　　　　　　　　　　　　3G 网络 HSDPA 业务测试

测试项目	HSDPA 下载速率测试
测试目的	统计 HSDPA 下行平均传输速率，评估 HSDPA 业务性能
测试环境	非标准层全测，标准层选择低、高层分别测试，并应保证不同 RRU 的覆盖区域及干放覆盖区域均进行了测试
准备条件	1. 建有网优建设项目的小区和室外邻近小区工作正常; 2. 室内自动测试前端设备一套
测试步骤	1. 选择测试点，测试点应为人员经常活动且容易采用上网卡上网的区域，每层分别选择近点（PCCPCH $RSCP$ 约为−60dBm）、中点（PCCPCH $RSCP$ 约为−70dBm）、远点（PCCPCH $RSCP$ 约为−80dBm）; 2. 室内自动测试前端设备自动记录测试数据，在手持终端上进行查看
测试输出	1. HSDPA FTP 应用层下载速率; 2. HSDPA BLER
结果分析	通过网络测速软件统计各测试点应用层的平均速率; TD-HSPA 分组数据链路层误块率= 3G 网络链路层出错块次数/3G 网络链路层传输总块数×100%
备注	评估标准: （1）HSDPA FTP 应用层下载速率>1Mbit/s; （2）HSDPA $BLER$≤10%

（5）3G 网络语音切换成功率测试

3G 网络语音切换成功率测试，按照表 5-15 所列测试规范进行测试。

表 5-15　　　　　　　　　　　　　3G 网络语音切换成功率测试

测试项目	3G 网络语音切换成功率测试
测试目的	测试室内覆盖区域内语音切换成功率，评估室内覆盖切换性能
测试环境	1. 室内小区切换测试路线要包含室内不同小区间的切换带，典型场景是电梯和平层之间或平层和平层之间不同小区间的切换带; 2. 室内外小区切换测试路线应覆盖建筑物内外所有出入口，遍历室内外小区切换带
准备条件	1. 验收测试区内的所有小区是否正常工作; 2. 室内自动测试前端设备一套

测试步骤	1. 选择室内小区切换测试路线，测试路线要包含室内不同小区间的切换带，典型场景是电梯和平层之间或平层和平层之间不同小区间的切换带； 2. 按照测试路线以步行速度进行测试，背包测试仪自动记录测试数据，在手持终端上进行查看； 3. 选择室内外切换测试路线，测试路线要包含建筑物所有出入口，遍历室内外小区切换带
测试输出	1. 3G 网络语音切换成功率（室内小区间）； 2. 3G 网络语音切换成功率（室内外小区间）
结果分析	3G 网络语音切换成功率=（切换成功次数/切换尝试次数）×100%
备注	1. 评估标准：3G 网络语音切换成功率≥98%； 2. 测试次数：室内外和室内间小区切换成功率的发生切换次数应在 10 次以上

（6）驻波比测试

网优建设项目驻波比测试不分制式，仅进行一次统一测试。

（7）天线口输出功率测试

仅对新建网优建设项目天线口输出功率测试，针对影响在网系统正常运行的改造站点不需进行此项测试。

3. 网优建设项目 3G 网络性能验收测试记录表模板

3G 网络站点信息见表 5-16，3G 网络覆盖和外泄 DT 测试见表 5-17，3G 网络业务和切换测试见表 5-18，3G 网络问题跟踪表见表 5-19。

表 5-16　　　　　　　　　　3G 网络站点信息

站名		站点场景		RRU 数目			
测试日期		测试人员		测试号码			
小区一		LAC：				CI	
CPI：		主频点：				载波配置	
RRU 数目		RRU 出口功率（PCCPCH）：				HSDPA 载波配置	
RRU1 覆盖区域：		RRU1 安装位置：					
RRU2 覆盖区域：		RRU2 安装位置：					
RRU3 覆盖区域：		RRU3 安装位置：					
RRU4 覆盖区域：		RRU4 安装位置：					
…		…					
小区一		LAC：				CI	
CPI：		主频点：				载波配置	
RRU 数目		RRU 出口功率（PCCPCH）：				HSDPA 载波配置	
RRU1 覆盖区域：		RRU1 安装位置：					
RRU2 覆盖区域：		RRU2 安装位置：					
RRU3 覆盖区域：		RRU3 安装位置：					
RRU4 覆盖区域：		RRU4 安装位置：					
…		…					

表 5-17 3G 网络覆盖和外泄 DT 测试

序号	测试日期	测试位置	平层属性（标准层、非标准层、大厅、地下室）	测试位置覆盖RRU编号	小区配置数据			覆盖 DT 测试情况						泄露(周围 10m 处 RSCP<-95dBm，同频 RSCP 较室外低 10dB 以上)		
					LAC CI	扰码	主频点	CS 12.2k bit/s试呼次数	CS 12.2k bit/s接通次数	CS 12.2k bit/s掉话次数	$RSCP>$ $-85dBm$ 占比	问题描述	DT 测试文档(以 Word 附件形式插入)	室内小区室外10m平均外泄场强	室外宏站小区信号平均	是否满足外泄要求
1	1	一层大厅	大厅	RRU01												
2																
3																
4																

表 5-18 3G 网络业务和切换测试

可视电话测试					HSDPA 测试 CQT 情况			切换（对每部电梯井道的至少两个切换带，选取包括底层和任一层，每个楼梯的上下层切换带，每个出入口进出各测一次）			
试呼次数	接通次数	接通率	测试点RSCP 值	问题描述（是否存在掉话、未接通等现象）	测试点PSCP 值	20MB文件平均下载速率	问题描述	测试切换次数	切换属性（室内小区切换、室内外小区切换）	切换成功率	问题描述

表 5-19 3G 网络问题跟踪表

序号	日期	厂家	问题描述（简单描述问题的来源、现象和原因）	解决方法和计划（包含时间计划）	进展描述	跟踪责任人	是否解决
1							

5.2.7 网优建设项目 WLAN 验收测试要求和规范

1. WLAN 验收测试项目

WLAN 验收分项见表 5-20。

表 5-19   WLAN 验收分项

验收项目	编号	验收分项
WLAN 验收测试	1-2-1	AP 配置检测
	1-2-2	无线覆盖信号强度测试
	1-2-3	信噪比测试
	1-2-4	用户上线测试
	1-2-5	用户认证测试
	1-2-6	混合接入认证
	1-2-7	Web 认证接入时延测试
	1-2-8	Ping 包测试
	1-2-9	同 AP 下用户隔离
	1-2-10	用户下线测试
	1-2-11	AP 间切换
	1-2-12	系统吞吐量与接入带宽测试
	1-2-13	AP 门户网站登录测试

2. 网优建设项目 WLAN 验收测试内容

（1）AP 配置检测（见表 5-21）

表 5-21   AP 配置检测

项目编号	1-2-1
测试项目	AP 配置检测
测试方法	使用背包测试仪在设计目标覆盖区域内测试所有 AP 信道及 SSID
指标要求	AP 频率配置必须符合设计文档为每个 AP 指定的信道； AP 的广播 SSID 配置为 CMCC 或 CMCC-EDU； 注：特殊专网的 SSID 根据具体要求进行配置
检查结果	□ 通过　　　　　□ 未通过
遗留问题	

（2）无线覆盖信号强度测试（见表 5-22）

表 5-22   无线覆盖信号强度测试

项目编号	1-2-2
测试项目	无线覆盖信号强度测试
测试方法	1. 使用背包测试仪在设计目标覆盖区域内进行覆盖电平测试； 2. 每 $20m^2$ 测试地点不应少于 1 个，测试点的选取应均匀分布，并且能够反映该区域的覆盖情况，每个检查点至少观察 10s，记录信号强度平均值，验收过程检查设备要统一
指标要求	在设计目标覆盖区域内 95% 以上的位置，接收信号强度大于等于–70dBm，高流量区域大于–65dBm
检查结果	□ 通过　　　　　□ 未通过
遗留问题	

（3）信噪比测试（见表 5-23）

表 **5-23** 信噪比测试

项目编号	1-2-3
测试项目	信噪比测试
测试方法	使用背包测试仪在设计目标覆盖区域内进行 SNR 测试； 每 20m² 测试地点不应少于 1 个，测试点的选取应均匀分布，并且能够反映该区域的覆盖情况。每个检查点至少观察 10s，记录信号强度平均值，验收过程检查设备要统一
指标要求	在设计目标覆盖区域内 95% 以上位置，用户终端无线网卡接收到的信噪比（SNR）大于 20dB，高流量区域大于 –24dB
检查结果	□ 通过 □ 未通过
遗留问题	

（4）用户上线测试（见表 5-24）

表 **5-24** 用户上线测试

项目编号	1-2-4
测试项目	基于 Web 上线测试
测试方法	使用背包测试仪连接 CMCC，查看通过 DHCP 方式正常获得 IP 地址
指标要求	正常获得 IP 地址
检查结果	□ 通过 □ 未通过
遗留问题	

（5）用户认证测试（见表 5-25）

表 **5-25** 用户认证测试

项目编号	1-2-5
测试项目	基于 Web 认证测试
测试方法	在热点覆盖区域内不同地点使用"用户名+密码"的方式进行 10 次 Web 认证，记录是否认证成功
指标要求	认证失败次数≤1 次
检查结果	□ 通过 □ 未通过
遗留问题	

（6）Web 认证接入时延测试（见表 5-26）

表 **5-26** **Web 认证接入时延测试**

项目编号	1-2-7
测试项目	Web 认证接入时延测试
测试方法	1. 背包测试仪通过与 AP 进行关联，使用浏览器访问 Internet； 2. 弹出 Protal 页面后，输入用户名和密码，进行登录认证，记录从登录到登录成功的延时； 3. 选取设计覆盖范围内不同地点、不同 AP 重复进行 10 次接入测试，分别记录响应时延

续表

指标要求	平均登录时延≤5s
检查结果	□ 通过　　　　□ 未通过
遗留问题	

（7）Ping 包测试——连通性测试（见表 5-27）

表 5-27　　　　　　　　　　　　　Ping 包测试

项目编号	1-2-8
测试项目	Ping 包测试
测试方法	1. 背包测试仪通过认证接入网络； 2. 背包测试仪分别 Ping 服务器及 AC 或 AC 上连端口的 IP 地址，Ping 包大小为 1500B，Ping 包次数为 100 次； 3. 记录响应时间、丢包率等参数
指标要求	Ping 服务器时延≤40ms，丢包率≤3%； Ping AC 的时延≤30ms，丢包率≤2%
检查结果	□ 通过　　　　□ 未通过
遗留问题	连通性测试：Ping 通且时延和丢包率满足要求

（8）用户下线测试（见表 5-28）

表 5-28　　　　　　　　　　　　　用户下线测试

项目编号	1-2-10
测试项目	基于 Web 下线测试
测试方法	在热点不同覆盖区域使用"用户名+密码"的方式进行 10 次 Web 认证，接入超过 1 分钟后，进行下线，记录是否下线成功
指标要求	认证失败次数≤1 次
检查结果	□ 通过　　　　□ 未通过
遗留问题	

（9）系统吞吐量与接入带宽测试（见表 5-29）

表 5-29　　　　　　　　　　　系统吞吐量与接入带宽测试

项目编号	1-2-12
测试项目	系统吞吐量与接入带宽测试
测试方法	背包测试仪通过认证接入到网络后，登录测试 FTP 服务器，进行 50MB 文件的 FTP 上传下载操作，记录速率； 重复 10 次，记录上传下载速率
指标要求	要求在下载过程中没有明显中断； 要求单用户接入时，在信号强度大于-70dBm 的区域，802.11a/802.11g/802.11n 模式终端平均速率下载速率≥800kbit/s（100KB/s），上传速率≥640kbit/s（80KB/s），上传下载成功率≥98%。 注：对于受传输带宽等条件限制的热点，可根据传输带宽等确定下载速率要求

检查结果	□ 通过　　　　　□ 未通过
遗留问题	

（10）AP 门户网站登录测试（见表 5-30）

表 5-30　　　　　　　　　　　AP 门户网站登录测试

项目编号	1-2-14
测试项目	门户网站登录测试
测试方法	背包测试仪通过认证接入到网络后，登录门户网站，记录速率； 重复 10 次，记录上传下载速率
指标要求	要求在下载过程中没有明显中断； 要求单用户接入时，在信号强度大于–70dBm 的区域，门户网站登录成功率不低于99%，登录时延不大于 4s
检查结果	□ 通过　　　　　□ 未通过
遗留问题	

（11）混合接入认证（见表 5-31）

表 5-31　　　　　　　　　　　混合接入认证

项目编号	1-2-6
验收项目	混合接入认证（不同 SSID）
验收方法	1. 将 AP 配置不相同的 SSID（"CMCC" 和 "CMCC-EDU"）； 2. 开启两台 WLAN 接入终端，采用 Web 接入认证方式； 3. 依次接入两种不同认证类型的用户终端； 4. 两种不同认证类型的用户终端同时访问 HTTP 业务
验收要求	两台 WLAN 用户终端均能成功接入到 WLAN 中（CMCC 和 CMCC-EDU）； 两台用户终端均能成功使用 WLAN 业务
验收结果	□ 通过　　　　　□ 未通过
遗留问题	

（12）同 AP 下用户隔离（见表 5-32）

表 5-32　　　　　　　　　　　同 AP 下用户隔离

项目编号	1-2-9
验收项目	同 AP 下用户隔离
验收方法	1. 两 STA 已接入同一 SSID，并已配置同一网段的 IP 地址； 2. AP 和 STA 配置相同的 SSID； 3. AP 不和其他任何上行设备相连； 4. 两 STA 之间持续的相互 Ping 包； 5. 保持 Ping 包，并在 AP 上开启用户隔离功能； 6. 保持 Ping 包，并在 AP 上关闭用户隔离功能

续表

验收要求	两 STA 之间相互能 Ping 通； 在 AP 上开启用户隔离功能后，两 STA 之间相互无法 Ping 通； 在 AP 上关闭用户隔离功能后，两 STA 之间相互能够 Ping 通
验收结果	□ 通过　　　　　□ 未通过
遗留问题	

（13）AP 间切换（见表 5-33）

表 5-33　　　　　　　　　　　　　　　　AP 间切换

项目编号	1-2-11
验收项目	AP 间切换
验收方法	1. 背包测试仪通过认证接入网络，并 Ping 本地网关； 2. 背包测试仪由目前接入 AP 的覆盖范围移动至相邻 AP 的覆盖范围内后，一直进行的 Ping 本地网关仍然成功； 3. 在此过程中使用电脑登录到源 AP 和目标 AP 管理页面，确认测试笔记本终端由源 AP 切换到了目标 AP； 4. 重复以上步骤，连续测试 10 次以上，测试包含热点所有相邻 AP，记录切换是否成功
验收要求	切换成功率不小于 90%； 切换时用户的网络连接及业务应用不应中断，观察并记录实际的切换时延； 切换时用户的 IP 地址应保持不变
验收结果	□ 通过　　　　　　□ 未通过
遗留问题	

5.2.8　网优建设项目 4G 网络验收测试要求和规范

1. 楼宇测试地点选取原则

（1）数据业务测试（DT）（注：10 层以下选取隔 3 层一测方式，10～20 层选取隔 4 层一测方式，20 层以上选取隔 5 层一测方式，要求每个 RRU 必须抽测 1 层以上。如遇到室分站点过小导致测试时间未达到 30 分钟，需要继续测试，直到达到 30 分钟）。

（2）电梯测试（注：每部电梯）。

（3）切换测试（注：进出室内外切换）。

（4）泄漏测试（注：选取距离建筑物 10m 开外）。

（5）要求不锁频测试、测试占用室分信号（若未占用室分信号，单独报告说明，进行整改）。

（6）测试路线选取原则。

① 酒店。包括楼宇的地下楼层（地下室、车库）、进出口、大堂、会议厅、餐厅、酒水吧、娱乐场所、走廊、电梯及电梯口、院子、选定楼层（含楼梯）。对于走廊、楼梯，应注意对拐角等区域的测试。

② 餐饮。包括楼宇的地下楼层（地下室、车库）、楼宇的进出口、大堂、酒水吧、娱乐

场所、走廊、电梯及电梯口、餐厅。对于走廊、楼梯，应注意对拐角等区域的测试。

③ 办公楼、写字楼、医院、教学楼。包括楼宇的地下室、车库、进出口、一楼大厅、会议室、走廊、电梯及电梯口、餐厅、院子、选定楼层（含楼梯）。对于走廊、楼梯，应注意对拐角等区域的测试。

④ 商场、卖场、营业厅、会展中心。包括楼宇的地下楼层（地下室、车库）、进出口、走廊、电梯及电梯口、卖场、选定楼层（含楼梯）。对于走廊、楼梯，应注意对拐角等区域的测试。

⑤ 交通枢纽（飞机场、火车站、车站等）。包括楼宇的地下楼层（地下室、车库）、进出口、一楼大厅、电梯及电梯口、候车室（候机室）、出发大厅、选定楼层（含楼梯）。对于走廊、楼梯，应注意对拐角等区域的测试。

⑥ 居民住宅、学校宿舍楼。包括地下室、车库、进出口、一楼大厅、走廊、电梯及电梯口、选定楼层（含楼梯）。对于走廊、楼梯，应注意对拐角等区域的测试。

注：在房间、包间、办公室、会议室等封闭环境进行测试时，应关闭大门进行。尽量挑选楼层不同方位的房间进行测试。

2. 4G 网络现场测试项目

（1）4G 网络室内信号外泄测试（DT）

① 测试项目：4G 网络室内信号外泄测试。

② 测试目的：评估室内无线网络的信号泄露情况。

③ 测试环境：建筑物外 10m 处；当室外道路距离建筑物小区不到 10m 时，以道路为测试参考点。

④ 准备条件

A. 验收测试区内所有小区及室外临近小区正常工作。

B. 室内路测系统一套以及测试终端一部。

⑤ 测试步骤

A. 根据室外环境，选择测试路线（锁频）。

B. 打开路测系统，将测试终端锁定到一层室内小区，以步行速度沿测试路线行走。

C. 测试输出 4G 网络信号外泄受控比例。

⑥ 结果分析

A. 4G 网络信号外泄受控比例=室内信号泄漏至室外 10m 处的信号强度≤−110dBm 或低于室外主小区 10dB 的采样点比例。

B. 4G 网络信号外泄受控比例≥95%。

（2）4G 网络参考信号覆盖测试和数据业务性能测试（DT）

① 测试项目：4G 网络参考信号覆盖测试和数据业务性能测试。

② 测试目的：评估室内覆盖区域内 4G 网络的覆盖情况和业务性能。

③ 测试环境：应根据建筑物设计平面图和室内分布系统设计平面图设计测试路线，尽可能遍布建筑物各层主要区域（设计覆盖范围内），具体按照"DT 测试路线和 CQT 测试点位选取原则"。

④ 准备条件

A. 验收测试区内的所有小区是否正常工作。

B．室内路测系统一套以及测试终端一部。

⑤ 测试步骤

A．根据室内实际环境，选择合适的测试路线。

B．以步行速度按照测试路线进行测试。

C．用测试终端，通过 FTP 工具发起数据下载业务，上传一个 1GB 大小的文件，记录上传速率。选择 1GB 左右的文件进行下载，如不能成功，等候 15s 后重新激活，直到成功；下载完成后等候 15s 后重新连接；如果碰到掉线，则记录测试地点，重新建立连接，继续进行测试。直至遍历测试路线。

D．使用路测系统记录测试路线上的如下指标：CRS_RSRP 的电平值、FTP 下载尝试次数、成功次数和掉线次数，通话过程中由室分小区切换到室外小区需要予以记录和说明。

E．实时监听下载速率和 *BLER*，如果出现 FTP 连接失败后在问题区域复测 5 次；出现下载速率低、下载中断、掉线和 *BLER* 高等问题后在问题区域复测 5 分钟并予以记录和说明。

⑥ 测试输出

A．4G 网络 RS 覆盖率；

B．CRS_RSRP 的电平值；

C．FTP 下载尝试次数、成功次数和掉线次数、下载速率；

D．室分小区切换到室外小区情况说明；

E．输出异常事件复测结果。

⑦ 结果分析

A．一般场景：4G 网络 RS 覆盖率=RS 条件采样点数（$RSRP \geqslant -105dBm$ & $RS\text{-}SINR \geqslant 6dB$）/总采样点×100%；

B．营业厅（旗舰店）、会议室、重要办公区等业务需求高的区域：4G 网络 RS 覆盖率=RS 条件采样点数（$RSRP \geqslant -95dBm$ & $RS\text{-}SINR \geqslant 9dB$）/总采样点×100%；

C．参考评估标准：

a．4G 网络 RS 覆盖率≥95%；

b．下载接通率≥98%；

c．下载掉线率≤4%；

d．$BLER \leqslant 10\%$；

e．上传速率平均值小于 6Mbit/s 表示不达标，需 Word 说明；

f．单路下载速率平均值小于 35Mbit/s 表示不达标，需 Word 说明；

g．双路下载速率平均值小于 65Mbit/s 表示不达标，需 Word 说明；

h．移频双路下载速率平均值小于 55Mbit/s 表示不达标，需 Word 说明；

i．复测中继续出现异常事件为不达标。

（3）4G 网络切换成功率测试

① 测试项目：4G 网络切换成功率测试。

② 测试目的：测试室内覆盖区域内切换成功率，评估室内覆盖切换性能。

③ 测试环境：室内外小区切换测试路线应覆盖建筑物内外所有出入口。

④ 准备条件

A．验收测试区内的所有小区及室外临近小区是否正常工作。

B．室内路测系统一套以及测试终端一部。

⑤ 测试步骤

A．选择室内外切换测试路线，测试路线要包含建筑物所有出入口，遍历室内外小区切换带。

B．用测试终端，通过 FTP 工具发起业务。

C．按照测试路线以步行速度进行测试，记录切换失败次数、切换成功次数和发生切换次数。

⑥ 测试输出 4G 网络切换成功率。

⑦ 结果分析

A．4G 网络切换成功率=（切换成功次数/切换尝试次数）×100%，参考评估标准：4G 网络切换成功率≥95%。

B．测试次数：切换成功率的发生切换次数应在 20 次以上，以 100 次为宜。如果出现切换次数为零或切换失败较多的小区（如由于室外弱覆盖导致的切换成功率低不纳入切换成功率的考核），需在 Word 文档中截图进行说明并把邻区关系显示出来。

3．工程指标测试

（1）驻波比测试

驻波比测试，按照如下测试规范进行测试。

① 测试项目：分布系统主干驻波比、平层驻波比测试。

② 测试目的：统计室内分布系统驻波比，评估网络性能。

③ 测试环境：按照设计图纸进行抽查测试，测试点位的选择必须包括主干驻波，点位数量原则上不少于总点位的 20%。

④ 准备条件：

A．验收测试区内所有小区正常工作。

B．按测试要求对设计图纸进行驻波点位编号。

C．驻波比测试仪等测试仪器设备到位。

⑤ 测试步骤

A．针对各系统的实际使用频段进行测试，例如，应用 4G 网络 E 频段站点必须选择对应频段进行测试。

B．测试主干驻波比时，从基站信号源引出处测试，前端未接任何有源器件或放大器。若中间有放大器或有源器件，在放大器输入端处加一负载或天线，所有有源器件应改为负载或天线再进行驻波比测试。

C．测试时平层分布系统驻波比时，从管井主干电缆与分支电缆连接处测至天线端的驻波比。

D．测试时，从放大器输出端测试至末端的驻波比，前端未接任何放大器或有源器件。

⑥ 测试输出

A．统计信号源所带无源分布系统驻波比。

B．统计平层分布系统驻波比。

⑦ 结果分析评估测试结果是否满足驻波比指标。

⑧ 备注参考评估标准：驻波比≤1.5。

（2）天线口输出功率测试

天线口输出功率测试，按照如下测试规范进行测试。

① 测试项目：天线口输出功率测试。

② 测试目的：统计室内分布系统天线口输出功率，评估天线口输出功率。

③ 测试环境：按照设计图纸进行抽查测试，测试的点位原则上不少于总点位的 10%，且满足：

A．每个 RRU 覆盖范围内至少抽测一个天线点位以上；

B．必须涵盖公共区域和独立区域（大厅和会议室）。

④ 准备条件

A．室内分布系统正常开通并加载到设计的网络负荷；

B．测试终端一部；

C．频谱仪或功率计一部。

⑤ 测试步骤

A．将天线拧下，直接连频谱仪或功率计，读取 4G 网络的信号强度；

B．正天线（1m 处）下进行测试，读取测试终端的 RSRP；

C．整理测试记录。

⑥ 测试输出

A．天线口输出功率；

B．终端接收的 RSRP；

C．天线点位核查结果。

⑦ 结果分析

A．天线口输出功率与设计方案一致性参考标准：|实际发射功率−设计发射功率|≤3dB；合格率≥95%。

B．正天线下终端接收 *CRS RSRP* 范围要求：大于等于−65dBm；合格率≥95%。

C．检查天线点位位置与设计一致。

D．双路分布系统天线间距要求大于 0.5m，小于 1.25m。

E．4G 网络（E 频段）与 WLAN 不共分布系统时，4G 网络室分天线与 WLAN AP 天线距离安装偏差应不超过竣工资料的 5%；竣工资料中未明确的应控制在 1m 以上，条件具备的应控制在 3m 以上。

（3）双通道功率平衡性测试

双通道功率平衡性测试，按照如下测试规范进行测试。

① 测试项目：4G 网络双通道功率平衡性测试。

② 测试目的：统计 4G 网络双通道室内分布系统通道发射功率平衡情况，以保证 MIMO 性能。

③ 测试环境：按照设计图纸进行抽查测试，测试的点位原则上不少于总点位的 10%。

④ 准备条件

A．验收测试区内的所有小区是否正常工作；

B．频谱仪或功率计一部。

⑤ 测试步骤

A．根据室内环境，选择测试点位；

B．将天线拧下，直接连频谱仪或功率计，分别读取两路信号的输出功率；

C．整理测试记录。

⑥ 测试输出：4G 网络双通道功率平衡率。

⑦ 结果分析：4G 网络双通道功率平衡率。

⑧ 备注

A．参考评估标准：4G 网络双通道功率平衡率≥95%。

B．该指标可以通过室内分布系统调整进行改进。

（4）上行干扰测试

上行干扰测试，按照如下测试规范进行测试。

① 测试项目：上行干扰测试。

② 测试目的：统计室内分布系统上行干扰，评估有源器件、系统间干扰及外部干扰引起的上行干扰情况。

③ 测试环境：按照设计图纸对每一个信源设备进行测试。

④ 准备条件：室内分布系统正常开通。

⑤ 测试步骤：通过网管系统读取 4G 网络系统上行干扰。

⑥ 测试输出：系统上行干扰值。

⑦ 结果分析：评估系统上行干扰是否满足要求。

5.3　网络优化参数配置

5.3.1　2G 网络优化参数设置

近年来，随着城市的迅速发展，出现了大量高层楼宇。新的建筑动辄 60m 以上，而移动基站虽分布密集，但天线高度一般仅至 30m 左右，导致高层接收信源多而杂，却无明显主覆盖小区，容易造成频繁切换影响用户通话质量。因此，对于 2G 室分优化，更多地集中在高层优化，本书主要对高层楼宇无线环境进行分析，提出多种解决高层楼宇覆盖和深层覆盖的方法。

1. 高层楼宇室内的无线环境

随着城市的发展，16 层以上的高楼拔地而起，高低层楼宇密布及地理环境使网络覆盖不均。在高层建筑，进入室内的信源非常杂乱，能接收到多个基站小区的信号，信号普遍较强且多个小区信号强度相当，没有主服务小区。周边基站的小区信号通过折射、反射、绕射等方式进入室内，而且还能收到 2～3km 外其他基站小区的信号，造成信号极为不稳定，同频、邻频干扰严重，小区间切换频繁，导致出现乒乓效应或是孤岛效应，网络质量受到极大影响，如图 5-71 所示。

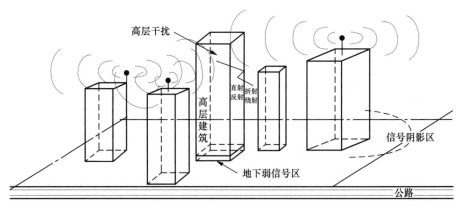

图 5-71　高层楼宇室内的无线环境

2. 高层楼宇室内覆盖解决思路

根据高层楼宇室内的无线环境，解决思路如下。

① 层级优先级问题：优化高层覆盖小区参数、提高覆盖小区的优先级别，使之在高层覆盖目标区域更容易占用到该小区。

② 室内信源杂问题：引入一个主服务小区。

③ 同/邻频干扰问题：对高层采用专用的频点、删除受干扰的邻区。

3. 高层楼宇室内覆盖解决方法

根据经验，解决高层楼宇室内覆盖有以下 3 种方法。

（1）小区参数优化

提高室分信号层级优先级、调整其层间切换的信号强度门限值，抑制室外干扰小区信号，删除单向邻区、添加单向邻区，鼓励占用室内小区信号，提高信源小区的功率、降低干扰小区的功率等，方法如下。

① 提高室分信号层级优先级，调整其层间切换的信号强度门限值。常用的参数有 LAYER、LAYERTHR。

② 抑制室外干扰小区信号。高层楼宇窗边受室外杂乱小区信号干扰，占用越区基站信号而且没有与楼宇内室分系统定义邻区关系，导致出现孤岛效应。需要抑制越区信号的覆盖，加大向越区基站的切换难度，适当调低 BSPWRB 功率，减弱其覆盖。

③ 删除、添加单向邻区。高层楼宇窗边受室外杂乱小区信号干扰，占用越区基站信号，建议删除楼宇室分系统往越区基站小区切换的关系。楼宇周边主覆盖小区没有与室分系统定义邻区关系，主覆盖小区会切换到其他小区，出现反复的切换，最后终回切。在切换过程中产生了大量的质差，有可能引发掉话，严重影响客户通话感知。需要添加周边信号强度高、信源干净的邻区。

④ 鼓励占用室内小区信号。减缓微蜂窝往别的小区的切换速度，在调整滤波器长度不会影响到室外的情况下，为了使移动台在优化区域尽可能占用多室分信号，修改楼宇室分参数 SSLENSD，增加滤波长度。

（2）建造室外系统

通过室外宏基站的天线对楼宇进行覆盖是最为常见的一种覆盖方式，透过窗外很多地方都能见到各式各样的天线系统。

主要以微蜂窝、光纤直放站为信源，在高层楼宇周围布放室外天线对其进行针对性的覆盖，需要考虑天线的角度、天线水平波瓣角、建筑物穿透损耗、信号强度及地理环境等综合因素。一般采用垂直波瓣较宽、水平波瓣较窄及高增益天线，以保证覆盖区域内的场强足够强，且减少信号的外泄，信号外泄影响附近网络质量。天线方向可以选择从低往高或从高向低处射。

（3）建造室内分布系统

高层建筑的覆盖，最有效的办法是采用室内分布系统的方式进行解决，以室内微蜂窝为信源，通过在建筑物内分布天线对其进行全面覆盖。

4. 2G 网络主要室分优化参数设置原则

（1）频率优化原则

采用专用频率。由于专用的频点只有两个，经扫频测试后，为室内分布系统找出合适的 TCH 频点，找出相邻的小区，由于室内分布系统覆盖范围较独立，对外界影响很小，且室内分布系统的 BCCH 都有专门的频点，所以选取最弱信号强度频点为该小区 TCH，这样可以确保该室内分布系统小区达到最佳通话质量效果。

室内频率使用原则如下：

900MHz 室内 BCCH：2、4、6、8、10（共 5 个），TCH：11~47、71~94（共 61 个）。

1800MHz 室内 BCCH：513、515、517、519（共 4 个），TCH：521~529、553~636（共 93 个）。

（2）质量优化原则

2G 网络室内分布系统质量优化就是采用参数的调整使室内大部分用户使用分布系统的信号，特别是高层的用户。

参数优化主要有 CRO 和 LAYERTHR 等。可以通过测试边缘场强测试计算出 CRO、LAYERTHR。

边缘场强测试：通过测试全覆盖的楼层的边缘场强，用于确定室内分布系统小区层间切换电平（LAYERTHR）及小区重选偏置（CRO 等）。方法如下。

① 在楼层的四方向的中间各测试一段路线，共 4 个路线，路线距离窗户 1m；

② 每隔 5 层测试一层（该测试可与扫频测试一起进行）；

③ 锁定分布系统小区；

④ 关闭室内分布系统小区动态功率控制；

⑤ 沿路线进行拨打测试，每段路线测试时间不得少于 1 分钟，每段路线生成一个测试文件。

CRO 及 LAYERTHER 取值方法如下。

① LAYERTHR 取值。每个测试文件取信号电平的平均值（rxlev_sub），比较所有测试文件的信号电平值，取最弱信号电平值为层间切换电平。

② CRO 取值。每个测试文件取室内分布系统小区信号电平（rxlev_sub）与最强邻区信号强度的平均差值，比较所有测试文件的信号电平平均差值，取一信号电平值，该值能保证80%的区域使用到本分布系统。该取值除以 2，即为 CRO 值。

（3）切换优化原则

当分布系统建好后，需测试室内信号及其周围信号，形成新 BA 列表（即新的相邻关系），否则易掉话或无法使用到本分布系统。

（4）重要参数设置范围

重要参数建议设置值见表 5-34。

表 5-34　重要参数建议设置值

分类	参数	参数中文名	建议设置值或范围	注释
指派到其他小区	AW	指派到较差小区（Assignment to worse cell）功能开关	建议设置值为：ON	定义是否允许在服务指派到较差小区。 指派是呼叫建立过程中的一个阶段，当手机在 SDCCH 上和 MSC 建立连接后，MSC 会向 BSC 发出 assignment request 来指派信道。 指派到较差小区的功能可以允许在一个 locating 过程中排序比服务小区差的小区中指派 TCH。 ON：允许指派到较差小区。 OFF：不允许指派到较差小区。 该功能有助于提高接通率
信道组数据	NUMREQBPC	在信道组中的基本物理信道序号	SYSDEF	channel group 中的 bpc 数，步进长度为 8
	SDCCH	需求的 SDCCH/8 的数目	建议设置范围为：3～24，其中 SDCCH/4 最多只能定义 4 个 SDCCH，SDCCH/8 最多只能定义 16 个 SDCCH，SDCCH/4 包含一个 CBCH 只有 3 个 SDCCH，SDCCH/8 包含一个 CBCH 中除一个 CBCH 外，其余都是 SDCCH	有几种 SDCCH 配置类型：SDCCH/4、SDCCH/4 包含一个 CBCH、SDCCH/8、SDCCH/8 包含一个 CBCH。 （1）SDCCH/4 SDCCH 信道和 BCCH 信道组合在一起，占用广播载频的第一物理信道。这种组合只能定义 4 个 SDCCH，一个小区最多有 4 个 SDCCH 子信道。 （2）SDDCH/8 SDCCH 信道占用一个独立物理信道，一个物理信道可以分成 8 个 SDCCH 信道。一个小区最多可以定义 16 个 SDCCH 信道。如果 SDCCH 信道只占用一个物理信道，系统自动分配广播控制载频的第三个时隙为 SDCCH 信道；如果 SDCCH 信道占用两个物理信道，则 SDCCH 信道占用的第一物理信道为广播载频的第三时隙，SDCCH 占用的第二个物理信道可以定义在其他载频上（一般是小区的第二载频），但是第二个物理信道与第一个物理信道的时隙（在两个载频上）应该相同。 （3）SDCCH/4 信道中包括小区广播业务信道 CBCH 将一个 SDCCH 信道定义为 CBCH 信道，一个小区只有 3 个 SDCCH 信道。 （4）SDCCH/8 信道中包括小区广播业务信道 CBCH 将一个 SDCCH 信道定义为 CBCH 信道，其余为 SDCCH 信道。 注：为避免寻呼拥塞，尽量避免使用 SDCCH/4 方式

分类	参数	参数中文名	建议设置值或范围	注释
信道组数据	CBCH	小区广播信道	YES	CBCH=YES 表示 CBCH 可以被包含在小区或信道组的一个 SDCCH/8 中
	BCCD	在立即分配中信道组频率是否被允许使用	建议设置为 YES E-GSM 所属 CHGR 需设置为 NO	BCCD=YES 表示允许使用，BCCD=NO 表示禁止
信道管理/TCH 信道上的立即指派	CHAP	信道分配方案	建议设置范围为：0～2	每一种信道指派方案为所有的话务情况提供了一种信道指派的策略，这些策略与在 TCH 上立即指派（Immediate assignment on TCH）的功能不同，用于处理 GSM Phase 1 和 Phase 2 手机及在 OL 子小区上指派信道。 信道指派方案分为以下 14 种： CHAP = 0 默认； CHAP=1，TCH 上的立即指派（Immediate assignment on TCH），首选 SDCCH； CHAP=2，TCH 上的立即指派（Immediate assignment on TCH），首选 TCH，对于 GSM Phase 2 手机，由 MSC 提供所需信道（Channel Needed）； CHAP=3，TCH 上的立即指派（Immediate assignment on TCH），首选 TCH，对于 GSM Phase 2 手机，不由 MSC 提供所需信道（Ch- annel Needed）； CHAP=4，TCH 上的立即指派（Immediate assignment on TCH），首选 TCH，对于 GSM Phase 1 手机，不由 MSC 提供所需信道（Channel Needed）； CHAP=5，Overlaid 子小区最后考虑； CHAP=6，TCH 上的立即指派（Immediate assignment on TCH），首选 SDCCH，Overlaid 子小区最后考虑； CHAP=7，与 CHAP = 0 相同； CHAP=8，BCCH 位于 Overlaid 子小区； CHAP=9，小区间切换和指派在其他小区时指向 Underlaid 子小区（受限的）； CHAP=10，小区间切换和指派在其他小区时优先指向 Underlaid 子小区； CHAP=11，BCCH 位于 Overlaid 子小区。仅限 OL 子小区，TCH 上的立即指派（Immediate assignment on TCH），首选 SDCCH； CHAP=12，BCCH 位于 Overlaid 子小区。仅限 OL 子小区，TCH 上的立即指派（Immediate assignment on TCH），首选 TCH； CHAP=13，TCH 上的立即分配，首选 TCH，OL 子小区作为最后的选择

分类	参数	参数中文名	建议设置值或范围	注释
信道管理/TCH信道上的立即指派	NECI	是否支持半速率	一般都支持半速率的开启，但在业务量不多的地方也可不开启该业务	该参数定义新建原因指示，用于告知 MS 该小区是否支持半速率业务； NECI=0 表示本小区不支持半速率业务的接入； NECI=1 表示本小区支持半速率业务的接入
信道分配优化	DHA	DHR 开关		该参数控制动态半速率的启用
邻区关系	KHYST	Kcell-Kcell边界信号强度迟滞	建议设置范围为：2~6	该参数是按信号强度标准定义的小区边界的迟滞值，它是在先定义了小区相邻关系的情况下定义的小区到小区的信号强度迟滞参数，也即是在每个小区的切换方向上可以独立的定义。同时该参数为一个对称性参数，即在定义一个切换方向上的时候，在反方向也同样被自动定义。 注意：该参数仅适用于爱立信 Locating 算法 1 的计算，广州现网采用算法 1
	KOFFSETN	Kcell-Kcell信号强度边界偏移	建议设置范围为：1~5	通过该参数的设置可以以信号强度为偏置，使小区的切换边界靠近服务小区，该偏置值以 dB 为单位。 注意：该参数仅适用于爱立信 Locating 算法 1 的计算，广州现网采用算法 1
	KOFFSETP	Kcell-Kcell信号强度边界偏移	建议设置范围为：0~5	通过该参数的设置可以以信号强度为偏置，使小区的切换边界远离服务小区，该偏置值以 dB 为单位。 注意：该参数仅适用于爱立信 Locating 算法 1 的计算，广州现网采用算法 1
扩展小区	XRANGE	是否扩展小区	特殊小区可开启，如海域覆盖小区	小区状态在闭塞之后，该参数才可以被修改
空闲信道测量	ICMSTATE	空闲信道测量状态	建议值：ACTIVE	本参数定义了空闲信道是否被测量以及测量的目的。它是影响小区统计和信道分配的重要参数。 ACTIVE：该测量用于信道分配和统计； PASSIVE：无空闲信道被测量； NOALLOC：该测量仅用于统计
空闲模式小区参数	ACC	接入控制类型	该参数设置不当可能导致用户无法接入，一般设置为 clear	0~9：禁止的接入类型； 10：因为 MS 属于 0~9 的类型，紧急呼叫未得到允许； 11~15：禁止的接入类型； CLEAR：所有接入类型都允许。 空闲模式参数：小区级别数据—空闲模式参数，GSM 规范（02.11）规定，一般给每一个 GSM 用户（一般用户）分配一个接入等级

续表

分类	参数	参数中文名	建议设置值或范围	注释
空闲模式小区参数	ACCMIN	最小接入电平	建议设置值或范围：100±2	该参数定义了允许 MS 接入网络的最小接收电平，分为 0～63 个等级，对应不同等级的信号强度，具体如下。 47：　Rxlev> −48dBm（level 63） 48：　−49～−48dBm（level 62） ： 108：−109～−108dBm（level 2） 109：−110～−109dBm（level 1） 110：Rxlev< −110dBm（level 0） 如无特殊需求，该参数绝对值不应小于 96
	CBQ	小区禁止限定	建议设置值或范围：HIGH	CBQ=HIGH 表示小区有高优先级，CBQ=LOW 表示小区有低优先级。对于 GSM Phase 2 手机，一个小区有两种优先级，这种优先级由参数 CBQ 和 CB 共同控制，如表所示。 CBQ　　　CB　　　　Phase 2 MS cell sel/resel 　　　　　　　　　　Phase 1 MS cell sel/resel HIGH　　　NO　　　　normal normal normal HIGH　　　YES　　　barred barred barred LOW　　　NO　　　　low priority normal normal LOW　　　YES　　　low　priority normal barred 在空闲状态下，MS 通过将报到小区按照信号强度的降序进行排队以选择适合的小区驻留。如果已选到适合的小区，MS 就驻留在那里。用 Phase 2 手机进行小区重选时，小区有两种水平的优先级，在没有其他正常优先级的适合小区可驻留时，可驻留在低优先级的适合小区
	CRH	小区重选迟滞值	建议设置值为：6	该参数定义了小区重选迟滞值，在区域边界上进行小区重选所需的接收信号强度迟滞值。 每一次位置的改变都要执行一次位置更新，从而增加信令的负担。为了避免边界上进行小区选择时产生乒乓切换效应，需要定义一个迟滞值，这个值就是 CRH

分类	参数	参数中文名	建议设置值或范围	注释
空闲模式小区参数	CRO	小区重选偏置	建议调整范围为 0～5。 在小区选择时有：C1=(Rxlev−ACCMIN)−MAX(CCHPWR−P, 0) >0 小区重选时有： C2=C1+CRO−TO×H(PT−T)；PT<>31 C2=C1−CRO PT=31 注意：该参数的步进长度为 2dB	小区重选偏置值，该参数定义 MS 对 C2 值的正偏移，起到改变空闲模式下小区优先级的作用，该值设置越大小区容易被重选到； 但当 PT=31 时，该参数对 C2 值起负偏移作用（即 CRO 设置越大小区越难被重选到）
	NCCPERM	允许的网络色码	0&&7	定义在 BCCH 载波上允许的网络色码
	SIMSG	系统信息中的 BCCH 消息		SIMSG 与参数 MSGDIST 的关系如下： SIMSG=1，MSGDIST = ON，表示发送系统消息 1； SIMSG=7，MSGDIST=OFF，表示不发送系统消息 7； SIMSG=8，MSGDIST=OFF，表示不发送系统消息 8
	T3212	周期位置更新定时器	建议设置为 5 注：T3212 取值不能大于 BTDM+ GTDM 的取值	GSM 系统中发生位置更新的原因主要有两类：一种是移动台发现其所在的位置区发生变化（LAC 不同）；另一种是网络规定移动台周期地进行位置更新。周期位置更新的周期由参数 T3212 确定。 注：该参数设置越小，周期位置更新越频繁，有助于提高网络寻呼成功率，但需要关注 CP 负荷
	MSGDIST	系统消息 BCCH 信息发布		ON 分配系统消息 BCCH 信息； OFF 不分配系统消息 BCCH 信息，与 SIMG 配合使用
	CB	Cell 禁止接入	除非特殊需求，一般设置为 NO	NO：小区不禁止接入。 YES：小区禁止接入。 CB 与 CBQ 的相关配置如下： CBQ　CB　　　　　　Phase 2 MS　Phase 1 MS 　　　　　　　　　　Cell sel.　Cell resel. Cell sel./resel. HIGH　NO　　　　　normal　normal 　　　　　　　　　　normal HIGH　YES　　　　barred　barred 　　　　　　　　　　barred LOW　NO　　　　　low priority　normal 　　　　　　　　　　normal LOW　YES　　　　low priority　barred 　　　　　　　　　　normal

分类	参数	参数中文名	建议设置值或范围	注释
空闲模式小区参数	ATT	IMSI attach and Detach 开关	打开该功能有助于减少无效寻呼，一般设置为 YES	NO：小区中的 MS 不允许应用 IMSI attach 和 deattach； YES：小区中的 MS 允许应用 IMSI attach 和 deattach
加密算法	ALG	加密算法控制开关		是否采用加密算法，采用何种算法： ALG1：A5/1 算法； ALG2：A5/2 算法； NOCIPH：无加密算法
公共小区参数	AGBLK	AGCH 保留的 CCCH 块的数量	建议设置值：1	参数 AGBLK 规定为 AGCH 保留的 CCCH 块（CCCH block）的数量，CCCH 块（CCCH block）也用于在 AGCH 上向手机发送接入许可信息（Access grant messages）。CCCH 上分配给寻呼信息（Paging messages）和接入许可信息（Access grant messages）的比例由参数 AGBLK 和 MFRMS 来控制。 接入许可信息（Access grant messages）在系统中的优先级较寻呼信息（Paging messages）为高，即使没有为 AGCH 预留的 CCCH 块（CCCH block）时（如 AGBLK=0）也是如此。所以一般情况下不必为 AGCH 预留 CCCH 块（CCCH block）。但在下列情况下，AGBLK 必须设为 1。 ① 需要发送系统信息 7 或 8； ② 如果小区使用非混合（Non-combined）的 BCCH 并使用小区广播； ③ 如果使用 GPRS 并且需要发送系统信息 2bit 或系统信息 2ter。 注意：爱立信的 RBS200 及 RBS2000 系列只能支持 AGBLK=0 及 AGBLK=1。 在不同的 AGBLK 及 MFRMS 的设定条件下的寻呼组数量及其时间间隔在不同的 BCCH 配置下的关系如下。 MFRMS　每个寻呼组（Paging Group）　混合 BCCH 中的寻呼组（Paging Group）数量　非混合 BCCH 中的寻呼组（Paging Group）数量　两次传输之间的时间间隔（秒） AGBLK=0　　　　AGBLK=1 AGBLK=0　　　　AGBLK=1 2　　　　　　　　0.47 6　　　　　4 18　　　　16 3　　　　　　　　0.71 9　　　　　6 27　　　　24 4　　　　　　　　0.94 12　　　　8 36　　　　32 5　　　　　　　　1.18

分类	参数	参数中文名	建议设置值或范围	注释		
公共小区参数	AGBLK	AGCH 保留的 CCCH 块的数量	建议设置值：1	15 45 6 18 54 7 21 63 8 24 72 9 27 81	10 40 12 48 14 56 16 64 18 72	 1.41 1.65 1.89 2.12
	BCCHTYPE	BCCH 类型	建议设置值：NCOMB	该参数规定了 BCCH 频率计时隙上的逻辑信道混合类型。 COMB：混合控制信道，使用混合 BCCH 和 SDCCH/4； COMBC：带有 CBCH 的混合控制信道，使用混合 BCCH 和带有 CBCH 子信道的 SDCCH/4； NCOMB：不适用混合控制信道，不采用任何形式的 BCCH 及 SDCCH/4 混合。 采用 COMB 和 COMBC 模式，将 SDCCH 信道复用到 BCCH 上，能节省出 1 条 TCH 信道，但限制了 SDCCH 信道资源，同时降低寻呼容量。现网中一般不建议采用 COMB 及 COMBC		
	BSPWRB	BCCH 载频发射功率	一般 900 站该值调整的范围为43~47dBm（如无特殊需要，市区站不应超过 45），1800 站的调整范围为 43~45dBm，而且该值一般与 BSPWRT 调整为同样大小的值	RBS200 型基站的建议取值如下： GSM 900：43~47dBm，只取单数数值； GSM 1800：43~45dBm，只取单数数值。 RBS 2101/2102/2103/2106/2107/2202/2206/2207 型基站，建议取值如下： GSM 900：43~47，49（1），51（2）dBm，只取单数数值； GSM 1800：43~45，47（1），49（2）dBm，只取单数数值。 RBS2309 型基站的建议取值如下： GSM 900：33~37，39（1）dBm，只取单数数值； GSM 1800：33~37，39（1）dBm，只取单数数值。 RBS 2301/2302/2308 型基站的建议取值如下： GSM 900：29~33，35（1）dBm，只取单数数值； GSM 1800：29~33，35（1）dBm，只取单数数值。 注意：对 GSM 900 频段硬件型号为 TRU KRC 131 47/01，BSPWRB 取值范围为 31~43dBm。如果在一个小区中存在一块或多块该型号的 TRU，那么该小区最大取值为 43dBm。而在该小区内所有 TRX 的相应参数 MPWR 都应设置为 43dBm		

分类	参数	参数中文名	建议设置值或范围	注释
公共小区参数	BSPWRT	TCH 载频发射功率	一般 900 站该值调整的范围为 43～47dBm，1800 站的调整范围为 43～45dBm，而且该值一般与 BSPWRB 调整为同样大小的值	RBS200 型基站的建议取值如下： GSM 900：31～47dBm，只取单数数值； GSM 1800：33～45dBm，只取单数数值。 RBS2000 型（除 RBS2308 和 RBS2401 基站外）基站，建议取值如下： GSM 800：35～47，49（1），51（2）dBm，只取单数数值； GSM 900：35～47，47（1），49（2）dBm，只取单数数值； GSM 1800：33～45，47（1），49（2）dBm，只取单数数值； GSM 1900：33～45，47（1），49（2）dBm，只取单数数值。 RBS2308 型基站的建议取值如下： GSM 800：21～33，35（1）dBm，只取单数数值； GSM 900：33～37，39（1）dBm，只取单数数值； GSM 1800：33～37，39（1）dBm，只取单数数值； GSM 1900：33～37，39（1）dBm，只取单数数值。 RBS2401 型基站的建议取值如下： GSM 900：7～19dBm，只取单数数值； GSM 1800：9～21dBm，只取单数数值； GSM 1900：9～21dBm，只取单数数值。 注意：对 GSM 900 频段硬件型号为 TRU KRC 13147/01，BSPWRB 取值范围为 31～43dBm。如果在一个小区中存在一块或多块该型号的 TRU，那么该小区最大取值为 43dBm。而在该小区内所有 TRX 的相应参数 MPWR 都应设置为 43dBm
	MFRMS	复帧周期	建议设置值：5	MFRMS 定义同一寻呼组的寻呼间隔，以一个复帧周期为单位。比如，MFRMS=9 表示移动台属于一个特定的寻呼组每 9 个复帧周期重复一次。MFRMS 值越高，小区中寻呼组的数量越多。 MFRMS、AGBLK 和寻呼组数量的关系是： 组合 BCCH/SDCCH 小区： 寻呼组数量=（3–AGBLK）× MRFMS； 非组合 BCCH/SDCCH 小区： 寻呼组数量=（9–AGBLK）× MFRMS
定位算法—基本排队	BSRXMIN	切换目标小区上行链路的最小信号强度	一般设置为 95～105，根据每个小区的话务、切换，适当增减	候选小区需要满足条件：SS_DOWN>MSRXMIN，SS_UP>BSRXMIN，邻区的下行电平必须大于等于该邻区本身设置的 MXRXMIN，上行电平必须大于等于该邻区本身设置的 BSRXMIN

分类	参数	参数中文名	建议设置值或范围	注释
定位算法—基本排队	BSRXSUFF	BTS 接收到的足够信号强度	广州采用下行 K 算法，本参数一般设置为 150	该参数定义了小区进行 L 排队的上行链路最小信号强度。 当 BSRXSUFF 设置为 150，而 MSRXSUFF 设置为 0 时，表示采用下行 K 算法排队； 当 BSRXSUFF 设置为 0，而 MSRXSUFF 设置为 150 时，表示采用上行 K 算法排队
定位算法—基本排队	MSRXMIN	切换目标小区下行链路的最小信号强度	一般设置为 90～100，根据每个小区的话务、切换，适当增减	候选小区需要满足条件： SS_DOWN>MSRXMIN，SS_UP>BSRXMIN，邻区的下行电平必须大于等于该邻区本身设置的 MSRXMIN，上行电平必须大于等于该邻区本身设置的 BSRXMIN。 该参数定义了切换目标小区下行链路的最小信号强度，表示手机能够接收到的最小信号强度，反映了手机的接受灵敏度
定位算法—基本排队	MSRXSUFF	MS 接收到的足够信号强度	广州采用下行 K 算法，本参数一般设置为 0	该参数定义了小区进行 L 排队的下行链路最小信号强度。 当 BSRXSUFF 设置为 150，而 MSRXSUFF 设置为 0 时，表示采用下行 K 算法排队； 当 BSRXSUFF 设置为 0，而 MSRXSUFF 设置为 150 时，表示采用上行 K 算法排队
定位算法—Misc 小区参数	MAXTA	通话过程中的手机距离基站的 TA 值大于该值时，BSC 将强制中断通话	如无特殊考虑，一般设置为允许的最大值 63。若需要控制小区范围，可适当设小，但不应小于 4	本参数定义了小区内用户掉话前允许的最大 TA 值，如果检测到的接入脉冲（Access Burst）中的 TA 大于或等于 MAXTA，则后续呼叫建立被系统终止，如果已经建立的呼叫中的 TA 大于或等于 MAXTA，则呼叫被系统释放
多频操作	CSYSTYPE	在单频带小区定义系统类型		该参数是在单频带小区定义系统类型； 这个参数只是在 global system 类型是 MIXED 时才要强制定义的
HCS 参数	LAYER	小区的层值	目前使用的 LAYER 为 1～3，一般 1800 小区/微蜂窝设置为一层，普通 900 小区设置为 2 层	一层具有最高优先权
HCS 参数	LAYERHYST	由低优先级小区切换至高优先级小区的信号强度迟滞	建议调整范围为：2～5dB	高层—低层小区切换的信号强度滞后值，与 LAYERTHR 组合使用
HCS 参数	LAYERTHR	由低优先级小区切换至高优先级小区的信号强度门限值	建议设置范围为：70～95	高层—低层小区切换的信号强度门限值，与 LAYERHYST 组合使用

分类	参数	参数中文名	建议设置值或范围	注释
GPRS/EGPRS 信道管理	FPDCH	数据业务专用的 PDCH 信道	建议配置 FPDCH 数≥1	FPDCH 是用来指定小区中专用于 GPRS/EGPRS 业务中的业务信道。该专用 PDCH 业务信道不能被语音预清空，一个小区最大是设置到 16 个数据业务专用信道。 注意：FPDCH ≤ NUMREQEGPRSBPC（支持 GPRS/EGPRS 的基本物理信道）
GPRS/EGPRS 信道管理	NUMREQCS-3/CS-4-BPC	需求的 GPRS CS-3/CS-4 BPC 数目		该参数规定了信道组中所需求的可支持 GPRS CS-3 或 CS-4 的 BPC 数
GPRS/EGPRS 信道管理	NUMRE-QEGPRS-BPC	需求的 EGPR BPC 数目	在资源允许的情况下，设置为 EDGE 载波数的 8 倍	该参数规定了信道组中所需求的可支持 EGPRS 的 BPC 数
GPRS/EGPRS 信道管理	GPRSSUP	GPRS/EGPRS 功能	需设为 ON	开启或者关闭小区的 GPRS/EGPRS 功能

5.3.2 3G 网络优化参数设置

1. 3G 室分网络覆盖特点

3G 网络目前的工作频段为 2010～2025MHz，相比 900MHz 和 800MHz，2000MHz 的散射、反射损耗以及穿透损耗都很大，由于地形、建筑等因素影响，在室内更容易形成各种信号覆盖盲区。同时，对于许多规模大、质量好的建筑物，单纯依靠室外覆盖不能完全解决其覆盖和话务量问题。

在大型建筑物的低层、地下商场和停车场等环境中，由于过大的穿透损耗，形成了网络的盲区和弱区；在建筑物的中间楼层，由于来自周围过多基站信号的重叠，产生乒乓效应，是网络的干扰区；在建筑物的高层，由于受基站天线的高度限制产生孤岛效应，是网络的盲区。另外，在有些建筑物内，虽然用户能够正常通话，但是用户密度大，基站信道拥挤，手机上线困难，是网络的忙区。建筑物电磁环境模型简略图如图 5-72 所示。

图 5-72 3G 室分电磁环境模型

目前 3G 网络在室内信号覆盖的问题主要有以下几个方面。

目前 3G 网络在室内信号覆盖的问题主要有以下几个方面。

（1）覆盖方面，由于建筑物自身的屏蔽和吸收作用，造成了无线电波较大的传输衰耗，形成了无线信号的弱场强区甚至盲区。

（2）容量方面，诸如大型购物商场、会议中心的建筑物，由于无线市话使用密度过大，局部网络容量不能满足用户需求，无线信道发生拥塞现象。

（3）质量方面，建筑物高层空间极易存在无线导频污染，服务小区信号不稳定，出现乒乓切换效应，话音质量难以保证，不时出现掉话现象。

以上各种问题严重影响了终端的正常使用，从而影响用户的主观感知度。根据网络优化的经验以及用户反应，室内覆盖主要为：

① 室内盲区；

② 新建大型建筑、停车场、办公楼、宾馆和公寓等；

③ 话务量高的大型室内场所；

④ 车站、机场、商场、体育馆、购物中心等；

⑤ 发生频繁切换的室内场所高层建筑的顶部，收到许多基站的功率近似的信号。

2．3G 网络室内覆盖规划优化策略

（1）综合考虑室内外信号泄露干扰、交错时隙干扰等因素，建议室内小区采用单独的频点覆盖，室内外异频。

（2）建议室内覆盖规划和优化中，确保小区间隔离度，严格控制小区覆盖，适当控制切换区大小。原则上，小区覆盖范围内 80%以上的区域隔离度应达 20dB 以上。

（3）对于小区间隔离度较高的场景，可以采用 N 频点组网方式；当小区间隔离度不足时，应采用异频组网。同时，室内覆盖不同小区间应尽量采用正交性良好的扰码。

（4）楼宇的小区规划建议将楼宇的低层与高层单独划分小区。将低层小区与出口处的室外宏小区配置邻区关系，高层小区不与室外宏小区配置邻区关系，避免高层的乒乓效应和握手现象，避免室外宏小区对室内高层覆盖的影响。

（5）电梯覆盖一般贯穿整个楼层，一般在 1F 进出电梯用户最多，建议将电梯覆盖与一层的小区划分为同一小区，电梯内部不设置切换区，减少切换。

3．室内优化问题

（1）室内外信号泄漏干扰

室内信号泄漏到室外，可能造成对室外小区的干扰，室内外同频情况下干扰较严重。室内覆盖建设建议采用室内外异频策略，并在网络规划中注意控制室内信号的外泄。

通过良好的网络规划，可以有效控制室内信号外泄和室外信号强度。

异频情况下室内外干扰不明显。

（2）室内外交错时隙干扰

室内外同频情况下，室内和室外小区时隙交错配置时，可能出现较强的交错时隙干扰，造成小区容量损失。

室内外同频组网时，应增加一层异频隔离小区，否则交错时隙情况下，室内对室外干扰较高；室内外异频组网时，交错时隙干扰不明显，对室内外小区影响均较小。

综合各种因素，建议采用室内外异频组网。

（3）室内覆盖多小区隔离

室内覆盖无法使用智能天线，因此，室内多小区之间的干扰隔离是网络规划和优化的重点，也是提升网络性能的关键措施之一。

在实际规划中，通常把每层或者若干层划分为一个小区，利用楼板穿透损耗造成层间隔离，降低小区之间的干扰。

但是，在复杂的室内场景下，常常由于各种因素限制，造成小区之间隔离不足，多小区重叠覆盖区域较大，测试结果表明，此时多小区间干扰水平较高，容量和性能均有一定的下降。为了量化评估室内覆盖多小区隔离，引入了隔离度的概念。

① 小区间隔离度：是指在网络中任意一点上，UE 接收到的服务小区 PCCPCH RSCP 与其同频邻区中 PCCPCH RSCP 的差值。对于异频邻区，隔离度定义为 RSCP 差值加频间隔离度。

② 小区间隔离度指标，本质上体现了室内多小区之间的重叠覆盖情况，同一地点多小区之间信号场强相当时，隔离度较低，小区间相互干扰较高。

③ 对于同一楼层由一个小区覆盖的情况，小区间隔离度较高；当同层出现多个小区，且小区之间没有墙壁隔离时，隔离度较低，典型场景如挑空大堂、体育场馆等封闭性较差的室内环境。

④ 测试结果表明，当测试点小区间隔离度高于 20dB 时，业务性能良好，容量可达到满容量（码道受限）；当测试点小区间隔离度小于 15dB 时，容量测试仅能达到码道容量的 38%（3 个 CS 12.2kbit/s 业务），网络性能恶化严重。

（4）乒乓切换

室内高层覆盖较易受到室外宏站的干扰，往往出现乒乓效应和握手效应，可以通过设置合理的服务小区和邻区重选质量偏移，以及小区个体偏移等无线参数，使得室内用户优先驻留室内微小区。也可以在窗口和楼梯通道处增加板状天线朝向室内覆盖，以增强室内分布信号对此区域的覆盖，形成单一的主服务小区，消除乒乓效应。但是往往由于室内环境和建筑物制约，无法增加新的天线，在这种情况下，可以通过调整室外天线的方位角和俯仰角控制室外信号，尽量减少室外信号对室内的影响。

（5）电梯切换

由于开关电梯时信号强度会发生突变，因此在做室内覆盖优化时，要避免将切换区发生在进出电梯处。通过调整导频功率，或者修改切换参数来调整切换区域大小。

4. 室内优化手段

室外网络在覆盖上是连续的，其优化先从簇优化开始，继而片区优化，最后实现全网优化。室内覆盖网络是离散的，优化是针对每一个单独的站点进行的。

考察室内覆盖的优化原则和方法如下。

室内外的优化手段是相通的，可以充分借鉴室外网络的优化手法，扩展室内优化思路。

针对不同的场景，具体场景具体分析，优化方案侧重点不同。

保证室内覆盖的良好性能，完成室内外协同覆盖。

打造易于升级和扩容的室内覆盖系统。

总体思想是：覆盖、邻区和参数。在公共信道覆盖优化的基础上，保证各种业务的呼通率指标、掉话率指标和切换成功率指标。

（1）小区间隔离控制

室内环境下，无法使用智能天线。为保证室内覆盖信号质量，必须严格控制各小区信号覆盖范围，要求做好小区间信号隔离，具体如下。

① 每个小区都有明确的主覆盖区域。

② 每一个小区覆盖范围内 80%以上的区域，要求本小区信号电平（PCCPCH RSCP）比第一同频邻区高 20dB 以上。

常规的楼宇进行水平小区分区，不同小区间有楼板的隔离，可以满足 20dB 的信号隔离要求。而在开放式的室内场景中，如奥运场馆、会展中心等，由于室内开阔无阻挡，小区间信号隔离往往不够，为避免小区间信号隔离不够的方法有：

① RF 优化：选择合适的天线，控制信号波束范围；降低天线挂高，缩小信号扩散程度；调整天线方位，避免信号越区覆盖。

② 频率优化：采用 N 频点异频组网方式。

做好小区间的信号隔离，对于保证 3G 网络室内分布系统的性能有着重要意义。

（2）提高覆盖率

良好的无线覆盖是保障移动通信质量和指标要求的前提，因此，覆盖的优化非常重要，并贯穿网络建设的整个过程。

室内覆盖问题产生的原因是各种各样的，主要原因如下：

① 在实际的 2G/3G 室分系统共用改造中，部分 2G 系统受限于物业改造，造成 3G 网络室内小区信号稍弱；

② 规划天线点位和实际工程天线点位存在偏差；

③ 室内环境无线环境变化，主要表现为楼宇内隔断增加，无线信号损耗增加；

④ 驻波比较高；

⑤ 工程改造可能存在硬件上的误操作。

如同室外网络优化一样，室内覆盖率的提高，需要首先排除硬件故障问题，然后从 RF 调整入手，在物业允许的条件下，尽可能选择合理的天线和点位，确保覆盖效果。

（3）提高呼通率

室内覆盖中，如果出现呼叫成功率较低的现象，一般而言还是覆盖存在干扰。具体而言，呼通率较低的主要原因有弱覆盖、切换区不合理、干扰。

当出现呼通率较低时，分析产生的原因。通常室内信号强度设计是满足呼通率要求，但是由于 3G 网络室内覆盖是由 2G 网络改造而来的，3G 网络设计了多小区，各小区之间重叠覆盖区域严重，切换区不合理，问题的根本解决还需从 RF 控制入手，辅以组网频率优化手段。

现网中，干放在 3G 网络室内覆盖中还是有一定应用的，部分非重点楼宇，则是应用了较多的干放，进而抬升了基站的底噪，降低了基站的接收机灵敏度，对基站的性能造成了较大的干扰。针对干放带来的干扰，其解决手段包括：调整干放的覆盖区，使其覆盖用户稀少的区域；调整干放增益，减少对基站的干扰，同时保证其覆盖区的信号质量。对于影响严重的，可以采用性能优异的 RRU 替换干放，RRU 无论是从性能上和功率上，替换干放后，可以大幅度提高呼通率，提高覆盖效果。

（4）降低掉话率

一般而言，掉话的原因主要有 3 个方面：由覆盖引起的掉话、由切换引起的掉话、由干扰引起的掉话。

解决方法可以参照提高呼通率的经验。

（5）提高切换成功率

① 乒乓切换

对于室内覆盖而言，乒乓切换经常发生在空旷区域，如场馆覆盖中，由于各小区信号相互掺杂，使连接态的 UE 无法长时间驻留某一小区，而是在各小区间频繁切换。

乒乓切换产生的原因是小区间隔离度不够，通常会采用频率优化的方式减少切换区对于容量的冲击，但是不能从根本上解决乒乓切换。解决乒乓切换主要方法如下。

A．无线切换参数的优化调整。不过调整无线切换参数，虽然可以减少乒乓切换的程度，但是也会带来切换不及时等其他问题，故需要综合考虑，且在修改参数后，需要及时测试和统计跟踪。

B．调整天馈参数（调整天线位置、天线出口功率等，甚至更换天线类型），避免覆盖范围过大。但是必须注意不要出现服务盲区等新问题。

② 电梯开关门切换

通常，高层多小区建筑中，电梯和低层设计同一小区，减少用户进出电梯的切换受电梯工程布线的限制，电梯和高层将发生大量切换。高层用户出入电梯时，将发生类似街道拐角效应的瞬时切换，对用户主观感受影响较大。

解决的手段如下。

A．提高电梯内覆盖信号：增强电梯覆盖天线信号覆盖强度，虽然电梯井有电梯门阻挡，但是电梯门附近还是有信号扩散到电梯门厅中。不建议采用电梯门厅的过渡天线的方式，因为该方法工程实施工作量极大。当 UE 进入电梯厢中，电梯内信号很强，无须电梯门关闭来减少电梯外小区信号，就已经切换到电梯中去。当 UE 离开电梯厢，信号很快衰减，可以顺利切换到电梯外部小区。

B．电梯内外异频组网，高负载下，同频切换下切换成功率较低，而异频切换的成功率高。

C．目前室内使用了 3 个频点，当多小区设计容量没有达到 3 载波配置时，为了提高电梯内外的切换成功率，设计上可以提高载波配置，如从 2 载波提升到 3 载波配置。

③ 高速移动下切换

室内覆盖的用户都是在低速移动状态，但在地铁等隧道覆盖中，必须考虑高速移动下的切换成功率。由于室内覆盖无法应用智能天线，针对高速移动下的切换，必须合理规划切换区，确保顺利完成切换。

④ 越区切换

越区覆盖在室内覆盖中，主要表现如下。

A．室内信号外泄，导致室外用户接入室内外泄的信号，增加干扰，产生更多的切换，掉话率升高。

B．室外信号干扰室内小区信号，室内用户难以正常驻留在室内小区中，转而驻留在室外小区，导致无法正常分担室外网络负荷，甚至可能增加室外网络的负荷。UE 无法始终驻留在室内信号，乒乓重选或乒乓切换，掉话率增加。

室内外信号的相互影响，在目前 2G/3G/4G 共室内覆盖的情况下，是无法简单通过 RF 调整而避免的。因此必须通过参数调整，目前主要是 HCS 和小区个体偏置参数，提高室内小区的优先级别，增加室内小区向室外小区切换发生的难度，从而减少越区切换。

5. 面向场景的优化方案制定

大量离散分布的室内覆盖站点，通过话务特性和传播特性分析，可以将室内覆盖分成多种场景，每一种场景下的优化方案大致相同，因此可以提高优化指导的有效性。

（1）按照开放程度区分场景

室内覆盖环境的开放程度，对于其规划和优化有着很大的影响。按照开放程度，室内覆盖场景可以划分如下。

① 封闭场景

室内环境封闭，室外信号难以达到室内，如地下室、电梯、地铁和公路隧道等场景。封闭场景的优化重点是保证最低信号覆盖强度。

② 半封闭场景

室内环境相对封闭，但是室外信号可以通过窗户覆盖到室内的小片区域中去，如商务写字楼、大型购物商场、宾馆酒店等。

③ 半开放场景

这类场景，或拥有大量的玻璃幕墙，或室内楼层高且空旷。前者如北京中兴大厦拥有大量的玻璃幕墙，室内外信号可以轻易相互影响；后者如展览中心，单天线视距覆盖距离大，信号容易覆盖区域过大。

半开放场景的优化重点是合理进行小区规划，减少室外信号或者相邻小区信号干扰。

④ 开放场景

"鸟巢"就是典型的开放场景，天线安放很高，视距覆盖距离大，一个小区配置较少的天线数量，因此必须严格进行单天线覆盖控制。

属于开放场景的有：机场检票大厅、候机大厅、大型体育场馆等。开放场景的优化重点是严格控制单天线覆盖区域，确保大容量话务的充分吸收。

（2）按照覆盖和容量需求区分场景

① 重覆盖的场景

这类场景话务需求较低，依靠室外信号无法完成对室内的覆盖，因此需要引入专门的室内覆盖系统，例如居民区、地下室、电梯等场景。

另外，从目前 3G 网络室内覆盖的设计情况来看，运营商沿用 2G 网络话务估算方式，较多的楼宇对 3G 网络容量需求较小，多采用单小区。如楼宇为玻璃幕墙的话，室内小区受室外信号影响较为严重，需注意控制室内外信号的频繁切换。

② 重容量的场景

这类场景对容量需求大，也是网络规划的重点，如场馆、展览馆、机场、车站等人群集散中心。这类场景重点要求合理优化各小区覆盖范围，减小多小区之间的干扰。

③ 有覆盖和容量需求的场景

多数重要楼宇属于这一类，如四星、五星酒店，高级写字楼、办公楼、大型商场等。针对这种场景，需要注意合理设计高低层的切换和邻区设计，规避高层信号的乒乓切换。

6. 室内外协同覆盖优化

室内外协同覆盖的重点是室内外良好的小区重选和切换设计。小区重选和切换设计，与室内外信号的分布是分不开的。室外信号在室内可能的分布情况如图 5-73 所示。

　　室内天线布放的目的就是为了保证室内信号足够强，能够"逼出"室外的信号，确保用户在室内环境下能够使用室内规划的信号。理论上来说，信号分布最好能够采取"以强攻强，以弱对弱"的方式，确保室内信号全面压制室外信号。此时理论室内规划信号分布如图 5-74 所示。

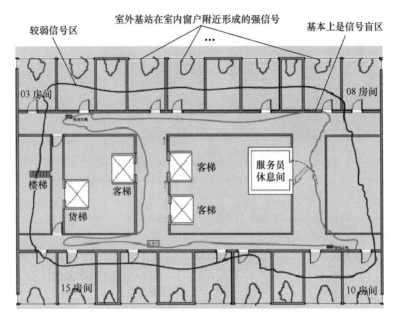

图 5-73　室外信号在室内可能的分布图

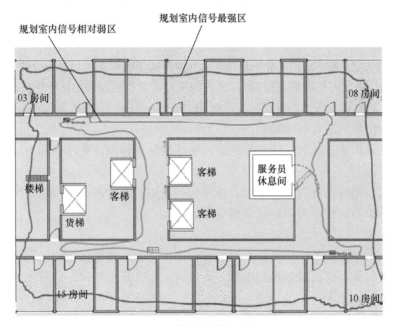

图 5-74　规划室内信号分布图

　　要想达到"以强攻强，以弱对弱"的室内信号规划效果，需要保证天线能够布放在房间中。实际的工程施工受到物业的限制是非常大的，在房间中布放天线是很困难的。可以提供天线布放的地方一般都是室内公共区域，如走廊、电梯井等；针对一些重点覆盖区域，如会议室、VIP 办公室等，需要专门进行覆盖。

因此，为避免室外信号的强干扰，3G 网络室内覆盖系统采用单独的室内频点，保证室内信号与室外信号之间的良好隔离。目前室内外异频组网，也是出于这样的目的。

同时，室内外协同覆盖需要关注：出入口的室内外小区信号分布，室内小区之间形成良好的切换区。

（1）室内外小区在出入口形成良好的切换区

通常，进入出入口的信号分布经过优化后如图 5-75 所示。

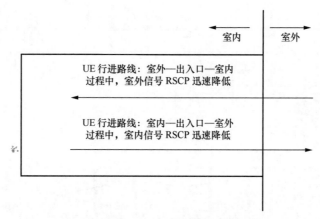

图 5-75　出入口室内外信号分布

如图 5-75 所示信号分布的话，室内小区向室外的切换是非常顺利的。而用户由室外进入到室内时，目前出入口处最强的室外小区才配置室内小区为邻区，因此，室外小区向室内的切换成功率也是可以保证的。

现网中，有些大楼大厅空旷，室外信号在出入口形成了强覆盖，一直覆盖到电梯口。这就需要对室内外的切换带和切换参数进行调整。室内向室外的切换可以采用基于绝对门限触发测量方案。而室内小区则配置更高优先级别，当室外 UE 进入室内挂机后，迅速驻留在室内小区中。

（2）室内小区间形成良好的切换区

当室内覆盖采用多小区时，需要重视室内小区之间的切换。关注点如下。

① 电梯内外切换

通常，低层和电梯设计为同一小区，减少切换发生。电梯和高层发生切换，将发生类似街道拐角效应的瞬时切换，对用户主观感受影响较大。

解决的手段如下。

A. 提高电梯内覆盖信号，当 UE 进入电梯厢中，电梯内信号很强，无须电梯门关闭来减少电梯外小区信号，就已经切换到电梯中去。当 UE 离开电梯厢，信号很快衰减，可以顺利切换到外部小区。

B. 电梯内外异频组网，高负载下，同频切换下切换成功率较低，而异频切换的成功率高。

C. 目前室内使用了 3 个频点，当多小区设计容量没有达到 3 载波配置时，为了提高电梯内外的切换成功率，设计上可以提高载波配置，如从 2 载波提升到 3 载波配置。

② 室内小区间保证隔离度

当室内环境空旷时，需要注意控制各小区的覆盖范围，尽可能利用楼层等天然阻挡扩大小区间隔离度，针对半开放和开放场景，则需采用板状天线约束小区信号分布。良好的小区间隔离度可以提高切换成功率，保证设计系统容量能够充分发挥。

③ 高层小区的邻区配置

高层受到室外信号的干扰较大，为了减少高层室内信号和室外信号之间的切换，高层小区不配置室外小区作为邻区。

7. 扩容和升级

随着网络建设的发展，3G 业务高数据流将更多地集中在室内，这将对室内容量造成冲击，容易出现功率大幅攀升和容量瓶颈问题。

BBU+RRU 多通道方案，容量扩展相当灵活，升级方便。与传统的微蜂窝方案相比，BBU+RRU 具备如下优势。

① 软件实现小区分裂：依据话务发展需求，软件实现通道和小区之间的切换，从而使室内环境下的小区划分更加细致，满足不同时期的用户增长需求。

② 功率分配更有针对性：支持室内 HSDPA 下行容量增强解决方案，针对重点区域，合理分配功率，大幅提高单小区承载流量，提高了资源利用效率。

③ 更强大的设备支持能力：BBU 升级后可以支持更大的容量，而 RRU 随着大功率单通道设备的提供，可以全面升级提升室分系统性能和容量。

8. 3G 网络主要室分优化参数设置原则

（1）频率优化原则

以中国自主知识产权的 TD-SCDMA 网络频率优设置为例，站点规划一般原则如表 5-35 所列（例：室分为 O3 配置）。

表 5-35　　　　　　　　　　　　　　站点类型划分表

室内小区					
主载频	辅载频 1	辅载频 2	辅载频 3	辅载频 4	辅载频 5
10055	10063	10071			
10063	10071	10055			
10071	10055	10063			

（2）覆盖类参数设置（见表 5-36）

表 5-36　　　　　　　　　　　　　　覆盖类参数设置

参数中文名称	参数英文名称	取值范围	物理单位	调整步长	作用范围	参数功能描述	参数调整影响
小区最大下行载波发射功率	MaxDlTxPwr	0～50	dBm	0.1dB	CELL	载频总的发射功率。对于 N 频点小区，应该是对应单个载频的发射功率，为功率绝对值	
DwPCH 发射功率	DwpchPwr	−21～0	dB	0.1	CELL	定义了下行导频时隙的发射功率	设置过小，会导致相应小区的覆盖范围变小；过大，可能会对其他小区形成干扰

参数中文名称	参数英文名称	取值范围	物理单位	调整步长	作用范围	参数功能描述	参数调整影响
PCCPCH 的发射功率	PccpchPwr	6～40	dBm	0.1	CELL	指 PCCPCH 的下行发射功率。PCCPCH 的发射功率不要大于小区最大下行发射功率	PCCPCH 设置过小,会导致相应小区的覆盖范围变小;过大,可能会形成过覆盖或对其他小区形成干扰
SCCPCH 发射功率	SccpCHPwr	−35～+15	dB	0.1	CELL	SCCPCH 的发射功率。该值是个比值,是相对于 PCCPCH 的功率水平的	由于 SCCPCH 是承载 PCH 和 FACH 传输信道的,故该值设置过小,将会影响寻呼和接入
PICH 发射功率	PiCHPwr	−10～+5	dB	1	CELL	定义了下行寻呼指示信道 PICH 发射功率,影响小区的寻呼范围和性能。这里的功率是相对于 PCCPCH 的功率相对偏置量	设置过大,会导致 PCCPCH 的发射功率值无法正常设置到规划需要的强度;过低,将会导致小区边缘的 UE 无法侦听到 PICH

（3）专用信道功率参数设置（见表 5-37）

表 5-37　　　　　　　　　　　专用信道功率参数设置

参数中文名称	参数英文名称	取值范围	物理单位	调整步长	作用范围	参数功能描述	参数调整影响
上行最大发射功率	MaxULTxPwr	−50～+33	dBm	1	CELL	该参数用于限定 UE 的上行发射功率不得超过该值。在用于小区选择重选时:该参数在 SIB3/4 中系统广播,用于小区选择和重选,定义了当 UE 在 RACH 上该 UE 可用的上行最大发射功率。也可能在系统间测量系统信息中广播	设置过小,会导致上行受限;设置过大会,导致由于个别特殊的 UE(车载台)具有较大的实际发射功率,会对其他 UE 造成较大的干扰
下行 DPCH 最大发射功率	MaxDpDlTxPwr	−35～15	dB	0.1	CELL	专用下行 DPCH 的最大下行发射功率相对于小区内 PCCPCH 信道的发射功率的偏置量	过小,会形成专用信道覆盖范围受到限制;过大,可能会对其他小区的 UE 造成干扰

（4）移动性管理参数设置（见图 5-38）

表 5-38　　　　　　　　　　　移动性管理参数设置

参数中文名称	参数英文名称	取值范围	物理单位	调整步长	作用范围	参数功能描述	参数调整影响
小区选择/重选下行最小接入门限	Q_RxLevMin	−115～−25	dBm	2	CELL	下行最小接入门限。该值为测量到的 P-CCPCH RSCP（dBm）。UE 测量到的接收电平值,必须大于该值,为 UE 启动小区选择/重选的必要条件之一	调整该参数的门限值,会对小区实际覆盖半径有所影响

参数中文名称	参数英文名称	取值范围	物理单位	调整步长	作用范围	参数功能描述	参数调整影响
同频小区重选的测量触发门限	TDD-Sintrasearch	−105～91	dB	2dB	CELL	PCCPCH 主载频使用相同频点的邻小区重选测量触发门限值	该参数设置过小，会导致 UE 未及时进行测量，导致未及时重选到同频邻小区；该参数设置过大，会导致 UE 浪费电池资源
异频小区重选的测量触发门限	TDD-Sintersearch	−105～91，255 表示无效	dB	2	CELL	PCCPCH 主载频使用不同频点的邻小区重选测量触发门限值	该参数设置过小，会导致 UE 未及时进行测量，导致未及时重选到异频邻小区；该参数设置过大，会导致 UE 浪费电池资源
服务小区重选迟滞	TDD-Qhyst1s	0～40	dB	2	CELL	小区重选中，有两个标准：H 标准和 R 标准。其中 H 标准是适用于 HCS 情况下，而 R 标准适用于没有 HCS 情况	设置过大，将会导致 UE 重选没有及时执行；过小，将会导致乒乓重选
小区重选时间迟滞系数	Tresel	0～31	s	1	CELL	小区重选时间延迟不为 0 时，当发现更好的小区并且持续一段时间，则重选到该小区。这段时间即为小区重选时间延迟	设置过大，将会导致 UE 重选没有及时执行；过小，将会导致乒乓重选
判断 UE 快速移动的测量时间段	T_CrMax	不使用，30，60，120，180，240	s		CELL	该参数是在 UE 处于高速移动状态时使用，如果在 T_CrMax 内小区重选次数大于 N_Cr，则 UE 是高速移动，按高速移动作测量	设置过大或者过小，都会对 UE 是否处于快速移动状态做出误判
在测量时间段内发生的小区重选次数最大值	N_Cr	1～16	次	1	CELL	该参数为 UE 是否处于高速移动状态的唯一判据。如果在 T_CrMax 内小区重选次数大于 N_Cr，则 UE 是高速移动，按高速移动作测量	设置过大或者过小，都会对 UE 是否处于快速移动状态做出误判
小区接入禁止指示	CellBarredInd				CELL	小区状态由小区接入禁止指示"Cell Barred"、后台配置的小区保留指示"Cell Reserved for ope-rator use"、未来扩展小区保留指示"Cell Res-erved for future extension"构成。只有 3 指示项均为"OFF"，才可以接入该小区，否则不能够接入	小区接入禁止指示是网络操作员可以设置的参数。通常所有的小区均允许移动台接入。在特殊情况(如某小区仅仅用于切换，或者调试状态)下，可以设置为禁止状态。当设置该值为"ON"时，普通 UE 无法接入该小区，当测试手机具有强制接入功能时，即可对该小区进行调试，而不会影响其他普通用户。没有特殊要求时设置为"OFF"状态

参数中文名称	参数英文名称	取值范围	物理单位	调整步长	作用范围	参数功能描述	参数调整影响
小区保留指示	Cell Reserved for operator use	0，1			CELL	小区状态由小区接入禁止指示"Cell Barred"、后台配置的小区保留指示"Cell Reserved for operator use"、未来扩展小区保留指示"Cell Reserved for future extension"构成。只有 3 指示项均为"OFF"，才可以接入该小区，否则不能够接入	设置为"ON"时，UE 将无法接入该小区
未来扩展小区保留指示	Cell Reserved for future extension	0，1			CELL	小区状态由小区接入禁止指示"Cell Barred"、后台配置的小区保留指示"Cell Reserved for operator use"、未来扩展小区保留指示"Cell Reserved for future extension"构成。只有 3 指示项均为"OFF"，才可以接入该小区，否则不能够接入	当该参数设置为"ON"时，UE 将无法接入该小区
小区禁止接入时间	Tbarred	10，20，40，80，160，320，640，1280	s		CELL	如果 UE 在试图驻留到其他小区时，该 UE 即会拒绝小区接入禁止状态为"barred"的小区作为其目标邻小区，直至 Tbarred 超时为止。如果没有选择到其他小区时，且小区接入禁止状态为"barred"的小区仍为最佳小区时，UE 将会在 Tbarred 超时后再次检查小区接入禁止状态是否被改变	设置过大，会导致 UE 无法及时重选；反之，重选会加快，起不到使用至 Tbarred 的目的
HCS 小区优先级	HCSPrio	0～7			CELL	描述一个小区的 HCS（层次蜂窝结构）优先级别。在使用分层小区结构（Hierachical Cell Structure）组网时，需要根据业务的调整以及不同层设计目的设置不同的优先级	设置越小（即级别越高），UE 将会优先选择该小区；反之亦然
接入级别禁止指示	Access Class Barred list	Bit0～Bit15：对应C0～AC15，各比特位为"1"表示允许接入，为"0"表示禁止接入			CELL	该参数定义了不同级别的接入等级是否可接入。UE 将从 SIM 卡上读取该参数值	如果该参数对应的级别中设置为"0"，则相应级别的业务将无法接入网络

续表

参数中文名称	参数英文名称	取值范围	物理单位	调整步长	作用范围	参数功能描述	参数调整影响
HCS 服务小区信息广播指示	HCS Service CellInd	1：广播；0：不广播			CELL	HCS 服务小区信息广播指示，该消息位状态是 UE 决定是否对 HCS 进行测量的必要条件	该参数设置为"0"时，网络中即使存在 HCS，UE 也不会重选到 HCS 层的小区
HCS 小区重选的测量触发门限	TDD-search HCS	−105～91,255 表示无效	dBm	2	CELL	HCS 小区重选的测量触发门限，对于多层小区时使用	该参数设置过小，会导致 UE 未及时进行测量，导致未及时重选；该参数设置过大，会导致 UE 浪费电池资源
有高优先级的 HCS 小区计算服务小区选择/重选顺序的信号质量	QHCS	−115～−16	dBm	1	CELL		设置过大，会导致作为小区重选不及时
进行高 HCS 优先级小区测量的门限	Slimit,Search RATm	−105～91	dBm	2	CELL	当 Srxlevs≤SHCS, RATm 时，UE 即测量同一 RATm 内的邻小区，否则，当 Sx>Slimit, SearchRATm 时，UE 不会对相应 RATm 内的邻小区进行测量，否则，UE 就会对相应 RATm 下的邻小区（比主小区拥有较高 HCS 优先级别）进行测量如果相应服务小区没有配置 SHCS, RATm 参数，UE 即会对所有的 inter-RATm 邻小区进行测量	设置过大，会导致作为小区重选不及时
要测量的其他无线接入技术种类数	RAT List	GSM/PCS/CDMA/WCDMA/WIMAX			CELL	比如要切换和重选的 GSM、PCS、WCDMA 的种类总数	和运营商的运营策略有关
异 RAT 小区测量触发门限	S_SearchRat	−105～91	dBm	2	CELL	对其他制式无线接入网络进行测量的触发门限值	该参数设置过小，会导致 UE 未及时进行测量，导致未及时重选；该参数设置过大，会导致 UE 浪费电池资源

（5）小区切换参数设置（见表 5-39）

表 5-39　　　　　　　　　　　　　　小区切换参数设置

参数中文名称	参数英文名称	取值范围	物理单位	调整步长	作用范围	参数功能描述	参数调整影响
切换允许下行功率门限	PThresholdHO	0～100	%		CELL	下行切换所允许的最大功率门限值，相对于 TCP 的百分比值。为保证系统的掉话率维持在较低水平，对于已在系统中的需要进行切换的用户，其优先级应较新接入的用户高。因此，考虑到系统中为切换预留的容量，通常下行切换功率门限需要大于下行接入功率门限	该参数设置过大时，在网络覆盖质量较差时，会出现无符合要求的邻小区作为切换目标；过小时，在网络质量较差时，会出现较大的切换失败或者掉话
切换允许上行干扰最大门限	IThresholdHO	−112～−50	dBm	0.1	CELL	在切换判断中，邻小区的上行干扰电平值必须小于该门限值，才可以执行切换。即可以进行切换的上行最大干扰门限值	为保证系统的掉话率维持在较低水平，对于已在系统中的需要进行切换的用户，其优先级较新接入的用户高。因此，考虑到系统中为切换预留的容量，通常上行切换干扰门限应比上行接入干扰门限小
小区个性偏移	CellIndOffset	−10～10	dB	0.5	CELL	经发生之前，应将偏移加入到测量量中，从而影响测量报告触发的条件。通过应用一个正的偏移，UE 发送测量报告就如同 P-CCPCH（TDD）比实际上要好 xdB。相应地，也可对 P-CCPCH（TDD）使用一个负的偏移，此时 P-CCPCH（TDD）的报告被限制	利用本参数，运营商可以获取一个手段，调整 UE 选择的小区。例如，当一个小区由于街道拐角等原因，将存在一个质量的突变，这样就可以将小区的本参数设置为正值，增大 UE 选择本小区的几率。设置建议：一般不建议使用小区个性偏移；即使设置，偏移量也不宜超过 4dB
下行极限用户数	NdlUserThreshold	0～96			CELL	每种子类的业务在一个小区内的极限容量称之为该业务的极限用户数，接纳控制算法中会判断当前小区的用户数是否已经超过预接纳业务的极限用户数，如果超过则直接拒绝，不再进行复杂的干扰/功率预测过程，当目标小区超过了极限用户数后，切换无法进行	用户数过大，将会导致拥塞；过小，会导致系统资源的浪费

参数中文名称	参数英文名称	取值范围	物理单位	调整步长	作用范围	参数功能描述	参数调整影响
切换时间延迟	Time ToTrigger	0，10，20，40，60，80，100，120，160，200，240，320，640，1280，2560，5000	ms		CELL	触发时间主要用于限制测量事件的信令负荷，其含义是只有当特定测量事件（如 2a）条件在一段时间即触发时间（TimeToTrig）内始终满足事件条件才上报该事件	该参数设置过大，将会导致 UE 无法及时切换，甚至发生掉话可能；反之会导致乒乓切换
PCCPCH RSCP 切换迟滞量	Hysteresis	频内：0～7.5 频间：0～14.5	dB	0.5	CELL	同频迟滞系数的含义是只有当最佳同频小区的 PCCPCH RSCP 高于本小区 PCCPCHH1g（dB）时，才会上报 1G 事件	该参数设置过大，将会导致 UE 无法及时切换，甚至发生掉话可能；反之会导致乒乓切换
层 3 滤波因子	Filter Coefficient	0～14	cell	1		因为对于 UE 侧来说，L1 进行频间测量是有固定的测量周期的（200ms，在一个测量周期内会测量多点，层 1 对测量结果进行滤波，此滤波方法可以由 UE 设备自由决定），然后 L1 以一定的时间间隔报告给 L3，L3 根据本次的测量结果与之前存储的测量结果进行滤波，此滤波的方法由协议统一规定：a=1/2（k/2），k 值即为 Measurement Filter Coefficient，$F_{n\text{-}1}$ 为前一次过滤过的测量结果	滤波因子取得越小，说明本次的测量结果对最终上报给 RNC（周期报告）或做判决时（事件报告）的测量结果影响越大
使用载频门限值	UsedFreq Threshold	Intra：−115～165 Inter：−115～0	dBm	1	CELL	在测量中，该参数是指使用载频的 PCCPCH RSCP 绝对值的门限。在测量触发事件 1h、1i、2b、2d、2f 中都会用到	影响相应测量事件触发的时机。比如设置过大会导致使用频率邻小区比较难进入目标小区列表中；反之，可能导致异频邻小区在质量较差时会成为目标邻小区，增大切换失败的可能性
非使用载频门限值	NonUsed Freq Threshold	−115～0	dBm		CELL	在频间测量中，该参数是指非使用载频的 PCCPCH RSCP 绝对值的门限。在测量触发事件 2a、2b、2c、2e 中都会用到	设置过大，会导致未使用频率邻小区比较难进入目标小区列表中；反之，可能导致未使用载频邻小区在质量较差时会成为目标邻小区，增大切换失败的可能性

参数中文名称	参数英文名称	取值范围	物理单位	调整步长	作用范围	参数功能描述	参数调整影响
测量报告上报准则	RptCriteria	0: IntraFreq 1: InterFreq 2: Periodical 3: NoReporting			CELL	测量报告上报准则: 周期, 事件, 不报告等。OMCR 设置界面: TRNC_CELLMEAS>>RptCriteria	设置为周期性上报时, RNC 的负担会加重, 且无线口资源会被占用; 设置为事件方式时, 有利于降低 RNC 的负担, 不过对于个别 UE 而言, 可能会存在切换异常的现象 (比如不切换) 等
周期性测量报告的最大上报次数	RptAmount	1, 2, 4, 8, 16, 32, 64, infinity			CELL	周期性测量报告的最大上报次数, 25.331 协议中推荐的最大上报次数取值范围为 Integer (1, 2, 4, 8, 16, 32, 64, Infinity)	周期性测量报告的最大上报次数, 25.331 协议中推荐的最大上报次数取值范围为 Integer (1, 2, 4, 8, 16, 32, 64, Infinity)
周期性测量报告的上报周期	RptInterval	0, 0.25, 0.5, 1, 2, 3, 4, 6, 8, 12, 16, 20, 24, 28, 32, 64	s		CELL	周期性测量报告的上报周期, 5.331 协议中推荐的最大上报周期取值范围为 Integer (250, 500, 1000, 2000, 3000, 4000, 6000, 8000, 12 000, 16 000, 20 000, 24 000, 28 000, 32 000, 64 000)	该参数设置过大, 将会导致测量不准确; 过小, 会导致 RNC 负担过大
切换开关	HOSwitch	0: False 1: True			CELL	UE 是否可以切出该小区的开关, 对是否可以切进来不影响	正常情况设置为 "True" 状态; 如果在测试时, 不想切入到该小区, 即可设置为 "False"
Hom 开关	HoMAlgInd	关闭/打开			CELL	该参数为是否允许 UE 强制切出该小区的开关。该参数主要是对负荷控制触发的切换起作用, 而对专用测量事件触发的切换不起作用	正常情况设置为 "打开" 状态; 如果在测试时不想切出到该小区, 即可设置为 "关闭"

(6) 小区接入参数设置 (见表 5-40)

表 5-40　　　　　　　　　　　　　　小区接入参数设置

参数中文名称	参数英文名称	取值范围	物理单位	调整步长	作用范围	参数功能描述	参数调整影响
小区下行接入功率门限	Pthreshold New	−10~46.5	dBm	0.5	CELL	下行接入所允许的最大功率门限值。为保证系统的掉话率维持在较低水平, 对于需要接入当前小区的用户, 设置一个接入门限, 接纳控制算法会预测用户接入系统后在每个时隙上引起的 TCP 的增量, 如果用户当前时隙的下行 TCP 水平与 TCP 增量之	该参数设置过大, 会导致相应小区的实际服务范围变小; 过小, 可能会形成掉话和接通率过低, 且服务质量无法得到较好的保证

续表

参数中文名称	参数英文名称	取值范围	物理单位	调整步长	作用范围	参数功能描述	参数调整影响
小区下行接入功率门限	PThresholdNew	−10～46.5	dBm	0.5	CELL	和大于下行接入功率门限，则拒绝用户接入该时隙；否则，允许接入	
极限用户数	NDIUserThreshold	0～96			CELL	每种子类的业务在一个小区内的极限容量称之为该业务的极限用户数，接纳控制算法中会判断当前小区的用户数是否已经超过预接纳业务的极限用户数，如果超过则直接拒绝，不需要再进行复杂的干扰/功率预测过程，简化了流程	用户数过大，将会导致接入时产生拥塞；过小，会导致系统资源的浪费
激活因子	ActFactor	0～100	%	1	CELL	可以认为是在通话过程中专用信道实际有功率发射的时间和总时间的比值	取值大小影响初始发射功率的计算。越大，计算的初始发射功率也越大；反之，则越小
上行接入干扰门限	IThresholdNew	−112～−50	dBm	0.1	CELL	上行接入所允许的最大干扰门限值。为保证系统的掉话率维持在较低水平，对于需要接入当前小区的用户，设置一个接入门限，接纳控制算法会预测用户接入系统后在每个时隙上引起的干扰增量，如果用户当前时隙的总干扰与干扰增量之和大于上行接入干扰门限，则拒绝用户接入该时隙	该参数设置过大，会导致可接入系统的 UE 受限；过小，会导致质量下降，甚至掉话
UpPCH 最大发射次数	MaxSYNCUL	1, 2, 4, 8	次	1	CELL		该参数设置过小，将会导致上行接入失败率提高
上行接入重复次数	Mmax	1～32	次	1	CELL	指上行同步的最大允许重复次数	该参数设置过小，将会导致上行接入失败率提高
接入响应等待时间	WT	1～4	子帧	1	CELL	在发送上行同步码之后，UE 在随后的 WT 个子帧内侦听 FPACH 响应，若在规定的时间内没有听到 FPACH 响应，UE 将认为响应失败。Node B 不会对 WT 帧之前的 UpPTS 进行响应。此取值保证 UE 接入概率最大	该值越大，接入所需时间可能越长，接入成功概率越大

（7）2G/3G 重选相关参数设置（见表 5-41）

表 5-41　　　　　　　　　　　　2G/3G 重选相关参数设置

参数中文名称	参数英文名称	取值范围	物理单位	调整步长	作用范围	参数功能描述	参数调整影响
可用小区的最小 P-CCPCH RSCP	Q_RxLevMin	−115～−25	dBm	2	CELL	下行最小接入门限。该值为测量到的 PCCPCH RSCP（dBm）。UE 测量到的接收电平值必须大于该值，为 UE 启动小区选择/重选的必要条件之一	调整该参数的门限值，会对小区实际覆盖半径有所影响。该值不建议优化调整
异 RAT 小区测量触发门限	S_SearchRat	−105～−91	dBm	2	CELL	对其他制式无线接入网络进行测量的触发门限值	该参数设置过小，会导致 UE 未及时进行测量，导致未及时重选；该参数设置过大，会导致 UE 浪费电池资源
重选算法的时间迟滞系数	Tresel	0～−31	s	1	CELL	小区重选时间延迟不为 0 时，当发现更好的小区并且持续一段时间，则重选到该小区，这段时间即为小区重选时间迟滞	设置过大，将会导致 UE 重选没有及时执行；过小，将会导致乒乓重选
服务小区重选迟滞	QHyst1S	0～40	dB	2	CELL		设置过大，将会导致 UE 重选没有及时执行；过小，将会导致乒乓重选。调整步长为 2

（8）2G/3G 切换相关参数设置（见表 5-42）

表 5-42　　　　　　　　　　　　2G/3G 切换相关参数设置

参数中文名称	参数英文名称	取值范围	物理单位	调整步长	作用范围	参数功能描述	参数调整影响
本 RAT 频率质量门限	ThresholdOwnSystem	−115～0	dBm		CELL		影响 3a 测量事件触发的时机
异 RAT 频率质量门限	ThresholdOthSys	−115～0	dBm		CELL		影响 3a 测量事件触发的时机
值迟滞	Hysteresis	0～7.5			CELL		影响 3a 测量事件触发的时机，该参数设置过大，将会导致 UE 无法及时切换，甚至发生掉话可能；反之会导致乒乓切换
时间迟滞	TimeToTrigger	0，10，20，40，60，80，100，120，160，200，240，320，640，1280，2560，5000	ms		CELL		该参数设置过大，将会导致 UE 无法及时切换，甚至发生掉话可能；反之会导致乒乓切换

续表

参数中文名称	参数英文名称	取值范围	物理单位	调整步长	作用范围	参数功能描述	参数调整影响
小区个体偏移	CellIndivOffset	−50～50	dB		CELL		
Utran 测量过滤系数	UtranFilterCoeff	0～14			CELL		滤波因子取得越小，说明本次的测量结果对最终上报给 RNC（周期报告）或做判决时（事件报告）的测量结果影响越大

（9）寻呼类参数设置（见表 5-43）

表 5-43　　　　　　　　　　寻呼类参数设置

参数中文名称	参数英文名称	取值范围	物理单位	调整步长	作用范围	参数功能描述	参数调整影响
寻呼指示因子长度	PAGINDLEN	2，4，8	符号		CELL	在 QPSK 调制下,寻呼指示因子长度对应于 4、8 或 16 个比特。对 TD-SCDMA 系统,每帧有 176 个符号（QPSK）,因而可以指示的 UE 分组数目分别为 88、44 或 22。为了提高系统的抗干扰能力,每个寻呼指示因子中的连续比特被交织地放在 Midamble 码的两边,奇数比特被放在左边,偶数被放在右边。一个寻呼块数据由一个 PICH 信息块和 PCH 块构成。当 UE 寻呼分组对应的寻呼指示因子中的比特数全为 1 时,则 UE 被要求接收 PICH 信道之后的 PCH 的寻呼子信道,以确定寻呼消息中是否包含着对本 UE 的寻呼。在 PICH 和 PCH 之间,网络将保证 UE 有足够的处理时间（NGAP 帧）	该参数设置过大时,每帧可指示的个数变小,被叫接通时间过长;反之,处于小区边缘的 UE 不易读取到 PICH（冲击响应幅度过低）,导致被叫呼通率过低
寻呼分组数目	nPCH	1～8			CELL	一个寻呼消息块由 nPCH 个连续的寻呼分组组成,一个寻呼分组对应着一个寻呼子信道,一个寻呼子信道对应两个连续的 PCH 帧	设置过大,PICH 的数量会大大增加,浪费 UE 的电池资源;反之,会导致被叫寻呼响应时间变长
寻呼重复周期	RepetPrd	1,2,4,8,16,32,64			CELL	承载了 PCH 信息的 SCCPCH 和其配对使用的 PICH Repetition Period 相同	设置过大,PICH 的数量会大大增加,浪费 UE 的电池资源;反之,会导致被叫寻呼响应时间变长

参数中文名称	参数英文名称	取值范围	物理单位	调整步长	作用范围	参数功能描述	参数调整影响
UTRAN 的 K 值	K_UTRAN	3～9		1	RNC	该参数主要是用来计算 UTRAN 域 DRX 周期（寻呼由 UTRAN 发起）。DRX 周期长度为 MAX（2k，PBP），在比较和 PBP（Paging Block Periodicity）为寻呼重复周期	设置过大，会导致 DRX 周期过长，影响待机时间
CS 域 K 值	K_CS	6～9			CN	该参数主要是用来计算 CS 域 DRX 周期（寻呼由 CN 发起）	设置过小，浪费 UE 电池资源；反之会导致 UE 作被叫时，接通时间过长
PS 域 K 值	K_PS	6～9			CN	该参数主要是用来计算 PS 域 DRX 周期（寻呼由 CN 发起）	设置过小，浪费 UE 电池资源；反之会导致 UE 作被叫时，接通时间过长
PICH 所在时隙（下行时隙）	TMSLT	0～2，3，4，5，6			CELL	该参数规定了 PICH 所在的下行时隙号	设置在 0 时隙，PICH 会对 PCCPCH 产生干扰，同时也会遭受到来自 PCCPCH 的干扰；当设置在其他非 0 时隙时，如果业务量较大，会遭受来自 DPCH 的干扰

5.3.3 4G 网络优化参数设置

1. 重选参数

（1）网络重选优先级设置

4G 网络系统中各个网络的优先级设置标准如表 5-44 所列。

表 5-44　　　　　　　　　　　网络优先级设置标准

	4G 网络系统内小区重选优先级				UTRAN 小区重选优先级	GERAN 小区重选优先级	
	E 频段（室内）	D 频段	F 频段	FDD 4G 网络（预留）		900MHz	1800MHz（预留）
优先级	7	6	5	4	2	1	0

注：4G 网络系统没有多频段组网或者不分优先级的情况下，统一设置为 5；2G 网络网络不分优先级的情况下，统一设置为 1。

为了统一优先级的设置，3G 网络侧网络重选优先级需要和 4G 网络侧保持一致，具体设置如表 5-45 所列。

表 5-45　　　　　　　　　　3G 网络系统内重选优先级设置

	本小区优先级 PRIORITY	E-UTRA 频点绝对优先级 EARFCNPRIORITY
优先级	2	5

（2）选择和重选参数设置

① 小区选择标准 S 准则中的参数如表 5-46 所示。

表 5-46　　　　　　　　　　　　　　　　　　　S 准则中的参数

参数英文名	取值建议	
$Q_{rxlevmin}$（小区选择中参数）	室外 –128～–120dBm	
	室分 –128～–120dBm	
$Q_{rxlevminoffset}$	建议为 0（0dB），厂家已设 2～4dB，可以不调整	
$Q_{qualminoffset}$	建议为 0（0dB）	

注：1. 综合考虑 CSFB 接续情况以及 2G 返回 4G 时（优先测量手机中存储频点，满足 $Q_{rxlevmin}$ 即可驻留）小区接续情况，建议 $Q_{rxlevmin}$+$Q_{rxlevminoffset}$ 在 –124～–120dBm 之间；

2. 建议小区选择中 $Q_{rxlevmin}$ 与小区重选中 $Q_{rxlevmin}$ 设置一致。

② 同频或相同优先级异频间重选参数如表 5-47 所示。

表 5-47　　　　　　　　　　　同频或相同优先级异频间重选参数

参数英文名	取值建议	备注
S-IntraSearch	–82～–60dBm（原为–85～–58dBm，微调）	该参数建议大于异频和异系统的重选启动门限（S-nonIntraSearch）；根据厂家反馈，放大了覆盖范围
q-OffsetCell+q-Hyst	2～4dB	
Treselection	1～2s	

③ 异系统重选参数（4G 高优先级，2G/3G 低优先级）

A．重选启动门限如表 5-48 所列。

表 5-48　　　　　　　　　　　　　　　　　　重选启动门限

参数英文名	取值建议	备注
S-nonIntraSearch 异频/异系统测量启动门限	–100～–60dBm（微调，原为–100～–58dBm）	本参数值建议低于参数 S-IntraSearch 的值

注：该参数同时作用于异频和异系统，存在多频段组网的地市，门限可以根据实际情况适当调整；后续各厂家试点完成后将分场景设置该参数。

B．重选判决门限见表 5-49 至 5-52 所列。

表 5-49　　　　　　　　　　　　　　　　　4G 到 3G 重选参数

参数英文名	4G 到 3G 取值建议	备注
ThreshServingLow	–120～–110dBm（微调，原为 –124～–105dBm）	1. 该门限需比 4G 网络的最小接入电平（$Q_{rxlevmin}$）高 2～4dB； 2. 该门限要小于 3G 向 4G 重选的门限（Threshx, high），避免乒乓重选
ThreshX-Low	–95～–80dBm	该门限需比 3G 到 2G 重选的 3G 门限高 2～3dB
Treselection	1～2s	

表 5-50　　　　　　　　　　　　4G 到 2G 重选参数

参数英文名	4G 到 2G 取值建议	备注
ThreshServingLow	−120～−116dBm	该门限需比 4G 网络下最小接入电平（$Q_{rxlevmin}$）高 2～4dB
ThreshX-Low	≥−95dBm	根据不同的网络场景配置，建议不小于−95dBm
Treselection	1～2s	

注：1. 中兴公司的 4G 到 2G 的重选功能需要通过单独配置 4G 到 2G 的邻区来实现，不配置重选邻区可认为未开 4G 到 2G 重选；

　　2. 其他 4 个设备商可使用 CSFB 功能中配置的 2G 邻区，所以 4G 到 2G 重选功能目前默认是开启的，只能通过参数门限调整，建议 4G 到 2G 的重选，通过调高 2G 门限避免较多占用 2G 信号。

表 5-51　　　　　　　　　　　　3G 到 4G 重选参数

参数英文名	3G 到 4G 取值建议	备注
Threshx，high	−116～−110dBm	该参数要大于 4G 到 3G 的重选门限（ThreshServingLow）避免乒乓切换

表 5-52　　　　　　　　　　　　2G 到 4G 重选参数

参数英文名	2G 到 4G 取值建议	备注
Thresh_E-UTRAN_high	−116～−110dBm	该参数要大于 4G 到 3G 的重选门限（ThreshServingLow）避免乒乓切换
Treselection	3～5s	

（3）异系统重定向参数（4G 高优先级，2G/3G 低优先级）

① 各厂家系统间重定向开关及触发 A2 事件的情况

各厂家 A2 参数使用范围见表 5-53。华为、中兴和大唐也是系统内和系统间分开；爱立信和阿尔卡特 A2 不区分系统内和系统间；在设置 A2 事件门限时，应充分掌握和了解各厂家 A2 使用范围及开启开关情况；对于异系统，A2 事件门限（包括重定向和盲重定向）比最小接入电平高 2～4dB 即可，不建议设置太高。

表 5-53　　　　　　　各厂家系统间重定向开关及触发 A2 事件的情况

厂家	重定向	存在的问题
华为	1. 3 个 A2 值，分别是系统内 A2、系统间盲重定向 A2 门限、系统间测量重定向 A2 门限； 2. 盲重定向到 TD 和 2G 网络的 A2 门限是一个参数，但可以区分盲重定向到 3G 网络和 GERAN 的优先级；测量重定向到 TD 和 2G 网络的 A2 通过偏置可以区分； 3. 有两个重定向开关，分别为 4G 到 3G、4G 到 2G；盲重定向以及测量重定向开启都需要开关开启	
中兴	1. 1 个重定向开关，系统间重定向和盲重定向开关（4G 到 3G 及 4G 到 2G 一个开关）； 2. 3 个 A2 值，分别是系统内 A2、系统间盲重定向 A2 门限、系统间测量重定向 A2 门限； 3. 盲重定向到 TD 和 2G 网络的 A2 门限是一个参数，但可以区分盲重定向到 3G 网络和 GERAN 的优先级	只有 1 个开关

续表

厂家	重定向	存在问题
大唐	1. 3 个 A2 值，分别是系统内 A2、系统间盲重定向 A2 门限、系统间测量重定向 A2 门限； 2. 盲重定向门限和基于测量的重定向门限 A2（启动系统间测量时服务小区的门限）是分开设置的；盲重定向到 TD 和 2G 网络的 A2 门限是一个参数，目前无法区分盲重定向到 3G 网络和 GERAN 的优先级； 3. 有 2 个重定向开关，分别为 4G 到 3G、4G 到 2G；盲重定向以及测量重定向开关都需要开关开启，盲重定向开关和基于测量的重定向共用同一个开关	采取盲重定向时，只能在 4G 网络侧设置 A2 值，无法确保到 3G 还是到 2G 的优先级，需进一步改进
阿尔卡特	1. 贝尔系统内、系统间的 A2 参数是一样的，在同样的位置； 2. 贝尔盲和不盲的 A2 值，是在两个位置，电平门限是不一样的； 3. 共两个 A2 值；系统内 A2 采用不盲即测量 A2 值	1. 采取盲重定向时，只能在 4G 网络侧设置 A2 值，无法确保到 3G 还是到 2G 的优先级，需进一步改进； 2. 对于测量 A2 值，系统内和系统间一致，在 4G 网络异频组网或补盲时，无法均衡系统内和系统间 A2 值的设置，只能通过调整其他系统的 B2 控制
爱立信	1. 1 个 A2； 2. 5 个重定向开关；2 个总开关，分别为 UTRAN 重定向开关和 GERAN 重定向开关； 3. 3 个分开关，1 个盲重定向开关，2 个测量重定向开关（UTRAN 测量开关和 GERAN 测量开关）； 4. 2 个总开关下 2 种重定向方式，分别为 UTRAN 重定向方式、GERAN 重定向方式	1. 系统 1 个 A2，存在较多问题； 2. 开关复杂，选项复杂

② 系统间重定向参数门限设置

第一种方式：采用盲重定向的方式进行，即在重定向配置中只需要配置 3G 网络的频点，不需要配置 3G 网络/2G 网络的邻区，开启方式采用 A2 测量的方式。即当 4G 网络的场强小于某一个值时，就会发生 4G 网络向 3G 网络的重定向。

第二种方式：A2+B2 的测量重定向方式，在此方式下，A2 用来启动对邻小区的测量，B1/B2 用来对于完成 4G 网络到 3G 网络/2G 网络的重定向。此时，需要配置 4G 网络与 3G 网络/2G 网络的邻接关系。

当两种重定向均配置时，系统首先采用第二种重定向方式，当第二种重定向方式失败后继续采用第一种重定向方式。具体实施方式与各厂家的盲重定向与重定向开关有一定的关系，如表 5-54 所列。

表 5-54　　　　　　　　系统间重定向参数门限设置

4G A2 测量事件 1（触发异系统测量）	本系统判决门限（含门限迟滞值）	−120～−110dBm
	门限迟滞值	2dB 或 3dB
	触发时间	320ms 或 640ms
4G A2 测量事件 2（触发盲重定向）只配频点不配邻区	本系统判决门限（含门限迟滞值）	−124～−118dBm（微调，原为−120～−110dBm）
	门限迟滞值	2dB 或 3dB
	触发时间	320ms 或 640ms

4G B2 测量事件	本系统判决门限（含门限迟滞值）	$-120\sim-110$dBm
	异系统判决门限（含门限迟滞值）	比现网 3G→2G 数据业务互操作的 3G 信号门限高 2～3dB（$-95\sim-90$dBm）
	门限迟滞值	2dB 或 3dB
	触发时间	320ms 或 640ms
3G 3C 测量事件（本系统门限）	异系统判决门限（含门限迟滞值）	（$-118\sim-105$dBm），要求该门限要高于 4G→3G 的重选门限 2～3dB，避免乒乓问题（微调，原为 $-116\sim-105$dBm）
	门限迟滞值	2dB 或 3dB
	触发时间	640ms 或 1280ms
3G 3A 测量事件（华为）	TL 切换出 3A 测量本系统门限（OWNSYSTHDRSCPFOR3G 网络 4G 网络），3G 要小于该门限	（$-60\sim-40$dBm）
	TL 切换出 3A 测量 4G 网络系统 RSRP 门限（TARGETRATTHD-RSRP，要求 4G 要大于该门限）	（$-118\sim-105$dBm）；要求该门限要高于 4G→3G 的重选门限 2～3dB，避免乒乓问题；（微调，原为 $-116\sim-105$dBm）
	TL 切换出 3A 测量触发定时器（TRIGTIME3AFOR3G 网络 4G 网络）	640ms 或 1280ms

注：1. 使用 A2+B1 完成异系统的测量重定向，其他厂家使用 A2+B2 完成异系统的测量重定向；2. 4G→2G/3G 重定向有 2 种方式。

（4）CSFB 相关要求

① 所有站点必须开启 CSFB 开关。

② 下发后续频点方式要求统一采用：各个频点列表方式；对于采用后续频点等间隔排列和 BITMAP 方式的，统一进行修改。阿尔卡特公司需等待后续升级解决。

③ CSFB 邻区个数设置：要求大于 8 个，对于不满足要求的，请尽快修改和增加。

④ 爱立信公司按照基站为单位配置频点组，对于一个基站超过 32 个频点的，需增加频点组；希望爱立信设备覆盖的站点尽快精简 2G 网络邻区和频点。

⑤ 中兴公司的 4G→2G 的重选功能需要通过单独配置 4G→2G 的邻区来实现，目前只配置频点组，未配置邻区意味着未开启 4G→2G 的重选，但也无法有效开展 2G 数据准确性核查。

各厂家 CSFB 相关设置如表 5-55 所列。

表 5-55 各厂家 CSFB 相关设置

厂家	开关名	备注
华为	GeranCsfbSwitch-1	
爱立信	CsfbToGeranUtran	
大唐	interRatCsfbSwitch	3 个开关均开启，则"CSFB 开关"开启，否则，为未开启
	interRatRedirectionGeranTag	
	interRatHcGeranCcoTag	

厂家	开关名	备注
阿尔卡特	isCsFallbackToGeranAllowed	两个开关均开启，则"CSFB 开关"开启，否则，为未开启
	isMobilityToGeranAllowed	
中兴	csfbMethodof2G 网络	

（5）2G/3G 互操作参数门限要求（见表 5-56 和表 5-57）

表 5-56　　　　　　　　　　　　　　2G→3G

参数中文名	参数英文名	设置原则
2G 网络测量 TD 系统门限值	Q_{search}	$7 \leqslant Q_{search} < 10$
2G 网络重选 TD 系统门限值	TDD_Q_{offset}	$3 \leqslant$ TDD_$Q_{offset} \leqslant 8$

表 5-57　　　　　　　　　　　　　　3G→2G

参数中文名称	单位	新设置规则
最小接收电平	dBm	$-105 \sim -95$
空闲态异系统 T→G 重选门限	dBm	$-98 \sim -95$
重选延迟时间	s	<3
CS 业务本系统门限	dBm	$-97 \sim -90$
CS 业务异系统门限	dBm	$-80 \sim -75$
PS 业务本系统门限	dBm	$-101 \sim -91$
PS 业务异系统门限	dBm	$-80 \sim -75$

2. 系统内切换参数

4G 网络系统内切换参数各分公司根据实际网络情况和优化需求设置，可积累经验；根据部分地市实际组网以及测试数据分析，建议初期异频组网的区域尽量采用 A2+A3；对于爱立信和卡特厂家的系统内与系统间 A2 无法区分的情况，需综合考虑 A2 的设置，避免出现系统内异频与系统间切换与重定向的乒乓问题。

（1）对室外 F 频段或 D 频段单频点连片覆盖区域的小区，各参数取值建议见表 5-58。

表 5-58　　　　　　　　　　　　　各参数取值建议

测量上报配置	参数名	取值建议
A1	A1-threshold	−97dBm
A2	A2-threshold	−100dBm
A3	A3offset+Hysteresis	2～4dB
/	Time-to-trigger	320ms

（2）对室外 F/D 双频点或插花覆盖区域的小区，各参数取值建议见表 5-59。

表 5-59　　　　　　　　　　　　　各参数取值建议

测量上报配置	参数名	取值建议
A1	A1-threshold	−79dBm
A2	A2-threshold	−82dBm

测量上报配置	参数名	取值建议
A3	A3offset+ Hysteresis	2～4dB
/	Time-to-trigger	320ms

3. 功率参数

功率参数根据集团标准分发给各设备厂家，由各厂家先分析相关参数的合理性。具体的参数标注如下。

（1）功率配置类参数（见表5-60）

表 5-60 各参数取值建议

参数英文名	取值建议
Pb	1（室分单天线配置为0）
Pa	−3（室分单天线配置为0）

（2）PRACH功率控制参数（见表5-61）

表 5-61 各参数取值建议

参数英文名	取值建议
PreambleInitialReceivedTargetPower	−104～−100dBm
PreambleTransMax	n8，n10
powerRampingStep	dB2，dB4
P-max	23dBm

（3）PUCCH功率控制参数（见表5-62）

表 5-62 各参数取值建议

参数英文名	取值建议
上行 PUCCH 闭环功控开关	开启
p0-NominalPUCCH	−105～−100dBm
deltaF-PUCCH-Format1	0
deltaF-PUCCH-Format1b	3
deltaF-PUCCH-Format2	1
deltaF-PUCCH-Format2a	2
deltaF-PUCCH-Format2b	2

（4）PUSCH功率控制（见表5-63）

表 5-63 各参数取值建议

参数英文名	取值建议
上行 PUSCH 闭环功控开关	开启
Alpha	0.8
P0NominalPusch	−87

（5）CRS 功率设置要求

① 目前 5 个厂家功率分别按照单 PORT（阿尔卡特、中兴和大唐）、单 PATH（华为）和总功率（爱立信）设置。

② 各厂家反馈对于功率超门限处理：有相应告警同时无法设置成功，所以对高门限功率省内不做统一要求，但对低功率提出相关要求。

③ 不考虑 Pb 设置，按照 40W 总功率计算，单 PORT 为 15.2dBm，单 PATH 为 9.2dBm；要求各厂家、各地市功率尽量保持在 3dB 范围，杜绝低于功率的 6dB。

④ CRS 功率核查要求，如 CRS 功率在下列范围即为不合理；对于宏站和室分禁止设置；对于各厂家小型化产品要求如下：

单 PATH<3dBm；

双 PORT<6dBm，单 PORT<9dBm；

总功率<10W。

4．定时器设置要求

定时器设置要求具体见表 5-64，各厂家参数及时长见表 5-65。

表 5-64　　　　　　　　　　　　各参数功能及取值建议

类别	参数 英文名	功能描述	取值建议
接入类 定时器	T300	该参数表示 UE 侧控制 RRC connection establishment 过程的定时器。在 UE 发送 RRCConnectionRequest 后启动。 在超时前如果：1. UE 收到 RRCConnectionSetup 或 RRCConnection-Reject；2. 触发 Cell-reselection 过程；3. NAS 层终止 RRC connection establishment 过程，则定时器停止。 如定时器超时，则 UE 重置 MAC 层、释放 MAC 层配置、重置所有已建立 RBs（Radio Bears）的 RLC 实体，并通知 NAS 层 RRC connection establishment 失败	1000ms
	T302	T302 用于控制 eUTRAN 拒绝 UE 的 RRC 连接建立到 UE 下一次发起 RRC 连接建立过程的时间。UE 接收 RRCConnection-Reject 信息后得到其中的参数 waitTime，定时器 T302 的取值由 waitTime 决定	2s
掉线类定时器 及常量	N310	该参数表示接收连续"失步（out-of-sync）"指示的最大数目，达到最大数目后触发 T310 定时器的启动	n20
	T310	UE 的 RRC 层检测到 physical layer problems 时，启动定时器 T310，该定时器运行期间，如果无线链路恢复，则停止该定时器，否则一直运行。该定时器超时，认为无线链路失败	1000ms
	N311	该参数用于设置停止 T310 定时器所需要收到的最大连续"in-sync"指示的个数	n1
切换类 定时器	T304 For Intra-4G 网络	在"E-UTRAN 内切换"和"切换入 E-UTRAN 的系统间切换"的情况下，UE 在收到带有"mobilityControlInfo"的 RRC 连接重配置消息时启动定时器，在完成新小区的随机接入后停止定时器；定时器超时后，UE 需恢复原小区配置并发起 RRC 重建请求	500ms

类别	参数 英文名	功能描述	取值建议
重建立类 定时器	T311	T311 用于 UE 的 RRC 连接重建过程，T311 控制 UE 开始 RRC 连接重建到 UE 选择一个小区过程所需的时间，期间 UE 执行 cell-selection 过程	1000ms
	T301	在 UE 上传 RRCConnectionReestabilshmentRequest 后启动。在 超时前如果收到 UE 收到 RRCConnectionReestablishment 或 RRCConnectionReestablishmentReject，则定时器停止。定时器 超时，则 UE 变为 RRC_IDLE 状态	600ms

表 5-65　　　　　　　　　　　各厂家参数及时长

RRC 连接不活动定时器		
厂商	参数名	时长（s）
中兴	tUserInac	10
华为	UeInactiveTimer	10
大唐	macSwitchInfoUeInactivePeriod	10
爱立信	tInactivityTimer	10
阿尔卡特	TrafficBasedReleaseConf::timeToTrigger	10

5. 连接态 DRX 参数

各厂家连接态 DRX 参数见表 5-66。

表 5-66　　　　　　　　　　　各厂家连接态 DRX 参数

设备	LongDrx Cycle	OnDuration Timer	DrxInactivity Timer	DrxRetrans missionTimer	ShortDrx Cycle	DrxShort CycleTimer	开关
华为	sf160	psf8	psf60	psf4	—	—	DrxAlgSwitch
爱立信	sf160	psf8	psf60	psf4	—	—	drxActive
大唐	sf160	psf8	psf60	psf4	—	—	drxQciFlag
中兴	sf160	psf8	psf60	psf4	sf20	2	switchForGbrDrx、 switchForNGbrDrx
诺西*	sf160	psf10	psf200	psf4	—	—	actDrx
阿尔卡特	sf160	psf10	psf60	psf4	—	—	IsInactivityBased DrxEnabled

5.3.4　WLAN 优化参数设置

1. 频率规划原则

WLAN 共划分 14 个频段，各频段之间相互交叉，其中 14 号频段未在国内使用。在可使用的信道中，只有 3 个信道是不相互重叠的。为了避免同频干扰，在同一区域内只同时使用 3 个信道，在国内广泛使用的为 1、6、11 信道。如图 5-76 所示。

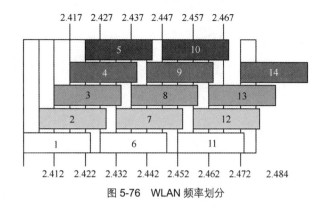

图 5-76　WLAN 频率划分

在 WLAN 实际建设中，根据覆盖环境的不同，为了解决 AP 信号覆盖问题，必须增加 AP 的布设密度。而且建筑物的隔断结构不规则会使单个 AP 的覆盖区域不是一个规则的圆。在这种情况下要做到既无缝覆盖又避免同频干扰是非常困难的。且 WLAN 可用频段内互不干扰的频点只有 1、6 和 11 这 3 个，因此规划好频率是非常重要的一环。

WLAN 频率规划时，1、6、11 信道交叉使用，避免产生同、邻频干扰，各 AP 覆盖区域形成间隔保护，频率规划参照图 5-77 模型进行。

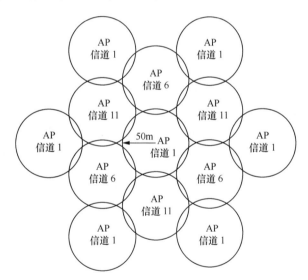

图 5-77　WLAN 频率规划模型

实际建设过程中，受到地形环境的影响，WLAN 频率无法做到模型所示的理想状态，必须在规划完成后，根据现场测试情况，进行频率、功能大小的调整。调整原则以避免同/邻频干扰为目的。

（1）楼宇 WLAN 频率复用模板

WLAN 在大楼内进行规划时，不仅要考虑平层间的规划，而且要考虑立体间的规划，根据 WLAN 信号的楼板间损耗，可以采取上下层频率复用的方式，合理分配 WLAN 频率。

① 单层单 AP 方案

方案一：每层布放 1 个 AP，三频率交替使用，如图 5-78 所示，频率分配参考方案。

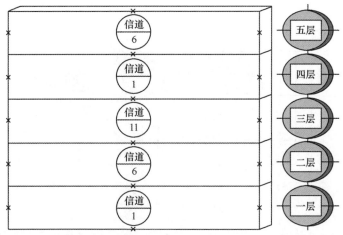

图 5-78　单层单 AP 方案一

方案二：接图 5-78，每层布放 1 个 AP，两频率交替使用，如图 5-79 所示，频率分配参考方案。

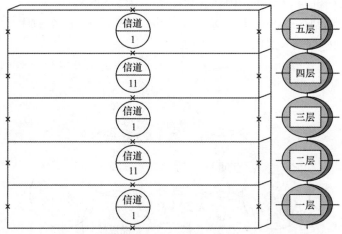

图 5-79　单层单 AP 方案二

方案三：接图 5-79，每层布放 1 个 AP，两频率、三频率方案交替使用，如图 5-80 所示。

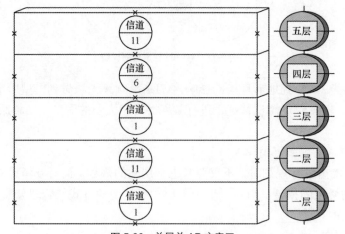

图 5-80　单层单 AP 方案三

② 单层双 AP 方案

方案一：每层布放两个 AP，三频率交替使用，如图 5-81 所示，频率分配参考方案。

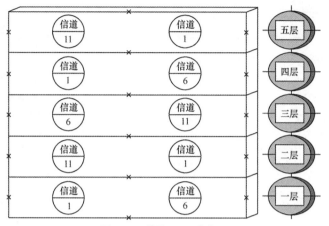

图 5-81　单层双 AP 方案一

方案二：每层布放两个 AP，两频率交替使用，如图 5-82 所示，频率分配参考方案。

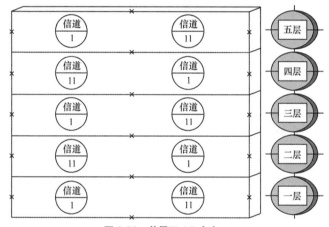

图 5-82　单层双 AP 方案二

方案三：每层布放两个 AP，两频率、三频率方案交替使用，如图 5-83 所示。

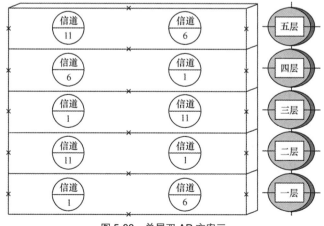

图 5-83　单层双 AP 方案三

③ 单层三 AP 方案

每层布放 3 个 AP，平层和楼层间交替使用 1、6、11 这 3 个频率，如图 5-84 所示。

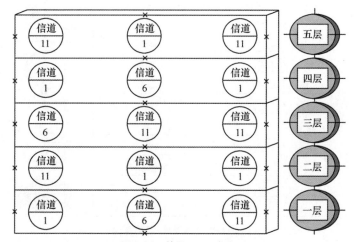

图 5-84　单层三 AP 方案

依此类推，建议一般同层 AP 数量不要超过 4 台，以免信道数量规划不足。

（2）与其他运营商共存

优化中如果遇到已经有其他运营商进行 WLAN 覆盖的信号，就会遇到信道重叠的问题，一般建议如下规划：如果其他运营商选择了 1、6、11 信道，那么在站点规划中必须避免使用相同信道进行规划。

仍以 6 层楼为例。

① 单层 1 个 AP，如图 5-85 所示。

	其他运营商	中国移动
6 楼	11 信道	1 信道
5 楼	6 信道	11 信道
4 楼	1 信道	6 信道
3 楼	11 信道	1 信道
2 楼	6 信道	11 信道
1 楼	1 信道	6 信道

图 5-85　单层单 AP 示例

② 单层 2 个 AP，如图 5-86 所示。

2. 物理层传输速率限制原则

WLAN 中不是使用固定的速率发送所有的报文，而是使用一个速率集进行报文发送（例如，802.11g 支持 1Mbit/s、2Mbit/s、5.5Mbit/s、11Mbit/s、6Mbit/s、9Mbit/s、12Mbit/s、18Mbit/s、24Mbit/s、36Mbit/s、48Mbit/s、54Mbit/s），实际无线网卡或者 AP 在发送报文的时候会动态地在这些速率中选择一个速率进行发送。

通常提到的 802.11g 可以达到的速率主要指所有的报文采用 54Mbit/s 速率进行发送的情况，而且是指的一个空口信道的能力。实际上，大量的广播报文和无线的管理报文都使用最低速率 1Mbit/s 进行发送，因此会消耗一定的空口资源。

	其他运营商	中国移动	其他运营商	中国移动
6 楼	11 信道	6 信道	1 信道	9 信道
5 楼	6 信道	9 信道	11 信道	1 信道
4 楼	1 信道	11 信道	6 信道	9 信道
3 楼	11 信道	6 信道	1 信道	13 信道
2 楼	6 信道	1 信道	11 信道	9 信道
1 楼	1 信道	9 信道	6 信道	13 信道

图 5-86　单层双 AP 示例

在一些特定的场景中，如高校宿舍、图书馆、商务写字楼、会议室等，这些场景中信号传输的距离不是问题，应该考虑将 1Mbit/s、2Mbit/s、6Mbit/s、9Mbit/s 速率禁用，这样在整体上可减少广播报文和管理报文对空口资源的占用。

3. AP Beacon 帧发送间隔设置原则

默认情况下，每一个 AP 每 100ms 就会发送一个 Beacon 信标报文，这个报文通告 WLAN 网络服务，同时和无线网卡进行信息同步。

在网络覆盖非常好的情况下，用户所处的无线环境非常好，用户与 AP 协商的速率一般比较高，可以提高 Beacon 间隔以提高网络容量，比如将间隔调整到 200ms。

4. 无线帧重传次数设置原则

当无线帧发生错误时，接收端会要求发送端对相应帧进行重传。重传帧数量多少直接影响到空口效率，合理调节帧重传次数可节约空口资源，增加吞吐量。无线报文重传次数的一般范围为 1～15 次，开局阶段可以设为 4～5 次，后期可根据用户量进行适当调整。根据前期优化经验，设置为 8 次时效果较好，可保障 STA 与 AP 报文交互成功率，并且提高关联成功率。

5. RTS/CTS 功能的启用设置原则

对于一些终端用户比较活跃、AP 安装数量较多且网络环境比较恶劣的区域，启用 RTS/CTS，尽可能减少数据包冲突造成大量的无线侧错包、丢包，降低包收发时延。RTS/CTS 功能使单 AP 的开销增加超过 5%，在网络环境比较好的情况下，尽可能不要开启该机制，只在空口错包占比很高的情况下（比如超过 50%），考虑打开该机制。

建议：由于此功能会增加单 AP 的开销，建议配置时，阈值不小于 1400Bytes。

6. AP 模式配置原则

混杂模式的开销高于单纯模式，AP 尽可能配置为单纯 802.11g 模式，尽量少用 802.11b/g 混杂模式，避免增加了额外的调度开销。

7. 地址租约期限配置原则

AC 为 AP 提供管理服务时很多情况下会选择 AP 的 DHCP 地址池在 AC 上。由于网络环境与 IP 地址池数量限制，优化时需要考虑 IP 地址租期问题，根据用户应用场景对租期时长进行限制，禁止不设置租期时长。

建议：对于高校区域，网络用户较多，建议设置不超过 1 小时；对于其他社会热点，建议设置不超过 3 小时。

5.3.5 网络互操作参数设置

1. 互操作参数设置整体原则

（1）重选优先级设置

总体原则：系统间 4G 网络优先级最高，3G 网络次之，2G 网络优先级最低；4G 网络系统内 E 频段用于室分，优先级高于 D 和 F 频段。互操作重选优先级设置如表 5-67 所列。

表 5-67 　　　　　　　　　　　　互操作重选优先级设置

互操作	4G 网络系统内小区重选优先级				UTRAN 小区重选优先级	GERAN 小区重选优先级	
	E 频段（室内）	D 频段	F 频段	FDD 4G 网络（预留）		900MHz	1800MHz（预留）
优先级	7	6 或 5	5	4	2	1	0

备注：针对 D 和 F 混合组网结构的不同，D 频段的优先级设置也有差异。D/F 为插花组网，则 D 频段的优先级同 F，设为 5；D/F 为双层同覆盖组网，则 D 频段的优先级高于 F，设为 6。用户在室外优先占用 D 频段。

（2）互操作开关设置（见表 5-68）

表 5-68 　　　　　　　　　　　　互操作开关设置

	测量项目	2G、3G、4G 共覆盖区域	2G、4G 覆盖，无 3G
4G→3G	4G→3G 重选	开启	关闭
	4G→3G 测量重定向	开启	关闭
	4G→3G 盲重定向	开启	关闭
4G→2G	4G→2G 重选	开启	开启
	4G→2G 测量重定向	开启	开启
	4G→2G 盲重定向	开启	开启
3G→4G	3G→4G 重选	开启	关闭
	3G→4G 重定向	开启	关闭
2G→4G	2G→4G 空闲态（连接态）重选	开启	开启
2G→3G	2G→3G 空闲态（连接态）重选	开启	关闭

2. 2G/3G/4G 互操作参数详细设置

（1）2G→4G

① 参数明细

表 5-69 为 2G 网络到 4G 网络的互操作参数列表及说明。

表 5-69 　　　　　　　　2G 网络到 4G 网络互操作参数列表及说明

参数英文名称	参数中文名称	配置指令	参数建议配置值	参数配置说明
CRES	2G 网络到 4G 网络重选功能软件许可		1（开启）	BSC 级软件开关
RIOCR	IRAT 小区重选功能开关	RLSRI	ON	ON：打开；OFF：关闭
BCAST	广播信息设置	RLSRC	YES	YES：是；NO：否

参数英文名称	参数中文名称	配置指令	参数建议配置值	参数配置说明
MEASTHR	IRAT 测量门限	RLSRC	MEASTHR<ACCMIN	范围：0～14&15（对应–98～–56dBm&一直搜索）；步长：3dBm
PRIOTHR	2G 网络重选低优先级 4G 网络门限	RLSRC	0（对应 0dB）	范围：0～14&15（对应 0～28dB&一直允许）；步长：2dB
HPRIO	2G 网络向 4G 网络小区重选相对偏移量	RLSRC	0（对应无穷大）	范围：0&1、2、3（无限大&5dB、4dB、3dB）；步长：1dB
TRES	小区重选有效时间	RLSRC	0（对应 5s）	范围：0～3（5～20s）；步长：5s
EARFCN	4G 网络频点	RLEFC	依据 4G 网络频点设置	依据 4G 网络频点设置
RATPRIO	2G 网络、4G 网络、3G 网络优先级	RLSRC	0～7	范围：0～7（7 为最高，留给 4G 网络）；步长：1
HPRIOTHR	4G 网络处于高优先级时，重选到 4G 网络的最小门限	RLSRC	24dB	范围：0～31（0～62dB）；步长：2dB
LPRIOTHR	4G 网络处于低优先级时，重选到 4G 网络的最小门限	RLSRC	44dB	范围：0～31（0～62dB）；步长：2dB
QRXLEVMINE	4G 网络小区 RSRP 最小电平	RLSRC	0（–140dBm）	范围：0～31（–140～–78dBm）；步长：2dBm
MINCHBW	4G 网络最小带宽	RLSRC	0	范围：0、1、2、3、4、5（Nrb=6、15、25、50、75、100）
PCID	禁止重选的 4G 网络小区	RLSEI		非常用参数
PCIDG	禁止重选的 4G 网络小区组	RLSEC	0	非常用参数
PCIDPS	PCID 和 PCIDPS 组组合禁止重选的 4G 网络小区组	RLSEI		非常用参数
COVERAGEE	重叠覆盖标示	RLRLC	GOOD（对应"是"）	GOOD：覆盖良好，可快速返回；BAD：覆盖不好，不快速返回
FASTRET4G 网络	Fast Return 到 4G 网络的开关	RLRLI	Active	Active：激活；Inactive：未激活
4G 网络 NACCSTATUS	4G 网络到 2G 网络 NACC 功能开关	RLRLI	Active 或 Inactive	Active：激活；Inactive：未激活

② 基于 Priority 的 2G→4G 重选

A．重选准则

开启 Priority 重选功能（PRIOCR=ON）后，

a．2G 小区重选到高优先级 4G 网络频率准则

公式：

RSRP>QRXLEVMINE+HPRIOTHR

建议允许在 RSRP>–116dBm 时小区重选至 4G 网络，建议设值：

QRXLEVMINE=0，对应–140dBm；

HPRIOTHR=12，对应 24dB。

关键参数如下。

PRIOCR：IRAT 小区重选功能开关。

ON：打开 IRAT 小区重选功能；

OFF：关闭 IRAT 小区重选功能。

RATPRIO：优先级。

定义重选中 2G 网络、4G 网络优先级。

范围：0～7（7 为最高，留给 4G 网络；0 最低，给 2G 网络）；

步长：1；

计算：RATPRIO=设置值。

QRXLEVMINE：4G 网络小区 RSRP 最小电平。

范围：0～31（–140～–78dBm）；

步长：2dBm；

计算：QRXLEVMINE=–140dBm+设置值×2。

HPRIOTHR：4G 网络处于高优先级时，重选到 4G 网络最小门限。

范围：0～31（0～62dB）；

步长：2dB；

计算：HPRIOTHR=设置值×2dB；

RSRP：Reference Signal Received Power。

UE 接收到的小区公共参考信号（CRS）功率值，数值为测量带宽内单个 RE 功率的线性平均值，反映的是本小区有用信号的强度。

b．2G 小区重选到低优先级 4G 网络频率准则

公式：

S_2G 网络<PRIOTHR（S_2G 网络是 2G 网络的 C1 值，建议只在 S_2G 网络<0 时重选，所以 PRIOTHR=0）

小区重选到低优先级 4G 网络频率满足以下条件：

没有发现高优先级频点；

并且 RSRP>QRXLEVMINE+LPRIOTHR。

建议在 RSRP 值要求时采用和高优先级 4G 网络频点相同的设定值：

QRXLEVMINE=0，对应–140dBm；

LPRIOTHR=22，对应 44dB。

如果以上条件都不满足，手机还是可以在满足以下条件时重选到低优先级 4G 网络频点：

S_2G 网络<PRIOTHR

RSRP–QRXLEVMINE>S_2G 网络+HPRIO

关键参数如下。

PRIOTHR：2G 网络重选低优先级 4G 网络门限。

允许重选到低优先级 4G 网络的 2G 网络服务小区和邻区相对门限。

范围：0～14&15（对应 0～28dB&一直允许）;

步长：2dB;

计算：PRIOTHR=设置值×2dB，当设置值=0～14 时；

　　　　　　=（一直允许），当设置值=15 时。

QRXLEVMINE：4G 网络小区 RSRP 最小电平。

范围：0～31（–140～–78dBm）;

步长：2dBm;

计算：QRXLEVMINE=–140dBm+设置值×2。

LPRIOTHR：4G 网络处于低优先级时，重选到 4G 网络最小门限。

范围：0～31（0～62dB）;

步长：2dB;

计算：LPRIOTHR=设置值×2dB。

HPRIO：2G 网络向 4G 网络小区重选相对偏移量

范围：0 & 1、2、3（无限大& 5dB、4dB、3dB）;

步长：1dB;

计算：HPRIO=无限大（当设置值=0 时），

　　　　=6dB–设置值（当设置值为 1～3 时）。

B. 基本参数

EARFCN：4G 网络频点，在 G 网中定义 4G 网络测量频点。

BCAST：IRAT 广播信息设置。

控制基于优先级的异系统小区重选和 4G 网络限制信息是否包含在 SI 2Quarter 中广播。

YES：是;

NO：否;

UNKNOWN：不广播该消息，临时状态;

MEASTHR：IRAT 测量门限。

设置启动 IRAT 测量门限，MEASTHR<ACCMIN。

范围：0～14&15（对应–98～–56dBm & 一直搜索）;

步长：3dBm;

计算：当设置值=0～14 时，MEASTHR=–98dBm+设置值×3;

　　　当设置值=15 时，则为一直搜索。

TRES：小区重选有效时间。

满足小区重选条件的保持时间。

范围：0～3（5～20s）;

步长：5s;

计算：TRES=（设置值+1）×5s。

MINCHBW：4G 网络最小带宽。

范围：0、1、2、3、4、5（Nrb=6、15、25、50、75、100）。

（2）Fast Return

CSFB 到 2G 网络的 4G 网络用户结束 CS 业务后，快速返回 4G 网络。

R9 下开启 Fast Return 功能后，处于数据连接态和空闲态的 CSFB UE，在通话结束后能够根据 4G 网络邻区信息快速回落到 4G 网络小区，并且正常驻留。

① 查询及配置方法：

A．BSC 级查询。

a. 查询是否已完成装载包含以下 feature 的 LKF。

FAJ 121 1873，Fast Return 到 4G 网络 after Call Release

FAJ 121 1872，4G 网络到 2G 网络 NACC

DBTSP：TAB=AXEPARS，NAME=FASTRETURN4G 网络；

DBTSP：TAB=AXEPARS，SETNAME=CME20BSCF，NAME=INTERBSCNACC。

b．查询是否已完成打开 2G 到 4G 重选功能：

DBTSP：TAB=AXEPARS，SETNAME=CME20BSCF，NAME=CRES4G 网络。

B．CELL 级查询、配置。

RLRLP：CELL=小区名，显示 Fast Return 功能参数配置；

RLRLC：CELL=小区名，EARFCN=4G 网络频点号，COVERAGEE=GOOD，将 4G 频点定进 FR 功能中；

RLSRC：CELL=小区名，EARFCN= 4G 网络频点号，RATPRIO=7，配置 4G 频点优先级；

RLRLI：CELL=小区名，开启功能。

② 参数说明

A．COVERAGEE：重叠覆盖标示。

4G 网络小区在 2G 网络小区覆盖范围内快速返回条件。

GOOD：重叠覆盖良好，通话结束后可以快速返回。

BAD：重叠覆盖不良，通话结束后不能快速返回。

B．FASTRET4G 网络：快速返回开关。

呼叫释放之后快速回到 4G 网络的功能是否激活。

Active：激活。

Inactive：未激活。

C．4G 网络 NACCSTATUS：4G 网络到 2G 网络 NACC 功能开关。

4G 网络到 2G 网络 NACC 功能开关是否激活。

Active：激活。

Inactive：未激活。

（3）2G→3G

① 参数明细

表 5-70 为 2G→3G 网络的互操作参数列表及说明。

表 5-70　　　　　　　　　　　2G→3G 互操作参数列表及说明

参数英文名称	参数中文名称	配置指令	参数建议配置值	参数配置说明
TDDARFCN	3G 网络频点	RLSRC	依据 3G 网络频点设置	依据 3G 网络频点设置
RATPRIO	2G 网络、4G 网络、3G 网络优先级	RLSRC	0～7	范围：0～7（7 为最高，留给 4G 网络）；步长：1
HPRIOTHR	3G 网络处于高优先级时，重选到 3G 网络的最小门限	RLSRC	26dB	范围：0～31（0～62dB）；步长：2dB
LPRIOTHR	3G 网络处于低优先级时，重选到 3G 网络的最小门限	RLSRC	44dB	范围：0～31（0～62dB）；步长：2dB
QRXLEVMINU	3G 网络小区 RSRP 最小电平	RLSRC	0（−119dBm）	范围：0～31（−119～−57dBm）；步长：2dBm
SCRCODE	3G 网络扰码	RLDEC	根据商业协定设置（外部邻区数据）	根据商业协定设置（外部邻区数据）
3G 网络 ID	3G 网络小区识别号	RLDEC	根据商业协定设置（外部邻区数据）	根据商业协定设置（外部邻区数据）
MRSL	上报的 3G 网络最小的信号质量	RLDEC	30（−9dB）（外部邻区数据）	范围：0～49（MRSL<−24dB 到 0 ≤ MRSL）；步长：0.5dB
TQSI	2G 网络→3G 网络小区重选质量搜索指示	RLSUC	一般设为 7（不限制，一直搜索 3G 小区）	范围：0～6（−98～−74dBm），8～14（−78～−54dBm），7（一直测量）、15（从不测量）；步长：−2dBm
TDDMRR	3G 邻小区数量	RLSUC	0～3（江苏多设为 3）	范围：0～3（0～3 个）；步长：1
TDDQOFF	2G 网络到 3G 网络小区重选偏置	RLSUC	一般设为 6（−87dBm）	范围：0～15（−105～−60dBm）；步长：3dB
TSPRIO	搜索优先级	RLSUC	在有 TD 网络的区域开启	取值为 YES：可对 3G 网络小区搜索；取值为 NO：不可对 3G 网络小区搜索
ISHOLEV	异系统切换负荷门限	RLLOC	20（默认值）（G 网小区空闲度小于 20 时，不让 3G 网络接入）	范围：0～99（0～99%）；步长：1
TMFI	3G 网络测量频率信息	RLUMC	根据网络实际情况开启	3G 网络小区的测量频点与扰码

② 基于 Priority 的 2G→3G 重选

A．重选准则

开启 Priority 重选功能（PRIOCR=ON）后，

a．2G 小区重选到高优先级 3G 网络频率准则。

公式：RSCP>QRXLEVMINU+HPRIOTHR

建议允许在 RSCP>−93dBm 时小区重选至 3G 网络，建议设值：

QRXLEVMINU=0，对应-119dBm；

HPRIOTHR=13，对应26dB。

关键参数如下。

QRXLEVMINU：3G网络小区RSRP最小电平；

范围：0～31（-119～-57dBm）；

步长：2dBm；

计算：QRXLEVMINU=-119dBm+设置值×2。

HPRIOTHR：3G网络处于高优先级时，2G网络重选到3G网络最小门限。

范围：0～31（0～62dB）；

步长：2dB；

计算：HPRIOTHR=设置值×2dB。

PRIOCR：IRAT小区重选功能开关。

ON：打开IRAT小区重选功能；

OFF：关闭IRAT小区重选功能；

RATPRIO：优先级。

定义重选中2G网络、3G网络优先级。

范围：0～7（0最低，7最高；1～6留给3G网络）；

步长：1；

计算：RATPRIO =设置值；

b．2G小区重选到低优先级3G网络频率准则。

公式：

S_2G网络<PRIOTHR（S_2G网络是2G网络的C1值，建议只在S_2G网络<0重选，所以PRIOTHR=0）

小区重选到低优先级3G网络频率满足以下条件：

没有发现高优先级频点；

并且RSCP>QRXLEVMINU+LPRIOTHR。

建议在RSRP值要求时采用和高优先级3G网络频点相同的设定值：

QRXLEVMINU=0，对应-119dBm；

LPRIOTHR=13，对应-93dB。

如果以上条件都不满足，手机还是可以在满足以下条件时重选到低优先级3G网络频点：

S_2G网络<PRIOTHR；

RSCP-QRXLEVMINU>S_2G网络+HPRIO。

关键参数如下。

PRIOTHR：2G网络重选低优先级3G网络门限。

允许重选到低优先级3G网络的2G网络服务小区和邻区相对门限。

范围：0～14&15（对应0～28dB&一直允许）；

步长：2dB；

计算：PRIOTHR=设置值×2dB（当设置值=0～14时），

　　　　　　=一直允许（当设置值=15时）。

QRXLEVMINU：3G 网络小区 RSRP 最小电平。

范围：0～31（-140～-78dBm）；

步长：2dBm；

计算：QRXLEVMINU=-140dBm+设置值×2。

LPRIOTHR：3G 网络处于低优先级时，2G 网络重选到 3G 网络最小门限。

范围：0～31（0～62dB）；

步长：2dB；

计算：LPRIOTHR=设置值×2dB。

HPRIO：2G 网络向 3G 网络小区重选相对偏移量。

范围：0 & 1、2、3（无限大 & 5dB、4dB、3dB）；

步长：1dB；

计算：HPRIO=无限大（当设置值=0 时），

　　　　　=6dB-设置值（当设置值=1～3 时）。

B．基本参数

a．TDDARFCN：3G 网络频点。

在 G 网中定义 3G 网络测量频点。

b．BCAST：IRAT 广播信息设置。

控制基于优先级的异系统小区重选和 4G 网络限制信息是否包含在 SI 2Quarter 中广播。

YES：是；

NO：否；

UNKNOWN：不广播该消息，临时状态。

c．MEASTHR：IRAT 测量门限。

设置启动 IRAT 测量门限，MEASTHR<ACCMIN。

范围：0～14&15（对应-98～-56dBm & 一直搜索）；

步长：3dBm。

d．TRES：小区重选有效时间。

满足小区重选条件的保持时间。

范围：0～3（5～20s）；

步长：5s。

C．查询及配置方法

RLSRP：CELL=小区名，显示基于优先级的异系统重选参数配置；

RLUMP：CELL=小区名，显示 3G 网络测量频点；

RLUMC：CELL=小区名，TMFI=10055-72-NODIV-NODIV，add，增加 3G 网络测量频点，10055 是 3G 网络频点号，72 是 mscrcode；

RLSRC：CELL=小区名，RATPRIO=0，MEASTHR=15，PRIOTHR=15，HPRIO=3，TRES=0，配置 2G 的 Priority 重选参数；

RLSRC：CELL=小区名，TDDARFCN=3G 网络频点号，RATPRIO=5，HPRIOTHR=15，LPRIOTHR=15，QRXLEVMINE=0，配置 3G 的 Priority 重选参数；

RLSRP：CELL=小区名，检查配置。

③ 普通 2G→3G 的重选

A．2G 小区重选到 3G 网络频率准则

公式：RSCP>TDDQOFF

当 3G 网络邻区的 P-CCPCH RSCP 连续 5s 大于 TDD_offset 时，将执行 2G 到 TD 的系统间重选。

B．关键参数

TQSI：2G 网络/3G 网络小区重选质量搜索指示。

在 IDLE/STAND BY/Ready 状态，服务小区的电平低于或高于门限值时开始对 3G 小区的测量。

范围：0～6（−98～−74dBm），8～14（−78～−54dBm），7（一直测量），15（从不测量）；

步长：−2dBm；

计算：TQSI=−98dBm+设置值×2（当设置值=0～6 时），

　　　 =（一直测量）（当设置值=7 时），

　　　 =−78dBm+设置值×2（当设置值=8～14 时），

　　　 =（从不测量）（当设置值=15 时）。

新老机制参数对比如图 5-87 所示。

新机制与老机制参数对比

■ 考虑到优选 TD 的原则，中国移动对参数定义进行了修改：

■ 以成都为例，目前 GSM 的 Qsearch_I 设置为 7，TDD_Qoffset 设置为 4。

即：在 GSM 网络时，

一直测量 TD；

当有 TD 小区信号大于 −93dBm，则重选到 TD

注意：按照移动要求，

TDD_Q_offset −

(Qrxlevmin+S_search,RAT)

的差值要大于 4dBm

Qsearch_I (2G 信号)	0	1	2	3	4	5	6	7
原取值含义 (dBm)	小于 −98 起测	小于 −94 起测	小于 −90 起测	小于 −86 起测	小于 −82 起测	小于 −78 起测	小于 −74 起测	一直测
新取值含义 (dBm)	小于 −98 起测	小于 −94 起测	小于 −90 起测	小于 −86 起测	小于 −82 起测	小于 −78 起测	小于 −74 起测	一直测

Qsearch_I (2G 信号)	8	9	10	11	12	13	14	15
原取值含义 (dBm)	大于 −78 起测	大于 −74 起测	大于 −70 起测	大于 −66 起测	大于 −62 起测	大于 −58 起测	大于 −54 起测	一直不测
新取值含义 (dBm)	大于 −90 起测	大于 −86 起测	大于 −82 起测	大于 −78 起测	大于 −74 起测	大于 −70 起测	大于 −66 起测	一直不测

TDD_Qoffset 字段取值	0	1	2	3	4	5	6	7
原取值含义 (3G 比 2G 信号)	只要满足起测条件	小 28dB 以内	小 24dB 以内	小 20dB 以内	小 16dB 以内	小 12dB 以内	小 8dB 以内	小 4dB 以内
新取值含义 (3G 信号)	大于 −105dBm	大于 −102dBm	大于 −99dBm	大于 −96dBm	大于 −93dBm	大于 −90dBm	大于 −87dBm	大于 −84dBm

TDD_Qoffset 字段取值	8	9	10	11	12	13	14	15
原取值含义 (3G 比 2G 信号)	相同	大 4dB 以上	大 8dB 以上	大 12dB 以上	大 16dB 以上	大 20dB 以上	大 24dB 以上	大 28dB 以上
新取值含义 (3G 信号)	大于 −81dBm	大于 −78dBm	大于 −75dBm	大于 −72dBm	大于 −69dBm	大于 −66dBm	大于 −63dBm	大于 −60dBm

图 5-87　新老机制参数对比

TDD QOFF：2G 网络→3G 网络小区重选偏置。

范围：0～15（−105～−60dBm）；

步长：3dBm；

计算：TDDQOFF=−105dBm+设置值×3（当设置值=1～15 时）。

TDDMRR：3G 邻小区数量。

允许手机上发测量报告的 3G 小区个数。

范围：0～3（0～3 个）；

步长：1；

计算：TDDMRR=设置值。

TSPRIO：搜索优先级。

是否可以对 3G 网络小区搜索的开关。

YES/NO。

TMFI：3G 网络测量频率信息。

定义 3G 网络小区的测量频点与扰码，用以触发测量。

RSCP：Receive Signal Channel Power，通常特指导频信道，可以理解为手机接收到的导频信道信号强。

RSSI：Receive Signal Strength Indication，终端接收到的所有信号（包括同频的有用和干扰、邻频干扰、热噪声等）功率的线性平均值，反映的是该资源上的负载强度。

C．查询及配置

RLSUP：CELL=小区名，显示 2G/3G 重选参数配置；

RLUMP：CELL=小区名，显示 3G 网络小区的测量频点与扰码；

RLLOP：CELL=小区名，显示 2G/3G 切换参数配置。

配置如下。

RLSUC：CELL=小区名，TQSI=7，TDDMRR=3，TDDQOFF=6，TSPRIO=NO，配置 2G/3G 重选参数；

RLUMC：CELL=小区名，TMFI=10055−72−NODIV−NODIV，add，

增加 3G 网络测量频点，10055 是 3G 网络频点号，72 是 mscrcode；

RLLOC：CELL=小区名，ISHOLEV=20，显示 2G/3G 切换参数配置。

（4）3G→4G&4G→3G

① 3G→4G 互操作整体组网图如图 5-88 所示。

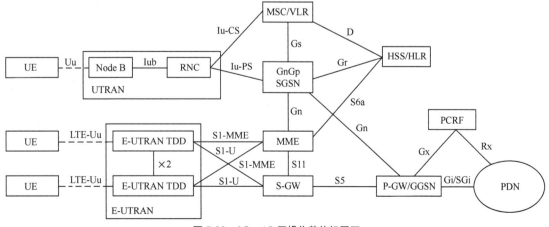

图 5-88　3G→4G 互操作整体组网图

3G/4G 网络互操作涉及的网元有 UE、RNC 等，见表 5-71。

表 5-71　　　　　　　　　　　3G/4G 网络互操作涉及的网元

UE	RNC	eNode B	SGSN	MME	P-GW	HSS
√	√	√	√	√	√	√

注：根据运营商的互操作的策略，PS 业务建议采取同 3G 网络进行互操作，语音业务采用基于 CSFB 至 2G 网络的语音策略，因此在介绍 3G 网络-L 互操作整体组网，只考虑了 Gn 口的连接，未考虑 SGs 口的连接。

② 4G 网络邻区规划原则

A．4G 网络侧配置 3G 网络侧邻区原则

考虑到现网 4G 网络主要是与 3G 网络共站建设，4G 网络的深度覆盖能力要优于 3G 网络，且尽可能让终端驻留在 4G 网络侧，一般建议只在 4G 网络覆盖的边缘和覆盖空洞区域配置 3G 网络邻区，3G 网络的邻区个数配置为 6～7 个。宏站覆盖的场景建议为：同站的邻区全部配置，且配置正对邻小区；对于宏站配置室分的场景建议为：在宏站跟宏站的邻区的基础上增加室分入口处的 3G 网络小区配置；对于室分场景建议为：同室分的小区需要增加，对于 1 楼的室分或是地下停车场出口的室分小区要增加各出口室外 4G 网络邻区。

B．3G 网络侧配置 4G 网络侧邻区原则

3G 网络需配置 4G 网络覆盖区域的所有 4G 网络小区为邻小区，邻小区的配置原则等同 4G 网络侧配置 3G 网络的邻区原则（注：3G 网络的邻区个数在 8.0SPC500 之前有个数限制，同一 3G 网络小区的邻区个数不能超过 44 个，在 8.0 SPC500 中此问题得以解决）。

③ IDLE 态重选配置

A．4G 网络侧配置

重选相关配置（本参数是基于商用来进行设置）如表 5-72 所列。

表 5-72　　　　　　　　　　　4G 网络重选相关配置

CellReselPriority	UTRAN 频点重选优先级	4
$Q_{RxLevMin}$	UTRAN 最低接收电平	−116dBm
ThreshXLow	UTRAN 频点低优先级重选门限	10/20dB
CellReselectionPriority	4G 网络小区重选优先级	7
$S_{NonIntraSearch}$	异频/异系统测量启动门限	7/14dB
ThrshServLow	服务频点低优先级重选门限	4/8dB
$Q_{RxLevMin}$	4G 网络最低接收电平	−128dBm

按照上面的参数设置：

重选测量启动：当 4G 网络侧：本小区的 CRS RSRP $\leqslant Q_{rxlevmin}+P_{compensation}+S_{NonIntraSearch}$ =−128+7×2+0=−114dBm 就启动异频和异系统的测量；

--------这样设置的原则就是尽可能让终端驻留在 4G 网络上；

重选触发：

测量到本小区的 $Q_{rxlevmeas}$（RSRP）$< Q_{rxlevmin}+P_{compensation}+ThrshServLow$

<−128dBm+0+4×2=−120dBm 时，

则目标小区的 RSCP>ThreshXLow+Qrxlevmin+Pcompensation

　　>10×2+−116dBm+0dB=−96dBm 时，就可以触发异系统的重选。

这样设置的原则尽可能地驻留在 4G 网络侧，在 4G 网络边缘只要 3G 网络的 PCCPCH RSRP 大于−96dBm 就可以让终端在 4G 侧重选至 3G；保证终端到 3G 侧不要影响 3G 侧的指标。

4G 网络 eNode B 侧脚本配置（相关重选参数按照推荐参数进行设置）操作步骤如下。

步骤一：在 eNode B LMT 上执行 MML 命令 ADD UTRANNFREQ，创建 UTRAN 相邻频点。配置参数 UTRAN 频点重选优先级、最低接收电平、UTRAN 频点低优先级重选门限等，如图 5-89 所示。

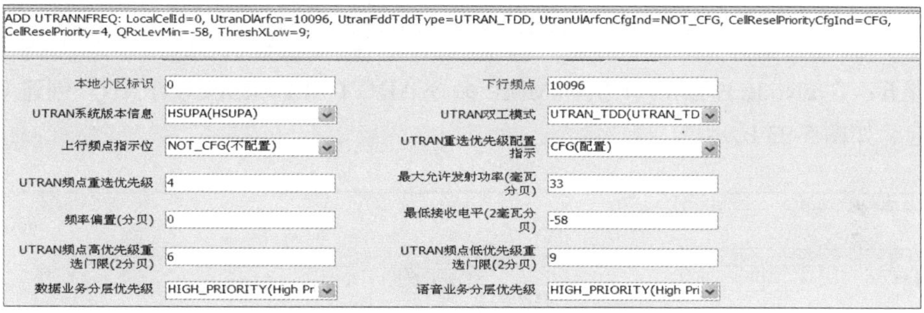

图 5-89　4G 网络 eNode B 侧脚本配置步骤一

步骤二：在 eNode B LMT 上执行 MML 命令 ADD UTRANEXTERNALCELL，创建 UTRAN 外部小区，如图 5-90 所示。其中，28 位的 UTRAN 小区的小区标识（UtranCellId）的左 12 位为 RNC 标识（RncId），右 16 位为 RNC 小区标识（RncCellId），UTRAN 小区标识计算公式为：UtranCellId=RncId×65536+RncCellId。主下行扰码就是 3G 网络小区的扰码。

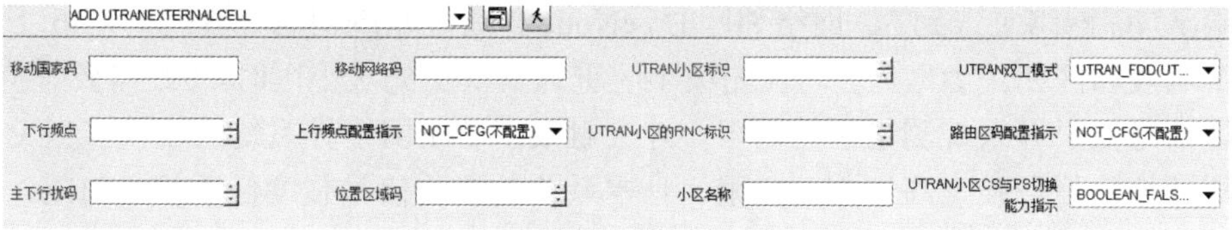

图 5-90　4G 网络 eNode B 侧脚本配置步骤二

步骤三：在 eNode B LMT 上执行 MML 命令 ADD UTRANNCELL，创建 UTRAN 邻区关系，如图 5-91 所示。

图 5-91　4G 网络 eNode B 侧脚本配置步骤三

步骤四：在 eNode B LMT 上执行 MML 命令 MOD CELLRESEL，配置重选参数"异频/异系统测量启动门限""服务频点低优先级重选门限""小区重选优先级""最低接收电平"，如图 5-92 所示。

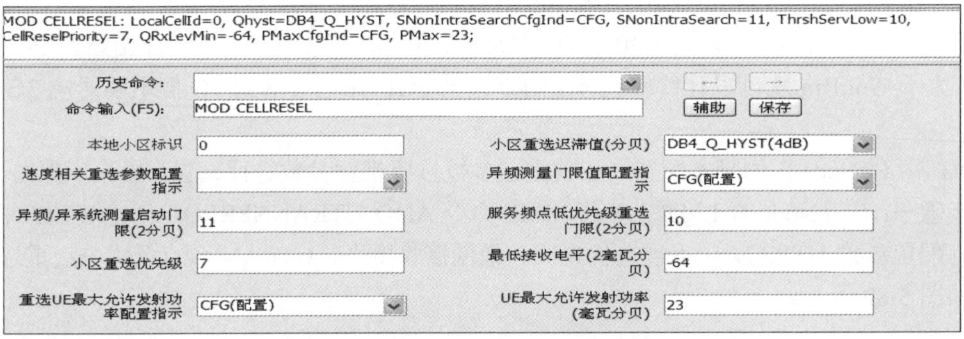

图 5-92　4G 网络 eNode B 侧脚本配置步骤四

步骤五：在 eNode B LMT 上执行 MML 命令 ADD CELLRESELUTRAN，创建 UTRAN 小区重选，如图 5-93 所示。

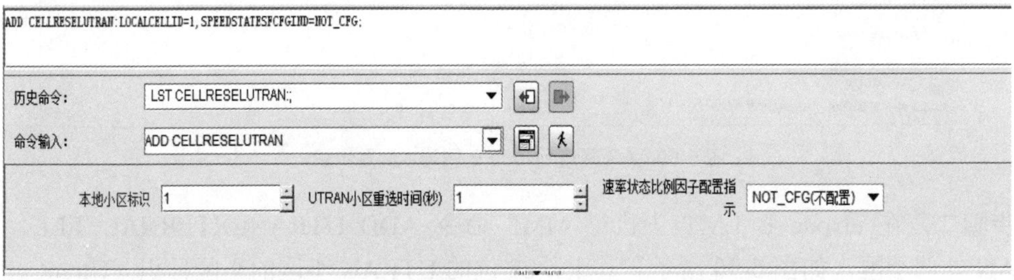

图 5-93　4G 网络 eNode B 侧脚本配置步骤五

【重选原理】

终端从 4G 网络重选到 3G 网络邻区时，eNode B 通过系统消息 SIB3 和 SIB6 下发后台配置的重选及邻区相关参数，从高优先级小区重选到低优先级小区时，UE 需要等待 4G 网络本小区信号低于异系统测量启动门限，才会触发对 3G 网络异系统的测量，当 UE 测量到异系统的接收信号强度高于某一门限，且本系统的接收信号强度低于某一门限，就触发重选。

【重选测量的触发】

测量到本小区的 $Q_{rxlevmeas}$（RSRP）$\leqslant Q_{rxlevmin}+P_{compensation}+S_{NonIntraSearch}$

【重选的触发】

对于低优先级小区，若没有配置本小区接收质量低门限（ThrshServLowQ），则只需要考虑 RSRP 情况，首先要满足本小区信号 Srxlev 低于门限 ThreshServLowQ。

即测量到本小区的 $Q_{rxlevmeas}$（RSRP）$< Q_{rxlevmin}+P_{compensation}+ThrshServLow$，

则目标小区的 RSCP$>ThreshXLow+Q_{rxlevmin}+P_{compensation}$，触发重选。

B．3G 网络侧配置

重选相关配置（本参数是基于商用来进行设置），如表 5-73 所列。

表 5-73　　　　　　　　　　　　　3G 网络侧重选相关配置

CellReselectionPriority	3G 网络小区重选优先级	4
EqrxlevMinRsrp	E-UTRAN 小区最低接入 RSRP 门限	−128dBm
EarFcnPriority	E-UTRAN 频点绝对优先级	7
EThdToHighRsrp	高优先级 E-UTRA 小区重选 RSRP 信号强度门限	8/16dB

按照上面的设置，当相邻的 4G 网络侧小区的 CRS RSRP$\geqslant E_{\text{qrxlevMinRsrp}}+E_{\text{ThdToHighRsrp}}+P_{\text{compensation}}=-128+8\times2+0=-112\text{dBm}$，就会从 3G 网络重选至 4G 网络。

注：3G 网络 3G/4G 互操作 RNC 版本 6.0SPC800 及以上版本，且需要相关 license，参数的设置按照表 5-73 中进行设置。

3G 网络侧脚本配置（相关重选参数按照推荐参数进行设置）操作步骤如下。

步骤一：在 RNC LMT 上执行 MML 命令 LST TCELLSIBSWITCH，查询小区"系统消息开关"是否打开下发"SIB19"系统消息块的开关。

如果关闭下发"SIB19"系统消息块的开关，转步骤二；

如果打开下发"SIB19"系统消息块的开关，转步骤三。

步骤二：在 RNC LMT 上执行 MML 命令 MOD TCELLSIBSWITCH，设置小区"系统消息开关"，打开下发"SIB19"系统消息块的开关（在小区激活的状态下无法打开 SIB19 开关，需要去激活小区（DEA TCELL）后再打开 SIB19 开关）。

步骤三：在 RNC LMT 上执行 MML 命令 MOD TCELLSELRESEL，配置本小区的优先级及重选相关参数（选择相应小区后按照图 5-94 所示配置即可）。

图 5-94　3G 网络侧脚本配置步骤三

步骤四：在 RNC LMT 上执行 MML 命令 ADD TLTE CELL，配置 4G 网络小区的基本信息，如图 5-95 所示。

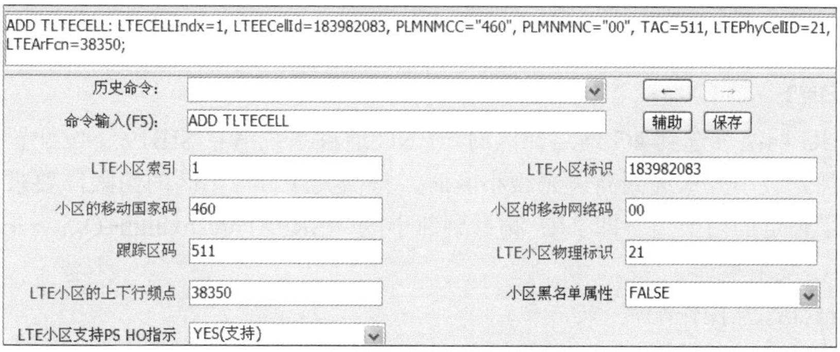

图 5-95　3G 网络侧脚本配置步骤四

其中各项信息根据实际填写，4G 网络小区标识的计算方法是：该参数用于在一个 PLMN 区中唯一标识一个 4G 网络小区，是由 eNode B ID+cellID 组成，4G 网络小区标识（十进制）可以配置为 eNode B（协议规定为 20bit）组合 CELLID（协议规定为 8bit，一般 cellID 都在 3 以内，不够则在数字前加 0），比如：eNode B ID 从 4G 网络基站信息表上查出来的是 713180，CELLID 从界面上查出来的是 1，换算成十六进制是 AE1DC01，转为十进制是 182574081。

步骤五：在 RNC LMT 上执行 MML 命令 ADD T LTE NCELL，配置 3G 小区与 4G 网络邻区的关系，如图 5-96 所示。

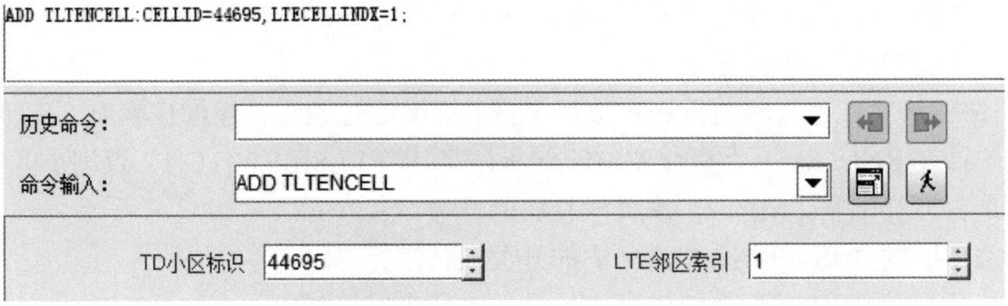

图 5-96　3G 网络侧脚本配置步骤五

注："3G 小区标识"和"4G 网络邻区索引"根据已配置的实际信息填写。

步骤六：在 RNC LMT 上执行 MML 命令 ADD TCELL NLTE CELL SELRESEL，配置 4G 网络邻区选择重选信息，如图 5-97 所示按照参数的测试参数进行设置（高优先级 E-UTRA 小区重选 RSRP 信号强度门限设置为 8）。

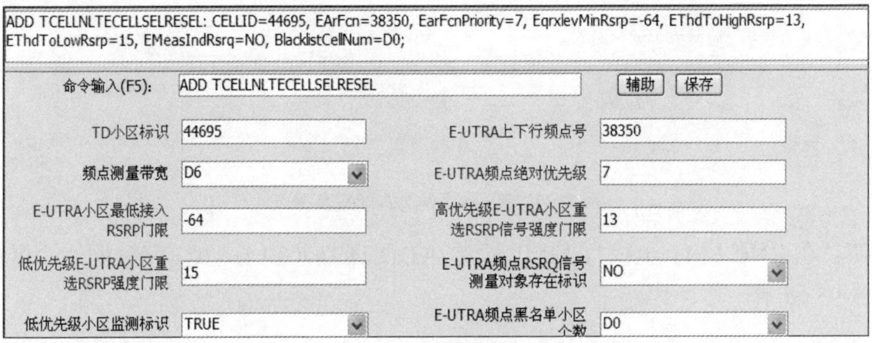

图 5-97　3G 网络侧脚本配置步骤六

【重选原理】

终端从 3G 网络重选到 4G 网络邻区时，RNC 通过系统消息 SIB19 下发配置的重选相关参数，从低优先级小区重选到高优先级小区时，只需关注目标小区的门限，要求目标小区的测量值要大于设定的门限值。即 UE 测量到邻小区 $RSRP>Threshxhigh+Q_{rxlev}-minEUTRA+P_{compensation}$ 时，发生重选。

④ Connect 态互操作配置

A．4G 网络侧互操作配置

4G 网络至 3G 网络连接状态的互操作切换策略有重定向和 PSHO 的方式，但是采用哪种措施，主要取决于终端特性支持情况，如果终端上报的特性 FGI 中的第 8bit 位为 1（左为第 1bit），说明终端互操作特性支持 PSHO，否则不支持。

图 5-98　4G 网络侧互操作配置

当前终端 3G 网络-L 互操作支持 PSHO 的性能比较少（目前就高通的号称支持，海思目前还只能支持连接状态的重定向），本节将只介绍 4G 网络至 3G 网络 连接状态的重定向（基于 R8 协议）【注：R9 协议的 RIM 重定向需要核心网侧、RAN 侧支持、eRAN 和 UE 支持，涉及 License 等相关问题，移动当前不要求基于 R9 协议的重定向】。

特性部署要求如下。

➢ 基站侧版本支持连接状态互操作的版本为 eRAN6.0 以上的版本。

➢ 互操作配置前需要检查基站侧 License，4G 网络到 3G 网络的连接态重定向需要 License 支持，需打开 4G 网络 eNode B 侧 License 控制项"E-UTRAN 与 UTRAN 之间切换（TDD）"。

➢ 核心网侧 MME 和 SGSN 的 Gn 口要打通，MME 上数据做好，USIM 卡在融合的 HSS 在 4G/3G 都做好数据。

操作步骤：

步骤一：开启 UTRAN 重定向开关。

MOD ENODE B ALGOSWITCH：HoModeSwitch= UtranRedirectSwitch-1，如图 5-99 所示（注：此开关默认为关闭的，为站点级参数）。

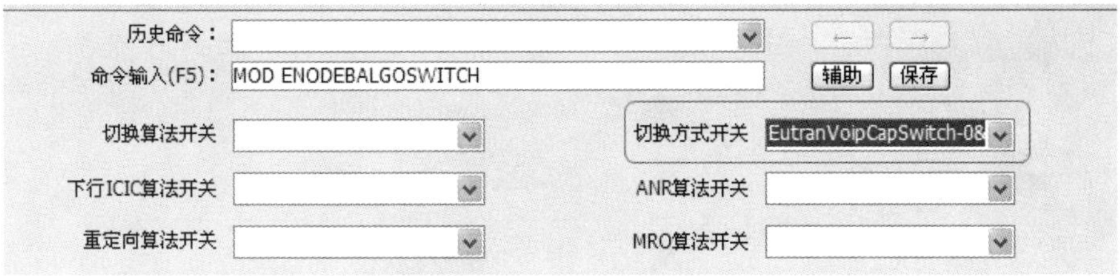

历史命令：			←	→
命令输入(F5)：	MOD ENODEBALGOSWITCH		辅助	保存
切换算法开关		切换方式开关	EutranVoipCapSwitch-08	
下行ICIC算法开关		ANR算法开关		
重定向算法开关		MRO算法开关		

图 5-99　特性部署操作步骤一

步骤二：核查异系统事件配置，对于 4G 网络至 3G 网络的异系统事件配置为 A1/A2+B1 事件，其中，UTRAN 测量触发类型为 RSCP，A1/A2 测量触发类型为 RSRP，异系统切换触发事件类型为 B1（系统默认就是按此进行设置）；命令为 MOD INTERRATHOCOMM，如图 5-100 所示。

步骤三：异系统切换参数调整，针对商用网络建议 A1 门限设置为–115dBm，A2 设置为–118dBm（注：系统默认异系统切换公共参数组为 0，对于现场测试功能验证测试，可以将 A2 和 A1 的门限进行提升，如 A1 设置为–40dBm，A2 设置为–50dBm，对于商用网络的设置，主要目的是让终端尽可能驻留在 4G 网络网络），如图 5-101 所示。

命令：MOD INTERRATHOCOMMGROUP。

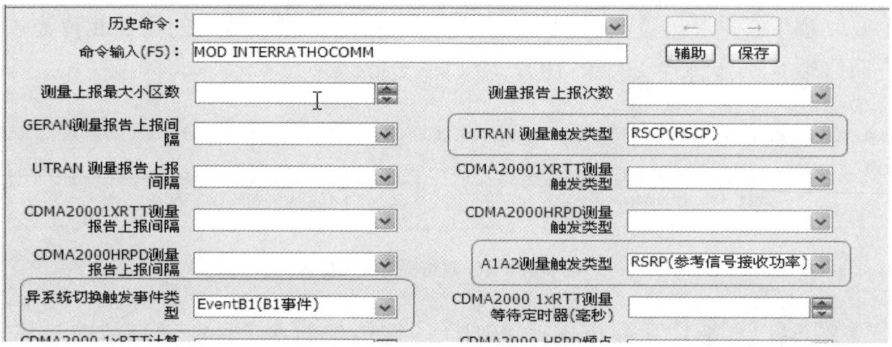

图 5-100　特性部署操作步骤二

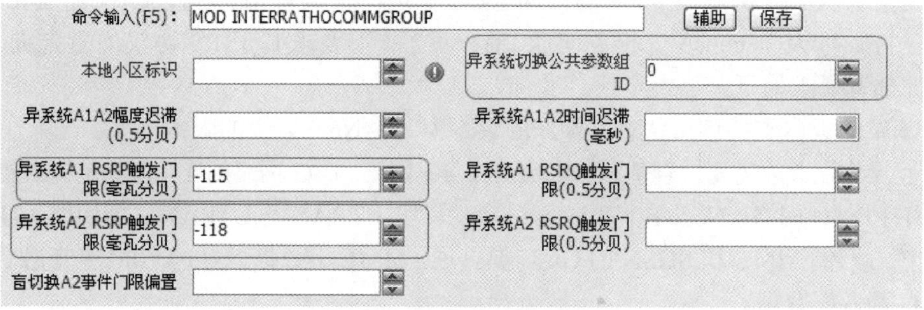

图 5-101　特性部署操作步骤三

步骤四：调整 UTRAN 切换参数组中 B1 相关设置参数，建议 B1 的门限设置为–100dBm，B1 的切换幅度迟滞为 4，也即当 3G 网络 PCCPCH RSCP>–100+4/2=–98dBm，持续 320ms 终端将发起 B1 的测量报告，命令：MOD INTERRATHOUTRANGROUP。

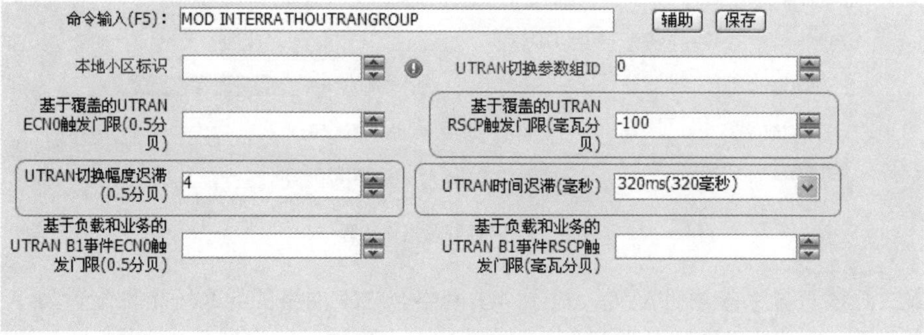

图 5-102　特性部署操作步骤四

步骤五：3G 网络的邻区配置见 Idle 状态下 4G 网络侧配置（配置 UTRAN 频点、外部邻区、邻区关系）。

B．TD-S 侧互操作配置

3G 网络至 4G 网络连接状态的互操作切换策略有重定向和 PSHO 的方式，受限于当前终端的能力，只推荐开启基于 R8 的重定向策略，本节主要介绍 3G 网络设备为我司的 3G 网络至 4G 网络连接态的重定向开启方法和相关参数设置。

特性部署要求如下。

➢ 基站侧版本支持连接状态互操作的版本为 3G 网络 8.0（RNC 和 3G 网络）以上的版本，建议采取 8.0SPC500 及以上的版本（此版本解决了 3G 网络侧同系统和异系统邻区配置数不能超过 44 个的限制），对于 3G 网络为友商设备的情况，需要让移动协调确认是否支持 3G 网络至 4G 网络互操作。

➢ License 要求：3G 网络到 4G 网络连接态 3A 测量重定向特性需要 License 支持，需打开 RNC 侧 License 控制项"4G 网络互操作"。

➢ 核心网侧 MME 和 SGSN 的 Gn 口要打通，MME 上数据做好，USIM 卡在融合的 HSS 在 413G 都做好数据。

操作步骤如下。

步骤一： 关闭 4G 网络小区支持 PS HO 功能（CELLSUPPORTPSHO），指示为 NO。

命令： MOD T4G 网络 CELL：4G 网络 CELLIndx=X，CELLSUPPORTPSHO=NO。

步骤二： 开启 3G 网络至 4G 网络的 RNC 级"PS 业务 TL 重定向出开关"和"PS 业务 TL 重定向出开关"，命令 SET TCORRMALGOSWITCH：HOSWITCH=HO_3G 网络_4G 网络 _PS_DSCR_SWITCH-1；PS_3G 网络_TO_4G 网络_SWITCH-1。

步骤三： 开启 3G 网络小区级 PS 业务 TL 切换出开关（注：用于控制 PS 业务从 3G 网络切至 4G 网络系统的小区级开关。此切换开关为切换算法开关，包括 PS HO 流程和重定向出流程）。

命令： MOD TCELLHOCOMM：CELLID=XXXX，PS3G 网络 TO4G 网络 SWITCH=ON。

步骤四： 调整 3G 网络侧设置面向小区基于覆盖的 4G 网络系统间 PS 业务切换测量算法参数，TL 切换出 3A 测量本系统门限设置为–40dBm，TL 切换出 3A 测量 4G 网络系统 RSRP 门限为–115dBm 命令：MOD TCELL3G 网络 4G 网络 HOCOV（注：按照以上的设置主要是为了让支持 4G 网络的终端在 3G 网络侧能及时触发 3A 事件，尽早返回 4G 网络）。

步骤五： 4G 网络的邻区配置见 Idle 状态下 3G 网络侧配置【配置 4G 网络小区的基本信息（ADD T4G 网络 CELL）、配置 3G 小区与 4G 网络邻区的关系（ADD T4G 网络 NCELL）】。

第6章
室分维护阶段

室分维护阶段主要为了保障室分正常运行,本章主要介绍室分工程维护阶段的日常巡检、故障处理、应急通信保障等,具体涉及分布系统信源、分布式系统、配套设备及配套线路的日常维护。

6.1 工程网络维护流程（作业计划）

室分工程网络维护分为：巡检维护计划制定与审核流程、巡检工作流程、随工流程图、交维验收流程图、故障处理流程、投诉处理流程、应急通信保障流程、数据修改流程、专项工作任务流程，如图6-1至图6-9所示。

6.1.1 巡检维护计划制定与执行流程

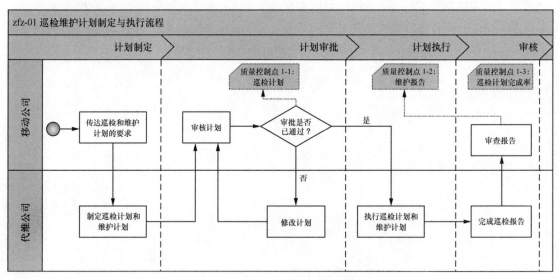

图6-1 巡检维护计划制定与执行流程图

（1）质量控制点1-1（描述性控制点）：核实巡检计划。核实代维公司工作计划的合理性及巡检计划的可行性。移动公司根据代维公司提交的"工作计划"和"巡检计划"，检验工作计划内容的完整性、合理性。

（2）质量控制点1-2（描述性控制点）：审核维护报告。审核提交的维护工作报告，验证代维工作完成情况。

① 移动公司对代维公司提交的维护工作报告进行审核，比对报告中的各项工作量是否与实际工作量相符。

② 代维公司提供的报告内容包括各代维维护中心的业务量、各项工作量的统计与分析、各项工作的计划与完成进度，内容应至少包括巡检、故障、数据维护、随工情况、问题整改、移动公司临时布置工作的完成情况等方面，以及代维公司内部员工招聘、培训、创新、合理化建议等内部管理工作的开展情况，针对移动公司管理考核、现场检查与自查工作中所反映的问题而采取的改进措施与效果，等等。

（3）质量控制点1-3（指标性控制点）巡检计划完成率。

6.1.2 巡检工作流程

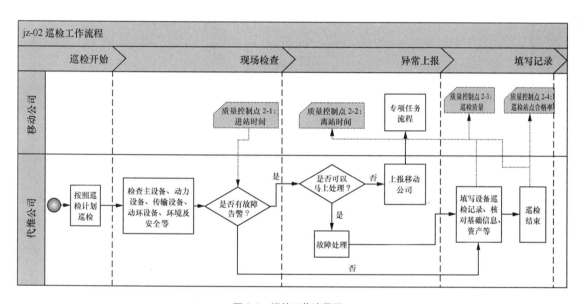

图6-2 巡检工作流程图

（1）质量控制点 2-1（描述性控制点）：进站时间。核查巡检计划的吻合性及巡检工作的真实性。通过支撑手段核查进入机房时间，验证巡检计划的执行情况及巡检工作的真实性。

（2）质量控制点2-2（描述性控制点）：离站时间。核查巡检时长是否满足代维工作的需要。通过支撑手段核查巡检时长，判断单站维护时长是否满足维护工作要求。

（3）质量控制点2-3（描述性控制点）：巡检工作质量标准。通过质检人员现场质量检查，核对现场填写的巡检记录。

（4）质量控制点2-4（指标性控制点）：巡检站点合格率。

6.1.3 随工流程图

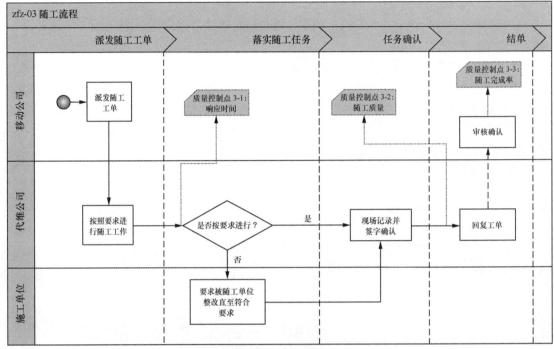

图 6-3 随工流程图

（1）质量控制点 3-1（描述性控制点）：响应时间。核实代维人员是否按时到达直放站及室分与 WLAN 现场。

（2）质量控制点 3-2（描述性控制点）：随工质量。核实施工单位对随工工作的满意度及现场施工质量，核查随工人员是否对施工过程进行全程监控。

（3）质量控制点 3-3（指标性控制点）：随工完成率。

6.1.4 交维验收流程图

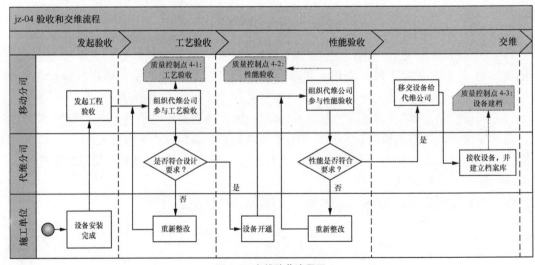

图 6-4 交维验收流程图

（1）质量控制点 4-1（描述性控制点）：工艺验收。核查代维公司验收的工程工艺质量，要求符合相关设备的维护规范，规避工程遗留问题。

（2）质量控制点 4-2（描述性控制点）：性能验收。核查设备开通后的性能，要求满足设备性能要求。

（3）质量控制点 4-3（描述性控制点）：设备建档。核查代维公司上报的设备档案是否与现场设备种类、数量一致。

6.1.5 故障处理流程

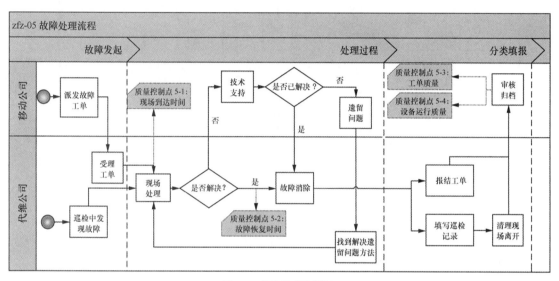

图 6-5 故障处理流程图

（1）质量控制点 5-1（描述性控制点）：现场到达时间。核查代维人员到达故障现场的响应时长。

（2）质量控制点 5-2（描述性控制点）：故障恢复时间。核查管控代维人员的故障处理时长。

（3）质量控制点 5-3（指标性控制点）：工单质量。从故障处理及时率、故障处理超时平均时长、工单处理及时率和工单合格率 4 个指标控制本项工作的质量。

（4）质量控制点 5-4（指标性控制点）：设备运行质量。从主设备及直放站退服时长、TD 退服次数、直放站轮询成功率、直放站设备监控率等 5 个指标控制本项工作的质量。

6.1.6 投诉处理流程

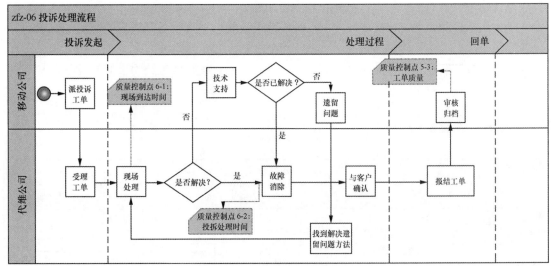

图 6-6 投诉处理流程图

（1）质量控制点 6-1（描述性控制点）：现场到达时间。核查代维人员到达投诉现场的响应时长。

（2）质量控制点 6-2（描述性控制点）：投诉处理时间。核查管控代维人员的投诉处理时长。

（3）质量控制点 6-3（指标性控制点）：工单质量。从工单处理及时率、工单处理超时平均时长和工单合格率 3 个指标控制本项工作的质量。

6.1.7 应急通信保障流程

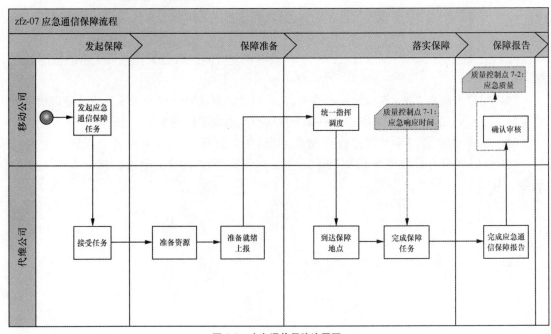

图 6-7 应急通信保障流程图

（1）质量控制点 7-1（描述性控制点）：应急响应的及时性。代维公司应按规定时限组织抢险救灾，代维公司的应急保障队伍应按规定时限到指定地点待命。

（2）质量控制点 7-2（描述性控制点）：应急工作的完成质量。代维公司应服从移动公司的统一指挥和调度，应按移动公司的要求完成抢险救灾和应急保障工作。

6.1.8　数据修改流程

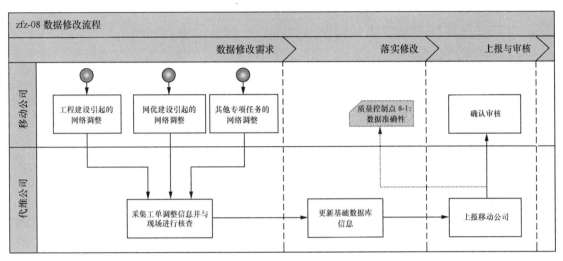

图 6-8　数据修改流程图

质量控制点 8-1（指标性控制点）：数据准确性。从资源数据完整性、资源数据准确度两个指标控制本项工作的质量。

6.1.9　专项工作任务流程

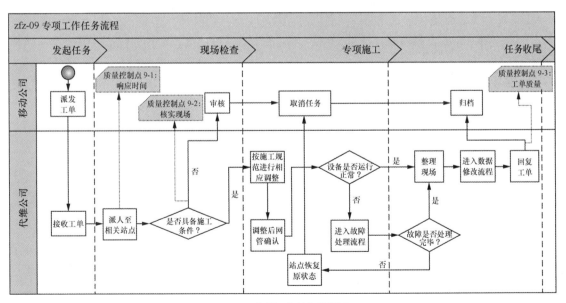

图 6-9　专项工作任务流程图

（1）质量控制点 9-1（描述性控制点）：响应时间。核实代维公司是否按照规定时限到达现场。

（2）质量控制点 9-2（描述性控制点）：核实现场。核实代维公司反馈情况是否属实。

（3）质量控制点 9-3（指标性控制点）：工单质量。从工单处理及时率、工单合格率两个指标控制本项工作的质量。

6.2 工程网络维护要求

工程网络维护要求主要包括无线设备维护要求、配套设备维护要求、配套线路维护要求和分布系统维护要求。

6.2.1 无线设备维护要求（含机房巡检维护要求）

基站设备例行维护是指按照不同周期定期对基站站点进行的维护，从而在基站发生故障前及时发现潜在的故障根源，并进行有效的处理，避免业务受到影响，保证设备处于最佳运行状态，满足业务运行的需求。本节分别对 2G 网络、3G 网络、4G 网络、WLAN 网络设备维护进行详细介绍。不同设备厂商的网络设备在 2G/3G/4G/WLAN 网络的设备维护工作方面具有共性，为了便于介绍，本节以 E 厂商的 2G 网络基站设备为例对 2G 网络基站设备维护，以 H 厂商的 3G 网络基站设备为例对 3G 网络基站设备维护方法，以 E 厂商的 4G 网络基站设备为例对 4G 网络基站设备维护方法，以 Z 厂商的 WLAN 网络设备为例对 WLAN 设备维护方法进行介绍。

6.2.1.1 2G 网络基站设备维护

1. 主设备例行维护项目操作指导

（1）查询并处理遗留告警和故障

检查方法如下。

① 在 X-manager 上查询方法：通过 ALLIP 指令查询基站告警。通过相关的 RXMSP、RXTEI 对告警进行定位。

② 在 OMT 上查询方法：通过 OMT 软件连接上基站，通过 Display 显示相关查询该基站存在的告警信息。

维护标准：在 X-manager 上查询无告警，OMT 软件连接上基站 Display 显示无告警信息。

异常处理：如在 X-manager 上查询有告警并预处理无效，则用 EOMS 派单相关维护单位；现场 OMT 软件连接上基站 Display 显示告警信息，则定位告警信息并处理。

注意事项：发现告警信息，必须按照告警处理时限落实处理。

（2）单板运行状态检查

检查方法如下。

① 目测检查指示灯状态。

② 检查基站软件版本。

使用 OMT 软件的"DISPLAY SOFTWARE VERSIONS"功能或者 BSC 侧使用 RXMOP 命令查看基站运行软件的版本是否正确。

③ 检查机柜内温度。

机柜内有两个内置温度传感器。利用 OMT 软件的"Monitor Setup"中的"Cabinet internal

temperature sensor"查看其温度，两个传感器能读出温度值。

④ 工作电压。

利用 OMT 软件的"Monitor Setup"中的"DC System Voltage"选项可查看其工作电压。

⑤ 参数检查。

IDB 的数据检查是否正确。

维护标准如下。

① 机柜各个模块的"Operational"绿灯发亮，而且其他指示灯全应该熄灭。

② 使用 OMT 软件的"DISPLAY SOFTWARE VERSIONS"功能查看此基站运行软件的版本为最新发布版本。

③ 湿度为 15%～80%。

④ 在正常室温下，无线设备的推荐工作电压是 26.5～27.7V。

⑤ 利用 OMT 软件查看 DXU 中的 IDB 文件，该基站的实际规模配置应与 IDB 一致。

异常处理如下。

① 若发现有不正常的状态，可用 OMT 软件的"MONITOR"功能查找其错误的原因。

② 版本问题可直接上报移动公司负责人并落实整改。

注意事项：务必带上防静电手套。

2. 常见故障处理

本章介绍 2G 网络基站常见故障处理过程、常见基站故障检测、常用板卡更换过程。内容包括：常见故障处理、常见基站故障检测、常用板卡更换指导。

（1）常见故障处理

根据不同基站型号对应的各种硬件模块或软件出现的各种故障制定对应的处理措施。

① 分集接收故障处理流程

分集接收告警产生的条件为：基站的一个或若干个载频的 2 路接收信号 A、B 的强度相差至少为 12dB（即≥12dB），并且持续 50 分钟以上，基站就会产生分集接收告警。产生分集接收告警的 TRU 的接收机灵敏度会因此降低大约 3.5dB。

首先，对机架中的每个 TRU 打开 OMT 的分集接收监测功能，测量 SSI 值（Signal Strength Imbalance），即每个 TRU 的接收分路 RXA 减去 RXB，如为正值，表明 B 路接收分路存在问题，如为负值，表明 A 路接收分路存在问题。这样的测量每 5 分钟更新一次，但必须在基站有话务的情况下才能测量出。在 OMT 界面上选择 MO 中的 TRXC，右键选择"MONITOR"，在弹出的对话框选择"diversity supervision means"，开始测试。

一个小区中，如果只有单个 TRU 的 SSI 值过高，大于 12dB，则很可能是这个 TRU 的故障，更换这个 TRU。如果一个小区中所有的 TRU 的 SSI 值均过高，则可能是天馈线接错了，或 CDU-A、C、C+、D 的接收部分存在故障导致连接在这个 CDU 上的所有或部分 TRU 测量的 SSI 值过高。这就需要重点检查天馈线系统和 CDU 的射频连接线是否有错误，必要时更换怀疑有问题的 CDU，对于 CDU D 问题会出现在 DU 上。对于 CDU 和 TRU 的射频连接的正确方法，利用 OMT 读出 IDB 数据后，单击 Installation Data Base 选择"Operation-Display-Cable list"，即会有详尽的连线方法。如果多个小区存在 RX DIVERSITY LOST 告警，则很可能是天馈线的顺序不正确，需要重新整理馈线，可以用测试手机测试的方法进行确认。

进行完每一步分集接收故障排查的步骤后，都要重新检测所有 TRU 的 SSI 值，以确认刚才所做的排查工作是否取得了消除分集接收告警的效果，要等待 OMT 连续测量 2～3 次（5 分钟一次）便可确认告警是否消除，否则再接着进行其他步骤的排查。

② 天馈线接反的故障处理流程

首先，用测试手机（TEMS 或带测试功能的诺基亚手机）测试定向站 3 个小区的 CGI、BCCH 是否正确。如果有 2 个小区的辐射方向错误，则可表明这 2 个小区存在天馈线发射部分接反的情况。如果 3 个小区的辐射方向均错误，则可表明这 3 个小区存在天馈线发射部分接反的情况。以上情况，可根据测出来的具体结果，进行天馈线发射部分的互换。这是比较好处理的发射天馈线接反的故障。

如果不是上述中的故障情况，那么应该是天馈线接收部分接反，对机架中的每个 TRU 打开 OMT 的分集接收监测功能，测量 SSI 值。天馈线接收部分接反，必然导致整个小区的所有 TRU 的 SSI 值都过高。如果 3 个小区中有 2 个小区的所有 TRU 的 SSI 过高，则基本上能表明，这 3 个小区的天馈线接收部分存在互相接反的情况，可根据测出来的具体结果进行天馈线接收部分的互换，对 3 个小区天馈线均接反的情况，可能需要将天馈线接收部分进行 2～3 次的互相倒换，每次倒换后均要接着进行 SSI 值的测量。

天馈线接反的另一种处理方法是：利用 OMT 可以看到，连接 OMT，READING IDB（每一个都要测试），在 Radio 选项中单击 FAULT 旁边的复选框，等待一会儿，会发现出错的 ANT 变为红色，更改其收发属性，即进行收发天线的互换，利用测试手机很容易发现与哪根天线装反，如果是单（主副）机架 3 小区定向站，有两根天线变红，多数是这两根装反。

③ 基站传输分析与监测

我国采用的基群传输制式为 G.703（2.048Mbit/s），传输阻抗为 75Ω非平衡式、120Ω平衡式两种。它适用于基站 A-bis 接口的 LAYER 1 功能。可以监测传输故障及传输质量——包括 LOS（Loss of Signal）、LOF（Loss Of Frame alignment）、AIS（Alarm Indication Signal）、ERATE（Error Rate）、RAI（Remote Alarm Indication）等。

A．LAYER 1 同步

LAYER 1 同步可取自 PCM 通道的输入或自振荡器，当下列情况发生时，PCM 通道不可用：LOF、LOS、AIS。

依照 RBS 中的参数 DB 为 "not available for synchronization"。LAYER 1 同步为下面几种情况之一。

PCM-A 可用于参考源；

PCM-A 选作参考源；

PCM-A 输入用于 PCM-A 输出的同步；

PCM-A 输入用于 PCM-B 输出的同步；

PCM-B 可用于参考源，PCM-A 不可以；

PCM-B 选作参考源；

PCM-B 输入用于 PCM-A 输出的同步；

PCM-B 输入用于 PCM-B 输出的同步；

无论 PCM-A 或 B 可用于同步；

自振荡器选作参考源；

自振荡器用于 PCM-A 和 PCM-B 输出的同步；

CM-A、PCM-B 的默认设置为：PCM-A "available for synchronization"；

PCM-B "not available for synchronization" 在 OMT 中可以随时更改。

B．监测传输故障

当 DXU 重新启动后此功能开始执行，且只在 AO DP（Digital Path）处在 "DISABLE" 状态时执行。当 AO DP 的状态改变时要向 BSC 报告，如果状态为 "ENABLE"，则所有的故障检测状态置零。故障检测包括以下方面。

a．LOF

*产生：CRC-4 关——收到 3 个连续错误的 TS0 帧序列；

CRC-4 开——收到 3 个连续错误的 TS0 帧序列，或 500ms 收不到；

CRC 复帧，或在检测误帧期间 CRC 复帧丢失。

*结束：CRC-4 关——帧序列信号恢复；

CRC-4 开——CRC 复帧序列信号恢复。

b．CSES（Consecutive Severely Errored Seconds）

*产生：连续检测到 N 个 SES（严重误码秒）；

*结束：连续检测到大于 N 个 non-SES。

c．RATE（Error RATE）

*产生：检测到的误比特率大于等于 10^{-3}；

*结束：检测到的误比特率小于 10^{-3}。

d．LOS

*产生：250μs 时间间隔内收到小于等于 "111"；

*结束：250μs 时间间隔内收到大于 "111"。

e．AIS

*产生：两帧中间有连续的 "1…" 流；

*结束：检测到帧序列信号，或信号被认可。

f．RAI

*产生：TS0 中的 A-bit=1；

*结束：TS0 中的 A-bit=1。

g．UAST

*产生：unavailable state is declared，上游、下游独立监督管理；

*结束：available state is declared，上游、下游独立监督管理。

C．监测传输质量

BSC 的 AO DP 处于 "enable" 时该功能开始启用，向 BSC 报告，它只能在 AO DP 处于 "disable" 时作配置。它有以下 6 种功能块：BFF（Bit Fault Frequency）、DF（Disturbance Frequency）、SF（Slip Frequency）、ES（Errored Seconds）、SES（Severely Errored Seconds）、UAS（Unavailable Seconds），具体情况可用 DTQUP 看。

D．实际应用

利用 OMT 监测传输情况（对级联情况更适用）：连接 OMT-READING IDB 选中 PCM—右键选择 DISPLAY STATUS，显示结果。

a. 传输不通

可能出现的问题：收、发接反，芯、皮连接，BSC 未定义，DEV 未解开，鸳鸯线，2M 槽路不对应等。

b. 传输良好

如果是 STAND ALONE，标示 "-0" 所有的 FAULT STATUS 为 NOT-FAULT；如果是 CASCADE，标示 "-0" 和 "-1" 的 FAULT STATUS 全部为 NOT-FAULT。

E. 基站传输故障的分析及解决

a. 小区未退出过服务，但统计表明，该小区的信道完好率不足 100%。根据经验，这种情况一般是传输引起的，但往往在 BSC 终端上通过 DTQUP 指令得到的传输质量确是很好的。原因有：传输路由中某 2M 接头接触不良、传输设备自身有问题、ETC 或 DXU 有问题。处理时可采取逐一排查的方法。

b. 某小区的 TS 出现不稳而 BTS 没有任何告警，若通过 RLCRP 指令可明显观察到不稳现象。可逐一用下列方法解决：开关跳频，重新 LOAD 数据，DXU 复位，各 RU 断电，更换 DXU 或 ETC（连线及插头也需检查）；若上述方法均不能解决故障，则要逐段检查传输。根据经验，这种故障现象大多数就是传输引起的，往往是传输路由中某 2M 接头接触不良造成，重点放在检查传输设备和各级配线架的端口线上，甚至有时需更换传输设备或端口。

c. CF 无法 LOAD 数据但 BSC 观察传输是正常的。排查方法为：应首先检查传输途径中是否有环路，判断方法为将 DXU 的 G703 接口断开后由 BSC 侧观察传输是否通断。若传输未做环路，则应重点检查传输途径的各级配线架，例如，配线架端口有问题或因卡线未做好而使地线接触信号线等，此种故障一般在 DXU 连接 2M 传输线后最终状态为 DXU 的所有指示灯均不亮。传输线在接头连接处接触不良，一般是传输线的芯已经接通但传输线的皮层没有接通或接触不良，将会引发 BSC 观察 RBLT 状态是 WO 但数据无法 LOAD 成功。SDH 传输设备的交叉板吊死或传输时隙配置有误，可重新插拔交叉板，重新配置时隙。

d. BSC 侧观察 RBLT 传输为 ABL，在 BTS 侧的 G703-1 接头处做环路后由 BSC 侧观察传输为 WO，但连接 DXU 后仍为 ABL。排查方法为：应首先检查 BTS 侧由传输设备到 BTS 之间的各级配线架的 2M 传输线的收发是否反接。应注意的是：若 BSC 侧或传输设备之间的配线架上 2M 线收发反接，则无论 BTS 侧是否做环路，由 BSC 观察传输都为 ABL。在证实 BTS 侧的传输线收发正常的情况下应检查 DXU，重点检查 DXU 的 G703-1 接头的信号针是否损坏（如断裂或凹陷），若发现接头损坏，可将 2M 传输线更换到 DXU 的 G703-2 接头，而在 IDB 数据中将 DEFINE PCM 的设置由 PCM A 改为 PCM B 输入，BSC 侧也要进行相应的数据修改，若接头未损坏，则更换 DXU。若排除上述两种可能性，则重点检查 BTS 侧的传输设备、DDF 架，可能是 DDF 架端口或传输设备的端口（有时 BTS 至传输设备的 2M 线也可能有问题）。最后是 BTS 的接地情况，若接地不好，则会影响收和发两端的对地电平值，从而引发此类故障。

e. 传输设备显示传输正常，而 BSC 侧观察传输为 ABL。对于传输设备（如光端机、微波等），只要自身 2M 系统中的接收通路正常，就可反映为传输正常，但却反映不出发送通路的状态，因而在传输设备的 2M 系统的发送通路有问题时就会出现此类故障现象。例如，BTS 的发射线路（相对于传输设备的接受线路）正常，而接收线路（相对于传输设备的发送线路）出现了问题。当 BTS 的传输路由是多段传输系统串联而成时，在某个串联接口处的 2M 连接有了问题。此时往往是一侧的传输设备显示正常而另一侧显示不正常。在排查某些传输故障时，例如，上述中的当某小区的时隙明显不稳定或 CF 无法 LOADED 时，可以利用一微蜂窝设备，采用在不同节点处截取该条传输并通过 BSC 观察微蜂窝设备在该处节点是否还存在类似现象的方法，以便快速地进行故障定位，对降低设备的不可用时长有很大的帮助。

④ VSWR 驻波比告警的处理

在 BSC 终端上收到的天馈线系统 VSWR 告警，是对各项指标尤其是掉话率影响最大的，严重时可导致该天馈系统对应的 TRU 退出服务甚至可导致整个小区的退服，A3 级别下虽不会导致 TRU 和小区的退服，但会对指标造成严重的影响并会导致覆盖范围的减小，同时降低话音质量。首先应该明白的是 BSC 观察到的 VSWR 告警只是对具有 TX（或 TX/RX）RF 信号的天馈系统的，而对只具有 RX RF 信号的天馈系统若存在问题，BSC 是不会有 VSWR 告警的（但会有分集接收丢失的告警）。在测量天馈系统的 VSWR 值时，通常会使用 SITER MASTER 仪表。根据观察，很多人员在使用该仪表时在设置和使用方法上往往不按正确的标准执行，而在不同标准下测的 VSWR 值是不同的，甚至差异很大，从而失去了测量的意义，容易忽视的方面如下。

A．SITER MASTER 对 VSWR 的测量分为距离域和频率域两种方式，采用不同方式对 VSWR 测量会得到不同的数值结果，在频率域下的测量值要大于距离域下的测量值。测量 VSWR 值是否正常的门限值一般情况下是 1.5，但这是要求在频率下进行测量的门限值。很多人总是把在距离域下进行测量所得的数值是否超过 1.5 作为检验标准，这是不太准确的，也是容易被忽略的。有时在距离域下得到的数值虽不超标准但在频率域下已远大于 1.5 了。因此在测量 VSWR 时应以频率域下的结果为准。其实距离域测量是在已经确定天馈系统有故障的情况下进行故障点定位的测量方法。

B．在测量时对频率上下限的设置，一定要按该天线系统要求的频段范围进行设置。频率范围设置的不一致会直接影响测量数值，频段范围设置得越宽，VSWR 的测量值就越高，尤其对距离域下测量更要注意这点。因此应按实际要求的频段范围对仪表进行校准。

C．在测量之前应选择所要测的馈线型号，若馈线型号选择不一样，所测数值也大不同。若在仪表的馈线种类表中没有所要测的馈线型号，则应按馈线说明书中表明的馈线损耗值进行损耗值的设置。

D．在每一次使用前都应对仪表进行校准（主要是受温度影响）。而很多人员为了方便往往省略这一步，在有些情况下使测量值失去了参考意义。通常会发现某些小区 A3 级别的天馈线 VSWR 告警提示时有时无，这种现象一般是 RF 通路的某处接头接触不良造成的（但有时 CDU 自身存在问题也会引起）。BSC 观测到的不是针对天馈系统的 VSWR 告警，一般是 CDU 与 TRU 之间用于检查 VSWR 值的 Pr 和 Pf 射频线出现了问题，往往是由于射频线未拧紧或拧错、CDU 前面板或 TRU 后背板的射频接头损坏造成，处理时可通过告警的 RU 提示进行处理。

⑤ BTS 调整或扩容中遇到的故障

A．扩容载频的 TRX 无法 LOAD 数据，而所扩容 TRU 及 CDU 的状态均正常在 BTS 侧检查未有差错。BSC 侧应检查 A-bis 接口是否进行了响应的扩容。

B．一个 TG 所带的所有 TRX 均无法 LOAD 数据，而 BTS 侧状态均正常。此时 BSC 侧应检查 A-bis 口是否使用了压缩，若应用了压缩，则检查 CON 是否正常，如果 CON 不正常（包括未解闭或忘记 LOAD），则 TRX 均不能 LOAD 数据。

C．一个 TG 所带的所有 TRX 均无法 LOAD 数据，而 BTS 侧状态均正常同时 BSC 侧检查也无误。此时可对 DXU 作复位，将数据删致 CF 重新 LOAD，断电等方法。若依然无效可考虑更新 A-bis 接口中 DEV 下的 RBLT（包括更换或刷新），有时只做一次更新可能会无效。

D. LOAD TRX 时 IS 出现 NOOP 致使 TRX 无法 LOADED，多次删掉并重新 LOAD 数据后依然如此。可更换 DXU。如果依然无效，方法一：可将各 RU 模块断电后等待，有时需要等待很长时间；方法二：更换 TG 号，可快速解决此故障。

E. 一个 TG 下的 TX 均无法解闭。而在 BTS 侧状态是正常的经检查无差错。BSC 侧应检查 BSPWR、BSTXPWR 及 MPWR 这 3 个参数是否随 BSPWRB、BSPWRT 参数作了相对应的调整。

F. CF 可以 LOADED 但其余 MO 级别无法 LOAD 数据。此时 BTS 侧需检查 OMT 中的 Define PCM 的设置是否同 2M 传输线进入 DXU 的 G703 的接口相一致，PCM A 对应 DXU 的 G703-1 的传输接入，PCM B 对应 DXU 的 G703-2 的传输接入，此故障一般是由于 2M 传输线到 RBS 机柜顶部的 C7、C8 端口接错。

G. 基站本调已过，传输调通并且检查无误，机房数据也无问题，而 CF 不起站，此时就应该检查该 TG 定义的 TEI 与机房侧的 TEI 值是否对应，二者必须一致才能正常起站。

⑥ IS 的故障处理

基站 IS 的功能图如图 6-10 所示。

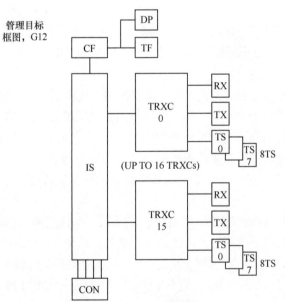

图 6-10 基站 IS 的功能图

正在运行的基站或新开基站在进行数据定义、修改、扩容、改型时，偶尔会导致基站的 IS "掉死"。现象为基站 DXU 工作正常，与 BSC 间的传输也正常，但有的 TRU 的状态均为 NOOP，无论是更换 DXU 及相关基站硬件，重新拆、LOAD 基站数据等均不奏效。检查所有 MO 的状态，就会发现 IS 状态总是为 NOOP，解闭、拆、LOAD 均无效。

这种现象就是 IS "掉死"的典型表现，解决办法是找到一个未用的 TG 号，重新定义一个全新的 TG，数据定义与原基站的 TG 一样，代替原先基站使用的 TG，连接到相应的小区。当然，也可通过做 BSC 的启动来解决 IS "掉死"的情况，因为必须在晚上做，在做之前会导致基站长时间的退服。

⑦ 疑难基站故障处理

基站运行异常或无法开通，怀疑传输、基站、BSC、数据定义等方面存在问题，但找不到问题所在。例如，某个新开基站总是大部分 TRU 的状态为 NOOP，仅有个别 TRU 正常，无论怎么做也还是这样，全面地检验也未发现问题，传输质量也不存在问题，怀疑基站可能存在"掉死"的现象，但无法确定。从 BSC 的 ETC 传输接口处，或从交换机房内的传输配线架处将这个基站的传输与另外一个类似配置的基站传输互换，也就是说互相用对方基站的数据来开通。如果有问题的数据在另外一个基站上仍然存在同样的问题，而同时原先有问题的基站用另一个基站的数据却能正常工作，这就可以说明，有问题的基站数据确实存在"掉死"的现象，这就需要更换基站的 TG 或做 BSC 的重新启动。在基站上，还有一个比较简单的方法来判断基站"掉死"的情况，就是每次基站在起站的时候，所有 TRU 启动的顺序、状态完全一样，并且 TRU 达到稳定状态的速度也比正常起站时明显快了很多，TRU 状态变化少了某些过程，如 TRU 在所有时隙均起来前所有的指示灯需要同时闪亮一次。类似的，其他疑难基站故障，都可以通过传输电路的互换来发现到底是不是基站硬件、传输、BSC、数据定义方面的原因。然后就可以有明确的故障解决对象，再进一步仔细检查。

⑧ 基站温湿度要求

为保护 2G 网络基站的正常运行，需要注意以下 3 种温湿度情况（适用 RBS 室内基站和室外微蜂窝）。

A．正常的条件范围：在如下范围内，保证所有的 RUs（可替换单元）能工作在正常的指示范围内，基站的各项运行指标均正常。

温度范围：5℃～45℃，湿度范围：5%～85%（相对）。

B．安全运行范围：在如下范围内，RUs 能够运行，但是会造成性能指标的下降，某些运行指标如掉话偏高等。这样的情况不允许连续的 72 小时，并且一年中累计时间不能超过 15 天。

温度范围：0～5℃和 45℃～55℃，湿度范围：85%～90%（相对）。

在上述范围内会造成 CF 的 2A 级告警，基站不退服。

C．非损坏范围：在如下范围内，RUs 不能够正常工作，但是不会被损坏。这样的情况不允许连续的 96 小时，并且 3 年中累计时间不能超过 5.5 天。

温度范围：–10℃～0℃和 55℃～66℃。

在上述范围内会造成 CF 的 1A 级告警，基站退服，自我保护。参考上面的描述，当温度范围长时间未在–10℃～60℃内，建议将机架断电，以免造成。

内部元器件的损坏或 RUs 损坏。

另外，还有如下的参考温湿度范围。

D．运输途中：温度范围：–40℃～70℃，湿度范围：5%～100%（相对）。

E．仓库存放

温度范围：–25℃～55℃，湿度范围：5%～100%（相对）。

（2）常见基站故障检测

① PSU 测试

目的是检查每一个 PSU 是否正常工作。

A. 关掉某一个 PSU 的 AC 输入，并拆去所有连接线；

B. OMT 中检查 RBS MONITOR；

C. 1 分钟后在 OMT 中可获得内部电源下降的故障码——SOCFI2A-21；

D. 接回 AC，故障消失；

E. 使用同一方法去检查所有的 PSU。

② 机架供电告警测试

目的是检查 PSU OMT POWER AC MAINS ALARM 告警是否能送到 OMT。注意：这项测试要求电池已充好电。

A. 检查所有的 PSU 都处于工作模式；

B. 拆去所有的 PSU 的交流电；

C. 检查 RBS OMT 中的 EVENT MONITOR（实时监视）；

D. 1 分钟后 OMT 中有 AC 主电源告警的信息（SO CF I2A-20），另外在 ECU 上也有 AC-FAULT 的指示灯；

E. 接上电源，告警消失。

③ 机架供电测试

目的是测试电池的供电能力，断市电后，各机架应可以正常工作。

A. 关掉所有的 AC，ECU 上有 AC-FAULT 的指示灯；

B. 确信机架仍可以正常工作，并且在各个机架中没有任何关于 DC 供电的告警；

C. 接回 AC，确信各个机架仍可以在 AC 供电下正常工作。

④ CDU 电压检查

当安装有 ALNA 时，将由 CDU 通过 RX 馈线供电（+15V）。

A. 拆去 CDU 上的 RX 馈线；

B. 有万能表测馈线芯与皮之间有 "+15V" 的电压；

C. 重复测量所有的 CDU。

⑤ 内部告警传送测试

目的是检查 DXU 能否正确收到内部告警信号，以及风扇是否全部正常，如果 OM 能够正确地告警信号，则实验通过。

A. 确信风扇都正常运行；

B. 拆去一路风扇的供电；

C. 检查 EVENT MONITO；

D. 1 分钟后确信 OMT 中接收到一个关于风扇容量下降的信息——SOCFI2A-23；

E. 接回电源，让风扇正常运转，然后进行其他风扇测试。

（3）常用板卡更换指导

① DXU 的更换

2202 DXU 更换操作，2206 DXU 可参考操作。

A. 工具防静电环、T10 螺丝刀。

B. 更换前的准备

a. 通过故障观察和分析，确定模块故障，并确认是否需要更换；

b. 确定备件功能完好，并且型号与故障模块一致；

c. 准备防静电袋、防潮袋和纸箱，并准备若干标签，以作标记用。

C. 更换步骤

a. 通知 OMC 本站或本小区将暂时退出服务状态。

b. 置 DXU 为 LOCAL 状态，用 LOCAL/REMOTE 转换按钮，LOCAL 灯由闪到亮表明已处于 LOCAL 状态。

c. 连接并读取 IDB，此时若 DXU FAULT，则无法读取 IDB，由此可以证实是否故障。注意，有两个方式去获取 IDB：第一，室内机架第一次安装时一般由开站操作者，拷在软盘上；第二，室外机架出厂时已由厂家配置一张 IDB 软盘。

d. 开始换板。拆除所有电缆连接线，换板并重新接上所有的连接线（自然含电源线）。

e. 让 DXU 自检成功后接上 OMT，并用以下 3 种方式中的一种安装 IDB。第一，采用平时（正常情况下）拷贝的 ID；第二，采用机架上的软盘；第三，CONFIGURE IDB。

D. 更换后确认

a. 检查 OPERATION 灯为亮的状态（此时 LOCAL 灯也亮）。

b. 检查所有的 TRU 处于 REMOTE 状态，否则按 LOCAL/REMOTE 转换按钮，等 LOCAL 指示灯将开始闪，然后 OFF，表明新 DXU 已处于 REMOTE 状态。此时 DXU 上的 OPERATION 灯将 ON，而 TRU 上的 TX NOT ENABLE 也将是 ON。注意：TX NOT ENABLE 是因为 TX 还没有配置，不能承载业务。

c. 通知 OMC 或 BSC 解闭或激活小区。

② 载频的更换

2202 TRU 更换操作指导，2206 及其他载频可参考操作。

A. 工具静电环、T10 螺丝刀。

B. 更换前的准备

a. 通过故障观察和分析，确定模块故障，并确认是否需要更换。

b. 确定备件功能完好，并且型号与故障模块一致。

c. 准备防静电袋、防潮袋和纸箱，并准备若干标签，以作标记用。

C. 更换步骤

a. 按 LOCAL/REMOTE 按钮，LOCAL 灯闪，然后亮，表明 TRU 已处于 LOCAL 状态。

b. 先拆连接电缆，更换 TRU，换板后再接上电缆。等 OPERATION 灯亮。如果刚换上的 TRU 内有旧的软件版本，则 DXU 将自动向它更新（此时 TRU 上的操作指示灯闪，2 分钟左右）。

c. 注意，如要采用跳频，则换板前应先由 BSC 停止跳频，换 TRU 并处于 REMOTE 之后，再重新启动跳频，建立新的序列。这样做的目的是防止更换 TRU 后会解不开。

d. LOCAL 模式的转换过程，按 LOCAL/REMOTE 的转换按钮松开此按钮（IN ORDER TO PREVENT MISTAKES）LOCAL 模式灯开始闪，表示正处于转换过程，OPERATION 灯灭表示已退出操作状态。一个故障汇报信息通过 A-bis 送至 BSC，在 BSC 中将有一个 1B 告警发生，BSC 到 TRU 的通信链断，TRU 开始进入 LOCAL 模式，LOCAL OPERATION 两灯都亮，意即 TRU 已故障自由，且已处于本地操作模式。

e. REMOTE 模式的转换过程，按 LOCAL/REMOTE 的转换按钮，松开此按钮（IN ORDER TO PREVENT MISTAKES），LOCAL 模式灯开始闪，表示正处于转换过程，OPERATION 灯

灭表示已退出操作状态。BSC 到 TRU 的通信链开始建立，TRU 立即进入 REMOTE 模式，LOCAL 灯灭，OPERATION 灯亮，意即 TRU 已处于 BSC 的操作模式。

D. 更换后确认

按 LOCAL/REMOTE 按钮，LOCAL 灯由亮—闪—灭，表明 TRU 已处于 REMOTE 状态。

③ CDU 的更换

2202 CDU 更换操作，2206 合路器可参考操作。

A. 工具防静电环、T10 螺丝刀。

B. 更换前的准备

a. 通过故障观察和分析，确定模块故障，并确认是否需要更换。

b. 确定备件功能完好，并且型号与故障模块一致。

c. 准备防静电袋、防潮袋和纸箱，并准备若干标签，以作标记用。

C. 更换步骤

a. 若只有一个 CDU 的情况下则，RBS 将要暂停业务，若有多个 CDU，则业务容量将下降。

b. 通知 OMC 或 BSC，CDU 将要更换。

c. 按 LOCAL/REMOTE 按钮，将所有与更换 CDU 有关的 TRU 置于 LOCAL 状态，LOCAL 灯由闪至亮，表明 TRU 已处于 LOCAL。

d. 更换 CDU。

e. 按 DXU 上的 CPU RESET，则此时新的 CDU 数据将会 LOAD 至数据库 IDB。

f. 按 TRU 上的 LOCAL/REMOTE，使 TRU 处于 REMOTE 状态，此时为 OPERATION 灯亮，LOCAL 灯灭，TX NOT ENABLE 灯亮。

g. 注意跳频也应先暂停后再启动。

D. 更换后确认

按 LOCAL/REMOTE 按钮，LOCAL 灯由亮—闪—灭，表明 TRU 已处于 REMOTE 状态。

④ IDM 的更换

A. 工具一字螺丝刀、镊子、整套维护工。

B. 更换前的准备

a. 通过故障观察和分析，确定模块故障，并确认是否需要更换。

b. 确定备件功能完好，并且型号与故障模块一致。

c. 准备防静电袋、防潮袋和纸箱，并准备若干标签，以作标记用。

C. 更换步骤

a. 通知 OMC 把所要操作的小区关闭。

b. 把该小区的 DXU 和 TRU 处于本地模式。

c. 把 IDM 上的所有的空气开关全部关上。并把给 IDM 供电的直流电关上。

d. 把固定 IDM 的螺丝拧开，拉出 IDM 把所有的连线断开，换掉坏的 IDM，安装上新的。

e. 给 IDM 恢复供电，并把 IDM 上所有的开关合上。并按住 ECU 的 CPU Reset 30 秒以上，这样 ECU 上的告警就会消失。

f. 把 DXU 和 TRU 恢复为远程模式。

g. 通知 OMC 将小区开启。

D．更换后确认。

⑤ ECU 的更换

A．工具一字螺丝刀、镊子、整套维护工。

B．更换前的准备

a．通过故障观察和分析，确定模块故障，并确认是否需要更换。

b．确定备件功能完好，并且型号与故障模块一致。

c．准备防静电袋、防潮袋和纸箱，并准备若干标签，以作标记用。

C．更换步骤

a．把与 ECU 相连的线全部断开。

b．取下要更换的 ECU。

c．按住 ECU 的 CPU Reset 30 秒以上，这样 ECU 上的告警就会消失。

d．重新连上所有的连线。

D．更换后确认。

⑥ CXU 的更换

A．工具一字螺丝刀、镊子、整套维护工。

B．更换前的准备

a．通过故障观察和分析，确定模块故障，并确认是否需要更换。

b．确定备件功能完好，并且型号与故障模块一致。

c．准备防静电袋、防潮袋和纸箱，并准备若干标签，以作标记用。

C．更换步骤

a．通知 OMC 把所要操作的小区关闭。

b．把所有在用的 TRU 处于本地模式。

c．把与 DU 的所在连线全部取下。

d．拿下坏的 DU。换上新的 DU，并重新连上所有的连线，把所有的 TRU 重新处于远程模式。

e．通知 OMC 将小区开启。

D．更换后确认。

⑦ DXU 单元的背板更换

2202 DXU 单元背板更换操作，2206 DXU 单元背板可参考操作。

A．工具一字螺丝刀、镊子、整套维护工。

B．更换前的准备

a．通过故障观察和分析，确定模块故障，并确认是否需要更换。

b．确定备件功能完好，并且型号与故障模块一致。

c．准备防静电袋、防潮袋和纸箱，并准备若干标签，以作标记用。

C．更换步骤

a．告诉 OMC 的操作者 RBS 将要暂时脱离服务状态，将小区关闭。

b．按 DXU 单元上的 LOCAL/REMOTE 接钮，LOCAL 模式指示灯闪烁，等到 DXU 单元进入 LOCAL 状态（即 LOCAL 黄色指示灯固定亮）。

c．把机架顶 B 连接区的 4 个 AC 电源插头移开，使机架与主 AC 电源隔离。

d. 把到 BFU 的通信电缆移开。

e. 断开 BFU 单元的+24V 直流电源。

f. 松开 DXU 机箱上面的风扇单元盖板。

g. 移开风扇单元的支架。

h. 取出风扇单元并移开它的所有连接电缆。

i. 取出 PSU、ECU 和 DXU 单元。

j. 移开 DXU 单元背板的所有连接电缆。

k. 松开固定 DXU 机箱的螺丝钉。

l. 取出 DXU 机箱。

m. 松开把印刷电路板固定在背板上的螺丝钉。

n. 装入一块新的印刷电路板。

o. 确信新更换的背板上的 dip 开关与图 6-11 所示的设置一样。

p. 最后按相反的过程装回各部件。

q. 连接主 AC 电源的电缆到机架顶的连接区域 B。

r. 装回 BFU 单元并连接好通信电缆。

s. 检查 DXU 单元上的 Operational 绿色状态指示灯是否为固定亮着，BS fault 状态指示灯是否熄灭。

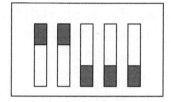

图 6-11　背板 dip 开关

t. 按新 DXU 单元上的 LOCAL/REMOTE 接钮，LOCAL 模式灯将会闪动。

u. 等到 LOCAL 模式灯熄灭，这时新的 DXU 单元进入 REMOTE 状态。

v. 通知 OMC 将小区开启。

D. 更换后确认。

⑧ TRU 背板的更换

2202 TRU 背板更换操作，2206 及其他载频背板可参考操作。

A. 工具一字螺丝刀、镊子、整套维护工。

B. 更换前的准备

a. 通过故障观察和分析，确定模块故障，并确认是否需要更换。

b. 确定备件功能完好，并且型号与故障模块一致。

c. 准备防潮袋和纸箱，并准备若干标签，以作标记用。

C. 更换步骤

a. 告诉 OMC 的操作者 RBS 将要暂时脱离服务状态，将小区关闭。

b. 按 DXU 单元上的 LOCAL/REMOTE 接钮，LOCAL 模式指示灯闪烁。等到 DXU 单元进入 LOCAL 状态（即 LOCAL 黄色指示灯固定亮）。

c. 把机架顶 B 连接区的 4 个 AC 电源插头移开使机架与主 AC 电源隔离。

d. 把到 BFU 的通信电缆移开。

e. 断开 BFU 单元的+24V 直流电源。

f. 松开把 TRU 机箱上面的 IDM 单元固定在机架上的 4 个螺丝钉。

g. 轻轻地反 IDM 单元从机架上拉向接近风扇的方向。

h. 移开固定风扇的支架。

i. 移开风扇单元。

j. 拆开从 TRU 背板到 IDM 单元的所有电缆。它的接口位于 IDM 单元后面的右边位置。

k. 临时把 IDM 单元放回。

l. 移开 CDU 单元的所有电缆并移开 CDU 单元。

m. 松开固定 CDU 机箱的螺丝钉并移开 CDU 机箱。

n. 拆出所有的 TRU 单元。

o. 松开固定 TRU 机箱的螺丝钉。

p. 移开连接到 TRU 背板顶的所有 LOCAL BUS 电缆。

q. 取出 TRU 机箱。由于连接至 CDU 和 IDM 的电缆与接口一起固定在 TRU 背板后面，所以取出 TRU 机箱时它们也一起被取出。

r. 松开后盖板的 12 个螺丝钉，并取出后盖板。

s. 松开固定印刷电路板的 12 个螺丝钉。

t. 更换新的印刷电路板。

u. 确信新更换的背板上的 dip 开关的与图 6-12 所示的设置一样。

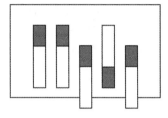

图 6-12　背板 dip 开关

v. 最后按相反的过程装回各部件。

w. 连接主 AC 电源的电缆到机架顶的连接区域 B。

x. 装回 BFU 单元并连接好通信电缆。

y. 检查 DXU 单元上的 Operational 绿色状态指示灯是否为固定亮着，BS fault 状态指示灯是否熄灭。

z. 按新 DXU 单元上的 LOCAL/REMOTE 接钮，LOCAL 模式灯将会闪动。

aa. 等到 LOCAL 模式灯熄灭，这时新的 DXU 单元进入 REMOTE 状态。

bb. 通知 OMC 将小区开启。

注意　　　所有设备安装后，加电若有基站设备故障，则 DXU 单元上的 BS Fault 指示灯将亮（LOCAL MODE 时）。因 DXU 出厂前已安装全部的软件，所有的故障都在 DXU 单元上的 BS fault 指示灯上显示出来。

D. 更换后确认。

⑨ RBS2111 MU 的更换

A. 工具：一字螺丝刀、内六角螺丝刀、整套维护工。

B. 更换前的准备

a. 通过故障观察和分析，确定模块故障，并确认是否需要更换。

b. 确定备件功能完好，并且型号与故障模块一致。

c. 准备防潮袋和纸箱，并准备若干标签，以作标记用。

C. 更换步骤

a. 将 MU 安装到抱杆、墙体或机架上（可选）。

b. 将 MU 接地。

c. 连接至 RRU 的光纤。

d. 连接 E1 传输线。

e. 连接外部告警线。

f. 连接电源线。

g. 加电。

D. 更换后确认。

⑩ RBS2111 RRU 的更换

A. 工具：一字螺丝刀、内六角螺丝刀、整套维护工。

B. 更换前的准备

a. 通过故障观察和分析，确定模块故障，并确认是否需要更换。

b. 确定备件功能完好，并且型号与故障模块一致。

c. 准备防潮袋和纸箱，并准备若干标签，以作标记用。

C. 更换步骤

a. 将 RRU 安装到抱杆、墙体上（可选）。

b. 将 RRU 接地。

c. 连接至 MU 的光纤。

d. 连接至天馈线。

e. 安装跳线。

f. 装面板。

g. 连接电源线。

h. 加电。

D. 更换后确认。

⑪ Flash Card 的更换

A. 工具：一字螺丝刀、镊子、整套维护工。

B. 更换前的准备

a. 通过故障观察和分析，确定模块故障，并确认是否需要更换。

b. 确定备件功能完好，并且型号与故障模块一致。

c. 准备防潮袋和纸箱，并准备若干标签，以作标记用。

C. 更换步骤

a. 如果 RBS 是 remote 状态，按 DXU 上的 Local/remote 按纽将 RBS 转为 Local 状态，开始 Local 灯闪，直至 Local 灯正常亮。

b. 按下 RBS 的电源开关。

c. 断开 DXU 上的 EPC BUS。

d. 松开 DXU 上的螺丝，并用工具把 DXU 抽出，直至 Flash Card 完全露出机框。

e. 将 Flash Card 垂直往下按，卡会自动弹出。

f. 用摄子轻轻地将卡取出。

g. 将新卡放到读卡器上与 PC 连接。

h. 从 PC 读卡器上取出卡。

i. 托起 DXU，使其保持水平。

j. 按着卡上箭头的方向，把卡轻轻地插入到 DXU 上的读卡器上，注意要保证卡接触良好。

k. 用手向下推，锁住卡。

l. 把 DXU 插回到框内，锁好螺丝，把 EPC BUS 连回去。

m. 打上 RBS 的电源开关。

D. 更换后确认。

⑫ ACCU 的更换

A. 工具：一字螺丝刀、镊子、整套维护工具。

B. 更换前的准备

a. 通过故障观察和分析，确定模块故障，并确认是否需要更换。

b. 确定备件功能完好，并且型号与故障模块一致。

c. 准备防潮袋和纸箱，并准备若干标签，以作标记用。

C. 更换步骤

a. 通知 OMC 本站或本小区将暂时退出服务状态。

b. 按下 DXU 本地/远程按钮。本地模式指示灯会开始闪烁。

c. 等到本地模式指示灯变为黄色，表明 DXU 本地模式启动。

d. 关闭 ACCU 电源。

e. 关掉机柜电源。

f. 从左边的连接断开 ACCU 的电缆。

g. 拆下左连接板。

h. 拆除 ACCU 盖板。

i. 断开交流电源上的 AC 电源线开关。

j. 卸下 ACCU。

k. ACCU 断开电缆连接到的 PSU。

l. 新 ACCUs 连接电缆连接到的 PSU。

m. 装入 ACCU。

n. 交流电源线重新连接到交流电源开关顶部。

o. 重新安装 ACCU 盖板。

p. 重新装上左连接板和连接电缆。

q. 在主开关柜供电

r. 接通 ACCU 主电源。

s. 按下 DXU 本地/远程按钮。本地模式指示灯会开始闪烁。

D. 更换后确认。

⑬ 馈线的更换

A. 工具：防水胶带、整套维护工具。

B. 更换前的准备

a. 通过故障观察和分析，确定模块故障，并确认是否需要更换。

b. 确定备件功能完好，并且型号与故障模块一致。

c. 准备防潮袋和纸箱，并准备若干标签，以作标记用。

C．更换步骤

a．通知 OMC 本站或本小区将暂时退出服务状态。

b．按下 DXU 本地/远程按钮。本地模式指示灯会开始闪烁。

c．等到本地模式指示灯变为黄色，表明 DXU 本地模式启动。

d．（不带塔放）断开至 CDU 的天馈线电缆，（带塔放）断开至塔放的天馈线电缆。

e．断开至天线的馈线电缆。

f．连接新天线馈线电缆至天线。

g．（不带塔放）连接至 CDU 的天馈线电缆，（带塔放）连接至塔放的天馈线电缆。

h．按下 DXU 本地/远程按钮。本地模式指示灯会开始闪烁。

D．更换后确认。

⑭ 板状天线更换

A．工具：梯子、扳手、螺丝刀等整套维护工具。

B．更换步骤

a．通知 BSC 闭掉需更换天线所在的小区。

b．用方向仪及下倾仪测试天线的方位角及下倾角并做好记录。

c．拆开跳线与天线之间的接口（注意：在铁塔或者支撑杆、通信杆上等高空作业时必须佩戴安全带）。

d．拆开天线与其支撑件的夹子。

e．更换天线。

f．拧好天线与其支撑件的夹子，并按原天线方位角及下倾角固定好天线，注意固定件的安装避免引起天线扭曲。

g．将软跳线与天线的接口拧好，并用防水胶及电工胶包好。

h．通知 BSC 将闭掉的小区激活。

C．更换后确认。

⑮ 微蜂窝更换

A．工具：梯子、扳手、螺丝刀等整套维护工具。

B．更换步骤

a．通知 BSC 将需更换的微蜂窝退出服务。

b．连接 OMT，读取该微蜂窝的 IDB。

c．拔开微蜂窝传输线，对微蜂窝进行掉电。

d．拆下微蜂窝盖板、TX OUT 连线及右边面板上的连线。

e．拆下主机，背板及地线（如只需更换主机，则不需拆开背板及地线）。

f．更换背板，并接好地线。

g．更换主机并接好右边面板连线（注意：将连线插入时针孔的位置要对齐，否则将使插针弯曲，此问题将引起载波开不起来并较难发现问题所在）。

h．接上微蜂窝传输线（注意：不要将收发对调），检查连线是否牢固并接触良好。如没问题，按下电源输入开关。

i．将微蜂窝置为 LOCAL 状态，连接 OMT。

j．将更换之前保存的 IDB 重新 INSTALL 进入微蜂窝（如配置、传输参数、TEI、外告等有变化，在原 IDB 的基础上对其进行更改或重做 IDB）。

k. 将蜂窝置为 REMOTE 状态。

l. 通知 BSC 激活该小区。

处理故障，进行何种硬件的更换，都必须保证佩戴防静电手环，在处理结束后需要进行相关观察进行拨打测试，继续观察话务报告，保证设备运行。

6.2.1.2　3G 网络基站设备维护

1. 3G 网络基站设备例行维护概述

（1）Node B 维护的任务

① 保证设备的完好，保证设备的电气性能、机械性能、维护技术指标及各项服务指标符合标准。

② 迅速准确地排除各种通信故障，保证通信畅通。

③ 确保全程全网的协作配合，共同保证联网的运行质量。

（2）例行维护方法与周期

维护按照周期长短，可以分为以下 3 类。

① 突发性维护。

② 日健康检查（此条应为后台检查项目）。

③ 周期性健康检查如表 6-1 所列，周期性健康检查分为季度维护和半年维护。

表 6-1　　　　　　　　　　　例行维护周期

检查项目	巡检周期	备注
Node B 状态检查	实时监控	网管监控
基站电源检查	月	
风扇检查	季度	夏季为每月
单板检查	季度	
RRU 检查	季度	
GPS 时钟源检查	年	
传输线缆连接情况检查	半年	安排在每年雷雨季节前
射频线缆连接情况检查	半年	安排在每年雷雨季节前
光纤连接情况检查	半年	室外天线、馈线遇特殊天气情况应立即检查
接地线缆连接情况检查	半年	安排在每年雷雨季节前
基站清洁情况检查	季度	

（3）例行维护注意事项

① 维护人员要求

健康检查的人员应该满足以下要求：

掌握 3G 网络系统无线网络的理论基础；

通过 BBP530 的操作维护培训；

获得省级运营商认证、颁发的 3G 网络厂商基站设备代维资格证书。

② 设备操作要求

维护人员在进行设备操作时应注意下列事项：

维护人员在接触设备硬件时应该严格遵守最新颁发的《Node B 站点维护指南》的内容；

维护人员在接触设备硬件时注意戴上防静电腕带和防静电手套；

禁止随意插拔、复位、启动、切换设备的操作行为；

禁止随意改动网管数据库数据；

维护人员进出基站维护前必须根据各地市公司的要求登记出入站；

在进行影响业务的操作前必须向监控中心申请。

③ 操作权限管理

通常情况下，系统管理只允许设置一个管理员，网管权限、密码由管理员统一管理。应根据维护人员的级别不同分配不同的操作权限。登录服务器和客户端的密码应该定期更改。

④ 维护常用工具仪表

常用工具和辅助材料包括防静电手环、压线钳、各式螺丝刀、斜口钳、夹线钳、剥线钳、镊子、扳手、卷尺、扎带、电烙铁、裁纸刀、光纤缠绕管、热缩套管、各种接线端子、防水胶布及绝缘胶布、尾纤等。

常用仪表包括功率计、SiteMaster、万用表、指南针、温度计、湿度计、地阻测试仪、坡度仪、光功率计等。

频率测试设备包括频率源、频谱分析仪，以及相应的连接器、线缆。

安装有本地维护终端的笔记本电脑、网线。

⑤ 设备维护要求

对于数据维护有如下要求。

对于影响小区业务的操作，如数据同步、数据更改等，应选择低话务量时段进行。

重要数据修改前由 RNC 工程师或者 Node B 后台维护人员做好修改记录和数据备份；所有数据应定期备份修改为每月对基站数据进行备份，修改后观察一段时间（通常为一周），确认设备运行正常后才能删除备份数据，如果发生异常，须及时恢复。

各种数据库，特别是性能测量和告警数据库要定时观察，当容量过大时，应及时将旧数据备份并删除，防止出现磁盘溢出错误。

对于占用大量维护网络带宽的操作，应该选择低话务量时段进行。

所有数据应定期备份。

⑥ 用户资料

用户手册和维护软件等用户资料应在机房内妥善保管，由专人负责并及时更新，以便健康检查及维护时使用。

⑦ 故障上报

维护人员发现故障时应尽快处理，遇到不能解决的重大故障，应及时上报相关负责人，同时按照表 6-2 详细记录故障处理过程。

表 6-2　　　　　　　　　　　　　　　　　故障上报表

故障序号	故障对象名称	故障现象描述	发生时间	处理步骤	故障消除时间	经验总结

2.　例行维护项目操作说明

（1）机柜电源检查

检查方法使用：万用表检查机柜顶部直流电源输入电压，检查电源线是否老化，检查电源线及其连接端的温度是否过高，晃动检查电源线连接是否紧固，蓄电池和整流器是否处于正常状态。3G 网络基站通过 UPEU 模块供电，重点检查 UPEU 及外部电源情况。

① 维护标准

直流电源标称值：−48V；

允许波动范围：直流−57～−40V；

直流电源线无老化现象；

线缆连接紧固；

机柜接地地阻<10Ω；

电源线及其连接头的温度要低于 60℃；

蓄电池容量合格、连接正确，整流器的性能参数合格。

② 异常处理

如果直流电源异常，检查机房电源是否有告警，根据告警灯的含义和电源设备的使用说明进行故障排障。如果直流电源线老化，请更换。如果接头松动，请在做好安全防范措施的前提下进行紧固，如果电源线及其连接头的温度过高，需要检查电源线是否接触不良、过流或有破损老化现象，并进行相应的处理。

③ 注意事项

蓄电池和整流器每年检查一次，检查地阻的周期为每半年一次，其他项目每月巡检。

（2）风扇检查

① 检查方法

在 LMT-B 上无相关风扇告警上报，且风扇运转正常。

② 维护标准

风扇正常运行，无噪声、无相关告警、RUN 指示灯 1s 亮 1s 灭。

③ 异常处理

在告警界面检查是否有活跃的风扇告警。如果有，请按照告警信息中指示的步骤处理。检查风扇是否正常运行。如果风扇故障，请按照章节中更换风扇的步骤进行更换。

注意事项：在检查过程中，禁止用手去触摸风扇。在更换风扇模块或者除尘的情况下要关掉设备电源，请明确关掉电源会导致该站点下所有的业务中断，故应慎重操作。建议选择在 0:00～6:00 之间进行。

（3）单板运行情况检查

① 检查方法

查看单板状态指示灯正常，检查各单板是否能够正常插入机箱内，通过网管或基站操作维护软件查看各单板是否处于正常工作状态，单板无告警。

② 注意事项

在检查过程中，需要携带防静电手腕；在插拔单板过程中，需要携带防静电手套。

③ 异常处理

在告警界面检查是否有活跃的模块相关告警。如果有，请按照告警信息中指示的步骤处理。

观察机柜各模块面板上的指示灯状态，单板正常运行时 ALM 灯长灭，RUN 灯 1s 亮 1s 灭。对于故障模块，根据情况进行复位或更换操作。

（4）射频线缆连接情况检查

① 检查方法

SMA 扳手、力矩扳手等检查 GPS 射频电缆是否完好、牢靠。室外天线与 RRU 侧天馈跳线连接是否完好、牢靠；防水处理及外观是否完好。

维护标准：射频电缆完好并连接牢固；驻波比及射频单元发送/接收等各项性能指标处于正常范围且符合要求，接头防水完好，接头处防雷防水严密，无漏胶、破裂现象。

② 注意事项

给 RRU 掉电后，再进行射频线缆的连接检查。

③ 异常处理

检查射频电缆是否有破损。如有破损，请及时更换；连接头是否牢固，如有松动，请用工具拧紧。

异常步骤流程如图 6-13 所示。

| 穿入螺母 | 安装压线套 | 翻开屏蔽层 | 安装衬套 |

| 锥削内导体 | 去除残渣 |

| 推入外壳 | 拧紧外壳与压线套 | 紧固螺母 |

图 6-13　异常步骤流程

（5）接地线缆连接情况检查

① 维护标准

所有电源及接地线的接头完好。

② 检查方法

检查所有电源及接地线的接头是否有松动、腐蚀或老化等现象，如图 6-14 所示。

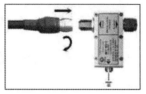

图 6-14　检查电源线及接地线

③ 注意事项

检查过程中，需要避免触碰其他线缆（电源线、光纤等）。

④ 异常处理

如果发现存在松动现象，请用专用工具拧紧；

如果存在腐蚀老化现象，请及时更换。

（6）设备清洁

① 检查方法

观察设备表面是否存在污垢、腐蚀的情况；

打开机柜，观察内部灰尘情况。

② 注意事项

在清洁过程中，不要触碰到其他线缆（如电源线、光纤等），以防引起事故。清洁设备不能使用过湿的抹布（严禁将饮用水等带进机房以免造成操作失误，导致设备进水）。

③ 异常处理

如果存在污垢，及时清洗；

如果发现腐蚀情况，观察周围环境是否存在腐蚀源，及时采取防护措施；

机柜内部灰尘过多，需要及时清洗；

机柜内部灰尘过多，建议选择在非业务高峰时段及非考核时段先按照下电流程对设备进行下电再进行灰尘清理，清理完成后恢复设备运行。

（7）GPS 检查方法

频繁出现时钟锁定、失锁的基站现场，观察 GPS 天线的安装环境，检测基站接收到的 GPS 信号频谱。

① 检查方法

到基站现场检查 GPS 天线安装情况，确保天线安装位置周围不存在遮挡物，安装位置的天空要视野开阔，无高大建筑物阻挡，距离楼顶小型附属建筑尽量远；安装平面的可使用面积尽量大，天线竖直向上视角不小于 90°，如图 6-15 所示。

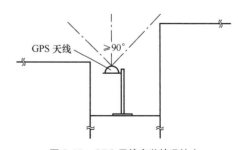

图 6-15　GPS 天线安装情况检查

观察 GPS 天线周围，看是否存在大功率的微波发射天线，看附近是否存在高压输电电缆以及电视发射塔的发射天线等电磁干扰源。

使用频谱分析仪测试 GPS 天线接收到的信号中，在 1.575 42GHz ± 20MHz 频段是否存在干扰。

检查 GPS 馈线是否存在破损、过度弯折，以及在接口处连接不良。

② 注意事项

若发现 GPS 维护类问题，除了上述维护检查项目外，还需要对设备进行检查。

③ 异常处理

周边有移动通信的微波天线时，要保证 GPS 天线安装在其上方，以避开微波天线的发射的主瓣。

在条件限制、无法满足 GPS 天线的高度时，要尽量拉开 GPS 天线与微波天线之间的距离，该距离要大于发射信号的 10 倍波长。

如果周边有圆形的卫星通信天线，GPS 天线要避开其微波发射方向。

如果周边仅有接收天线，需避开接收信号一个波长以上。例如，安装两个 GPS 天线，它们之间距离要在 0.5m 以上。

避免安装在高压电缆下方以及电视发射塔天线的发射方向上。

更换受损馈线、接头。

（8）RRU 检查方法

① 检查方法

检查设备外表、检查设备清洁、检查指示灯、检查螺钉紧固；

检查设备外表是否有凹痕、裂缝、孔洞、腐蚀等损坏痕迹，设备标识是否清晰；

检查各设备是否清洁；

检查设备的指示灯是否正常，设备指示灯状态含义如表 6-3 所列。

表 6-3　　　　　　　　　　　　设备指示灯状态含义表

指示灯	颜色	状态指示	状态含义
RUN	绿色	常亮	有电源输入，但单板硬件存在问题
		常灭	无电源输入或单板硬件工作于故障状态
		1s 亮，1s 灭	单板运行正常
		0.125s 亮	单板高层软件加载中
		0.125s 灭	
ALM	红色	常亮	告警状态，表明存在故障，需要更换模块（不包括 VSWR 告警）
		常灭	无告警（不包括 VSWR 告警）
		1s 亮，1s 灭	有告警，不能确定是否需要更换模块，可能是相关单板或接口等故障引起的告警（不包括 VSWR 告警）
ACT	绿色	常亮	工作状态，与 DBBP530 已小区建立
		常灭	单板高层软件开始正常运行之前
		1s 亮，1s 灭	单板运行，但小区未建立，ANT 口未发射功率

在维护台上进入"维护"—"RRU 拓扑管理",进入后,查询 RRU 状态,其中不同状态均以不同颜色标注。

② 注意事项

若 RRU 检查出需要整改处,务必通知网管维护人员,对小区进行锁闭或者在话务闲时,再对问题点进行处理,否则可能会导致用户感受降低。

③ 异常处理

如果 RRU 有模块损伤,请尽快按照常用板卡更换步骤进行更换;

RRU 务必保持通风及无杂物覆盖,以免导致散热不良;

对于指示灯不正常,请参考故障案例确定根因,并采取相应措施。

3. 主设备上下电要求

(1) Node B 加电顺序

如果 Node B 发生断电或者基站维护时需要给设备再次加电,一般加电顺序为:先给风扇上电,等风扇运转正常后再给 RRU 上电,最后给 BBU 上电。

(2) BBU 上电和下电

BBU 上电时,需要检查各指示灯的状态;BBU 下电时,根据现场情况,可采取常规下电或紧急下电。

① BBU 上电

将 BBU 的 UPEU 单板电源开关置为"ON",根据指示灯状态判断 BBU 的运行状况。

A. 前提条件

确保 BBU 采用直流–48V 输入时,外部输入电源电压应在直流–57～–40V 范围内。

B. 操作步骤

步骤 1,打开给 BBU 供电的外部电源开关。

步骤 2,将 BBU 电源开关置为"ON",给 BBU 上电。

步骤 3,查看 WMPT 面板上"RUN""ALM"和"ACT"3 个指示灯的状态,根据指示灯的状态进行下一步操作,指示灯各种状态的含义见表 6-4。

表 6-4　　　　　　　　　　　　　　　　BBU 指示灯说明表

如果…	则…
• "RUN"常亮 • "ALM"常灭 • "ACT"常亮	指示灯显示正常,单板开始运行,转步骤 4 (RUN 常亮 1～2 分钟,加载软件后进入正常状态)
• "RUN"常亮 • "ALM"常亮 • "ACT"常灭	指示灯显示不正常,可采取以下措施排除故障: • 确认电源线已经紧密连接; • 复位单板; • 拔下单板检查插针是否有损坏,如果插针损坏,则更换单板;如果插针无损坏,则重新安装单板; • 如果指示灯仍显示不正常,请联系设备供应商技术支持

步骤 4,单板开始运行后,指示灯的状态会发生变化,根据指示灯的状态进行下一步操作,指示灯各种状态的含义见表 6-5。

表 6-5　　　　　　　　　　　　　　**BBP 上电后指示灯状态**

如果…	则…
• "RUN" 1s 亮，1s 灭	BBU 正常运行，上电结束
• "ALM" 常灭	
其他状态	BBU 发生故障，排除故障后转步骤 2

② BBU 下电

BBU 下电分为"常规下电"和"紧急下电"。

步骤 1，根据不同的情况，选择常规下电或紧急下电，不同情况需要采取不同的处理方式，见表 6-6。

表 6-6　　　　　　　　　　　　**常规下电和紧急下电的情况处理**

如果…	则…
某些特殊场合（例如设备搬迁、可预知的区域性停电	常规下电，转步骤 2
DBBP530 出现电火花、烟雾等紧急情况	紧急下电，转步骤 3

步骤 2，先关闭 BBU 的 UPEU 单板的电源开关，再关闭控制 BBU 电源的外部电源输入设备的开关。

步骤 3，先关闭控制 BBU 电源的外部电源输入设备的开关，如果时间允许，再关闭 BBU 的 UPEU 单板电源开关。

（3）RRU 上下电

维护 RRU 时，需要对其进行上电和下电操作。上电时，需要根据特定的操作步骤和要求逐步上电；下电时，根据现场情况，对 RRU 采取下电措施。

① RRU 上电

上电时，请按照操作步骤为 RRU 上电，需要检查各设备指示灯的状态。

A．前提条件

确保外部输入电源电压范围正常：当 RRU 采用直流–48V 输入时，外部输入电源电压应在直流–57～–40V 范围内。

B．操作步骤

步骤 1，打开给 RRU 供电的外部电源开关，给 RRU 上电。

步骤 2，查看 RRU 模块配线腔内指示灯的状态，各种状态的含义见表 6-7。

表 6-7　　　　　　　　　　　　　　　**RRU 指示灯说明表**

指示灯	颜色	状态指示	状态含义
RUN	绿色	常亮	有电源输入，但单板硬件存在问题
		常灭	无电源输入或单板硬件工作于故障状态
		1s 亮，1s 灭	单板运行正常
		0.125s 亮，0.125s 灭	单板高层软件加载中

指示灯	颜色	状态指示	状态含义
ALM	红色	常亮	告警状态，表明存在故障，需要更换模块（不包括 VSWR 告警）
		常灭	无告警（不包括 VSWR 告警）
		1s 亮，1s 灭	有告警，不能确定是否需要更换模块，可能是相关单板或接口等故障 引起的告警(不包括 VSWR 告警)
ACT	绿色	常亮	工作状态，与 DBBP530 已小区建立
		常灭	单板高层软件开始正常运行之前
		1s 亮，1s 灭	单板运行，但小区未建立，ANT 口未发射功率

步骤 3，RRU 指示灯状态正常，进行下一步操作，情况处理见表 6-8。

表 6-8　　　　　　　　　　　　RRU 情况处理说明表

如果…	则…
RRU 运行正常	上电结束
RRU 发生故障	排除故障后转步骤 1

② RRU 下电

在某些特殊场合（如设备搬迁、可预知的区域性停电）或在机房发生火灾、烟雾、水浸等紧急情况下，需要将 RRU 下电。

操作步骤：关闭控制 RRU 电源的外部电源输入设备开关。

4. 常用板卡更换要求

当 BBU 单板或模块出现故障时，需要对故障板件进行更换操作。板卡更换完毕后，应进行拨打测试以验证正常，并记录。

（1）更换 MPT 单板

① 工具：防静电环、十字螺丝刀。

② 更换前的准备

通过故障观察和分析，确定模块故障，并确认是否需要更换。

确定 MPT 备件功能完好，并且型号与故障模块一致，记录好 ESN 信息。因 WMPT 单板上存储了基站配置数据等，还需提前备份此站点的基站数据。

准备防静电袋、防潮袋和纸箱，并准备若干标签，以作标记用。

③ 更换步骤

步骤 1，戴上防静电腕带和防静电手套。

步骤 2，拆卸故障单板/模块。记录并拆卸故障单板/模块上的线缆。拧松故障单板/模块面板两端的螺栓。将拉手条扳手扳起，从槽位中抽出故障单板，并将故障单板/模块放入防静电袋中。

说明：BBU 支持单板的热插拔。

步骤 3，安装新的单板/模块。将新单板/模块装入原故障单板/模块所在的槽位，平推进入。按下拉手条扳手，拧紧新单板/模块面板两端的螺栓。面板上需要安装线缆，根据记录的线缆安装位置安装新单板/模块面板上的线缆。

步骤4，确认单板/模块运行状态是否正常。正常状态下，单板的"RUN"指示灯1s亮、1s灭，"ALM"指示灯熄灭。

步骤5，确认是否有相关告警。在LMT上执行LST ALMAF命令，查询单板的活动告警。如果单板存在活动告警，则按照告警处理建议进行处理。

（2）更换BBP/FMU/UPEU单板

① 工具：防静电环、十字螺丝刀。

② 更换前的准备

通过故障观察和分析，确定模块故障，并确认是否需要更换。

确定BBP/MFU/UPEU备件功能完好，并且型号与故障模块一致，记录好IR接口光纤顺序。

准备防静电袋、防潮袋和纸箱，并准备若干标签，以作标记用。

③ 更换步骤

步骤1，戴上防静电腕带和防静电手套。

步骤2，拆卸故障单板/模块。记录并拆卸故障单板/模块上的线缆。拧松故障单板/模块面板两端的螺栓。抽出故障单板，将故障单板/模块放入防静电袋中。

步骤3，安装新的单板/模块。将新单板/模块装入原故障单板/模块所在的槽位，平推进入。按下拉手条扳手，拧紧新单板/模块面板两端的螺栓。面板上需要安装线缆，根据记录的线缆安装位置安装新单板/模块面板上的线缆。

步骤4，确认单板/模块运行状态是否正常。正常状态下，单板的"RUN"指示灯1s亮、1s灭，"ALM"指示灯熄灭。

步骤5，确认是否有相关告警。在LMT上执行LST ALMAF命令，查询单板的活动告警。如果单板存在活动告警，则按照告警处理建议进行处理。

（3）更换DBBP530盒体

DBBP530作为基站的核心部分，主要是对整个基站系统的基带信号进行处理，提供DBBP530与DRNC820、RRU信息交互的传输接口。更换DBBP530时，会导致该基站所承载的业务完全中断。

① 前提条件

十字螺丝刀准备完毕。

② 操作步骤

备份基站数据。

BBU常规下电，并关闭给BBU供电的外部电源开关。

将BBU上的线缆作好标识后拔下并做好绝缘防护措施。

依次拔下BBU电源线、告警线、Ir接口光纤、保护地线、FE线或E1线。

用十字螺丝刀拧松盒体上的4个紧固螺钉，从机柜中缓缓抽出故障DBBP530盒体。

将新DBBP530盒体装入原故障DBBP530盒体所在的槽位，拧紧新DBBP530盒体上4个紧固螺钉。

开启DBBP530外部供电电源开关，给DBBP530上电。

在LMT上执行DLD CFGFILE命令下载备份的基站数据配置文件到新的DBBP530上。

在 LMT 上执行 LST VER 命令，检查当前软件版本。

执行 RST BRD 命令重启基站主控板。

③ 后续处理

更换 DBBP530 之后进行以下确认工作。

LMT 或 DOMC920 的告警管理系统中相关告警消失。

业务可以正常接入到该 DBBP530 所服务的小区。

与设备供应商当地办事处联系，处理故障 DBBP530 相关故障部件。

（4）更换 DBBP530 光模块

光模块用于提供光电转换接口功能，以实现 DBBP530 与其他设备间的光纤传输。更换光模块需要拆卸光纤，将导致 Ir 信号传输中断。

① 前提条件

已确认故障光模块的数量和类型，准备好新模块。已记录故障光模块和光纤的安装位置、对接关系。

已准备好工具和材料：防静电腕带/防静电手套、防静电盒/防静电袋等。

注意：操作时请确保正确的 ESD 防护措施，如佩戴防静电腕带或防静电手套，以避免单板、模块或电子部件遭到静电损害。从光模块拔出光纤后，请不要直视光纤。

② 操作步骤

按下光纤连接器上的突起部分，将连接器从故障光模块中拔下，为光纤连接器加上防尘帽。

将故障光模块上的拉环往下翻，将光模块拉出槽位，从 DBBP530 上拆下。

将新的光模块安装到 DBBP530 的单板上。

分别取下新的光模块和光纤连接器上的防尘帽，将光纤连接器插入到新的光模块上。

③ 后续处理

与设备供应商当地办事处联系，处理故障光模块。

（5）更换 RRU 模块

RRU 是分布式基站的射频远端处理单元，并与 DBBP530 等模块配合组成完整的分布式基站系统。更换 RRU 时，将导致该 RRU 所承载的业务完全中断。

① 前提条件

确认需要更换的 RRU 的数量和型号，准备好新的 RRU。

记录 RRU 的安装位置。

记录与 RRU 连接的所有线缆的接口位置。

准备好用户服务成套工具包。

注意：操作时请确保正确的 ESD 防护措施，如佩戴防静电腕带或防静电手套，以避免单板、模块或电子部件遭到静电损害。替换 F+A 组网中的 RRU 时，需要将要替换的 RRU 射频跳线拆除，如果是室外宏基站，请保留线序标签，以用于新 RRU 射频跳线的正确连接。

② 操作步骤

A．更换非一体化天线 RRU

在配电盒上对相应 RRU 下电。

打开 RRU 的配线腔，拔下与 RRU 连接的所有线缆并做好绝缘防护措施。

注意：拆除光纤时，应在光纤头加盖防尘帽保护，并注意光纤不要过度弯折及受力。

拧紧 RRU 连接件上的 2 颗螺钉，使 RRU 与主扣件分离。

取出新的 RRU。

将新的 RRU 挂在主扣件上，当听见"咔嚓"一声时，RRU 已经卡紧在主扣件上。

按照天线序号连接所有射频线缆；按照记录顺序连接 RRU 配线腔。

在配电盒上对 RRU 上电。

B. 更换一体化天线 RRU

在配电盒上对相应 RRU 下电。

打开 RRU 的配线腔，拔下与 RRU 连接的所有线缆并做好绝缘防护措施。

注意：拆除光纤时，应在光纤头加盖防尘帽保护，并注意光纤不要过度弯折及受力。

松开 RRU 转接钣金件上的 4 颗螺钉。

将 RRU 沿天线背面法线方向向上取下，拆卸过程中注意避免天线倾角和方位角的变化。

注意：如果在短时间内无法更换新的 RRU，请将天线连接器保护板重新安装回天线连接器处。

取出新的 RRU。

将新的 RRU 重新安装到天线上，用 4 颗螺钉将 RRU 固紧。

按照记录顺序连接 RRU 配线腔内所有线缆。

在配电盒上对 RRU 上电。

③ 后续处理

➢ 检查 RRU 安装是否正确。

➢ 检查与 RRU 连接的所有电缆的接口连接是否正确。

➢ 接通电源后 RRU 正常运行。

5. 常见告警及处理措施

（1）ALM-25622 市电输入异常告警

① 告警解释

当市电异常时，产生此告警。

② 对系统的影响

市电输入异常告警对系统的影响见表 6-9。

表 6-9 市电输入异常告警对系统的影响

告警级别	告警影响
重要	交流无或交流缺相：若配有蓄电池，靠蓄电池供电，在蓄电池能量放空前网元可以正常运行，若配置了次要设备低压下电有效，则在达到次要设备低压下电点时次要设备下电，业务中断。 交流欠压：直流供电输出功率下降，导致部分单板下电，降低电源系统寿命。 交流过压：可能导致电源模块停止输出，导致部分单板下电，降低电源系统寿命

③ 处理步骤

步骤 1，远程查看告警的具体问题。

通过告警的定位信息查看告警的具体问题：如果具体问题是"交流过压"或"交流欠压"，转步骤 2。如果具体问题是"交流无"或"交流缺相"，转步骤 3。

步骤 2，远程检查市电电压异常告警门限设置。

a．执行 MML 命令 LST PMU 查询市电电压异常告警门限，根据配置规划判断告警门限是否合理：

Y=>门限设置合理，转步骤 4。N=>门限设置不合理，转 b。

b．执行 MML 命令 **MOD PMU** 根据配置规划设置告警门限。判断告警是否恢复：

Y=>告警已恢复，告警处理结束。N=>告警未恢复，转步骤 4。

步骤 3，近端检查交流空开。

a．检查交流空开是否闭合。Y=>闭合，转步骤 4。N=>没有闭合，转 b。

b．重新合上交流空开。判断告警是否恢复：Y=>告警已恢复，告警处理结束。N=>告警未恢复，转步骤 4。

步骤 4，近端检查交流输入电源电缆连接。

a．检查交流输入电源电缆连接是否正常。Y=>连接正常，转步骤 5。N=>连接不正常，转 b。

b．重新连接或更换线缆。判断告警是否恢复：Y=>告警已恢复，告警处理结束。N=>告警未恢复，转步骤 5。

步骤 5，近端检查电网、配电。

a．检查电网或配电否正常：Y=>正常，转步骤 6。N=>不正常，转 b。

b．排除电网或配电故障。判断告警是否恢复：Y=>告警已恢复，告警处理结束。N=>告警未恢复，转步骤 6。

步骤 6，近端更换监控设备。

判断告警是否恢复：Y=>告警已恢复，告警处理结束。N=>告警未恢复，请联系设备供应商。

（2）ALM-25626 电源模块异常告警

① 告警解释

当电源模块工作异常时，产生此告警。

② 对系统的影响

电源模块异常告警对系统的影响见表 6-10。

表 6-10　　　　　　　　　　电源模块异常告警对系统的影响

告警级别	告警影响
重要	电源模块故障，发生故障的电源模块无法输出直流电流，不会自动恢复，导致基站直流供电能力减少，可能影响部分业务。电源模块保护，发生故障的电源模块无法输出直流电流，但是故障消失以后可以自动恢复，导致基站直流供电能力减少，可能暂时影响业务
提示	电源模块关机，发生故障的电源模块运行正常，但是因人为控制关闭或交流停电原因暂时停止供电，导致基站直流供电能力减少，可能暂时影响业务

③ 处理步骤

步骤 1，远程查询是否存在相关告警。

a．在网管中心的告警台上，检查是否存在告警：

25652 机柜温度异常告警；

25654 蓄电池温度异常告警；

25650 环境温度异常告警；

25622 市电输入异常告警。Y=>存在相关告警，转 b。N=>不存在相关告警，转步骤 2。

b．按照相关告警的处理建议排除故障。判断告警是否恢复：Y=>告警已恢复，告警处理结束。N=>告警未恢复，转步骤 2。

步骤 2，近端更换电源模块。

判断告警是否恢复：Y=>告警已恢复，告警处理结束。N=>告警未恢复，转步骤 3。

步骤 3，近端更换监控设备。

判断告警是否恢复：Y=>告警已恢复，告警处理结束。N=>告警未恢复，请联系设备供应商。

（3）ALM-25650 环境温度异常告警

① 告警解释

当环境温度过高或过低时，产生此告警。

② 对系统的影响

环境温度异常告警对系统的影响见表 6-11。

表 6-11　　　　　　　　　　　环境温度异常告警对系统的影响

告警级别	告警影响
重要	设备过热，可能导致设备烧毁，继而影响业务
次要	影响设备正常工作，可能导致业务中断

③ 处理步骤

步骤 1，远程检查该监控设备环境温度告警门限。

a．执行 MML 命令 **LST EMU**，查询环境温度告警门限，根据配置规划判断告警门限是否合理：

Y=>合理，转步骤 2。N=>不合理，转 b。

b．执行 MML 命令 **MOD EMU**，根据配置规划设置环境温度告警门限。判断告警是否恢复：

Y=>告警已恢复，告警处理结束。N=>告警未恢复，转步骤 2。

步骤 2，近端检查机房环境温度。

a．在机房环境监控设备（如温度计）上查看机房温度是否正常：Y=>正常，转步骤 3。N=>不正常，转 b。

b．检查机房空调等调温设施，排除故障。判断告警是否恢复：Y=>告警已恢复，告警处理结束。N=>告警未恢复，转步骤 3。

步骤 3，近端检查温度传感器与监控设备的连线。

a．检查对应传感器与监控设备之间的监控线缆连接是否正常，是否有线缆松脱、老化破损等现象：

Y=>正常，转步骤 4。N=>不正常，转 b。

b．重新连接或更换线缆。判断告警是否恢复：Y=>告警已恢复，告警处理结束。N=>告警未恢复，转步骤 4。

步骤 4，近端更换温度传感器。

判断告警是否恢复：Y=>告警已恢复，告警处理结束。N=>告警未恢复，转步骤 5。

步骤 5，近端更换监控设备。

判断告警是否恢复：Y=>告警已恢复，告警处理结束。N=>告警未恢复，请联系设备供应商。

（4）ALM-25673 风扇堵转告警

① 告警解释

当风扇故障或者风扇运行不畅时，产生此告警。

② 对系统的影响

风扇堵转告警对系统的影响见表 6-12。

表 6-12　　　　　　　　　　　　风扇堵转告警对系统的影响

告警级别	告警影响
重要	影响设备正常工作，可能导致业务中断

③ 处理步骤

步骤 1，远程复位所属监控单板。

执行 MML 命令 **RST BRD**，复位故障风扇所属监控单板。判断告警是否恢复：

Y=>告警已恢复，告警处理结束。N=>告警未恢复，转步骤 2。

步骤 2，近端检查风扇与监控设备的连线。

a．检查风扇与监控设备之间的监控线缆连接是否正常，是否有线缆松脱、老化破损等现象：

Y=>正常，转步骤 3。N=>不正常，转 b。

b．重新连接监控线缆或者更换线缆。判断告警是否恢复：Y=>告警已恢复，告警处理结束。N=>告警未恢复，转步骤 3。

步骤 3，近端检查风扇。

a．拔出风扇框，清除风扇周围的异物，然后重新装好。判断告警是否恢复：

Y=>告警已恢复，告警处理结束。N=>告警未恢复，转 b。

b．更换风扇盒。判断告警是否恢复：Y=>告警已恢复，告警处理结束。N=>告警未恢复，转步骤 4。

步骤 4，近端更换监控设备。

判断告警是否恢复：Y=>告警已恢复，告警处理结束。N=>告警未恢复，请联系设备供应商。

（5）ALM-25800 E1/T1 信号丢失告警

① 告警解释

当 E1/T1 线路接收端口检测到无信号（Loss of Signal，LOS）时，产生此告警。

② 对系统的影响

信号丢失告警对系统的影响见表 6-13。

表 6-13　　　　　　　　　　　　信号丢失告警对系统的影响

告警级别	告警影响
重要	该 E1/T1 链路承载的业务中断

③ 处理步骤

步骤 1，近端检查 E1/T1 配置。

a. 检查 E1/T1 配置是否正常：Y=>正常，转步骤 2。N=>不正常，转 b。

b. 正确配置 E1/T1。判断告警是否恢复：Y=>告警已恢复，告警处理结束。N=>告警未恢复，转步骤 2。

步骤 2，近端检查 E1/T1 传输线路连接情况。

a. 检查 E1/T1 传输线路连接是否正常（包括线缆是否损坏，接头是否松动，接头上的针是否有折断、弯曲、错位等现象）：

Y=>E1/T1 传输线路连接正常，转步骤 3。N=>E1/T1 传输线路连接异常，转 b。

b. 更换或重新连接 E1/T1 连线。判断告警是否恢复：Y=>告警已恢复，告警处理结束。N=>告警未恢复，转步骤 3。

步骤 3，近端检查本端 E1/T1 设备。

检查本端 E1/T1 设备是否正常：Y=>正常，转步骤 6。N=>故障，转步骤 4。

步骤 4，远程或者近端复位故障单板。

执行 MML 命令 **RST BRD**，复位故障单板。判断告警是否恢复：Y=>告警已恢复，告警处理结束。N=>告警未恢复，转步骤 5。

步骤 5，近端更换故障单板。

判断告警是否恢复：Y=>告警已恢复，告警处理结束。N=>告警未恢复，换回原来的单板，转步骤 6。

步骤 6，近端检查与对端设备之间的 E1/T1 传输中继。

请客户传输维护人员检查中继线路，进行相关维护处理。判断告警是否恢复：

Y=>告警已恢复，告警处理结束。N=>告警未恢复，转步骤 7。

步骤 7，检查对端设备。

检查对端设备正常，排除对端设备故障。判断告警是否恢复：Y=>告警已恢复，告警处理结束。N=>告警未恢复，请联系设备供应商。

（6）ALM-25835 NCP 故障告警

① 告警解释

NCP 包括主 NCP 和备 NCP，承载 NCP 的链路包括 SCTP 或 SAAL 链路，当主备 NCP 的承载链路都故障时，产生此告警。

② 对系统的影响

NCP 故障告警对系统的影响见表 6-14。

表 6-14　　　　　　　　　　　　NCP 故障告警对系统的影响

告警级别	告警影响
重要	基站与 RNC 之间的信令链路不可用，业务无法正常进行

③ 处理步骤

步骤 1，远程检查相应承载物理链路类型。

执行 MML 命令 **LST IUBCP**，查询故障 NCP 的承载链路。检查是否配置 SCTP 链路：Y=>配置 SCTP 链路，转步骤 2。N=>没有配置 SCTP 链路，转步骤 4。

步骤 2，远程检查 SCTP 承载物理链路。

a. 执行 MML 命令 **LST SCTPLNK**，查询相应承载链路。

b. 检查 SCTP 的承载链路，判断是否存在以太网相关告警或者 PPP/MLPPP 相关告警：Y=>存在告警，转 c。N=>不存在告警，转 d。

c. 按照相关告警的处理建议排除故障。判断告警是否恢复：Y=>告警已恢复，告警处理结束。N=>告警未恢复，转步骤 6。

d. 执行 MML 命令 **DSP IPRT** 查询是否配置了该 SCTP 链路到 RNC 的 IP 路由：Y=>有 IP 路由，转步骤 3。N=>没有 IP 路由，转 e。

e. 执行 MML 命令 **ADD IPRT** 增加 IP 路由。判断告警是否恢复：Y=>告警已恢复，告警处理结束。N=>告警未恢复，转步骤 3。

步骤 3，远程检查 SCTP 链路的参数是否设置正确且和对端一致。

a. 执行 MML 命令 **LST IUBCP**，查询承载故障 NCP 的 SCTP 链路号，再执行 MML 命令 LST SCTPLNK，查询相应链路参数。

b. 检查承载 NCP 的 SCTP 的属性参数本端 IP 地址、本端 SCTP 端口号、对端 IP 地址、对端 SCTP 端口号与对端配置是否一致：Y=>一致，转步骤 6。N=>不一致，转 c。

c. 执行 MML 命令 **RMV IUBCP** 删除故障 NCP，再执行 MML 命令 RMV SCTPLNK 删除承载故障 NCP 的 SCTP 链路。

d. 执行 MML 命令 **ADD SCTPLNK** 重建承载 NCP 的 SCTP 链路号，再执行 MML 命令 ADD IUBCP 重建相应 NCP。判断告警是否恢复：Y=>告警已恢复，告警处理结束。N=>告警未恢复，转步骤 6。

步骤 4，远程检查 SAAL 的承载链路。

a. 执行 MML 命令 **LST IUBCP** 查询故障 NCP 的承载链路，检查是否配置 SAAL 链路：Y=>配置 SAAL 链路，转 b。N=>没有配置 SAAL 链路，转步骤 6。

b. 执行 MML 命令 **LST SAALLNK** 查询承载 NCP 的 SAAL 链路所在的链路。

c. 检查相应承载 SAAL 链路的承载链路（UNI/IMA/Fractional ATM/光口），检查是否物理链路是否存在告警 Fractional ATM/UNI/IMA 相关告警或者光口相关告警：Y=>存在告警，转 d。N=>不存在告警，转步骤 5。

d. 按照相关告警的处理建议排除故障。判断告警是否恢复：Y=>告警已恢复，告警处理结束。N=>告警未恢复,转步骤5。

步骤5,检查承载NCP的PVC属性和SAAL链路属性参数是否设置正确。

a. 执行MML命令 **LST IUBCP**,查询承载NCP的SAAL链路号。

b. 执行MML命令 **LST SAALLNK**,查询相应SAAL链路属性和ATM链路的属性值。

c. 判断端口号、VPI、VCI、PVC带宽与对端设置是否一致,SAAL属性值设置是否一致:

Y=>一致,转步骤6。N=>不一致,转d。

d. 执行MML命令 **RMV IUBCP** 和 **RMV SAALLNK**,删除告警的NCP和相应的SAAL链路。

e. 执行MML命令 **ADD SAALLNK** 和 **ADD IUBCP**,重新建立NCP链路,其中的SAAL链路PVC属性值和SAAL链路属性值应保持为与对端SAAL链路一致。判断告警是否恢复:

Y=>告警已恢复,告警处理结束。N=>告警未恢复,转步骤6。

步骤6,复位故障单板。

执行MML命令 **RST BRD**,复位故障单板。判断告警是否恢复:Y=>告警已恢复,告警处理结束。N=>告警未恢复,请联系设备供应商。

(7)ALM-25888 SCTP链路故障告警

① 告警解释

当基站检测到流控制传输协议(Stream Control Transmission Protocol,SCTP)链路无法承载业务时,产生此告警。

② 对系统的影响

链路故障告警对系统的影响见表6-15。

表6-15　　　　　　　　　　链路故障告警对系统的影响

告警级别	告警影响
重要	导致SCTP链路上无法承载信令

③ 处理步骤

步骤1,远程检查承载链路相关告警。

a. 在网管中心的告警台上,检查承载该SCTPLNK的链路(FE/PPP/MLPPP)是否存在以太网相关告警或者PPP/MLPPP相关告警:

Y=>存在相关告警,转b。N=>不存在相关告警,转步骤2。

b. 按照相关告警的处理建议排除故障。判断告警是否恢复:Y=>告警已恢复,告警处理结束。N=>告警未恢复,转步骤2。

步骤2,远程检查SCTP链路两端配置参数。

a. 执行MML命令 **LST SCTPLNK**,查看本端SCTP链路的所有配置参数与配置规划是否一致,如本端IP地址、本端SCTP端口号、对端IP地址、对端SCTP端口号等:

Y=>一致,转步骤3。N=>不一致,转b。

b. 执行MML命令 **RMV SCTPLNK**、**ADD SCTPLNK** 修改错误的配置参数。判断告警

是否恢复：

Y=>告警已恢复，告警处理结束。N=>告警未恢复，转步骤 3。

步骤 3，远程检查路由。

a．执行 MML 命令 **DSP IPRT**，检查承载该故障 SCTP 的链路上是否配置了到对端的 IP 路由：

Y=>配置了到对端的 IP 路由，转步骤 4。N=>没有配置到对端的 IP 路由，转 b。

b．执行 MML 命令 **ADD IPRT**，增加承载对应链路上到对端的 IP 路由。判断告警是否恢复：

Y=>告警已恢复，告警处理结束。N=>告警未恢复，转步骤 4。

步骤 4，检查承载网络配置是否正常。

a．和承载网络的网络管理人员联系，确认承载网络中设备的路由等配置正确，并且没有屏蔽 Ping 报文。

Y=>正确，转步骤 5。N=>不正确，转 b。

b．请联系网络管理人员修正网络配置。判断告警是否恢复：Y=>告警已恢复，告警处理结束。N=>告警未恢复，转步骤 5。

步骤 5，检查对端设备配置是否正常。

a．检查对端设备是否正常，Y>=正常，请联系设备供应商，N=>不正常，转 b。

b．处理对端设备故障。判断告警是否恢复：Y=>告警已恢复，告警处理结束。N=>告警未恢复，请联系设备供应商。

（8）ALM-25901 远程维护通道故障告警

① 告警解释

当系统无法 Ping 通远端维护通道的对端 IP 地址时，产生此告警。操作维护通道的告警原则是操作维护通道始终检测的是激活的操作维护通道，所以告警都是激活操作维护通道的告警，并且操作维护通道的告警恢复保持与操作维护通道的实际状态一致。如果主操作维护通道不通，便会产生操作维护通道断链的告警，此时如果激活备操作维护通道，主操作维护通道的告警不会恢复，因为主操作维护通道的状态仍然为断开，告警保持与状态一致。首次配置操作维护通道链路，系统将在 1 分钟内对操作维护通道状态进行检测，检测到操作维护通道断链立即上报操作维护通道断链告警。操作维护通道在首次检测无故障后，系统将进入非灵敏检测阶段，在固定时间段（默认为 10 分钟）操作维护通道连续检测不通后上报操作维护通道断链告警。当操作维护通道告警上报后，如果系统检测到操作维护通道恢复正常将立即恢复操作维护通道断链告警。

② 对系统的影响

远程维护通道故障告警对系统的影响见表 6-16。

表 6-16　　　　　　　　　　远程维护通道故障告警对系统的影响

告警级别	告警影响
重要	远程维护通道中断，用户无法维护远端设备

③ 处理步骤

步骤 1，近端排查远程维护通道的配置数据。

a．执行 MML 命令 **LST OMCH**，判断本端 IP 地址、对端 IP 地址等与配置规划数据是否一致：

Y=>一致，转步骤 2。N=>不一致，转 b。

b．执行 MML 命令 **MOD OMCH**，配置正确的远程维护通道。判断告警是否恢复：

Y=>告警已恢复，告警处理结束。N=>告警未恢复，转步骤 2。

步骤 2，近端检查相关告警。

a．在近端 LMT 的告警台上，检查该远端维护通道是否存在告警：

25821 IMA/UNI 链路信元定界丢失告警；

25820 Fractional ATM 链路信元定界丢失告警；

25860 PPP/MLPPP 链路故障告警；

25880 以太网链路故障告警。

Y=>存在相关告警，转 b。N=>不存在相关告警，转步骤 3。

b．按照相关告警的处理建议排除故障。判断告警是否恢复：Y=>告警已恢复，告警处理结束。N=>告警未恢复，转步骤 3。

步骤 3，近端排查传输网络故障。

联系维护传输网络的工程师，解决传输网络问题。

（9）ALM-26120 星卡时钟输出异常告警

① 告警解释

当星卡无 1PPS 时钟输出时，产生此告警。

② 对系统的影响

星卡时钟输出异常告警对系统的影响见表 6-17。

表 6-17 星卡时钟输出异常告警对系统的影响

告警级别	告警影响
次要	基站不能与星卡时钟同步，如果基站长时间获取不到参考时钟，会导致基站系统时钟不可用，此时基站业务处理会出现各种异常，如小区切换失败、掉话等，严重时基站不能提供业务

③ 处理步骤

步骤 1，远端复位星卡所在的单板。

a．确认故障星卡所连接的单板：如果星卡所在的单板是 USCU，转 b。如果星卡所在的单板是主控板，转 c。如果星卡采用的是 RGPS，转步骤 3。

b．执行 MML 命令 **RST BRD** 复位 USCU 单板。判断告警是否恢复：Y=>告警已恢复，告警处理结束。N=>告警未恢复，转步骤 2。

c．执行 MML 命令 **RST BRD** 复位主控板。注：复位主控单板将导致基站业务完全中断，请在话务量较小时（如深夜）处理。判断告警是否恢复：

Y=>告警已恢复，告警处理结束。N=>告警未恢复，转步骤 2。

步骤 2，近端更换星卡所在单板。

a．用万用表测量 GPS 接头屏蔽层与芯线之间的电压，检查电压是否在 4～6V 的范围内：

Y=>电压在正常范围内,请联系设备供应商。N=>电压不在正常范围内,说明星卡故障,转 b。

b. 更换单板,近端更换 USCU 或主控单板。判断告警是否恢复:Y=>告警已恢复,告警处理结束。

N=>告警未恢复,换回原来的单板,请联系设备供应商。

步骤 3,近端检查 RGPS 与 USCU 的连接线缆。

a. 近端检查 RGPS 与 USCU 的连接线缆,排除线缆破损、断裂、连接不牢等常见线缆故障。

判断告警是否恢复:Y=>告警已恢复,告警处理结束。N=>告警未恢复,转 b。

b. 参考 RGPS 安装指南更换 RGPS 模块。判断告警是否恢复:Y=>告警已恢复,告警处理结束。N=>告警未恢复,请联系设备供应商。

(10)ALM-26200 单板硬件故障告警

① 告警解释

当单板硬件故障时,产生此告警。

② 对系统的影响

单板硬件故障告警对系统的影响见表 6-18。

表 6-18　　　　　　　　　　　单板硬件故障告警对系统的影响

告警级别	告警影响
重要	单板无法正常工作,单板承载的业务中断
次要	单板部分功能丧失,单板可靠性降低

③ 处理步骤

步骤 1,远程检查是否存在相关告警。

a. 在网管中心的告警台上,检查该故障单板是否存在告警:

26104 单板温度异常告警。Y=>存在相关告警,转 b。N=>不存在相关告警,转步骤 2。

b. 按相关告警的处理建议排除故障。判断告警是否恢复:Y=>告警已恢复,告警处理结束。N=>告警未恢复,转步骤 2。

步骤 2,远程下电复位故障单板。

注:复位 WMPT 和 UBBP 单板有可能中断业务,请在话务量较小时(如深夜)处理。判断告警是否恢复:

Y=>告警已恢复,告警处理结束。N=>告警未恢复,转步骤 3。

步骤 3,近端更换故障单板。

更换单板。判断告警是否恢复:Y=>告警已恢复,告警处理结束。N=>告警未恢复,请联系设备供应商。

(11)ALM-26205 BBU 单板维护链路异常告警

① 告警解释

当主控板与框内其他单板管理链路异常时,产生此告警。

② 对系统的影响

单板维护链路异常告警对系统的影响见表 6-19。

表 6-19　　　　　　　　　　　单板维护链路异常告警对系统的影响

告警级别	告警影响
重要	故障单板可能无法正常工作，导致单板承载的业务中断

③ 处理步骤

步骤 1，远程检查是否存在相关告警。

a．在网管中心的告警台上，检查该故障单板是否存在告警：

26200 单板硬件故障告警；

26201 单板内存软失效告警；

26202 单板过载告警；

26204 单板不在位告警；

26264 系统时钟失锁告警。

Y=>存在相关告警，转 b。N=>不存在相关告警，转步骤 2。

b．按相关告警的处理建议排除故障。判断告警是否恢复：Y=>告警已恢复，告警处理结束。N=>告警未恢复，转步骤 2。

步骤 2，近端检查故障单板是否正在重新格式化文件系统。

a．检查故障单板运行灯是否正在以 0.125s 亮、0.125s 灭的频率快闪：

Y=>是，0.125s 亮、0.125s 灭的频率快闪，表示单板正在重新格式化文件系统，转 b。

N=>不是，0.125s 亮、0.125s 灭的频率快闪，表示单板未在重新格式化文件系统，转步骤 3。

b．等待单板运行灯由 0.125s 亮、0.125s 灭的频率快闪变为 1s 亮、1s 灭的频率慢闪（重新格式化文件系统一般需要 40 分钟左右）。

判断告警是否恢复：Y=>告警已恢复，告警处理结束。N=>告警未恢复，转步骤 3。

步骤 3，近端拔出并重新插紧告警的单板。

判断告警是否恢复：Y=>告警已恢复，告警处理结束。N=>告警未恢复，转步骤 4。

步骤 4，近端更换故障单板。

判断告警是否恢复：Y=>告警已恢复，告警处理结束。N=>告警未恢复，换回原来的单板，转步骤 5。

步骤 5，近端拔出并重新插紧故障单板所在框内的主控板。

判断告警是否恢复：Y=>告警已恢复，告警处理结束。N=>告警未恢复，转步骤 6。

步骤 6，近端更换故障单板所在框内的主控板。

判断告警是否恢复：Y=>告警已恢复，告警处理结束。N=>告警未恢复，换回原来的主控单板，请联系设备供应商。

（12）ALM-26231 BBU IR 光模块不在位告警

① 告警解释

当 BBU 的 IR 端口上的光模块不在位时，产生此告警。

② 对系统的影响

BBU IR 光模块不在位告警对系统的影响见表 6-20。

表 6-20　　　　　　　　　　　　　　BBU IR 光模块不在位告警对系统的影响

告警级别	告警影响
重要	在链形组网下，下级射频单元 IR 链路中断，下级射频单元承载的业务中断

③ 处理步骤

步骤 1，远程检查是否配置了多余的射频单元。

a. 执行 MML 命令 **DSP RRU/LST RRU**，查询 RRU 组网配置，检查是否配置了多余的射频单元：

Y=>存在多余的射频单元配置，转 b。N=>不存在多余的射频单元配置，转步骤 2。

b. 执行 MML 命令 **RMV RRU**，删除多余的射频单元。判断告警是否恢复：

Y=>告警已恢复，告警处理结束。N=>告警未恢复，转步骤 2。

步骤 2，近端检查光模块的安装情况。

a. 在 BBU 近端，检查光模块是否已安装：Y=>已安装，转 c。N=>未安装，转 b。

b. 安装光模块及光纤连线。判断告警是否恢复：Y=>告警已恢复，告警处理结束。N=>告警未恢复，转步骤 3。

c. 插拔光模块，确保已插紧。判断告警是否恢复：Y=>告警已恢复，告警处理结束。N=>告警未恢复，转 d。

d. 更换光模块。判断告警是否恢复：Y=>告警已恢复，告警处理结束。N=>告警未恢复，转步骤 3。

步骤 3，近端插拔故障端口所在的 IR 接口单板。

判断告警是否恢复：Y=>告警已恢复，告警处理结束。N=>告警未恢复，转步骤 4。

步骤 4，近端更换故障端口所在的 IR 接口单板。

判断告警是否恢复：Y=>告警已恢复，告警处理结束。N=>告警未恢复，请联系设备供应商。

（13）ALM-26260 系统时钟不可用告警

① 告警解释

当基站使用本地晶振的时间超过其可保持的时限（24 小时），产生此告警。

② 对系统的影响

系统时钟不可用告警对系统的影响见表 6-21。

表 6-21　　　　　　　　　　　　　　系统时钟不可用告警对系统的影响

告警级别	告警影响
紧急	基站业务处理会出现各种异常，如切换失败、掉话等，严重时基站不能提供业务

③ 处理步骤

远程检查是否存在相关告警。

a. 在网管中心的告警台上，检查系统是否存在告警：

26261 未配置时钟参考源告警；

26262 时钟参考源异常告警。

Y=>存在相关告警，转 b。N=>不存在相关告警，请联系设备供应商。

b．按相关告警的处理建议排除故障。判断告警是否恢复：Y=>告警已恢复，告警处理结束。N=>告警未恢复，请联系设备供应商。

（14）ALM-26529 射频单元驻波告警

① 告警解释

当射频单元发射通道的天馈接口驻波超过了设置的驻波告警门限时，产生此告警。

② 对系统的影响

系统时钟不可用告警对系统的影响见表 6-22。

表 6-22　　　　　　　　　　　　系统时钟不可用告警对系统的影响

告警级别	告警影响
重要	1. 对于单通道 RRU，该 RRU 的覆盖区域的业务会中断。 2. 对于多通道 RRU，发射功率下降，小区覆盖减小

③ 处理步骤

步骤 1，远程检查驻波告警门限设置。

a．执行 MML 命令 **DSP RRUPARA**，查询射频单元的驻波告警门限，根据配置规划判断门限设置是否大于等于 1.5：

Y=>合理，转步骤 2。N=>不合理，转 b。

b．执行 MML 命令 **MOD RRU** 修改射频单元的驻波告警门限修改为 1.8。判断告警是否恢复：

Y=>告警已恢复，告警处理结束。N=>告警未恢复，转步骤 2。

步骤 2，近端重新连接射频单元天馈口跳线。

重新连接射频单元天馈口跳线，执行 MML 命令 TRG PATHVSWR，触发 RRU 驻波比扫频测量，**DSP PATHPARA** 查询驻波测量结果，判断告警是否恢复：Y=>告警已恢复，告警处理结束。N=>告警未恢复，转步骤 3。

步骤 3，近端检查馈缆安装情况。

检查射频单元馈缆安装情况，执行 MML 命令 **TRG PATHVSWR**，触发 RRU 驻波比扫频测量，**DSP PATHPARA** 查询驻波测量结果，判断告警是否恢复：Y=>告警已恢复，告警处理结束。N=>告警未恢复，转步骤 4。

步骤 4，近端复位射频单元。

在射频单元近端，关断射频单元的供电电源，然后重新打开供电电源，等待射频单元重新启动完成（RUN 为 0.5Hz 闪烁）。判断告警是否恢复：Y=>告警已恢复，告警处理结束。N=>告警未恢复，转步骤 5。

步骤 5，近端更换射频单元。

判断告警是否恢复：Y=>告警已恢复，告警处理结束。N=>告警未恢复，换回原来的射频单元，请联系设备供应商。

（15）ALM-29405 IPPATH 丢包告警

① 告警解释

IPPATH 丢包率超过门限（10%）时，产生此告警。

② 对系统的影响

丢包告警对系统的影响见表 6-23。

表 6-23　　　　　　　　　　　丢包告警对系统的影响

告警级别	告警影响
重要	当丢包率达到一定程度，可能在相关小区上不能承载业务

③ 处理步骤

步骤 1，查看 IP Path 配置带宽是否正确。

a．查询 IP Path 配置的接收带宽和发送带宽（执行 MML 命令 **LST IPLGCPORT**）是否和 RNC 端配置（执行 MML 命令 **LST IPPATH** 查询 RNC 端配置）的一致：Y=>一致，转步骤 2。N=>不一致，转 b。

b．重新配置 IP Path 接收带宽和发送带宽（执行 MML 命令 **MOD IPLGCPORT**）和 RNC 一致，等待 10 分钟。

判断告警是否恢复：Y=>告警已恢复，告警处理结束。N=>告警未恢复，转步骤 2。

步骤 2，查看 RNC 和网元之间的物理链路带宽。

a．咨询网络规划人员，RNC 和 Node B 之间的线路是否配置带宽不能满足业务需求，并重新规划。

b．按照新的规划增加线路的带宽。判断告警是否恢复：Y=>告警已恢复，告警处理结束。N=>告警未恢复，请联系设备供应商。

（16）ALM-29509 射频单元通道异常告警

① 告警解释

当出现了下行通道或者上行通道故障时，产生此告警。

② 对系统的影响

射频单元通道异常告警对系统的影响见表 6-24。

表 6-24　　　　　　　　　　射频单元通道异常告警对系统的影响

告警级别	告警影响
重要	1．影响小区边缘处的用户接入成功率； 2．影响小区边缘处的 HSDPA 用户的速率

③ 处理步骤

步骤 1，远程执行高精度驻波。

a．执行 MML 命令 **TRG PATHVSWR**，手工执行高精度驻波，判断是否有 26529 射频单元驻波告警。Y=>存在相关告警，转 b。N=>不存在相关告警，转步骤 2。

b．按相关告警的处理建议排除故障。判断告警是否恢复：Y=>告警已恢复，告警处理结束。N=>告警未恢复，转步骤 2。

步骤 2，远程复位射频单元。

a．执行 MML 命令 **RST RRU**。判断告警是否恢复：Y=>告警已恢复，告警处理结束。N=>告警未恢复，转 b。

b．判断告警原因是否是 RTWP 异常：Y=>是，转步骤 5。

N=>不是，转步骤 3。

步骤 3，近端检查故障通道与天线的连接。

判断告警是否恢复：Y=>告警已恢复，告警处理结束。

N=>告警未恢复，转步骤 4。

步骤 4，近端检查天线馈线的线损。

a．将故障通道和无故障通道馈线调换，判断告警是否恢复：Y=>告警已恢复，换回原先的馈线连接，更换故障通道馈线，告警处理结束。N=>告警未恢复，换回原先的馈线连接，转 b。

b．使用矢网测试仪器测量天线馈线差损，判断插损是否满足安装规范：Y=>满足规范，请联系设备供应商。

N=>不满足规范，转 c。

c．重新安装直到满足安装规范。判断告警是否恢复：Y=>告警已恢复，告警处理结束。

N=>告警未恢复，转步骤 5。

步骤 5，近端更换射频单元。

判断告警是否恢复：Y=>告警已恢复，告警处理结束。N=>告警未恢复，换回原来的射频单元，请联系设备供应商。

6.2.1.3　4G 网络基站设备维护

1．4G 网络 eNode B 操作维护软件使用说明

（1）EM 安装

以下步骤仅针对从 eNode B 近端侧连接。

① 软件要求

Windows2000、XP、VISTA、Win7；

Internet Explorer 5.0 or later；

Java 1.6.0_07；

RBS_EM tool（可以从 RBS 上下载）。

② IP 地址设置

修改电脑 IP 地址，将 PC 与基站设置在同一子网。基站 IP 默认为 169.254.1.10，打开网卡属性，修改电脑的 TCP/IP 地址。

如：169.254.1.11，IP 地址一般设定为基站 IP 地址加 1 或者 2，子网掩码为 255.255.255.0。

③ 下载 EM_Tool

通过网线连接到 eNode B 的 LMTB 口上。

打开 IE，在地址栏中输入基站 IP 地址。如 http://169.254.1.10/em/index.html 下载到 PC 上，并进行安装。

（2）EM 连接操作

① eNode B 近端侧使用 EM

EM 通过使用图形化界面对网元进行操作，打开 EM，再输入目标网元的 IP 地址（169.254.1.10），单击 "connect"，进入 EM 界面，如图 6-16 所示，为了下次连接方便，可以使用右下方 Add 按钮将 IP 地址加到 Nodes 列表中。

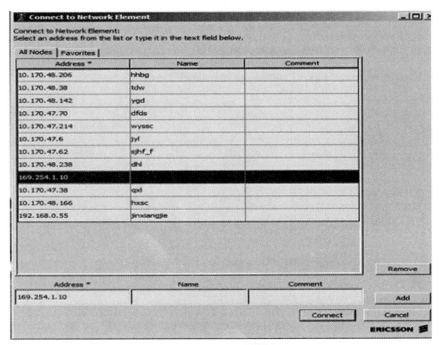

图 6-16　eNode B 近端侧使用 EM

② OSS 侧使用 EM

在 OSS 上进入 EM 界面的方法如下：选择需要查看的网元，选择右上角工具（TOOLS）进入菜单 WCDMA/4G 网络/TDNetwork---ERBS Element Manager，如图 6-17 所示。

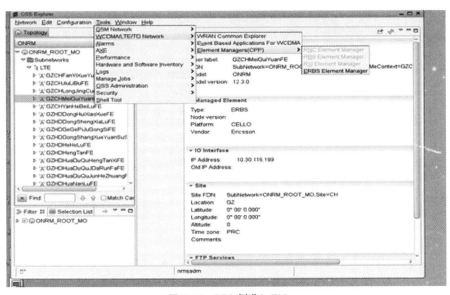

图 6-17　OSS 侧进入 EM

进入 EM 界面之后，显示如下：界面左侧显示设备的 MO，包括 RRU、DUL、Antennasystem、Supportsystem 等，右侧显示对应的设备的状态，如图 6-18 所示。

正常状态应为 operationstate 为 enabled，administrativestate 为 unlocked。

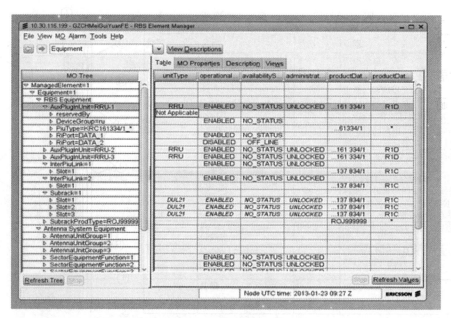

图 6-18　OSS 侧使用 EM

（3）具体操作

① IP 功能块使用介绍

通过选择界面上方显示的不同的标签，可以查看 eNode B 不同 MO 的状态，图 6-19 显示的是与 IP 相关的 MO 的属性与状态，包括 IpOam、IPinterface、GigabitEthernet、SCTP 等信息。

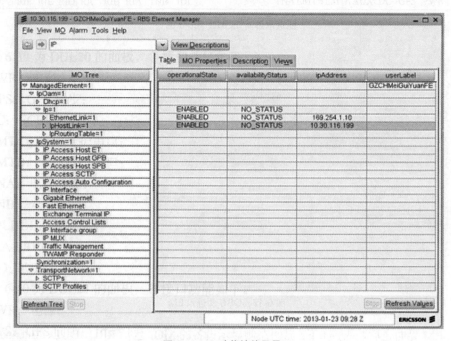

图 6-19　IP 功能块使用界面

选择界面右侧的 Actions 按钮，可以对相应的 MO 执行操作。图 6-20 是执行 Ping 命令，输入 IP 地址后，单击右下角的"Execute"，执行 Ping 指令，返回的结果在页面中显示。

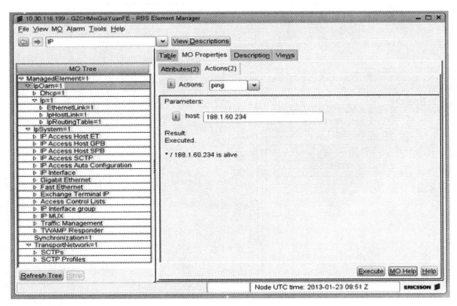

图 6-20　执行 Ping 指令示例

② RadioNetwork 功能块使用介绍

通过选择 radionetwork 标签，可以查看该 eNode B 下带的小区、邻区及与核心网侧相关的 MO，如图 6-21 所示，一个 eNode B 下带 3 个小区，小区正常的状态应为 ENABLED 和 UNCLOCKED。

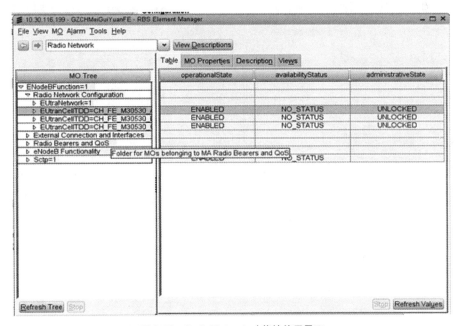

图 6-21　RadioNetwork 功能块使用界面

可以对相关小区进行解闭操作，选中对应小区，修改 Administrativestate 为 locked 则闭小区，如图 6-22 所示。

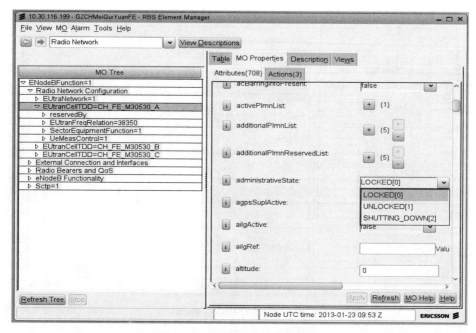

图 6-22　对相关小区进行解闭操作

③ Software 功能块使用介绍

选择 Software 标签，显示设备装载的软件，如图 6-23 所示。

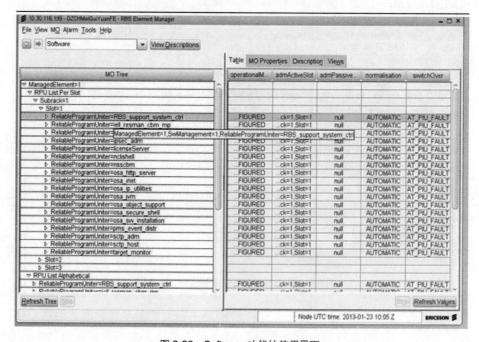

图 6-23　Software 功能块使用界面

④ Licensing 功能块使用介绍

选择 Licensing 标签，显示该 eNode B 装载的 License 文件，右侧界面对该 license 进行描述，及显示该 License 状态，如图 6-24 所示。

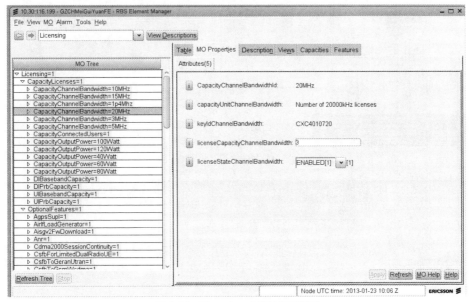

图 6-24　Licensing 功能块使用界面

⑤ UpgradeandBackup 功能块使用介绍

选择 UpgradeandBackup 标签，显示该 eNode B 中的升级包和 CV 文件，如图 6-25 所示。

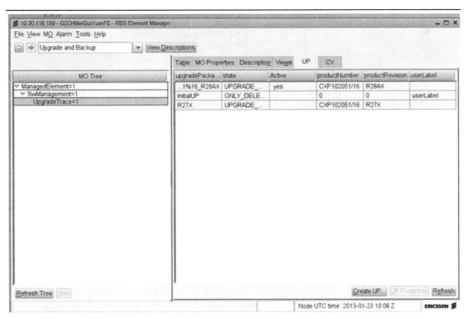

图 6-25　UpgradeandBackup 功能块使用界面

可以通过 CV 下方的 CreateCV 按钮，创建一个 CV，如图 6-26 所示，输入 CV 名字后，单击 APPLY 生效。

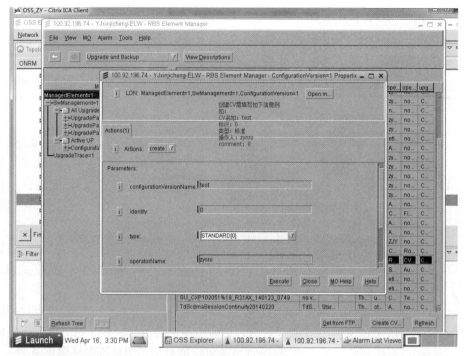

图 6-26　创建 CV

选中某一个 CV，单击下方的 CVProperties 按钮，在弹出的对话框中，单击 Set Startable 选项，可以把该 CV 设置成下次重启时使用的 CV，选择 Reload with this CV，可以让系统使用这个 CV。重启界面如图 6-27 至图 6-29 所示。

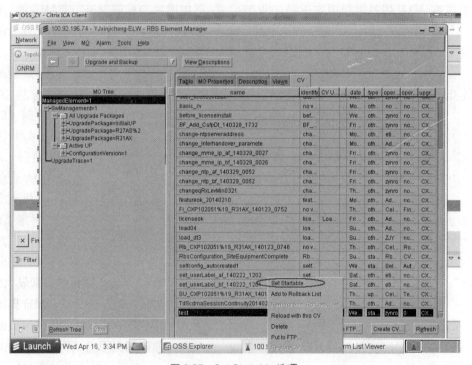

图 6-27　Set Startable 选项

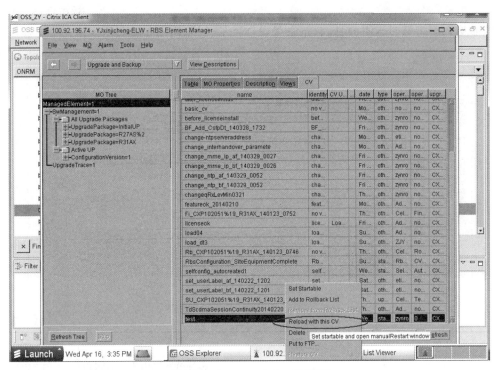

图 6-28　Reload with this CV 选项

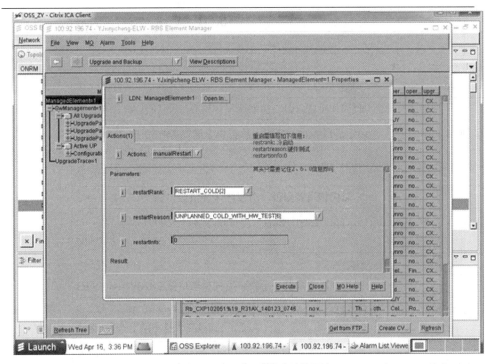

图 6-29　将 CV 设置成下次重启时使用的 CV

⑥ Alarm 告警功能块介绍

通过选择工具栏上的 Alarm，可以查看告警与系统的信息，如图 6-30 所示。

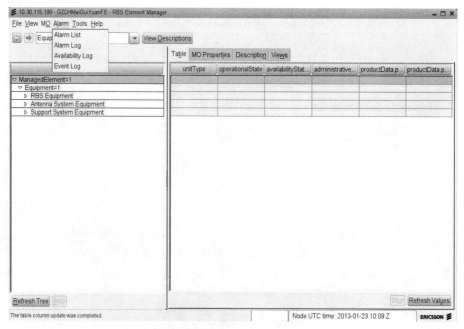

图 6-30　Alarm 告警功能块

　　弹出的 Alarmlog 对话框显示了告警的级别、发生的时间以及可能的原因等信息，如图 6-31 所示。

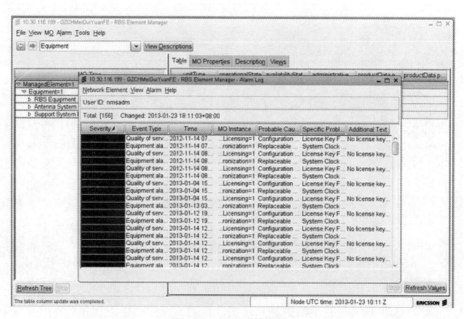

图 6-31　Alarm 告警信息

2. 常见故障处理

（1）LossofTracking

① 告警解释：此告警是由于系统或者无线时钟失步导致，可能造成基站退服。

② 可能原因：

GPS 硬件故障；

基站进程吊死；

DU 硬件故障。

4G 网络采用 GPS 进行同步。其硬件以及连接方式如图 6-32 所示。

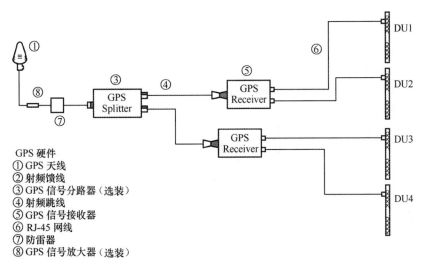

GPS 硬件
① GPS 天线
② 射频馈线
③ GPS 信号分路器（选装）
④ 射频跳线
⑤ GPS 信号接收器
⑥ RJ-45 网线
⑦ 防雷器
⑧ GPS 信号放大器（选装）

图 6-32　GPS 硬件以及连接方式

③ 处理步骤

检查 GPS 信号接收器上的工作状态灯状态。

A．灯不亮

检查 GPS 信号接收器和连接 DU 的 RJ-45 网线，如有问题则进行更换。

检查 DU 上的 GPS 端口是否存在问题，如有问题则更换 DU。

B．绿灯常亮

检查连接 DU 的 RJ-45 网线，如有问题进行更换。

通知后台重启基站。

更换 DU。

C．绿灯闪

按照图 6-32 所示的 GPS 硬件连接图，按照从 DU 到 GPS 天线的顺序检查各个接口是否有虚接、各线缆是否有破损、各个单元硬件是否存在问题，如有问题则进行重接或者更换。

通知后台重启基站。

（2）NetworkSynchTimefromGPSMissing

① 告警解释：此告警是由于 GPS 信号丢失导致，可能导致基站退服。

② 可能原因：

GPS 硬件故障；

基站进程吊死；

DU 硬件故障。

③ 处理步骤：请参考"LossofTracking"告警的处理步骤。

（3）SystemClockQualityDegradation

① 告警解释：此告警表示系统或者无线时钟进入了"free-running"模式，不能满足系统正常工作的需求。

该告警为伴生告警，能够触发该告警的子告警为：

NetworkSynchTimefromGPSMissing；

LossofTracking；

TUSynchReferenceLossofSignal。

② 可能原因：由于该告警为伴生告警，可能原因请参见其伴生的子告警。

③ 处理步骤：由于该告警为伴生告警，处理步骤请参见其伴生的子告警。

（4）RemoteIPAddressUnreachable

① 告警解释：此告警表示远端 IP 地址不可达，多为到核心网的 IP 地址不可用。

② 可能原因

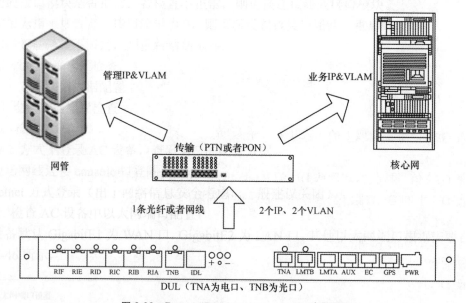

图 6-33　RemoteIPAddressUnreachable 告警原因

如图 6-33 所示，从基站上仅有 1 条光纤（TNA 口）或者网线（TNB 口）作为传输。该告警为到核心网的 IP 地址不可达，所以不会是物理方面的原因，多为配置问题。

a．eNode B ID、业务 IP 地址、业务 VID 和其他基站冲突或者配置有误；

b．传输侧故障；

c．核心网侧故障。

③ 处理步骤

步骤 1，检查基站侧 eNode B ID、业务 IP 地址、业务 VID 是否冲突、配置正确，如有问题则进行更改。

步骤 2，通知传输侧核查传输。

步骤 3，通知核心网侧检查核心网。

（5）LicenseKeyFileFault

① 告警解释：此告警表示许可密钥文件错误，文件存放在 eNode B 测，文件损坏可能影响业务性能及容量。

② 可能原因：许可密钥文件错误损坏或者丢失。

③ 处理步骤：重新加载许可密钥文件。

（6）Inter-PIULinkFault

① 告警解释：此告警表示 Inter-PIU 连接错误（仅针对多块 DUL 板件的配置）。

② 可能原因

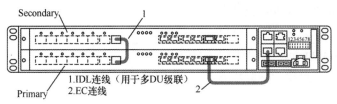

图 6-34　Inter-PIULinkFault 告警原因

当多个 DUL 级联时，DUL 之间会使用 IDL 级联线，如图 6-34 所示。

IDL 连线故障；

基站进程吊死；

DUL 故障。

③ 处理步骤

步骤 1，检查 IDL 连线，如有问题则更换。

步骤 2，重启基站。

步骤 3，更换 DUL。

（7）TUHardwareFault

① 告警解释：此告警表示时钟模块硬件故障。

② 可能原因

基站进程吊死；

DUL 故障。

③ 处理步骤

重启告警 DUL；

更换 DUL。

（8）SlaveTUOutofSynchronization

① 告警解释：此告警表示副时钟模块失步。

② 可能原因

多出现在多个 DUL 级联的情况下：

主 DUL 同步信号丢失；

IDL 连线故障；

基站进程吊死；

DUL 故障。

③ 处理步骤：请参考"Inter-PIULinkFault"告警处理步骤。

（9）LinkFailure

① 告警解释：此告警表示基站 DU 到 RRU 链路连接失败，可能导致小区业务中断。

② 可能原因

根据不同的告警解释具体可分为以下几类。

A．LossOfSignal

意为 RRU 与 DU 主单元之间光路断开，光纤断开、传输质量不好或者 RRU 故障。

B．Nosignaldetected

意为 RRU 到 DU 无光，光纤断开、传输质量不好或者 RRU 故障。

C．JitterCleanerPLLnotlocked

意为 RRU 到 DU 无光，光纤断开、传输质量不好或者 RRU 故障。

D．HighbiterrorrateonCPRIlink

意为 DU 到 RRU 链路高误码报警

③ 处理步骤

步骤 1，检查 DU 和 RRU 之间的传输，如果不通或者质差，则更换光纤或者传输。

步骤 2，检查光模块，如有问题则更换。

步骤 3，重启 RRU。

步骤 4，重启 DU。

步骤 5，更换 RRU。

（10）HwFault

① 告警解释：此告警表示标示告警的单元硬件错误。

② 可能原因：硬件错误。

③ 处理步骤：更换告警硬件。

（11）VswrOverThreshold

① 告警解释：此告警表示驻波比超限。

② 可能原因

天馈系统故障；

RRU 故障。

③ 处理步骤

检查测量天馈系统驻波比，如有异常，则进行更换。

更换 RRU。

（12）GeneralHwError

① 告警解释：此告警表示一般硬件故障。

② 可能原因

基站进程吊死；

数据配置错误；

SUP 硬件故障。

③ 处理步骤

检查基站数据配置是否正确，如有问题则进行修改。

重启基站。

更换 MU 机框。

（13）GigabitEthernetLinkFault

① 告警解释：此告警表示吉比特以太网连接故障，可能导致基站退服。

② 可能原因

基站传输故障；

DUL 故障。

③ 处理步骤

检查基站传输连接，如有虚接或者尾纤破损，则进行重接或者更换。

通知传输侧检查传输。

更换 DUL。

（14）PowerFailure

① 告警解释：此告警表示 RRU 电源故障，造成小区退服。

② 可能原因

RRU 电源故障；

RRU 故障。

③ 处理步骤

检查电源状态。

检查 RRU 电源接头是否松动，如有松动重做接头。

更换 RRU。

（15）ServiceDegraded

① 告警解释：此告警表示小区服务质量下降。该告警为伴生告警，其提示作用。能够触发该告警的子告警为：

LinkFailure；

CalibrationFailureHwFaultVswrOverThreshold。

② 可能原因：由于该告警为伴生告警，可能原因请参见其伴生的子告警。

③ 处理步骤：由于该告警为伴生告警，处理步骤请参见其伴生的子告警。

（16）ServiceUnavailable

① 告警解释：此告警表示小区服务质量不可用，即小区退服。该告警为伴生告警，其提示作用。能够触发该告警的子告警为：

HwFaultPowerFailureTemperatureExceptionalTakenOutOfServiceLinkFailure；

ResourceConfigurationFailure。

② 可能原因：由于该告警为伴生告警，可能原因请参见其伴生的子告警。

③ 处理步骤：由于该告警为伴生告警，处理步骤请参见其伴生的子告警。

（17）CalibrationFailure

① 告警解释：此告警表示校准失败，仅发生在 8 通道基站上。

② 可能原因

根据不同的告警解释可分为两类。

A．signaltoolow

校准信号低且无驻波比告警，RRU 端口与天线端口线序不匹配、跳线故障或 RRU 故障。

B．signaldisturbed

校准信号受到干扰，可能由于馈线故障或者外部干扰造成。

③ 处理步骤

A．signaltoolow

步骤1，按照下列标准检查跳线和RRU之间线序，如有接错则按照规则更改。RRU的A～H口对应天线的1～8口，RRU的ALD口对应天线的CAL口。

步骤2，检查故障跳线，如有问题则更换。

步骤3，更换RRU。

B．signaldisturbed

步骤1，检查故障跳线，如有问题则更换。

步骤2，由于干扰导致，查找干扰源。

（18）HeartbeatFailure

① 告警解释：此告警表示基站心跳告警，即基站脱管。

② 可能原因

DU掉电；

传输故障；

DU故障。

③ 处理步骤

检查电源状态。

检查DU电源接头是否松动，如有松动重做接头。

检查基站传输连接，如有虚接或者尾纤破损则进行重接或者更换。

通知传输检查传输状态。

DU下电重启。

更换DU。

（19）Plug-InUnitHWFailure

① 告警解释：DU硬件错误，可能导致基站退服。

② 可能原因：DU硬件错误。

③ 处理步骤

对告警DU进行下电重启。

更换DU。

（20）Plug-InUnitGeneralProblem

① 告警解释：DU普通错误，可能导致基站退服。

② 可能原因

重复的软件错误；

配置错误；

启动检测出硬件错误；

DU被拔出。

③ 处理步骤

对告警DU进行下电重启。

更换 DU。

3．常用板卡更换指导

（1）DUL 的更换

① 主 DUL 的更换

A．工具

防静电环、十字螺丝刀。

B．更换前的准备

通过故障观察和分析，确定模块故障，并确认是否需要更换。

确定备件功能完好，并且型号与故障模块一致。

准备防静电袋、防潮袋和纸箱，并准备若干标签，以作标记用。

C．更换步骤

通知后台本站或本小区将暂时退出服务状态。

使用 FTP 软件将基站上现有 DUL 的 C 盘和 D 盘拷贝到电脑上。

将 DUL 下电并更换新的 DUL。

使用串口将新的 DUL 的 C 盘和 D 盘格式化。

将拷贝的 C 盘和 D 盘上传到新的 DUL 中。

使用串口 reload 基站。

D．更换后确认

检查 OPERATION 灯为亮的状态。

通知后台解闭或激活小区。

② 辅 DUL 的更换

A．工具

防静电环、十字螺丝刀。

B．更换前的准备

通过故障观察和分析，确定模块故障，并确认是否需要更换。

确定备件功能完好，并且型号与故障模块一致。

准备防静电袋、防潮袋和纸箱，并准备若干标签，以作标记用。

C．更换步骤

通知后台本站或本小区将暂时退出服务状态。

将故障 DUL 下电并更换新的 DUL。

使用串口 reload 基站。

D．更换后确认

检查 OPERATION 灯为亮的状态。

通知后台解闭或激活小区。

（2）RRU 的更换

A．工具

一字螺丝刀、内六角螺丝刀、整套维护工具。

B．更换前的准备

通过故障观察和分析，确定模块故障，并确认是否需要更换。

确定备件功能完好，并且型号与故障模块一致。

准备防潮袋和纸箱，并准备若干标签，以作标记用。

C．更换步骤

通知后台将故障 RRU 闭锁。

拆除故障 RRU。

将 RRU 安装到抱杆、墙体上（可选）。

将 RRU 接地。

连接至 MU 的光纤。

连接至天馈线。

安装跳线。

装面板。

连接电源线。

加电。

D．更换后确认

检查 OPERATION 灯为亮的状态。

通知后台解闭 RRU 并激活小区。

4．硬件以及配置说明

（1）DUL20/DUL21LMTA 串口连接线缆线序

如图 6-35 所示，该线缆为连接串口 LMTA 时使用，日常连接维护使用 LMTB，使用普通网线即可。

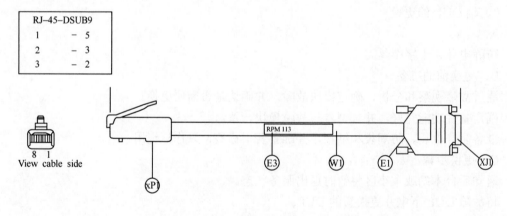

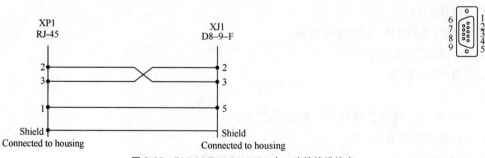

图 6-35　DUL20/DUL21LMTA 串口连接线缆线序

（2）GPS 连接示意图

如图 6-36 所示。

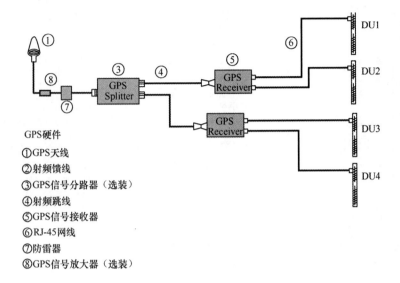

GPS硬件

①GPS天线

②射频馈线

③GPS信号分路器（选装）

④射频跳线

⑤GPS信号接收器

⑥RJ-45网线

⑦防雷器

⑧GPS信号放大器（选装）

图 6-36　GPS 连接示意图

（3）RBS6601 机柜示意图

RBS6601 机柜示意图如图 6-37 所示。

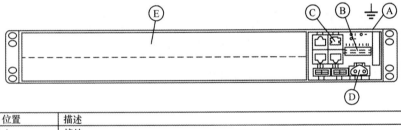

位置	描述
A	接地
B	外部告警
C	外部告警单元（SAU）电源
D	电源
E	DU 接口： LAN GPS 连接RRU的光纤（通过光/电转换模块转换） 传输

图 6-37　RBS6601 机柜示意图

（4）RBS6201 机柜示意图

RBS6201 机柜示意图如图 6-38 所示。

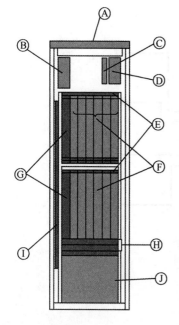

硬件单元-48V			
位置	名称	数量	功能
A	Fan	3~4	RBS冷却
B	Power Connection Filter（PCF）	1	PCF连接外部输入的−45V DC电源，给RBS供电
C	Support Hub Unit [SHU]	0~1	SHU连接其他单元，例如连接PDUs 和将SCU连接到DU
D	Support Control Unit（SCU）	1	SCU控制风扇，支持EC-bus连接SAU并且提供−48V DC电源
E	Power Distribution Unit（PDU）	1~2	PDU分配−48V DC给RBS的各单元
F	Radio Unit（RU）	1~12	RU处理信号的发射和接收，并对数字和模拟信号进行转换
G	Digital Unit [DU]	1~4	DU主要进行交换，话务处理，时钟同步、基带处理以及无线接口
H	Power Filter Unit（PFU）	0~2	PFU主要对−48V DC电源进行稳压
I	Cabinet busbar	1	Cabinet busbar从PCF分配电源到PFUs和PDUs
J	传输	~	可选

图 6-38　RBS6201 机柜示意图

（5）DUL20 面板

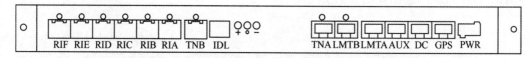

图 6-39　DUL20 面板示意图

图 6-39 为 DUL20 的面板，各接口功能如下。

PWR：电源；

GPS：GPS 同步；

EC：ECBUS 同步；

LMTA：本地维护串口；

LMTB：本地维护网口；

TNA：电口传输；

TNB：光口传输；

IDLDUL：级联；

RIA-FRRU：接口。

（6）DUL21 面板

图 6-40 为 DUL21 的面板，各接口功能如下。

PWR：电源；

GPS：GPS 同步；

EC：ECBUS 同步；

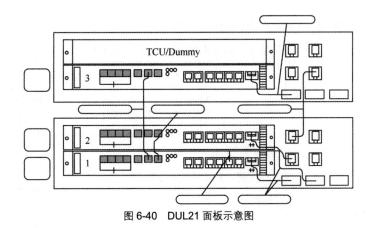

图 6-40　DUL21 面板示意图

LMTA：本地维护串口；

LMTB：本地维护网口；

TNA：电口传输；

TNB：光口传输；

IDLA&B DUL：级联；

RIA-D RRU：接口。

（7）指示灯以及接口

表 6-25 列出了 DU 的指示灯状态、含义及各接口用途。

表 6-25　　　　　　　　　　　**DU 的指示灯状态、含义及用法**

TN A	RJ–45	传输、以太网 外部接口（电口）	有
F !	–	故障 指示灯（红色）	有
O ✔	–	操作 指示灯（绿色）	有
I 🖑	–	维护 指示灯（黄色） 指示灯（蓝色）	有
🖑	–	维护按钮	无
IDL	HSIO	DU间链路 内部接口，DU到DU	无
TN B	SFP	传输、以太网 外部接口（光口）	有
RI F-RIA	6 × SFP	无线接口×6 DU和RU之间的内部接口（电口） DU和RRU之间的外部接口（光口）	有

（8）不同配置的产品选择

表 6-26 标示了不同的配置需要的不同硬件类型。

表 6-26　　　　　　　　　　不同的配置需要的不同硬件类型

设备类型	D 频段		E 频段
	2 通道	8 通道	2 通道
DUL	DUL20	DUL21	DUL20/DUL21
RRU	RRUL62B38	RRUL81B38	RRUL62B40

表 6-27 标示了 4G 网络 eNode B 实用的 GPS 天线的产品号。

表 6-27　　　　　　　　　　4G 网络 eNode B 实用的 GPS 天线的产品号

GPS 天线	类型	产品号
	Macro	KRE101 2082/1
	Micro	KRE101 2082/1

表 6-28 标示了各种配置实用的天线的类型和产品号。

表 6-28　　　　　　　　　　各种配置实用的天线的类型和产品号

天线类型	提供商	天线类型	产品号
D 频段（8 通道）	京信	ODS-090R15NV06	ENC-ODS-090R15NV06
D 频段（8 通道）	通宇	TYDA-202616D4T6	ENC-202616D4T6
D 频段（8 通道）	海天	HT355170（00）	ENC-HT355170
D 频段/F 频段/DCS1800（2 通道）	凯瑟琳	80010644	KER 101 2090/1

（9）D 频段 2 通道宏站硬件连接示意图

如图 6-41 所示。

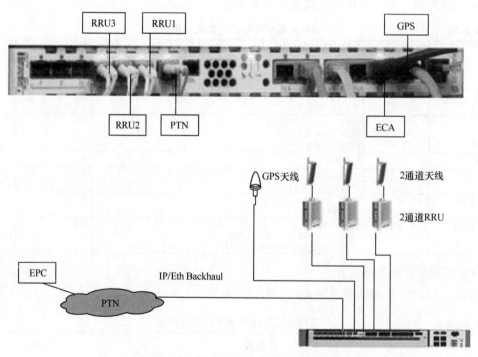

图 6-41　D 频段 2 通道宏站硬件连接示意图

（10）D 频段 8 通道宏站硬件连接示意图

D 频段 8 通道宏站硬件连接示意图如图 6-42 所示，连接照片如图 6-43 所示。

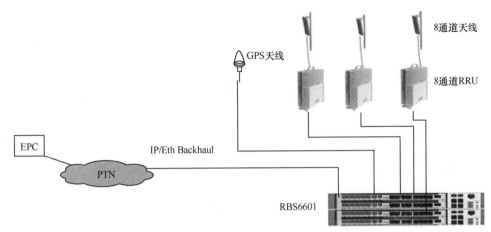

图 6-42　D 频段 8 通道宏站硬件连接示意图

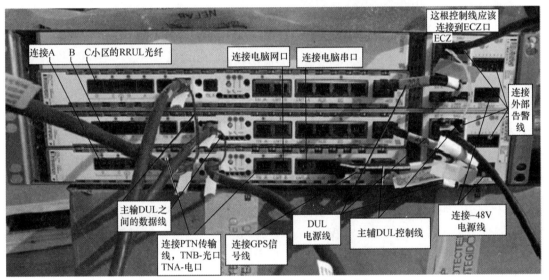

图 6-43　D 频段 8 通道宏站硬件连接照片

6.2.1.4　WLAN 设备维护

1．日常硬件维护

（1）系统指标

① 机柜电源检查

A．检查方法：使用万用表检查机柜顶部直流或交流电源输入电压，检查电源线是否老化，检查电源线连接是否紧固。

B．维护标准

直流电源标称值：直流–48V，交流 220V。

允许波动范围：直流–57～–40V，交流 110～240V。

电源线无老化现象。

线缆连接紧固异常处理：如果直流电源或交流电源异常，请检查机房电源是否有告警，根据告警灯的含义和电源设备的使用说明进行故障排除。如果电源线老化，请更换。如果接头松动，请在做好安全防范措施的前提下进行紧固。

② 接地线缆连接情况检查

A．检查方法：查看设备接地线以及设备工作接地线是否松动，是否与机柜接地点连接。

B．维护标准：电源接地线以及设备接地线连接无松动，绑扎牢固。

C．异常处理：如果接地线松动、无绑扎，则使用扎带绑扎。

D．注意事项：请先确认将主用 AC 业务切换至备用 AC，确定业务正常后再进行电源线更换。

③ 设备工作环境检查

A．检查方法

查看设备机箱上面是否有灰尘、异物等。

查看 AC 工作环境温度、湿度是否符合设备要求。

B．维护标准

设备机箱上面清洁无灰尘，无异物放置。

机房温度标准值 25℃，允许范围 -5℃～45℃机房湿度标准值 65℃，允许范围 25℃～85℃。

C．异常处理

如果发现机箱上有灰尘或是异物放置，及时清洁灰尘和异物。

如果设备工作环境异常，请调节机房温度、湿度，确保设备正常工作。

D．注意事项：请不要使用湿抹布对设备进行清洁。

④ AC 设备主/备倒换

A．检查方法

切断主用 AC 电源，登录 AC 检查业务是否能正常切换到备用 AC。

重新启动原主用 AC，检查业务是否能正常切换到原主用 AC。

B．维护标准：在切断 AC 主用电源后，AC 业务能正常切换到备用 AC；在原主用 AC 恢复后，业务能正常切换至原主用 AC。

C．异常处理：如果业务不能正常切换，请参照（WLAN 参数设置规范）重新设置 AC 内心跳设置、虚拟路由设置。

D．注意事项：主备切换测试需在业务量小的时段进行，建议每半年进行一次切换测试。

（2）硬件结构

① 风扇检查

A．检查方法

检查 AC 控制面板风扇指示灯（FAN），观察是否有闪烁红灯告警。

靠近设备，伸手感觉是否有风吹，是否有异常响动。

B．维护标准

风扇指示灯无告警。

伸手靠近风扇能感觉到风吹，无异常响声。

C．异常处理

如果有风扇指示灯告警，则更换损坏的风扇。

如果风扇停止转动，检查更换风扇或更换设备。

D．注意事项：在更换风扇前，请将业务切换到备用 AC。

② AC 单板运行情况检查

A．检查方法

查看 AC 控制面板设备工作指示灯，是否有告警指示灯。具体指示灯及告警含义如图 6-44 和表 6-29。

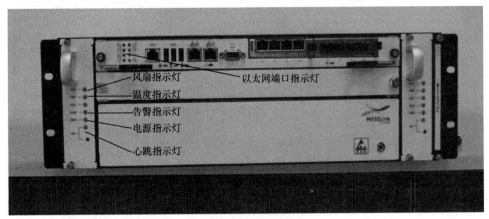

图 6-44　AC 控制面板

表 6-29　AC 控制面板指示器定义

指示器	描述
POWER	电源灯，上电后红色长亮
FAN	风扇灯，上电后橙色长亮
Console	控制口（9600，8，无，1，无）
USB	预留
VGA	预留
1	WAN1 口
	Link/Act：WAN1 端口连接时显示绿色；传输数据时闪烁
	Speed：连接 1000M 口显示橙黄色；连接 100M 口显示绿色；连接 10M 口或端口处于 down 状态，指示灯不亮
2	瘦 AP 端口
	Link/Act：TAP 端口连接时显示绿色；传输数据时闪烁
	Speed：连接 1000M 口显示橙黄色；连接 100M 口显示绿色；连接 10M 口或端口处于 down 状态，指示灯不亮
3	WAN2 口
	Link/Act：WAN2 端口连接时显示绿色；传输数据时闪烁
	Speed：连接 1000M 口显示橙黄色；连接 100M 口显示绿色；连接 10M 口或端口处于 down 状态，指示灯不亮
4	WAN3 口
	Link/Act：WAN3 端口连接时显示绿色；传输数据时闪烁
	Speed：连接 1000M 口显示橙黄色；连接 100M 口显示绿色；连接 10M 口或端口处于 down 状态，指示灯不亮

指示器	描述
5	瘦 AP 端口
	Link/Act：TAP 端口连接时显示绿色；传输数据时闪烁
	Speed：连接 1000M 口显示橙黄色；连接 100M 口显示绿色；连接 10M 口或端口处于 down 状态，指示灯不亮
6	瘦 AP 端口
	Link/Act：TAP 端口连接时显示绿色；传输数据时闪烁
	Speed：连接 1000M 口显示橙黄色；连接 100M 口显示绿色；连接 10M 口或端口处于 down 状态，指示灯不亮
7	瘦 AP 端口
	Link/Act：瘦 AP 端口连接时显示绿色；传输数据时闪烁
	Speed：连接 1000M 口显示绿色
8	瘦 AP 端口
	Link/Act：瘦 AP 端口连接时显示绿色；传输数据时闪烁
	Speed：连接 1000M 口显示绿色
9	WAN4 口
	Link/Act：WAN4 口连接时显示绿色；传输数据时闪烁
	Speed：连接 1000M 口显示绿色
10	WAN5 口
	Link/Act：WAN5 口连接时显示绿色；传输数据时闪烁
	Speed：连接 1000M 口显示绿色

登录设备查看业务板工作状况，具体检查包括 AP 在线数、无线终端数、CPU 利用率、内存利用率、系统温度。

登录网管平台查询是否有 AC 告警。

前往热点测试 WLAN 业务。

B．维护标准

查看设备工作指示灯，没有告警灯闪烁。

网管平台上无 AC 告警。

登录设备查看有 AP 正常在线，有终端在线，CPU 利用率低于 70%，内存利用率低于 70%，系统温度低于 65℃。

C．异常处理

如果设备出现告警灯闪烁，则依据告警灯指示，对相应组件进行处理。

如果网管平台出现告警信息，则根据告警提示，进行相应处理。

在检查硬件连接正常的情况下，如果 AC 设备无 AP、终端在线，且无指示灯告警，则修正端口配置参数。

如果 CPU 利用率、内存利用率、系统温度出现异常，则通过串口登录 AC 重启占用资源大的进程。

D. 注意事项：在处理相应故障时，应将 AC 业务切换到备用 AC。

③ AP 运行情况检查

A. 检查方法

查看 AP 设备工作指示灯，是否有告警指示灯。具体指示灯及告警含义如图 6-45 和表 6-30 所示。

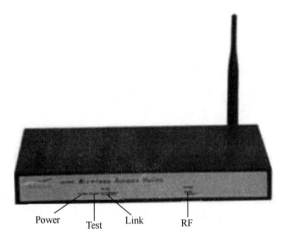

Power　　　Test　　　Link　　　RF

图 6-45　AP 运行情况检查

表 6-30　　　　　　　　　　　　AP 指示器定义

指示器	描述
Power	电源灯，上电后绿灯长亮
Test	检测灯，设备上电启动时黄灯闪烁，启动完成后不亮
Link	链路灯，当 LAN 口有数据传送时绿灯闪烁
RF	射频灯，当有射频信号发射时绿灯闪烁

登录网管平台查询是否有 AP 告警。

前往热点测试 WLAN 业务。

B. 维护标准

查看设备工作指示灯，没有告警灯闪烁。

网管平台上无 AP 告警。

登录设备查看终端在线。

C. 异常处理

如果 Power 灯不亮，则设备的供电不正常，需要检查设备的 POE 供电情况，对应相应故障解决。

如果 Test 灯显示异常，在 AP 上电完成后指示灯频繁闪烁，表示设备软件版本出现故障，需要更换 AP。

如果 Link 灯不亮，则为链路的连通性故障；则检查 LAN 口所接网线的连通性，对应解决故障。

如果 RF 灯不亮，表示此 AP 无射频信号输出。首先登录 AC 检查该 AP 是否已下发正确的配置模板；如果该 AP 已下发正确的配置模板，则该 AP 的射频模块损坏，需要更换设备。

④ 线缆连接情况检查

A．检查方法

查看 AC 与汇聚交换机连接的线缆是否连接，查看 AC 线缆插入的端口指示灯是否异常（判定原则见表前面板指示器定义）。

登录汇聚交换机查看连接 AC 相应端口状态流量等。

检查标签是否脱落，是否明晰，是否能正常识别。

B．维护标准

查看 AC 端口指示灯状态，正常状态橙色闪烁。

登录汇聚交换机查看连接 AC 相应端口状态流量应不为零。

标签粘贴稳固，清楚，能正常识别。

C．异常处理

如果 AC 设备相应端口指示灯处于非正常状态（正常状态橙色闪烁），检查线缆连接 是否松动或接口模块是否正常；若检查不正常，则更换连接线或接口模块。

如果无指示灯告警，接口流量为 0，则重新设置该接口属性，重启该接口。

如标签脱落或不清楚，则重新粘贴标签。

2．设备数据配置检查

（1）三层组网数据配置

① 设备数据配置检查

A．检查方法

Web 方式下登录 AC 设备，查看 AC 的配置数据。

现场网线连接 console 口登陆。

Telnet 方式登录（出于网络信息安全考虑，一般建议关闭）。

a．检查 AC 设备中以太网端口配置

设备默认 GigabitE1 为 WAN 口，GigabitE2 为 LAN 口，其他以太网端口根据需要自定义，如图 6-46 所示。

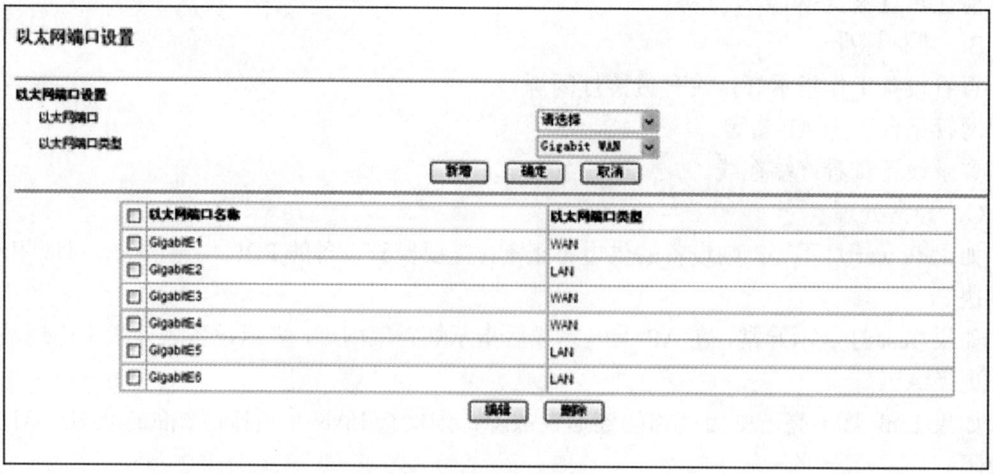

图 6-46 三层组网数据配置检查

说明：其中 WAN 口是上行口（连接公网），LAN 口是下行口（连接 AP）。

b．检查 AC 设备中瘦 AP 端口配置

设备默认为：192.168.1.228，根据数据规划配置瘦 AP 端口的 IP 地址和子网掩码。配置生效后可尝试使用 LAN 口登录 AC 设备，如图 6-47 至图 6-49 所示）。

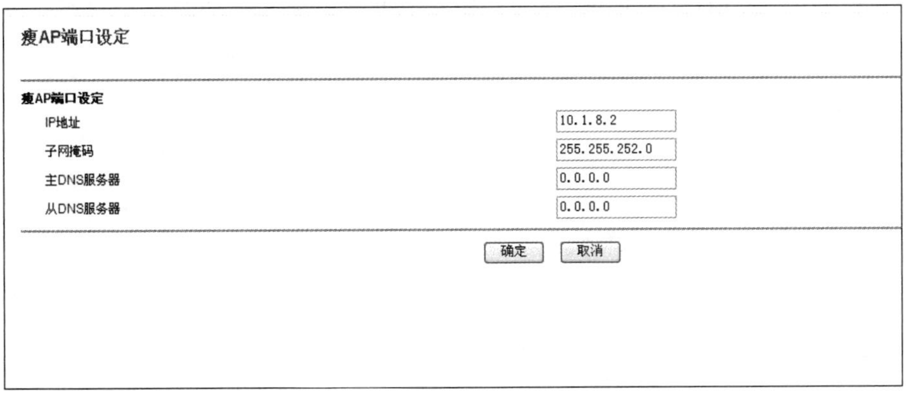
瘦AP端口设定
瘦AP端口设定
IP地址
10.1.8.2
子网掩码
255.255.252.0
主DNS服务器
0.0.0.0
从DNS服务器
0.0.0.0
确定
取消

图 6-47　三层网络的组网架构

说明：以上图片为三层网络的组网架构，其瘦 AP 端口设置和 DHCP 分配给 AP 的管理地址不在同一网段内。

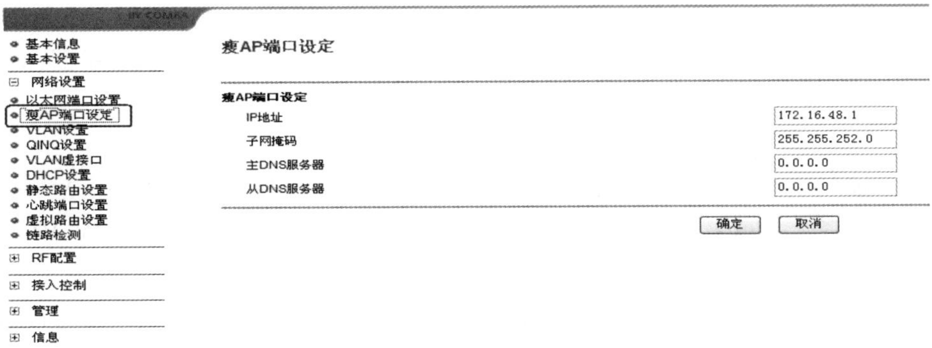
基本信息
基本设置
网络设置
以太网端口设置
瘦AP端口设定
VLAN设置
QINQ设置
VLAN虚接口
DHCP设置
静态路由设置
心跳端口设置
虚拟路由设置
链路检测
RF配置
接入控制
管理
信息
瘦AP端口设定
瘦AP端口设定
IP地址
172.16.48.1
子网掩码
255.255.252.0
主DNS服务器
0.0.0.0
从DNS服务器
0.0.0.0
确定
取消

图 6-48　瘦 AP 端口设定

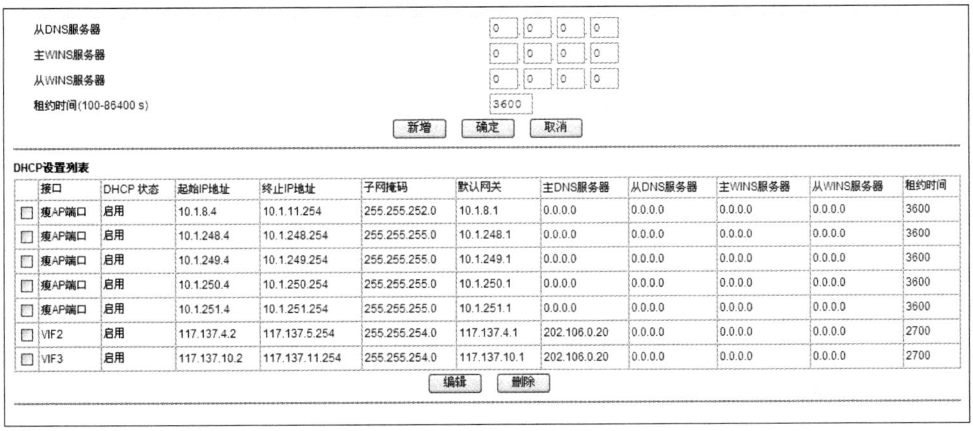
从DNS服务器
主WINS服务器
从WINS服务器
租约时间(100-86400 s)
3600
新增
确定
取消
DHCP设置列表
接口 DHCP 状态 起始IP地址 终止IP地址 子网掩码 默认网关 主DNS服务器 从DNS服务器 主WINS服务器 从WINS服务器 租约时间
瘦AP端口 启用 10.1.8.4 10.1.11.254 255.255.252.0 10.1.8.1 0.0.0.0 0.0.0.0 0.0.0.0 0.0.0.0 3600
瘦AP端口 启用 10.1.248.4 10.1.248.254 255.255.255.0 10.1.248.1 0.0.0.0 0.0.0.0 0.0.0.0 0.0.0.0 3600
瘦AP端口 启用 10.1.249.4 10.1.249.254 255.255.255.0 10.1.249.1 0.0.0.0 0.0.0.0 0.0.0.0 0.0.0.0 3600
瘦AP端口 启用 10.1.250.4 10.1.250.254 255.255.255.0 10.1.250.1 0.0.0.0 0.0.0.0 0.0.0.0 0.0.0.0 3600
瘦AP端口 启用 10.1.251.4 10.1.251.254 255.255.255.0 10.1.251.1 0.0.0.0 0.0.0.0 0.0.0.0 0.0.0.0 3600
VIF2 启用 117.137.4.2 117.137.5.254 255.255.254.0 117.137.4.1 202.106.0.20 0.0.0.0 0.0.0.0 0.0.0.0 2700
VIF3 启用 117.137.10.2 117.137.11.254 255.255.254.0 117.137.10.1 202.106.0.20 0.0.0.0 0.0.0.0 0.0.0.0 2700
编辑
删除

图 6-49　DHCP 设置列表

说明：三层架构中，AP 的网关在 DHCP relay 设备上。AP 数据通过单播数据包到达 AC 的 LAN 口。

c．检查 AC 设备中 VLAN 和 NAS-ID 配置

设备默认没有 VLAN 列表，根据数据规划新增出口 VLAN、业务 VLAN 和 NAS-ID。UNTAGGED 或 TAGGED 标识根据上联汇聚交换机标识来确定，如图 6-50 所示。

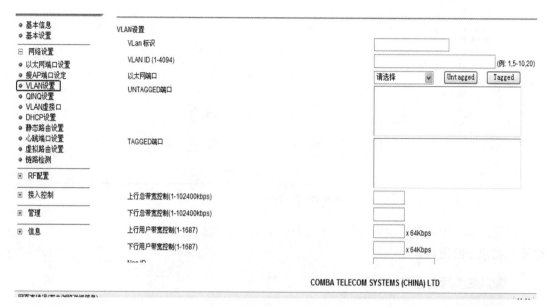

图 6-50　VLAN 设置

说明：

单击左边 VLAN 设置——完成 VLAN 和 NAS-ID 的填写并单击新增。

➤ 可以新增一个或多个 VLAN，包括 VLAN 的标识、ID 号，还可以设置此 VLAN 从哪个 WAN 口进出（GigabitE10）。添加之后按确定生效。

➤ VLAN ID：必须在 1～4094 之间。这些 ID 必须要和同一网络中其他设备的 ID 相匹配。

➤ UNTAGGED 或 TAGGED 的定义：根据对端网络的配置来确定，如果对端属性为 UNTAG，AC 端口定义属性也为 UNTAG；反之同理。

➤ NAS-ID：网络附属存储的 ID 号，主要标识 Web 认证数据存储的 ID。在该 VLAN 下设置 NAS-ID。

注意事项：

➤ 同一个 VLAN 中只能有一个 untagged 接口。

➤ 通常一个 NAS-ID 对应一个业务 VLAN，再开启 Web 认证。

➤ 如果未填写 NAS-ID，将会出现 NAS-ID 为零的错误。

d．检查 AC 设备中 VLAN 虚接口配置

设备默认没有 VLAN 虚接口，根据 VLAN 列表新增相对应出口 VLAN 和业务 VLAN 的虚接口，业务 VLAN 的认证模式设置为：Web 认证、VLAN 虚接口都启用。虚接口 IP 地址、子网掩码根据数据规划配置，如图 6-51 所示。

图 6-51　VLAN 虚接口配置

可以定义多个虚接口（目前最多是 8 个），每个虚接口拥有不同的 VLAN 号、不同的 IP 地址。通过不同的 VLAN 区分 AC 上联口的数据。VLAN 虚接口相关配置，如图 6-52 和图 6-53 所示。

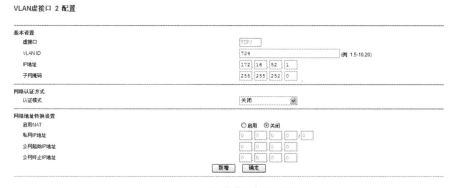

图 6-52　VLAN 虚接口相关配置 1

图 6-53　VLAN 虚接口相关配置 2

说明：

VlanID：将 VLAN 和虚接口一一对应，使得从该 VLAN 出口的报文映射该虚接口的地址（一个 VLAN 对应一个接口）。

网络认证方式：

➤ Web 认证：虚接口上采用 Web 认证，STA 经过此虚接口需经过 Web 认证才能访问 WAN 口的上层设备。现网采用 Web 认证方式。

➢ PPPoE 认证：虚接口上采用 PPPoE 认证，STA 经过此虚接口采用 PPPoE 认证方式拨号上网，获得地址。

➢ Web 认证+PPPoE 认证：虚接口上同时采取以上两种认证方式。

NAT 设置：

静态 NAT 设置：如将 VIF2 的地址映射到 VIF1 上，该映射需要在 VIF1 上实现，“私网 IP 地址”中设定 VIF2 的 IP 地址，“公网起始地址”“公网终止地址”均设定为 VIF1 的 IP 地址，从 VIF2 出的报文均会被映射成 VIF1 的地址。

注意：NAT 中的私网地址和公网地址都必须是虚接口存在的地址。

可启用多个虚接口作为用户网关做不同站点的用户地址分发；也可基于不同网段用户是否开启认证的方式，如图 6-54 所示。

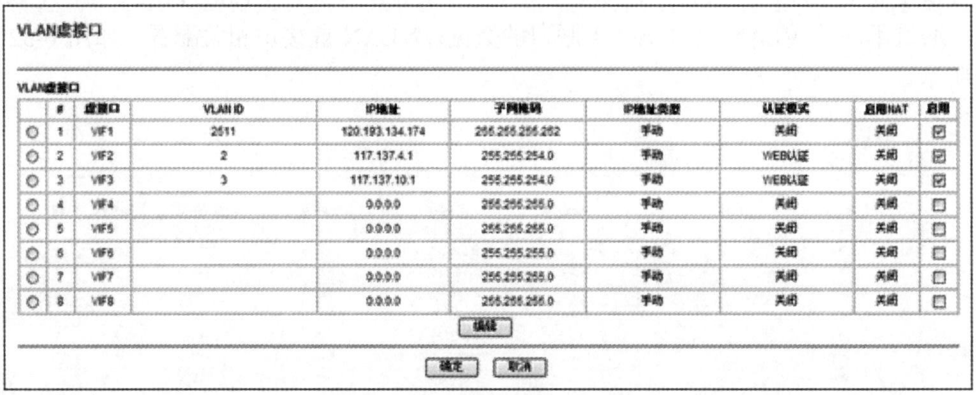

VLAN虚接口

VLAN虚接口

	#	虚接口	VLAN ID	IP地址	子网掩码	IP地址类型	认证模式	启用NAT	启用
○	1	VIF1	2511	120.193.134.174	255.255.255.252	手动	关闭	关闭	☑
○	2	VIF2	2	117.137.4.1	255.255.254.0	手动	WEB认证	关闭	☑
○	3	VIF3	3	117.137.10.1	255.255.254.0	手动	WEB认证	关闭	☑
○	4	VIF4		0.0.0.0	255.255.255.0	手动	关闭	关闭	☐
○	5	VIF5		0.0.0.0	255.255.255.0	手动	关闭	关闭	☐
○	6	VIF6		0.0.0.0	255.255.255.0	手动	关闭	关闭	☐
○	7	VIF7		0.0.0.0	255.255.255.0	手动	关闭	关闭	☐
○	8	VIF8		0.0.0.0	255.255.255.0	手动	关闭	关闭	☐

编辑

确定 取消

图 6-54　VLAN 虚接口 NAT 设置

e．检查 AC 设备中 DHCP

新增瘦 AP 的地址池、业务地址池，并设置启用状态，根据数据规划设置起始 IP 地址、终止 IP 地址、子网掩码、默认网关、主备 DNS，设置地址池的租约时间，如图 6-55 所示。

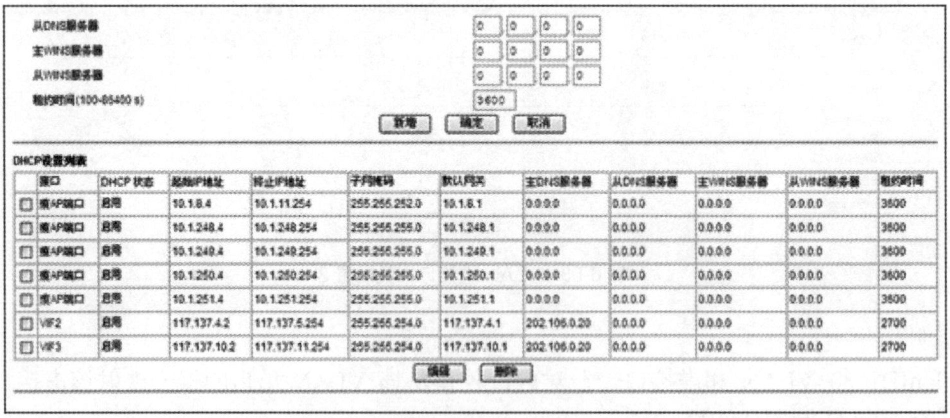

从DNS服务器 0 0 0 0

主WINS服务器 0 0 0 0

从WINS服务器 0 0 0 0

租约时间(100-86400 s) 3600

新增 确定 取消

DHCP设置列表

	接口	DHCP 状态	起始IP地址	终止IP地址	子网掩码	默认网关	主DNS服务器	从DNS服务器	主WINS服务器	从WINS服务器	租约时间
☐	瘦AP端口	启用	10.1.8.4	10.1.11.254	255.255.252.0	10.1.8.1	0.0.0.0	0.0.0.0	0.0.0.0	0.0.0.0	3600
☐	瘦AP端口	启用	10.1.248.4	10.1.248.254	255.255.255.0	10.1.248.1	0.0.0.0	0.0.0.0	0.0.0.0	0.0.0.0	3600
☐	瘦AP端口	启用	10.1.249.4	10.1.249.254	255.255.255.0	10.1.249.1	0.0.0.0	0.0.0.0	0.0.0.0	0.0.0.0	3600
☐	瘦AP端口	启用	10.1.250.4	10.1.250.254	255.255.255.0	10.1.250.1	0.0.0.0	0.0.0.0	0.0.0.0	0.0.0.0	3600
☐	瘦AP端口	启用	10.1.251.4	10.1.251.254	255.255.255.0	10.1.251.1	0.0.0.0	0.0.0.0	0.0.0.0	0.0.0.0	3600
☐	VIF2	启用	117.137.4.2	117.137.5.254	255.255.254.0	117.137.4.1	202.106.0.20	0.0.0.0	0.0.0.0	0.0.0.0	2700
☐	VIF3	启用	117.137.10.2	117.137.11.254	255.255.254.0	117.137.10.1	202.106.0.20	0.0.0.0	0.0.0.0	0.0.0.0	2700

编辑 删除

图 6-55　新增瘦 AP 设置

说明：注意瘦 AP 端口设定、VLAN 虚接口设置的地址保持同一网段，普通二层瘦 AP 端口无需设置默认网关，三层组网需要设置网关，配置多个瘦 AP 端口是为了区分不同的组网模式，如果是三层，则需要配置多个瘦 AP 端口。

f. 检查 AC 设备中静态路由的配置

根据数据规划新增静态路由列表，新增外网访问 AC 的路由、新增瘦 AP 地址池 RELAY 地址，如图 6-56 所示。

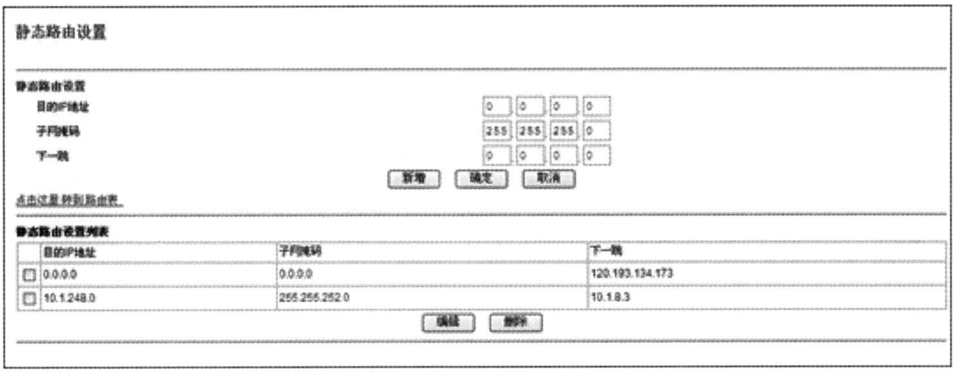

图 6-56 新增瘦 AP 设置

说明：图 6-56 为三层组网截图，分为两行地址，第一条是出外网的全局地址，因外网对应地址较多，故无需对目的 IP 地址进行设置，只需设置默认路由即可，默认为 0.0.0.0，将数据指向下一跳。第二条是对 AP 进行管理的内网 IP 回程路由。

注意：三层集中转发模式下，需做上联口路由，同时也需要做 AP 的下联口回程路由。

g. 检查 AC 设备中瘦 AP 模板的配置

根据需要新增相对应的瘦 AP 模板，模板设置中有：无线模式、信道频率、功率、SSID、业务 VLAN ID，如图 6-57 所示。

根据需要新增相对应的瘦 AP 模板，模板设置中有：无线模式、信道频率、功率、SSID、业务 VLAN ID。

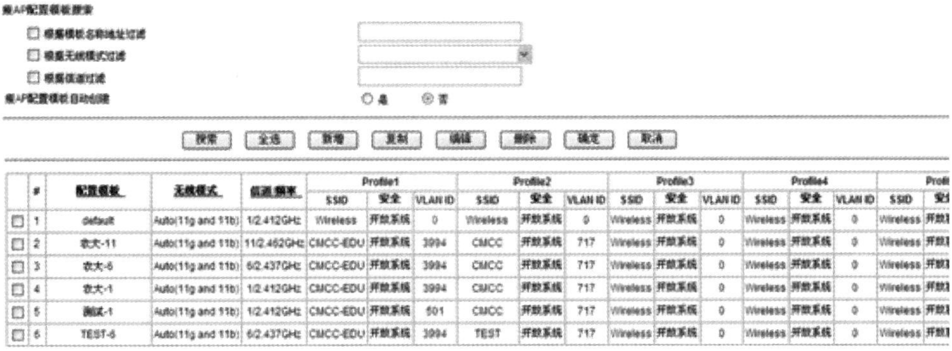

图 6-57 新增瘦 AP 模板

说明：

复制：对已经存在的瘦 AP 模板进行复制，复制后的新模板的名称为"复制对象的名称_N（N 为复制的次数）"，其他设定和复制对象一致。

编辑：对已经存在的瘦 AP 模板进行编辑。

删除：删除已经存在的瘦 AP 模板。

新增：新增加瘦 AP 模板。

注意：瘦 AP 模版自动创建需设定为“否”，否则将创建大量的 AP 模版。

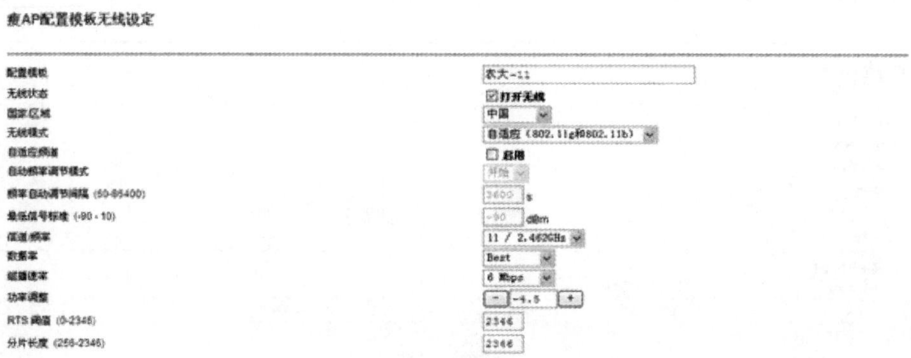

图 6-58　瘦 AP 配置模板无线设定

说明：

用于设定瘦 AP 模板的无线设置：（见图 6-58）无线状态，无线状态关闭后，无线端将停止信号的发射，当打开后将连续发射无线信号，这样无线客户端才能搜索到无线信号关联上瘦 AP。无线模式有 4 种模式可以选择。

➢ 802.11g：建立符合 802.11g 的网络，802.11b 的无线终端无法接入此网络。

➢ 802.11b：建立符合 802.11b 的网络，802.11b 和 802.11g 的无线终端都可接入此网络。

➢ 自适应（802.11g 和 802.11b）：即混合网络，802.11b 和 802.11g 的无线终端都可接入此网络。

➢ 802.11a：建立符合 802.11a 的网络，802.11b、802.11g 的无线终端无法接入此网络。

可根据不同的 VLAN 开启不同的 SSID 名称，如图 6-59 所示。

农大-11 模板安全配置文件设置

安全配置文件

	#	配置文件名称	SSID	安全	VLAN ID	本地转发	启用
○	1	Profile1	CMCC-EDU	开放系统	3994	关闭	☑
○	2	Profile2	CMCC	开放系统	717	关闭	☑
○	3	Profile3	Wireless	开放系统	0	关闭	☐
○	4	Profile4	Wireless	开放系统	0	关闭	☐
○	5	Profile5	Wireless	开放系统	0	关闭	☐
○	6	Profile6	Wireless	开放系统	0	关闭	☐
○	7	Profile7	Wireless	开放系统	0	关闭	☐
○	8	Profile8	Wireless	开放系统	0	关闭	☐

编辑

返回　确定　取消

图 6-59　模板安全配置文件

说明：

无线网络名（SSID）如图 6-60 所示。SSID 是用来标识一个（虚拟）无线接入点的字符串。无线终端要连上一个（虚拟）无线接入点，必须要指定相同的 SSID。默认的 SSID 是“Wireless”；可根据需求填写自己所需的 SSID 名称（目前常用的为 CMCC 和 CMCC-EDU）。

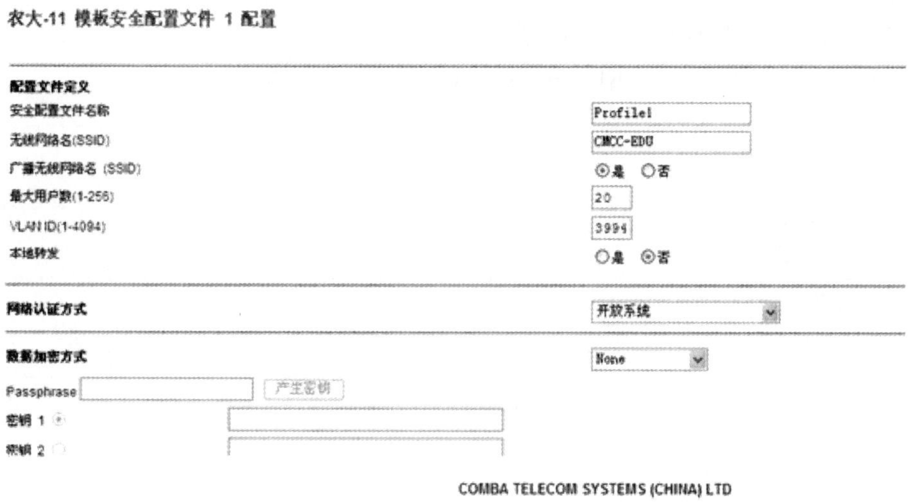

农大-11 模板安全配置文件 1 配置

配置文件定义

安全配置文件名称	Profile1
无线网络名(SSID)	CMCC-EDU
广播无线网络名(SSID)	◉是 ○否
最大用户数(1-256)	20
VLAN ID(1-4094)	3994
本地转发	○是 ◉否

网络认证方式 —— 开放系统 ▼

数据加密方式 —— None ▼

Passphrase | [产生密钥]
密钥 1 ◉
密钥 2 ○

COMBA TELECOM SYSTEMS (CHINA) LTD

图 6-60　无线网络名（SSID）

最大用户数：AP 下最大关联的用户数。

VLAN ID：表示 SSID 下的数据与哪个业务 VLAN 进行绑定。

本地转发：启用本地转发功能，STA 的报文通过瘦 AP 在交换机的 LAN 端口进行转发，从而不经过交换机进行集中处理，在网络架构中需要把上层设备接入到无线交换机的 LAN 端口。

无线客户端隔离如图 6-61 所示。连接在此 VAP 上的 STA 之间不能互相通信，分为单播、广播、单播+广播 3 种。现网需要启用客户端隔离需配置为第三种方式——单播+广播方式。

无线客户端安全隔离	单播包+广播包 ▼
启用客户端带宽控制	◉是 ○否
上行用户带宽控制(1-1687)	24 x 64Kbps
下行用户带宽控制(1-1687)	24 x 64Kbps
开启免认证	○是 ◉否
Portal服务器	省公司portal ▼
WEB认证服务器	省公司radius ▼

[返回] [确定] [取消]

图 6-61　无线客户端隔离（SSID）

启用客户端带宽控制：

上行用户带宽控制：用来控制指定 SSID 的上行带宽。下行用户带宽控制：用来控制指定 SSID 的下行带宽。

注意：在带宽控制中开启"基于 SSID 用户"此设置方能生效开启免认证，当 Web 认证页面设置选用 Portal 服务器方式为"根据 SSID"时，启用该功能后，该 SSID 下的用户无需 Web 认证就能访问外网。

选用在 Web 认证页面设置的 Portal 服务器，如不选择，默认使用第一个服务器名称（Web 认证页面中，选用 Portal 服务器为基于 SSID，此设置才能生效）。

注意：以上设定均要按下"确定"按钮方能生效。如果免认证为"否"时，则将匹配下面的 Portal 服务器及 Web 认证服务器。

h．检查 AC 设备中 Web 认证的配置

新增 Portal 服务器名称、URL、ACNAME，如图 6-62 所示。

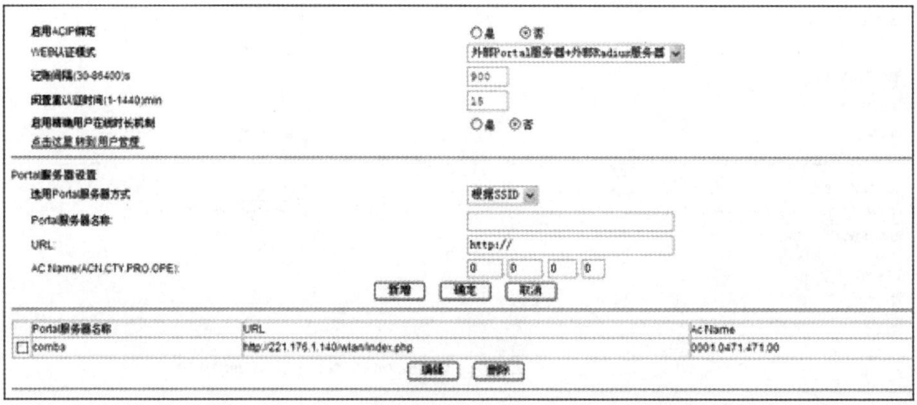

图 6-62　检查 AC 设备中 Web 认证的配置

说明：

因为集团有独立的 Portal 及 Radius 服务器，所以 Web 认证模式时选择外部 Portal+外部 Radius 服务器。记账间隔设置为 900s，按集团建议设置。闲置重认证时间设置为 15 分钟。选择根据 SSID 的方式填入不同的 URL 进行绑定，达到不同的 SSID 推送不同的 Portal 界面。

注意事项：记账间隔如果设置时间过小，会导致 AC 认证模块消耗较多的系统资源，AC 出现异常。故建议按集团建议设置为 900s 或者更高。

i．检查 AC 设备中 Radius 的配置

新增域、认证主机 IP 地址、端口、记账主机 IP 地址、端口、密钥、认证类型，如图 6-63 所示。

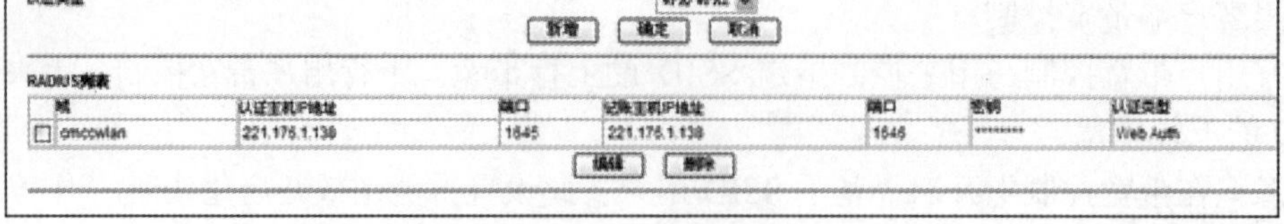

图 6-63　检查 AC 设备中 Radius 的配置

说明：扩展认证协议（EAP）是一个用于 PPP 认证的通用协议，可以支持多种认证方法。EAP 并不在链路建立阶段指定认证方法，而是把这个过程推迟到认证阶段。这样认证方就可以在得到更多的信息以后再决定使用什么认证方法。这种机制还答应 PPP 认证方简单地把收

到的认证报文透传给后方的认证服务器，由后方的认证服务器来真正实现各种认证方法。

注意：现网中采用的认证类型选择为 Web 认证。

j．检查 AC 设备中白名单的配置，新增 Portal、Radius、DNS、网管服务器地址，如图 6-64 所示。

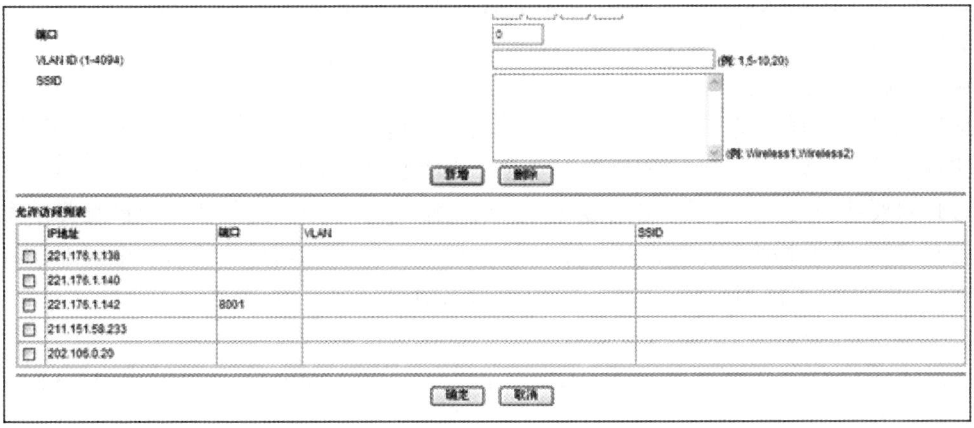

图 6-64　检查 AC 设备中白名单的配置

说明：白名单中，需要添加集团 Portal 服务器地址、Radius 服务器地址、DNS 地址、网管服务器地址、国际漫游地址以及自助服务地址。

注意：如果未添加用户 DNS 地址到白名单中，用户将无法推送 Portal 界面。

k．检查 AC 设备中带宽控制的配置

选择带宽控制类型，根据规划设置上行带宽数据和下行带宽数据，如图 6-65 所示。

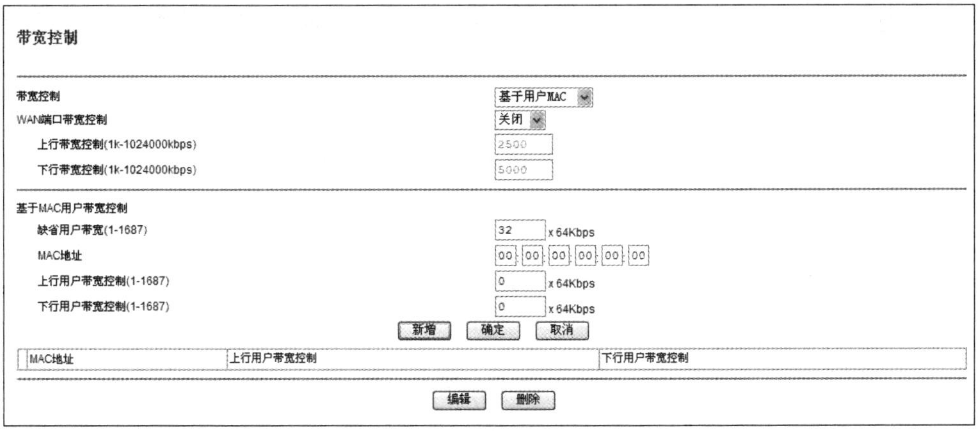

图 6-65　检查 AC 设备中白名单的配置

说明：

基于用户 MAC 选择此带宽控制模式，如果 STA 的 MAC 地址存在于页面下方的"基于 MAC 用户带宽控制"列表中，则 STA 的带宽控制值为列表中相对应的上下行带宽值，否则 STA 的上下行带宽值限制为"缺省用户带宽"设置的值。

基于 SSID 用户选择此带宽控制模式，将以瘦 AP 配置模板 profile 中配置的用户带宽值作为 STA 的带宽控制值（两者需同时配置）。

基于 VLAN 用户选择此带宽控制模式，将以 VLAN 设置页面的用户带宽控制值作为此 VLAN 下的 STA 的带宽控制值。

VLAN 总带宽：

选择此带宽控制模式，某个 VLAN 下的所有 STA 的带宽值总和将不能超过 VLAN 设置页面的总带宽值。

WAN 端口带宽控制：

选择该带宽控制模式，经过 WAN 口的总流量不超过该页面设置的上下行带宽控制值。

注意事项：建议启用基于 SSID 用户限速，集团建议繁忙热点进行限速。启用基于 SSID 用户时必须要结合瘦 AP 模块中的限速功能一起用，才能生效（必须在瘦 AP 配置模板中打开限速开关）。基于 MAC 用户带宽控制，MAC 地址全为"0"时代表所有终端限速，可适当针对不同用户限制不同的带宽，将用户 MAC 写入即可。

1. 检查 AC 设备中防火墙的配置

新增瘦 AP 地址池、业务地址池、DNS、网管服务器 IP 地址列表，并启用授权 IP 访问接口，如图 6-66 所示。

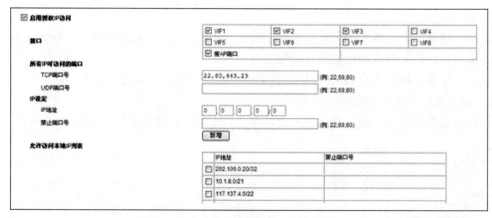

图 6-66　检查 AC 设备中防火墙的配置

说明：

主要用于远程访问权限的控制，禁止端口号是对远程登录方式进行控制。

启用授权 IP 访问：开启该功能 AC 可以依据该功能的相关参数来限制访问 AC 的 IP。接口：仅当接口被选中的时候，防火墙策略才能在此接口上应用生效。

所有 IP 可访问的端口：设置所有 IP 可以访问 AC 的 TCP 和 UDP 端口。

IP 设定：设置允许访问本地的 IP 地址和掩码，掩码值有效范围为 1～32，如果掩码为 32 表示唯一 IP，其他值表示一个 IP 网段。禁止端口号：设置禁止访问端口，则此 IP 不能访问 AC 的相应端口。允许访问本地 IP 列表：只有该列表中的 IP 地址才被允许访问本地系统。

注意：添加防火墙策略时需要谨慎，如果添加错误将导致无法登录 AC。

m．系统用户管理

为方便日常维护分级管理，可根据用户不同的需求创建不同的用户名及权限。用户可分为 3 种级别权限，默认情况下"comba"权限为最大管理员权限。可针对不同的用户创建及分配不同的权限，如图 6-67 所示。

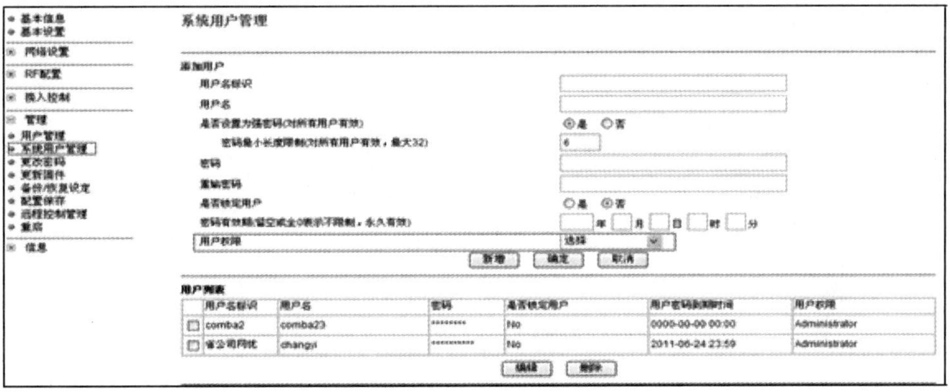

图 6-67　系统用户管理

说明：

用户标识：可针对用户命名自定义。

用户名：新创建的用户名称，可为任意（除汉字以外）。

是否设置为强密码：最小密码位数为 6 位，密码设置小于 6 位时将会提示密码位数过低。

是否锁定用户：可针对用户进行锁定及解锁，但需管理员权限可操作。

密码有效期：默认情况下留空为永久有效，可针对此账户使用期限进行设置。

用户权限：可分为 3 个权限。administrator 为最大权限，可操控设备所有配置修改；User（level 1）为部分修改权限，如下发模版等权限，无修改其他配置权限；User（level 2）为普通的查看权限，完全无任何修改配置权限。

注意：尽可能少的人员拥有最高权限账户，维护人员使用最小权限账户即可。

② 异常处理

A．如果以太网端口数据配置和规划数据不一致，按照规划数据进行更改配置，如图 6-68 所示。

以太网端口设置

以太网端口名称	以太网端口类型
GigabitE1	WAN
GigabitE2	LAN
GigabitE7	LAN
GigabitE8	WAN
GigabitE9	HB

图 6-68　以太网端口设置

假设规划 GigabitE7 为 AC 心跳口，当初配置时定义错误（见图 6-68）。需对端口重新定义修改（见图 6-69）。

图 6-69　以太网端口重新定义

说明：重新定义时需要重启设备才生效。

B．如果瘦 AP 端口数据配置和规划数据不一致，按照规划数据进行更改配置。尝试电脑连接 LAN 口登录 AC。

说明：如果 LAN 口方式无法正常登录，可采取通过 WAN 登录查看，或使用串口方式进行查看。

C．如果出口 VLAN、业务 VLAN 和 NASID 数据配置和规划数据不一致，按照规划数据进行更改配置。

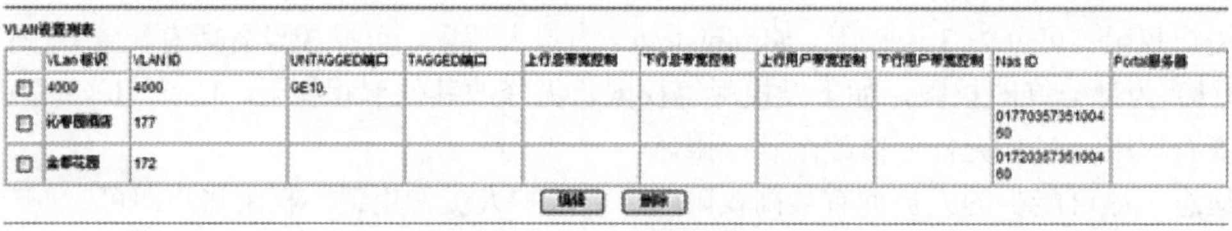

图 6-70　以太网端口重新定义

说明：假设 VLAN177 绑定的 NAS-ID 为 011703535100460（见图 6-70）。需要重新修改（见图 6-71）。

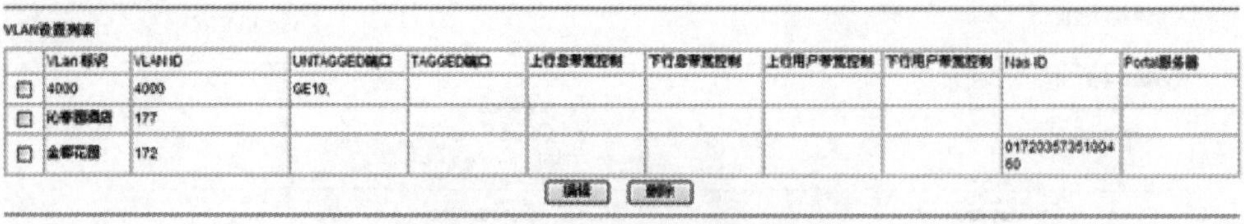

图 6-71　VLAN177 重新修改 NAS-ID

说明：选择 VLAN177 单击编辑，再写入相对应的 NAS-ID，并单击确认。

注意：当开启了 Web 认证后，如果业务 VLAN 与 NAS-ID 未绑定，将会引发计费系统上 NAS-ID 全为零的情况，或者 NAS-ID 配置错误导致话单错误。

D．如果出口 VLAN 和业务 VLAN 的虚接口的 VLAN ID、IP 地址、子网掩码、认证模式、启用状态数据配置和规划数据不一致，按照规划数据进行更改配置。

VLAN虚接口

VLAN虚接口

	#	虚接口	VLAN ID	IP地址	子网掩码	IP地址类型	认证模式	启用NAT	启用
○	1	VIF1	5	211.142.222.139	255.255.255.248	手动	关闭	启用	☑
○	2	VIF2	724	172.16.52.1	255.255.252.0	手动	关闭	关闭	☑
○	3	VIF3		0.0.0.0	255.255.255.0	手动	关闭	关闭	☐
○	4	VIF4		0.0.0.0	255.255.255.0	手动	关闭	关闭	☐
○	5	VIF5		0.0.0.0	255.255.255.0	手动	关闭	关闭	☐
○	6	VIF6		0.0.0.0	255.255.255.0	手动	关闭	关闭	☐
○	7	VIF7		0.0.0.0	255.255.255.0	手动	关闭	关闭	☐
○	8	VIF8		0.0.0.0	255.255.255.0	手动	关闭	关闭	☐

编辑

确定　取消

图 6-72　VLAN177 重新修改 NAS-ID

说明：假设需要增加 VLAN 业务为 120（见图 6-72）。扩容地址，同时开启 Web 认证（见图 6-73）。

VLAN虚接口

VLAN虚接口

	#	虚接口	VLAN ID	IP地址	子网掩码	IP地址类型	认证模式	启用NAT	启用
○	1	VIF1	5	211.142.222.139	255.255.255.248	手动	关闭	启用	☑
○	2	VIF2	724	172.16.52.1	255.255.252.0	手动	关闭	关闭	☑
○	3	VIF3	120	120.117.253.1	255.255.255.0	手动	WEB认证	启用	☑
○	4	VIF4		0.0.0.0	255.255.255.0	手动	关闭	关闭	☐
○	5	VIF5		0.0.0.0	255.255.255.0	手动	关闭	关闭	☐
○	6	VIF6		0.0.0.0	255.255.255.0	手动	关闭	关闭	☐
○	7	VIF7		0.0.0.0	255.255.255.0	手动	关闭	关闭	☐
○	8	VIF8		0.0.0.0	255.255.255.0	手动	关闭	关闭	☐

编辑

确定　取消

图 6-73　VLAN 扩容地址

说明：在虚接口中添加相对应的 VLAN 与用户网关地址，开启 Web 认证。

注意事项：新增地址池时，开启 Web 认证时，必须检查 NAS-ID 与 VLAN 的配置正确性。

E. 如果瘦 AP 的地址池和业务地址池的起始 IP 地址、终止 IP 地址、子网掩码、网关、DNS、地址池启用状态数据配置和规划数据不一致，按照规划数据进行更改配置。

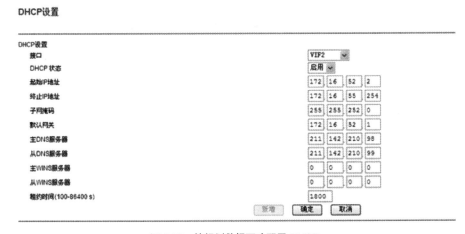

DHCP设置

DHCP设置

接口	VIF2
DHCP 状态	启用
起始IP地址	172 16 52 2
终止IP地址	172 16 55 254
子网掩码	255 255 252 0
默认网关	172 16 52 1
主DNS服务器	211 142 210 98
从DNS服务器	211 142 210 99
主WINS服务器	0 0 0 0
从WINS服务器	0 0 0 0
租约时间(100-86400 s)	1800

新增　确定　取消

图 6-74　按规划数据更改配置 DHCP

假设用户 DNS 配置错误（见图 6-74），导致用户无法上网，DNS 修改后的正确配置见图 6-75，用户能正常上网。

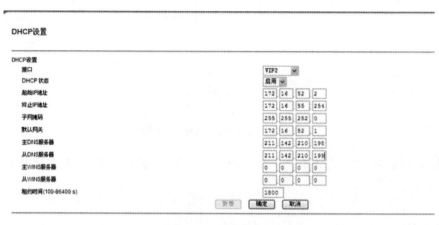

图 6-75　正确配置 DNS

说明：选择用户 DHCP 地址池，编辑对话框，将正确的 DNS 修改。

注意：如果用户 DNS 地址填写错误将导致用户无法上网。

F．如果 AC 的静态路由、新增瘦 AP 地址池 RELAY 地址数据配置和规划数据不一致，按照规划数据进行更改配置。

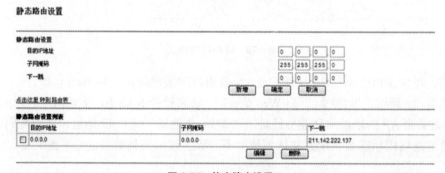

图 6-76　静态路由设置

假设三层架构集中转发，未配置 AP 地址池回程路由（见图 6-76）。正确配置了 AP 地址池回程路由见图 6-77。

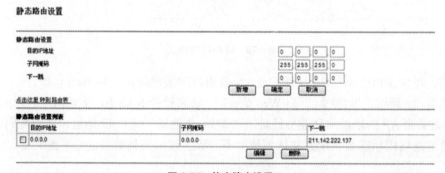

图 6-77　配置 AP 地址池回程路由

说明：如果三层架构无此条回程路由，AP 将无法上线。

G．如果瘦 AP 模板中无线模式、信道频率、功率、SSID、业务 VLAN ID 数据配置和规划数据不一致，按照规划数据进行更改配置。

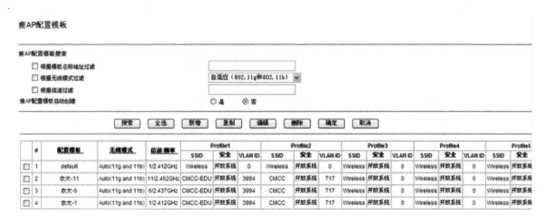

图 6-78　配置 AP 地址池回程路由

假设需要更改某个 AP 模版的业务 VLAN，修改前 VLAN 为 3994（见图 6-78），修改后变成 3300（见图 6-79）。

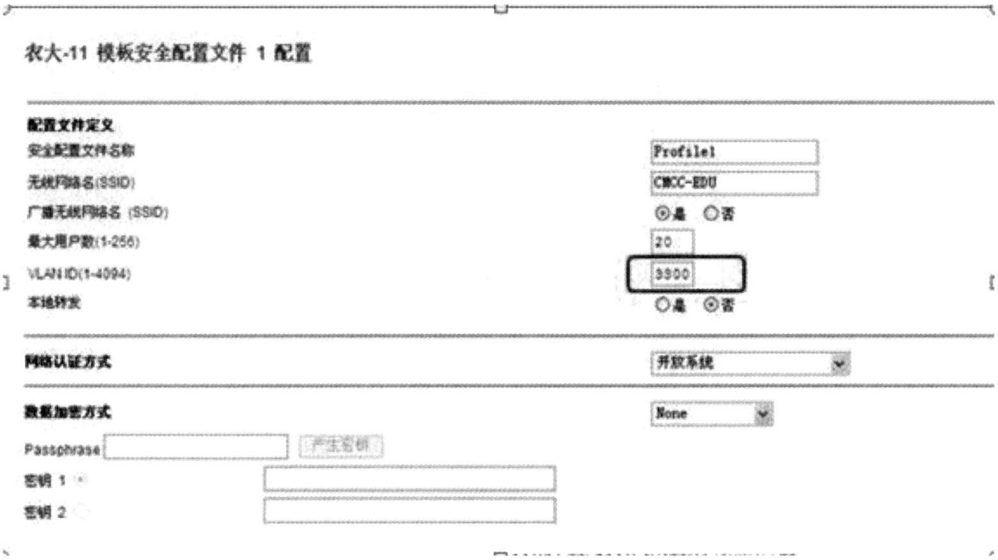

农大-11 模板安全配置文件 1 配置

配置文件定义

安全配置文件名称	Profile1
无线网络名(SSID)	CMCC-EDU
广播无线网络名 (SSID)	⊙是　○否
最大用户数(1-256)	20
VLAN ID(1-4094)	3300
本地转发	○是　⊙否

网络认证方式	开放系统
数据加密方式	None
Passphrase	产生密钥
密钥 1	
密钥 2	

图 6-79　更改某个 AP 模版的业务 VLAN

单击模版编辑转入 profile1 配置中，修改相对应的业务 VLAN。

H．如果 Portal 服务器名称、URL、AC NAME 数据配置和规划数据不一致，会导致无法弹出 Portal 界面或无法认证成功，此时需按照规划数据进行更改配置。尤其 Web 认证模式下的记账间隔和闲置重认证时间需根据集团要求进行配置（见图 6-80）。

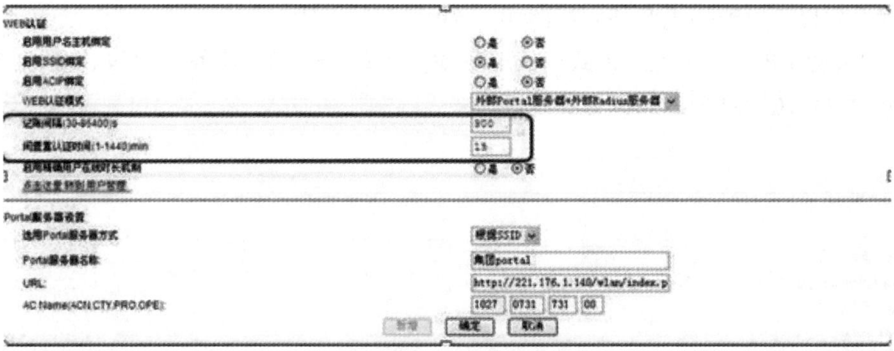

图 6-80　更改某个 AP 模版的业务 VLAN

I. 如果 Radius 设置中域、认证主机 IP 地址、端口、记账主机 IP 地址、密钥、认证类型数据配置和规划数据不一致时，将会导致无法完成认证（见图 6-81）。Radius 默认方式如配置为默认，将会导致 Radius 默认选择第一个 Radius 服务器中的配置，对于目前存在集团和高校 Radius 的情况下，高校也将会默认选择集团 Radius 的配置。

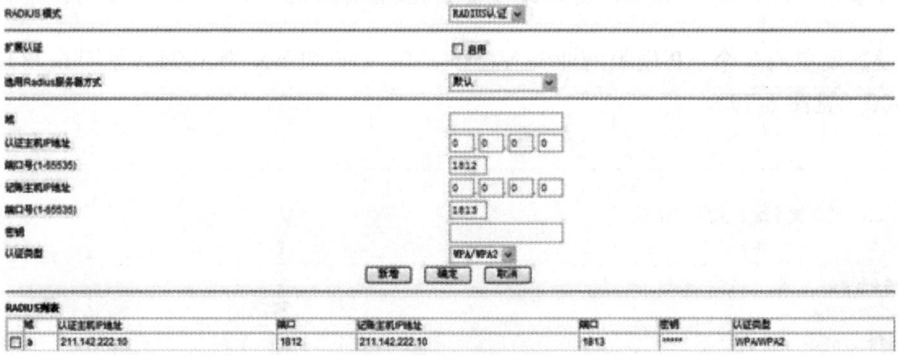

图 6-81　Radius 设置

将根据 SSID 选用 Radius 服务器方式，认证模式修改为 Web 认证，如图 6-82 所示。

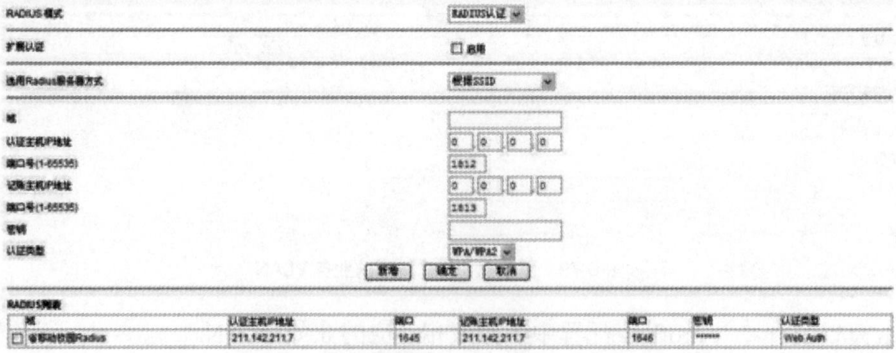

图 6-82　根据 SSID 选用 Radius 服务器方式

注意：端口、密钥必须要依据局数据配置，否则无法完成认证。

J. 如果 AC 设备中白名单未添加 Portal、Radius、DNS、AS 服务器 IP 地址，将无法完成认证，如图 6-83 所示。

允许访问控制
访问控制设置
访问控制规则
根据IP控制
根据URL控制
目的起始IP地址
目的终止IP地址
端口
VLAN ID (1-4094)
(例: 1,5-10,20)
SSID
(例: Wireless1,Wireless2)
新增
删除
允许访问列表
IP地址
端口
VLAN
SSID

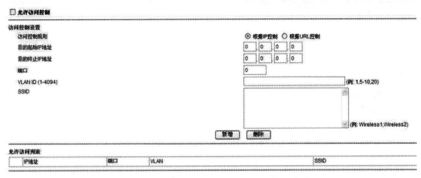

图 6-83　根据 SSID 选用 Radius 服务器方式

按照规划添加地址信息，如图 6-84 所示。

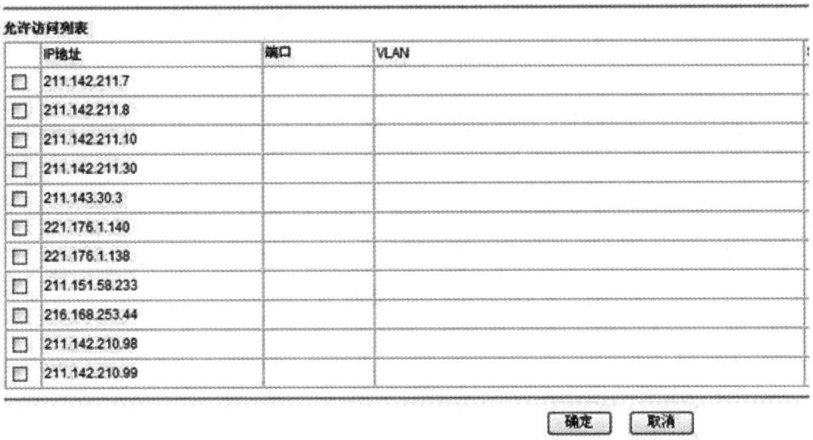

允许访问列表
IP地址
端口
VLAN
211.142.211.7
211.142.211.8
211.142.211.10
211.142.211.30
211.143.30.3
221.176.1.140
221.176.1.138
211.151.58.233
216.168.253.44
211.142.210.98
211.142.210.99
确定
取消

图 6-84　添加地址信息

K．如果 AC 设备中的带宽控制数据配置和规划数据不一致，未选择带宽控制方式，启用带宽控制，并依据 SSID 用户进行限速。

未启用带宽控制，如图 6-85 所示。

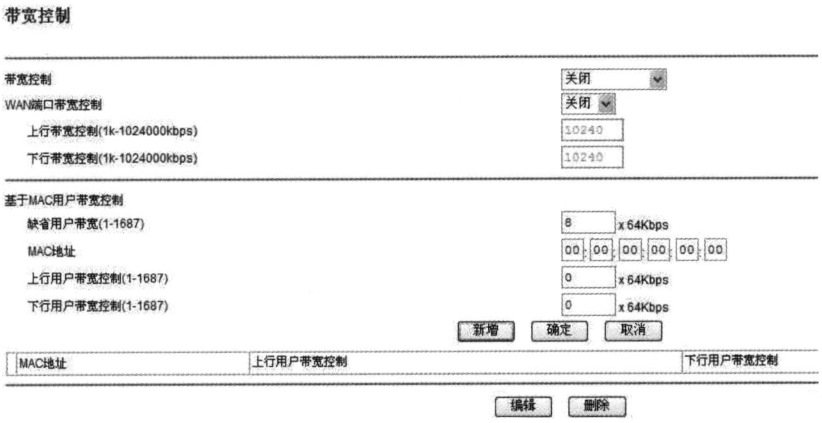

带宽控制
带宽控制
关闭
WAN端口带宽控制
关闭
上行带宽控制(1k-1024000kbps)
10240
下行带宽控制(1k-1024000kbps)
10240
基于MAC用户带宽控制
缺省用户带宽(1-1687)
8
x 64Kbps
MAC地址
00 00 00 00 00 00
上行用户带宽控制(1-1687)
0
x 64Kbps
下行用户带宽控制(1-1687)
0
x 64Kbps
新增
确定
取消
MAC地址
上行用户带宽控制
下行用户带宽控制
编辑
删除

图 6-85　未启用带宽控制

正确启用带宽控制，如图 6-86 所示。

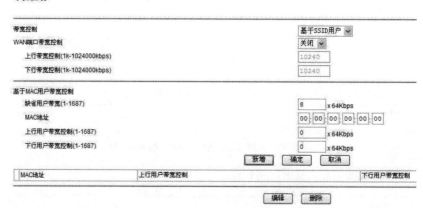

图 6-86　正确启用带宽控制

注意：基于 SSID 用户启用带宽控制，必须在瘦 AP 配置模板中 Profiles 文件中配置带宽控制参数。

L. 如果 AC 设备中防火墙的数据配置和规划数据不一致，如未开启防火墙，允许访问 IP 列表，未添加 IP 地址，将导致拒绝访问。

未开启防火墙，未添加允许访问列表，如图 6-87 所示。

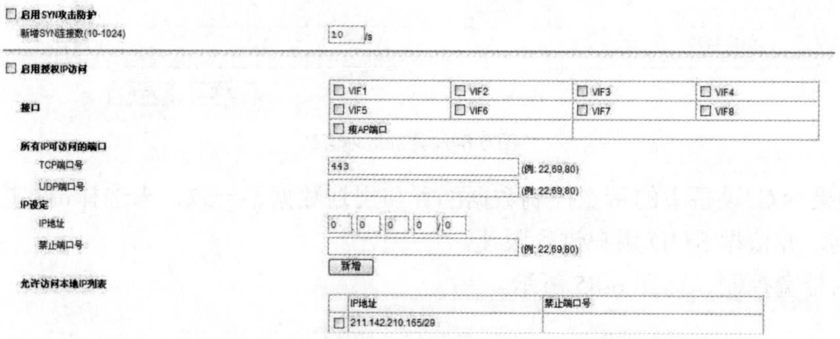

图 6-87　未开启防火墙，未添加允许访问列表

开启防火墙，添加允许访问列表，如图 6-88 所示。

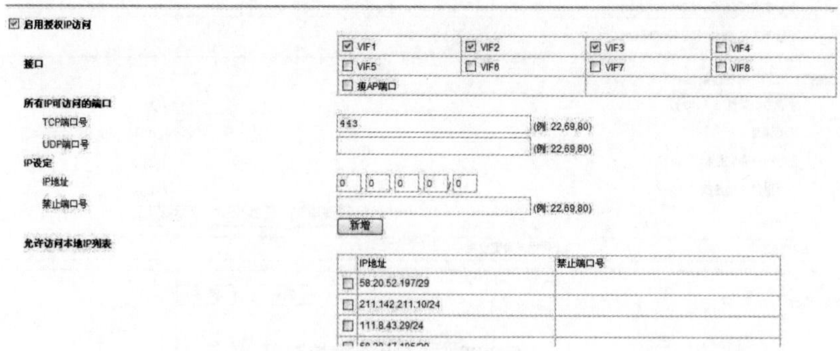

图 6-88　开启防火墙，添加允许访问列表

说明：将所有 IP 可访问端口中不需要开启的端口关闭，以防止来自互联网的非法访问。

注意：AC 设备数据配置后要进行配置保存。

③ 设备信息检查

检查方法：Web 方式下登录 AC 设备，查看 AC 的信息数据。现场网线连接 console 口登录。Telnet 方式登录（出于网络信息安全考虑，一般建议关闭）。

维护标准如下。

A．查看 AC2400、F2048 设备的基本信息

包括用户信息、无线交换机信息、瘦 AP 端口网络设定信息、网络接口 MAC 地址。

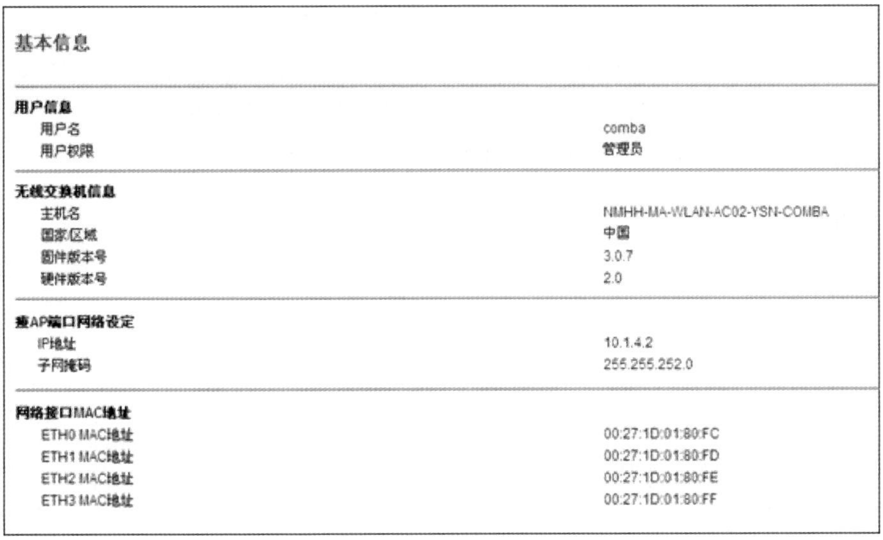

图 6-89　AC 设备基本信息

B．查看 AC 设备中的基本设置，如图 6-90 所示。

图 6-90　AC 设备基本设置

说明：NTP Server 服务器为时间同步服务器，主要用于 AP 与 AC 的时间同步，一般需要启用；NTP Client 服务器主要用于 AC 与上层设备的同步，一般不启用。

C．查看 AC 设备中的瘦 AP 在线列表，如图 6-91 所示。

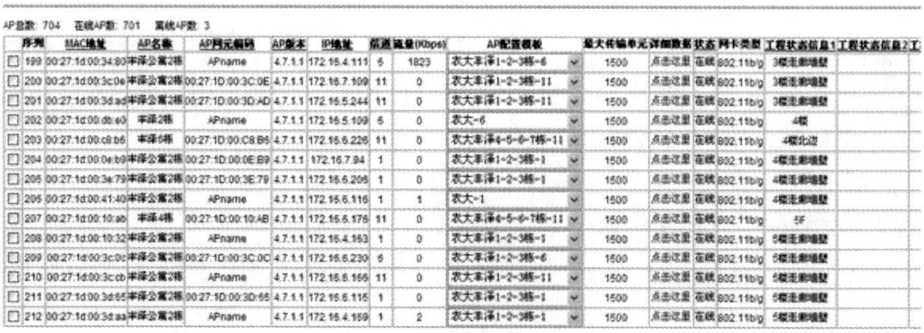

序列	MAC地址	AP名称	AP网元编码	AP版本	IP地址	信道	流量(Kbps)	AP配置模板	最大传输单元	详细数据	状态	网卡类型	工程状态信息1	工程状态信息2	工
199	00:27:1d:00:34:80	丰泽公寓2栋	APname	4.7.1.1	172.16.4.111	6	1823	农大丰泽1-2-3栋-6	1500	点击这里	在线	802.11b/g	3楼走廊墙壁		
200	00:27:1d:00:3c:0e	丰泽公寓2栋	00:27:1D:00:3C:0E	4.7.1.1	172.16.7.109	11	0	农大丰泽1-2-3栋-11	1500	点击这里	在线	802.11b/g	3楼走廊墙壁		
201	00:27:1d:00:3d:ad	丰泽公寓2栋	00:27:1D:00:3D:AD	4.7.1.1	172.16.5.244	11	0	农大丰泽1-2-3栋-11	1500	点击这里	在线	802.11b/g	3楼走廊墙壁		
202	00:27:1d:00:db:e0	丰泽2栋	APname	4.7.1.1	172.16.5.109	6	0	农大-6	1500	点击这里	在线	802.11b/g	4楼		
203	00:27:1d:00:c8:b6	丰泽6栋	00:27:1D:00:C8:B6	4.7.1.1	172.16.6.226	11	0	农大丰泽4-5-6-7栋-11	1500	点击这里	在线	802.11b/g	4楼北边		
204	00:27:1d:00:0e:b9	丰泽公寓2栋	00:27:1D:00:0E:B9	4.7.1.1	172.16.7.94	1	0	农大丰泽1-2-3栋-1	1500	点击这里	在线	802.11b/g	4楼走廊墙壁		
205	00:27:1d:00:3e:79	丰泽公寓2栋	00:27:1D:00:3E:79	4.7.1.1	172.16.6.206	1	0	农大丰泽1-2-3栋-1	1500	点击这里	在线	802.11b/g	4楼走廊墙壁		
206	00:27:1d:00:41:40	丰泽公寓2栋	APname	4.7.1.1	172.16.6.116	1	1	农大-1	1500	点击这里	在线	802.11b/g	4楼走廊墙壁		
207	00:27:1d:00:10:ab	丰泽4栋	00:27:1D:00:10:AB	4.7.1.1	172.16.6.176	11	0	农大丰泽4-5-6-7栋-11	1500	点击这里	在线	802.11b/g	5F		
208	00:27:1d:00:10:32	丰泽公寓2栋	APname	4.7.1.1	172.16.4.163	1	0	农大丰泽1-2-3栋-1	1500	点击这里	在线	802.11b/g	5楼走廊墙壁		
209	00:27:1d:00:3c:0c	丰泽公寓2栋	00:27:1D:00:3C:0C	4.7.1.1	172.16.6.230	6	0	农大丰泽1-2-3栋-6	1500	点击这里	在线	802.11b/g	5楼走廊墙壁		
210	00:27:1d:00:3c:cb	丰泽公寓2栋	APname	4.7.1.1	172.16.6.166	11	0	农大丰泽1-2-3栋-11	1500	点击这里	在线	802.11b/g	5楼走廊墙壁		
211	00:27:1d:00:3d:65	丰泽公寓2栋	00:27:1D:00:3D:65	4.7.1.1	172.16.6.115	1	0	农大丰泽1-2-3栋-1	1500	点击这里	在线	802.11b/g	5楼走廊墙壁		
212	00:27:1d:00:3d:aa	丰泽公寓2栋	APname	4.7.1.1	172.16.4.159	1	2	农大丰泽1-2-3栋-1	1500	点击这里	在线	802.11b/g	5楼走廊墙壁		

图 6-91　AC 中瘦 AP 在线列表

说明：可根据特定需求搜索到 AP 的一些基本情况，如信道、流量、工程信息等；根据 AP 工程信息过滤可以模糊搜索，其他都必须全部匹配才能完成搜索。

D．查看 AC 设备中的无线终端在线列表，如图 6-92 所示。

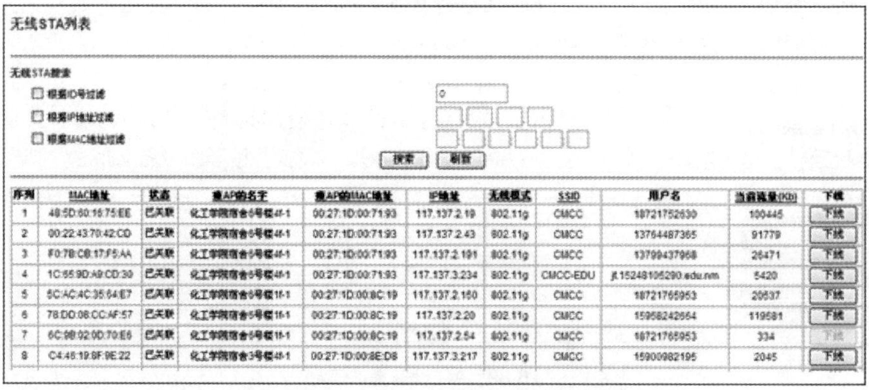

序列	MAC地址	状态	瘦AP的名字	瘦AP的MAC地址	IP地址	无线模式	SSID	用户名	当前流量(Kb)	下线
1	48:5D:60:16:75:EE	已关联	化工学院宿舍6号楼4f-1	00:27:1D:00:71:93	117.137.2.19	802.11g	CMCC	18721752630	100445	下线
2	00:22:43:70:42:CD	已关联	化工学院宿舍6号楼4f-1	00:27:1D:00:71:93	117.137.2.43	802.11g	CMCC	13764487365	91779	下线
3	F0:7B:CB:17:F5:AA	已关联	化工学院宿舍6号楼4f-1	00:27:1D:00:71:93	117.137.2.191	802.11g	CMCC	13799437968	26471	下线
4	1C:65:9D:A9:CD:30	已关联	化工学院宿舍6号楼4f-1	00:27:1D:00:71:93	117.137.3.234	802.11g	CMCC-EDU	jt.15248106290.edu.nm	5420	下线
5	5C:AC:AC:35:64:E7	已关联	化工学院宿舍6号楼1f-1	00:27:1D:00:8C:19	117.137.2.160	802.11g	CMCC	18721765953	20637	下线
6	78:DD:08:CC:AF:57	已关联	化工学院宿舍6号楼1f-1	00:27:1D:00:8C:19	117.137.2.20	802.11g	CMCC	15958242664	119581	下线
7	6C:9B:02:0D:70:E6	已关联	化工学院宿舍6号楼1f-1	00:27:1D:00:8C:19	117.137.2.54	802.11g	CMCC	18721765953	334	下线
8	C4:46:19:8F:9E:22	已关联	化工学院宿舍3号楼4f-1	00:27:1D:00:8E:D8	117.137.3.217	802.11g	CMCC	15900982195	2045	下线

图 6-92　AC 设备中无线终端在线列表

说明：下线处为灰色表示用户刚异常下线但还没有在 AC 上被强制下线。如果用户名处为空，则表示用户仅关联上去但是没有认证，当前流量指用户当前产生的总流量。单击下线按钮可强制用户下线。

E．查看 AC 设备中的已分配 IP 列表，如图 6-93 所示。

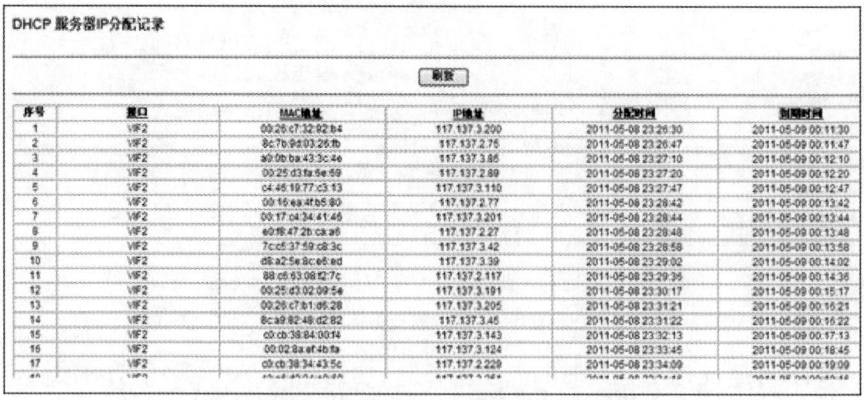

序号	接口	MAC地址	IP地址	分配时间	到期时间
1	VIF2	00:26:c7:32:92:b4	117.137.3.200	2011-05-08 23:26:30	2011-05-09 00:11:30
2	VIF2	8c:7b:9d:03:26:fb	117.137.2.75	2011-05-08 23:26:47	2011-05-09 00:11:47
3	VIF2	a0:0b:ba:43:3c:4e	117.137.3.86	2011-05-08 23:27:10	2011-05-09 00:12:10
4	VIF2	00:25:d3:fa:6e:69	117.137.2.89	2011-05-08 23:27:20	2011-05-09 00:12:20
5	VIF2	c4:46:19:77:c3:13	117.137.3.110	2011-05-08 23:27:47	2011-05-09 00:12:47
6	VIF2	00:16:ea:4f:b5:80	117.137.2.77	2011-05-08 23:28:42	2011-05-09 00:13:42
7	VIF2	00:17:c4:34:41:46	117.137.3.201	2011-05-08 23:28:44	2011-05-09 00:13:44
8	VIF2	e0:f8:47:2b:ca:a6	117.137.2.27	2011-05-08 23:28:48	2011-05-09 00:13:48
9	VIF2	7c:c5:37:59:c8:3c	117.137.3.42	2011-05-08 23:28:58	2011-05-09 00:13:58
10	VIF2	d8:a2:5e:8c:e6:ed	117.137.3.39	2011-05-08 23:29:02	2011-05-09 00:14:02
11	VIF2	88:c6:63:08:f2:7c	117.137.2.117	2011-05-08 23:29:36	2011-05-09 00:14:36
12	VIF2	00:25:d3:02:09:5e	117.137.3.191	2011-05-08 23:30:17	2011-05-09 00:15:17
13	VIF2	00:26:c7:b1:d6:28	117.137.3.205	2011-05-08 23:31:21	2011-05-09 00:16:21
14	VIF2	8c:a9:82:48:d2:82	117.137.3.45	2011-05-08 23:31:22	2011-05-09 00:16:22
15	VIF2	c0:cb:38:84:00:f4	117.137.3.143	2011-05-08 23:32:13	2011-05-09 00:17:13
16	VIF2	00:02:8a:ef:4b:fa	117.137.3.124	2011-05-08 23:33:45	2011-05-09 00:18:45
17	VIF2	c0:cb:38:34:43:5c	117.137.2.229	2011-05-08 23:34:09	2011-05-09 00:19:09

图 6-93　查看 AC 设备中的已分配 IP 列表

说明：查看 AC 中 DHCP 地址池使用情况，如果地址池耗尽，则在网管中会有体现而且需要及时补充地址池。

F．查看 AC 设备中的活动日志，如图 6-94 所示。

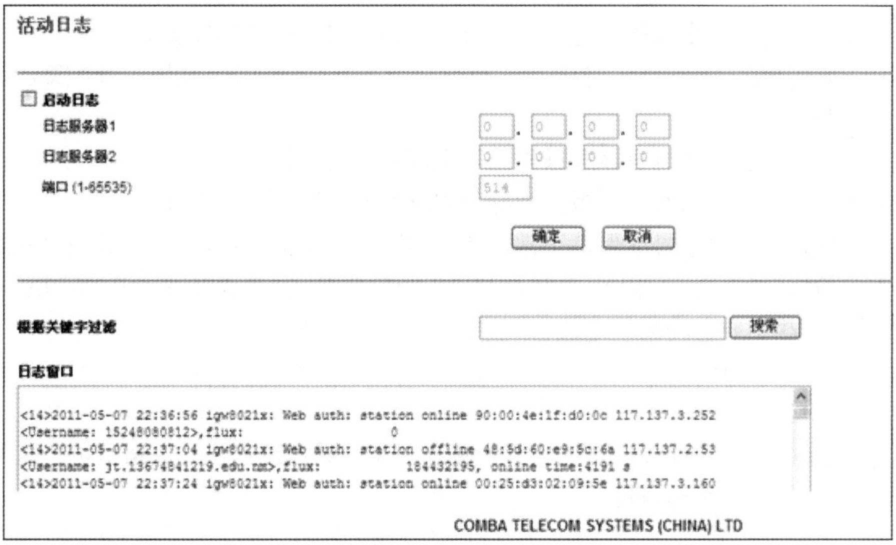

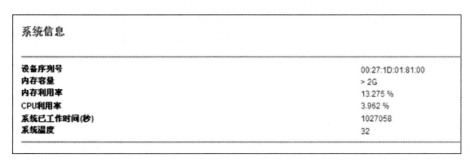

图 6-94　查看 AC 设备中的活动日志

说明：日志中有用户登录信息，包括维护人员登录 AC 和用户上网登录信息、AC 重启信息、AC 上软件模块运行情况，但基于存储卡，保存能力有限。可以启用外部日志服务器保存大容量日志，方便故障定位。

G．查看 AC 设备中的系统信息，如图 6-95 所示。

系统信息

设备序列号	00:27:1D:01:81:00
内存容量	> 2G
内存利用率	13.275 %
CPU利用率	3.962 %
系统已工作时间(秒)	1027058
系统温度	32

图 6-95　查看 AC 设备中的系统信息

说明：内存利用率参考值：20%～70%；超过 70%将进行预警状态。CPU 利用率参考值：20%～70%；超过 70%将进行预警状态。系统温度：超过 65℃将检查风扇运行情况。

6.2.2　配套设备维护要求

6.2.2.1　高压交流供电系统运行与维护操作

1．维护基本要求

① 配电屏四周的维护走道净宽应保持规定距离（≥0.8m），前后走道均应铺绝缘胶垫。

355

② 高压室禁止无关人员进入，在危险处应设防护栏，并在明显处设"高压危险，不得靠近"等字样的告警牌。

③ 高压室各门窗、地槽、线管、孔洞应做封堵处理，严防水及小动物进入，应采取相应的防鼠灭鼠措施。

④ 为安全供电，专用高压输电线和电力变压器不得搭接外单位负荷。

⑤ 高压防护用具（绝缘鞋、手套等）必须专用，高压验电器、高压拉杆绝缘应符合规定要求，定期检测试验。

⑥ 高压维护人员必须持有高压操作证，无证者不准进行操作。

⑦ 变配电室停电检修时，应报主管部门同意并通知用户后再进行。

⑧ 继电保护和告警信号应保持正常，严禁切断警铃和信号灯，严禁切断各种保护连锁。

⑨ 停电检修时，应先停低压、后停高压；先断负荷开关，后断隔离开关。送电顺序相反。切断电源后，三相相线上均应接地线。

2．保证安全的措施

（1）组织措施

在电气设备上工作，保证安全的组织措施为：工作票制度；工作许可制度；工作监护制度；工作间断、转移和终结制度。

① 工作票制度。工作票是准许在电气设备上工作的书面命令，也是明确安全职责，向工作人员进行安全交底，履行工作许可手续，工作间断、转移和终结手续，并实施保证安全技术措施等的书面依据。因此，在电气设备上工作时，应按要求认真使用工作票或按命令执行。其方式有以下 3 种：第一种工作票；第二种工作票；口头或电话命令。

② 工作许可制度。履行工作许可手续的目的，是为了在完成好安全措施以后，进一步加强工作责任感。它是确保工作万无一失所采取的一种必不可少的措施。因此，必须在完成各项安全措施之后再履行工作许可手续。

③ 工作监护制度。执行工作监护制度的目的，是使工作人员在工作过程中得到监护人一定的指导和监督，及时纠正一切不安全的动作和其他错误做法，特别是在靠近有电部位及工作转移时更为重要。

④ 工作间断、转移和终结制度。

（2）技术措施

在全部停电或部分停电的电气设备上工作，必须完成停电、验电、接地线、悬挂标示牌和装设临时遮栏等安全技术措施。上述措施由值班员执行，并应有人监护。对于无人经常值班的设备或线路，可由工作负责人执行。

① 停电

A．工作地点必须停电的设备：

➤ 检修的设备；

➤ 与工作人员进行工作中正常活动范围的距离小于表 6-31 规定的设备；

➤ 在 44kV 以下的设备上进行工作，上述安全距离虽大于表 6-32 的规定，但小于表 6-31 中的规定，同时又无安全遮栏措施的设备；

➤ 带电部分在工作人员后面或两侧无可靠安全措施的设备。

表 6-31　　　　　　　　　　　　　　　　设备不停电时的安全距离

电压等级（kV）	10 及以下（-13.8）	20、35	66、110	220	330	500
安全距离（m）	0.7	1	1.5	3	4	5

表 6-32　　　　　　　　　　　　工作人员工作中正常活动范围与带电设备的安全距离

电压等级（kV）	10 及以下（-13.8）	20、35	66、110	220	330	500
安全距离（m）	0.35	0.6	1.5	3	4	5

B．将检修设备停电，必须把各方面的电源完全断开（任何运行中的星形接线设备的中性点，必须视为带电设备）。禁止在只经断路器断开电源的设备上工作，必须拉开隔离开关，使各方面至少有一个明显的断开点。与停电设备有关的变压器和电压互感器，必须从高、低压两侧断开，防止向停电检修设备反送电。

C．在检修断路器或远方控制的隔离开关时引起的停电。

② 验电

通过验电可以明显地验证停电设备是否确实无电压，以防发生带电装设接地线或带电合接地刀闸等恶性事故。验电时应注意以下事项。

A．验电时，必须使用电压等级合适而且合格的验电器。验电前，应先在有电设备上进行试验，确定验电器良好。验电时，应在检修设备进出线时，两侧各相应分别验电。如果在木杆、木梯或木构架上验电时，不接地线验电器不能指示时，可在验电器上加接接地线，但必须经值班负责人许可。

B．高压验电必须戴绝缘手套、35kV 及以上的电气设备在没有专用验电器的特殊情况下，可以用绝缘棒代替验电器，根据绝缘棒端有无火花和放电噼啪声来判断有无电压。

C．信号元件和指示表不能代替验电操作。

（3）装设接地线应注意事项

① 当验明设备确无电压后，应立即将检修设备接地并三相短路。

② 凡是可能向停电设备突然送电的各电源侧，均应装设接地线。所装的接地线与带电部分的距离，在考虑了接地线摆动后不得小于表 6-31 所规定的安全距离。当有可能产生危险感应电压的情况时，应视具体情况适当增挂接地线，但至少应保证在感应电源两侧的检修设备上各有一组接地线。

③ 在母线上工作时，应根据母线的长短和有无感应电压等实际情况确定接地线数量。对长度为 10m 及以下的母线，可以只装设一组接地线；对长度为 10m 及以上的母线，则应视连接在母线上电源进线的多少和分布情况及感应电压的大小，适当增加装设接地线的数量。在门型构架的线路侧进行停电检修时，如工作地点到接地线的距离小于 10m 时，工作地点虽在接地线外侧，也可不另装设接地线。

④ 检修部分若分为几个在电气上不相连接的部分（如分段母线以隔离开关或断路器隔开分成几段），则各段应分别验电接地短路。接地线与检修部分之间不得连有断路器或保险器。降压变电所全部停电时，应将各个可能来电侧的部分都分别接地短路，其余部分不必每段都装设接地线。

⑤ 为了保证接地线和设备导体之间接触良好，对室内配电装置来说，应将接地线悬挂在刮去油漆的导电部分的固定处。

⑥ 装设或拆除接地线必须由两人进行，一人监护，一人操作。若为单人值班，只允许操作接地刀闸或使用绝缘棒合、拉接地刀闸。

⑦ 在装、拆接地线的过程中，应始终保证接地线处于良好的接地状态。在装设接地线时，必须先接接地端，后接导体端，拆除接地线时则与此相反。为确保操作人员的人身安全，装、拆接地线均应使用绝缘棒或戴绝缘手套。

⑧ 接地线应使用多股软裸铜线，其截面积应符合短路电流的要求，但不得小于 $25mm^2$。接地线在每次装设以前应经过详细检查，损坏的接地线应及时修理或更换。禁止使用不符合规定的导线作接地或短路之用。接地线必须使用专用的线夹固定在导体上，严禁用缠绕的方法进行接地或短路。

⑨ 当在高压回路上工作，需要拆除全部或一部分接地线后才能进行工作（如测量母线和电缆的绝缘电阻，检查断路器触头是否同时接触），需经特别许可。下述工作必须征得值班员的许可（根据调度员的命令装设的接地线，必须征得调度员的许可）方可进行，工作完毕后立即恢复：拆除一相接地线；拆除接地线，保留短路线；将接地线全部拆除或拉开接地刀闸。

⑩ 每组接地线均应编号，并存放在固定地点。存放位置亦应编写，接地线号码与存放位置号码必须一致。

⑪ 装、拆接地线的数量及地点都应做好记录，交接班时应交待清楚。

（4）悬挂标示牌和装设遮栏的地点

① 在一经合闸即可送电到工作地点的断路器和隔离开关的操作把手上，均应悬挂"禁止合闸，有人工作！"的标示牌。如果线路上有人工作，应在线路断路器和隔离开关的操作把手上悬挂"禁止合闸，线路有人工作！"的标示牌，标示牌的悬挂和拆除，应按调度员的命令执行。

② 部分停电的工作，安全距离小于表 6-31 规定距离以内的未停电设备，应装设临时遮栏。临时遮栏与带电部分的距离，不得小于表 6-32 规定的数值。临时遮栏可用干燥木材、橡胶或其他坚韧绝缘材料制成，装设应牢固，并悬挂"止步，高压危险！"的标示牌。35kV 及以下设备的临时遮栏，如因工作特殊需要，可用绝缘挡板与带电部分直接接触。但此种挡板必须具有高度的绝缘性能。

③ 为了防止检修人员误入有电设备的高压导电部分或附近，确保检修人员在工作中的安全，在室内高压设备上工作，应在工作地点两旁间隔和对面间隔的遮栏上及禁止通行的道上悬挂"止步，高压危险！"的标示牌。

④ 在室外地面高压设备上工作，应在工作地点四周用绳子做好围栏，围栏上悬挂适当数量的"止步，高压危险！"标示牌，标示牌必须朝向围栏里面（即工作人员所处场所）。

⑤ 在工作地点悬挂"在此工作！"的标示牌。

⑥ 在室外构架上工作，则应在工作地点邻近带电部分的横梁上，悬挂"止步，高压危险！"的标示牌，此项标示牌在值班人员的监护下，由工作人员悬挂。在工作人员上下用的铁架或梯子上，应悬挂"从此上下！"的标示牌。在邻近其他可能误登的架构上，应悬挂"禁止攀登，高压危险！"标示牌。

⑦ 严禁工作人员在工作中移动或拆除遮栏、接地线和标示牌。

3. 高压配电设备的维护

（1）高压配电设备进行维修工作，必须遵守下列规定。

① 高压操作应实行两人操作制，一人操作、一人监护，实行操作唱票制度。不准一人进

行高压操作。

② 切断电源前，任何人不准进入防护栏。

③ 检修时，切断电源后应验电、放电、接地线。

④ 在检查有无电压、安装移动地线装置、更换熔断器等工作时，均应使用防护工具。

⑤ 在距离 10～35kV 导电部位 1m 以内工作时，应切断电源，并将变压器高、低压两侧断开，凡有电容的器件（如电缆、电容器、变压器等）应进行放电。

⑥ 核实负荷开关确实断开，设备不带电后，再悬挂"有人工作，切勿合闸"警告牌方可进行维护和检修工作。警告牌只许原挂牌人或监护人撤去。

⑦ 严禁用手或金属工具触动带电母线，检查通电部位时应使用符合相应电压等级的试电笔或验电器。

⑧ 雨天不准露天作业，高处作业时应系好安全带，严禁使用金属梯子。

（2）停电、检修时，与电力部门有调度协议的应按协议执行。

（3）对于自维的高压线路，每年要全线路检查一次避雷线及其接地状况、供电线路情况。

（4）发现问题及时处理。

（5）周期维护项目见表 6-33。

表 6-33　　　　　　　　　　高压配电设备周期维护项目

序号	项目	周期
1	清洁机架	季
2	堵塞进水和小动物的孔洞季	
3	检测仪表是否正常	
4	检查熔断器接触是否良好，温升是否符合要求	
5	检查接触器、闸刀、负荷开关是否正常	年
6	检查各接头处有无氧化、螺丝有无松动	
7	清洁电缆沟	
8	调整继电保护装置	
9	检测避雷器及接地引线	
10	检验高压防护用具	
11	校正仪表	
12	检查主要元器件的耐压（2 年一次）	
13	检查油开关油位、油色、油质，添加或更换开关油	
14	检查高压开关柜的开关、网门连锁	
15	操作电源及蓄电池的维护可参照整流器及蓄电池的有关内容执行	

4. 高压配电设备巡视检查

高压配电设备的巡视检查如下。

① 瓷瓶、套管、磁质表面应清洁，无裂纹破损、烧痕、放电现象等。

② 设备温度应正常，无异常声响、变色、过热、冒烟等现象。

③ 导线不应有烧伤断股，接头接点不发热，无松动现象。

④ 各设备外壳及避雷器接地线应连接完好。

⑤ 设备所有仪表、信号、指示灯均应与运行情况相符，并指示正确，报警装置应完好。

⑥ 高峰时应重点检查母线及开关的接点不过热。

⑦ 少油断路器、真空断路器、隔离开关、负荷开关的电流不能超过额定值，电压不能超过开关最大允许电压。

⑧ 高压直流操作的蓄电池电压、温度应正常，浮充电流合适。蓄电池密封及接头接触良好。

⑨ 高压配电设备系统是否符合运行方式的要求；各高压柜之间的机械、电气连锁是否动作安全可靠；手动、自动操作系统符合设计要求。

5. 高压配电设备的操作

（1）跌落开关的操作

使用跌落开关断开和接通电源时，必须断开低压进线开关后才允许进行开关的分、合闸操作，防止由于电弧而引起的相间短路，因此应按下列顺序进行操作。

① 断开电源时，应先断开中间一相，然后断开背风向，最后断开迎风相。这是因为，断开第一相时，虽然该相有负荷电流，但一般不会产生强烈电弧，而在断开第二相时，则产生的电弧较大，可能发生相间短路，所以应当先断中相，这样就使两个带电的边相之间有较大的绝缘间隙。然后在断开背风向，是为了借风力将电弧吹远，这样就可以防止电弧引起相间短路。

② 根据同样的道理，在接通电源时，应先合迎风向，再合背风向，最后合中相。

（2）高压柜操作（以西门子 8BK20 为例）

① 开关工作状态，退到试验位置的操作步骤如下。

A. 将真空断路分闸

a. 按开关柜低压室门上的分闸按钮，电动分闸；

b. 手动分闸，将在工作位置操作断路器延伸杆指向可移动部分，用手让它保持不动，然后按分闸按钮。

B. 将真空断路器由工作位置，退到试验位置

a. 把钥匙插入操作机构的锁孔，逆时针转动 90°，打开插入摇柄的孔盖；

b. 将摇动驱动机构的手柄插入，逆时针摇动，直到摇不动为止，拔出手柄；

c. 把钥匙逆时针转动 90°，锁住插入手柄的孔盖，取出钥匙。

C. 合上接地开关，将接地刀插入接地开关插孔，顺时针转 90°，取出接地刀。

D. 打开开关柜高压室的门，操作完前 3 项后可打开高压室的门。

② 开关在试验位置，合闸送电的操作步骤如下。

A. 按一下手动电动分闸按钮，确保断路器已分闸。

B. 分开接地开关，将接地刀插入接地开关插孔，逆时针转 90°，取出接地刀。

C. 将可移动部分由试验位摇到接通位置。

a. 将钥匙插入操作操动机构的锁孔，顺时针转动 90°，打开插入摇柄的孔盖；

b. 把手柄插入，顺时针转动，直到摇不动为止，拔出手柄；

c．将钥匙顺时针转动 90°，锁住插入手柄的孔盖，拔出钥匙。

D．合闸送电。

a．电动：按开关柜低压室门上的合闸按钮；

b．手动：将工作位置操作断路器延伸杆指向可移动部分，并用手保持它不动，然后按高压室门上的合闸按钮。

③ 在工作位置手动储能的操作步骤如下。

A．旋转手柄插孔盖板按钮，露出给断路器合闸弹簧储能的插孔，并将储能手柄由插孔中伸进到 3AH5 断路器操作机构。

B．旋转储能手柄直至"已储能"指示牌在观察窗出现。

6.2.2.2　变压器运行与维护操作

1．变压器的维护

（1）对于油浸电力变压器、调压器，安装在室外的应每年检测一次绝缘油耐压，安装在室内的应每两年检测一次绝缘油耐压。

（2）定期检测干式变压器的温升（以说明书规定为准）。

（3）周期维护项目见表 6-34。

表 6-34　　　　　　　　　　　　　　变压器周期维护项目

序号	项目	周期
1	检查干式变压器的风机	季
2	检查油浸式变压器油枕油位合格，干燥剂颜色合格，二次保险温升合格	
3	检查变压器和电力电缆的绝缘	年
4	清洁变压器油污及高、低压瓷瓶	
5	检查变压器一次保险规格、二次保险规格	
6	检查变压器接地电阻值、连接线路	

2．变压器的巡视检查

（1）温度检查

油浸式电力变压器允许温升应按上层油温来检查，用温度计测量，上层油温升的最高允许值为 55℃，为了防止变压器油劣化变质，上层油温升不宜长时间超过 45℃。对于采用强迫循环水冷和风冷的变压器，正常运行时，上层油温升不宜超过 35℃。另外，巡视时应注意温度计是否完好；由温度计查看变压器上层油温是否正常或是否接近或超过最高允许限额；当玻璃温度计与压力温度计相互间有显著异常时，应查明是否仪表不准或油温确有异常。干式变压器应巡视温控器的显示温度是否正常。

（2）油位检查

变压器储油柜（即油枕）上的油位是否正常；是否假油位；有无渗油现象；充油的高压套管油位、油色是否正常；套管有无渗油现象。油位指示不正常时必须查明原因。必须注意油位表出入口处有无沉淀物堆积而阻碍油的通路。

（3）注意变压器的声响

变压器的电磁声与以往比较有无异常。异常噪声发生的原因通常有以下几种。

> 因电源频率波动大，造成外壳及散热器振动。

> 铁芯夹紧不良，紧固部分发生松动。

> 因铁芯或铁芯夹紧螺杆、紧固螺栓等结构上的缺陷，发生铁芯短路。

> 绕组或引线对铁芯或外壳有放电现象。

> 由于接地不良或某些金属部分未接地，产生静电放电。

（4）检查漏油

漏油会使变压器油面降低，还会使外壳散热器等产生油污。应特别注意检查各阀门各部分的垫圈。

（5）检查绝缘件，如出线套管、引出导电排的支持绝缘子等表面是否清洁，有无裂纹、破损及闪络放电痕迹。

（6）检查引出导电排的螺栓接头有无过热现象，可查看示温蜡片及变色漆的变化情况。

（7）检查阀门，查看各种阀门是否正常，通向气体继电器的阀门和散热器的阀门是否处于打开状态。

（8）检查防爆管，防爆管有无破裂、损伤及喷油痕迹，防爆膜是否完好。

（9）检查冷却系统，冷却系统运转是否正常，如风冷油浸式电力变压器，风扇有无个别停转，风扇电动机有无过热现象，振动是否增大；强迫油循环水冷却的变压器，油泵运转是否正常，油压和油流是否正常，冷却水压力是否低于油压力，冷却水进口温度是否过高，冷油器有无渗油或渗漏水的现象，阀门位置是否正确。干式变压器的风机运转声音及温控器工作是否正常。对室内安装的变压器，要查看周围通风是否良好，是否要开动排风扇等。

（10）检查吸潮器，吸潮器的吸附剂是否达到饱和状态。

（11）检查外壳接地线是否完好。

（12）检查周围场地和设施，室外变压器重点检查基础是否良好，有无基础下沉，变台杆检查电杆是否牢固，木杆、杆根有无腐蚀现象；室内变压器重点检查门窗是否完好，检查百叶窗铁丝纱是否完整；照明是否合适和完好，消防用具是否齐全。

3. 变压器常见故障处理

变压器在运行中的故障，一般分为磁路故障和电路故障。磁路故障一般指铁芯、轭铁及夹件间发生的故障。常见的有硅钢片短路、穿心螺栓及铁扼夹紧件与铁芯之间的绝缘损坏，以及铁芯接地不良引起的放电等；电路故障主要指绕线和引线的故障等，常见的有线圈的绝缘老化、受潮，切换器接触不良，材料质量及制造工艺不良，过电压冲击及二次系统短路引起的故障等。

为了顺利和正确地检查分析变压器故障的原因，事前应详细了解下列情况。

① 变压器的运行情况，如负载情况、过负载情况和负载种类；

② 故障发生前与故障发生时的气候与环境情况，是否经雷击或雨雪等；

③ 变压器温升与电压情况；

④ 继电器保护动作的性质，并在哪一相动作的；

⑤ 如果变压器具有运行记录，应加以检查；

⑥ 检查变压器的历史资料，了解上次检修的质量评价；

⑦ 其他外界因素，是否有小动物的痕迹等。

表 6-35　　　　　　　　　油浸式变压器常见故障现象、原因及处理方法

油温突然升高	过负载运行	减小负载
	接头螺钉松动	停止运行，检查各接头，加以紧固
	线圈短路	停止运行，吊心检查绕组
	缺油或漏油	加油或调换全部油
油色变黑，油面过低	长期过载，油温过高	减小负载
	油水漏入或有漏气侵入	找出漏水处或检查吸潮剂是否失效
	油箱漏油	修补漏油处，加以新油
气体继电器动作	信号指示未跳闸	变压器内进入空气，造成气体继电器动作
	信号指示开关跳闸	查出原因加以排除
		变压器内部发生故障，查出原因加以排除
变压器着火	高、低压绕组层间短路	吊出铁芯，局部处理或重绕线圈
	严重过负载	减小负载
	铁芯绝缘损坏或穿心螺栓绝缘损坏	吊出铁芯重新涂漆或调换穿心螺栓
	套管破裂，油载闪络时流出来，引起	调换套管
	盖顶着火	
分接开关触头灼伤	弹簧压力不够，接触不可靠	测量直流电阻，吊出器身检查处理
	动静触头不对位，接触不可靠	
	短路使触点过热	

6.2.2.3　低压交流供电系统运行与维护操作

1. 维护基本要求

（1）引入通信局（站）的交流高压电力线应安装高、低压多级避雷装置。

（2）交流用电设备采用三相四线制引入时，零线不准安装熔断器，在零线上除电力变压器近端接地外，用电设备和机房近端应重复接地。

（3）交流供电应采用三相五线制，零线禁止安装熔断器，在零线上除电力变压器近端接地外，用电设备和机房近端不许重复接地。

（4）每年检测一次接地引线和接地电阻，其电阻值不应大于规定值。

（5）自动断路器跳闸或熔断器烧断时，应查明原因再恢复使用，必要时允许试送电一次。

（6）熔断器应有备用，不应使用额定电流不明或不合规定的熔断器。

（7）交流熔断器的额定电流值：照明回路按实际最大负载配置，其他回路不大于最大负载电流的 2 倍。

2. 低压配电设备的维护

（1）配电设备的巡视、检查主要内容如下。

① 继电器、接触器、开关的动作是否正常，接触是否良好。

② 螺丝有无松动。

③ 仪表指示是否正常。

④ 电线、电缆、母排运行电流不允许超过额定允许值。

⑤ 配电设备运行温度不允许超过额定允许值。

⑥ 熔断器的温升应低于80℃。

⑦ 交流设备三相电流平衡时，各相电路之间相对温差不大于25℃。

⑧ 配电线路应符合以下要求：线路额定电流≥低压断路器（过载）整定电流≥负载额定电流。掌握断路器的合理选择，杜绝大开关连接小线路的现象。

⑨ 配电系统继电保护必须配套。变压器输出额定电流、低压断路器过载保护整定电流、电流互感器额定电流应在同一等级规格，避免失配过大导致继电保护失效和仪表指示不准。

⑩ 禁止使用橡套防水电缆用做正式配电线路。

（2）周期维护项目见表6-36。

表6-36　　　　　　　　　　　　低压配电设备周期维护项目

序号	项目	周期
1	检查接触器、开关接触是否良好	
2	检查信号指示、告警是否正常	
3	测量熔断器的温升或压降	
4	检查功率补偿屏的工作是否正常	
5	清洁设备	
6	测量刀闸、母排、端子、接点、线缆的温度、温升及各相之间温差	月
7	检查避雷器是否良好	
8	测量地线电阻（干季）	
9	检查各接头处有无氧化、螺丝有无松动	
10	校正仪表	
11	检查、调整三相电流不平衡度≤25%	
12	检查、测试供电回路电流不超过线路额定允许值	

3. 交流稳压器的维护

（1）根据不同的使用环境，维护周期有较大的差异，无人站每季做一次维护，交换局及其他局（站）每个月做一次维护。

① 使用过程中应定期清扫交流稳压器各部分（清扫时转旁路），特别是碳刷、滑动导轨及变速传动部件，必须用"四氯化碳"与棉布擦干净。机械传动部分及电机减速齿轮箱定期加油，保持润滑。

② 更换已磨损严重的碳刷或滚轮，定期检修维护散热风扇。

③ 检查交流稳压器的自动转旁路性能，工作和故障指示灯是否正常。

④ 交流稳压器每季应检查、调整链条的松紧程度。

（2）对于无接触式稳压器，每月清洁设备表面、散热风口、风扇及滤网，检查各项参数设置以及告警功能是否正常，检查各主要部件工作是否正常，检查避雷器有否失效，检查各连接部位温升有否异常。

（3）周期维护项目见表6-37。

表 6-37　　　　　　　　　　　　**交流稳压器周期维护项目**

序号	项目	周期
1	清洁设备表面、散热风口、风扇及滤网	月
2	测量输入电压、输出电压、输入电流、输出电流，计算负载百分比	
3	检查各项参数设置以及告警功能是否正常	
4	检查各连接部位温升有否异常	
5	检查风扇工作状态	
6	检查自动旁路功能	
7	测量开关及接线端子温升	季
8	调整链条松紧度季	
9	检查机械传动部分及电机减速齿轮箱	
10	主要部件温升	年
11	防雷设施检查年	
12	校正仪表	

4. 低压交流供电系统操作

（1）主要元器件使用操作

① 刀开关

a. 刀开关安装时，手柄要向上，不得倒装，否则手柄可能因自重下落造成误动合闸，造成人身和设备安全事故。

b. 刀开关接线时，应将电源线接在上接线端，负载接在下接线端，这样拉闸后，触刀与电源隔离，比较安全。

② 负荷开关

A. 开启式负荷开关

a. 开启式负荷开关必须垂直安装在控制屏或开关板上，且合闸状态时手柄应朝上。不允许倒装或平装，以防止发生误合闸事故。

b. 开启式负荷开关接线时应把电源进线接在静触头一边的进线座，负载接在动触头一边的出线座，这样在开关断开后，闸刀和熔体上都不会带电。

c. 更换熔体时，必须在闸刀断开的情况下按原规格更换。

d. 在分闸和合闸操作时，应动作迅速，使电弧尽快熄灭。

B. 封闭式负荷开关

a. 封闭式负荷开关必须垂直安装，安装高度一般离地不低于 1.3～1.5m，并以操作方便和安全为原则。

b. 开关外壳的接地螺钉必须可靠接地。接线时，应将电源进线接在静夹座一边的接线端子上，负载引线接在熔断器一边的接线端子上，且进出线都必须穿过开关的进出线孔。

c. 分合闸操作时，要站在开关的手柄侧，不准面对开关，以免因意外故障电流使开关爆炸，铁壳飞出伤人。

d. 一般不用额定电流 100A 及以上的封闭式负荷开关控制较大容量的电动机，以免发生飞弧伤手事故。

③ 组合开关

a．HZ10 系列组合开关应安装在控制箱（或壳体）内，其操作手柄最好在控制箱的前面或侧面。开关为断开状态时应使手柄在水平旋转位置。HZ3 系列组合开关外壳上的接地螺钉可靠接地。

b．若需在箱内操作，开关最好装在箱内右上方，并且在它的上方不安装其他电器，否则应采取隔离或绝缘措施。

c．组合开关的通断能力较低，不能用来分断故障电流。

d．当操作频率过高或负载功率因数较低时，应降低开关的容量使用，以延长其使用寿命。

④ 自动空气断路器

a．电源引线应接到断路器上端，负载引线接到下端。

b．自动空气断路器用作电源总开关或电动机的控制开关时，在电源进线侧必须加装刀开关或熔断器等，以形成明显的断开点。

c．自动空气断路器在使用前应将脱扣器工作面的防锈油脂擦干净；各脱扣器动作值一经调整好，不允许随意变动，以免影响其动作值。

d．使用过程中若遇分断短路电流，应及时检查触头系统，若发现电灼烧痕迹，应及时修理或更换。

e．自动空气断路器上的积尘应定期清除，并定期检查各脱扣器动作值，给操作机构添加润滑剂。

⑤ 熔断器

a．安装前应先检查熔断器是否完好无损，安装时应保证熔体和夹头及夹头和夹座接触良好，且额定电压、额定电流的标志齐全。

b．插入式熔断器应垂直安装，螺旋式熔断器的电源线应接在下接线座上，负载线应接在上接线座上。

c．熔断器内要安装合格而且合适的熔体，不能用多根小规格熔体并联代替一根大规格熔体。

d．安装熔断器时，各级熔体应相互配合，并做到下一级熔体规格比上一级规格小。

e．安装熔丝时，熔丝应在螺栓上沿顺时针方向缠绕，并且压在垫圈下，拧紧螺钉的力应适当。要保证接触良好，同时注意不能损伤熔丝，以免熔体的截面积受损减小，发生局部发热而产生误动作。

f．更换熔体或熔管时，必须切断电源。

g．BM10 系列熔断器在切断 3 次相当于分断能力的电流后，必须更换熔断管，以保证能可靠地切断所规定分断能力的电流。

h．熔断器兼做隔离器件使用时，应安装在控制开关的电源进线端；若仅作短路保护用，应装在控制开关的出线端。

⑥ 交流接触器

a．交流接触器一般应安装在垂直面上，倾斜度不得超过 5°。

b．定期检查接触器的零件，要求可动部分灵活，紧固部分无松动，已损坏的零件及时修理或更换。

c．接触器的触头应定期清扫，保持清洁，但不允许涂油。

d. 带灭弧罩的接触器绝不允许不带灭弧罩或带破损的灭弧罩运行，以免发生电弧短路故障。

⑦ 热继电器

热继电器必须按照产品说明书中规定的方式安装。安装处的环境温度应与电动机所处环境温度基本相同。当与其他电器安装在一起时，应注意将热继电器安装在其他电器的下方，免其动作特性受到其他电器发热的影响。热继电器出线端的连接导线，应按规定选用。热元件接点传导到外部的热量多少与导线的粗细和材料有关。导线过细，轴向导热性差，热继器可能提前动作；导线过粗，轴向导热快，热继电器可能滞后动作。热继电器在出厂时均调整为手动复位式，如果需要自动复位，只要将复位螺钉顺时针方向旋转 3~4 圈，并稍微拧紧即可。热继电器在使用中应保持清洁。

（2）用电设备送电操作

① 检查线路布放是否符合设计规范，是否三线分离，线路是否标示清楚；

② 检查线路及用电设备绝缘、相序是否符合要求，线路有无断线，连接螺丝是否紧固；

③ 将用电设备接入相应空开下口；

④ 合供电开关（远离负荷侧），给线路供电；

⑤ 合设备开关（靠近负荷侧），给设备供电；

⑥ 设备工作正常，送电结束；

⑦ 若异常，停设备开关（靠近负荷侧），停供电开关（远离负荷侧），经检查排除故障后，再重复以上过程。

（3）电容补偿柜操作

① 正常情况下，移相电容器组的投入或退出运行应根据系统无功负荷或负荷功率因数以及电压情况来决定，原则上，按供电局对功率因数给定的指标决定是否投入并联电容器，但是一般情况下，当功率因数低于 0.85 时投入电容器组，功率因数超过 0.95 且有超前趋势时，应退出电容器组。当电压偏低时可投入电容器组。

② 电容器母线电压超过电容器额定电压的 1.1 倍或者电流超过额定电流的 1.3 倍以及电容器室的环境温度超过 ±40℃ 时，均应将其退出运行。电容器组发生下列情况之一时，应立即退出运行：

a. 电容器爆炸；

b. 电容器喷油或起火；

c. 瓷套管发生严重放电、闪络；

d. 接点严重过热或熔化；

e. 电容器内部或放电设备有严重异常响声；

f. 电容器外壳有异形膨胀。

6.2.2.4 发电机组设备运行与维护操作

1. 发电机组维护的基本要求

① 机组应保持清洁，无漏油、漏水、漏气、漏电现象。机组各部件应完好无损，接线牢固，无螺丝松动。仪表齐全、指示准确。

② 根据各地区气候及季节情况的变化，应选用适当标号的燃油和机油，所选柴油的凝点一般应比最低气温低 2℃~3℃。日用油箱柴油要经过充分沉淀（≥48 小时）方可使用，机组

运行中不宜添加柴油。

③ 保持机油、燃油及其容器的清洁，按说明书要求定期清洗和更换机油、燃油、冷却液和空气滤清器。油机外部运转件要定期补加润滑油。

④ 启动电池应长期处于稳压浮充状态，每月检查浮充电压（单节电池浮充电压为 2.18～2.24V 或按说明书要求）及电解液液位。

⑤ 避免长时间怠速运行，燃油液面与输油泵高度差不宜过大。

⑥ 市电停电后应能在 15 分钟内正常启动并供电，需延时启动供电应报上级主管部门审批。

⑦ 新装或大修后的机组应先试运行，性能指标测试合格后才能投入使用。

⑧ 具备动力及环境监控系统的应通过动力及环境监控系统对油机进行监控，发现故障及时处理。

2. 柴油发电机组的维护

（1）固定式柴油发电机组的使用与维护

① 环境要求

a. 油机室内应照明充足、空气流通（进风口应与排气管口分开），注意清洁、不存放杂物，照明采用防爆灯具及防爆开关。

b. 应采取必要的降噪措施。

c. 油机运行时油机室最高温度不应超过 60℃。

d. 油机室内温度应不低于 5℃。若室温过低（0℃以下），油机的水箱内应添加防冻剂或考虑配置油水加热器。

② 开机前的检查

a. 机油、冷却水的液位是否符合规定要求。机油液位应在机油尺高（H）、低（L）标识之间，冷却水液位应在膨胀水箱加水管颈下为宜，采用开式循环冷却系统的应接通水源。

b. 排风风道是否通畅（降噪后的机房自动风阀是否正常开启）。

c. 检查日用燃油箱里的燃油量，进油、回油管路是否通畅。冬季尽量选用低标号的柴油。

d. 检查电启动系统连接是否正确，有无松动，启动电池电压、液位是否正常。清理机组及其附近放置的工具、零件及其他物品，以免机组运转时发生意外危险。

③ 启动、运行检查

a. 机油压力、机油温度、冷却液。以康明斯机组为例，机油压力范围为 310～517kPa、机油温度范围为 82℃～107℃、冷却液范围为 74℃～91℃，其他机组应符合说明书规定要求。

b. 各种仪表指示是否稳定并在规定范围内。

c. 各种信号灯指示是否正常。

d. 气缸工作及排烟是否正常。

e. 油机运转时是否有剧烈振动和异常声响。

f. 电压、频率（转速）达到规定要求并稳定运行后方可供电。

g. 供电后系统有否低频振荡现象；

h. 启动机温升不应过高，飞轮视窗不应有连续火花。

④ 关机、故障停机检查及记录

a. 正常关机：当市电恢复供电或试机结束后，应先切断负荷，空载运行 3～5 分钟后再关闭油门停机。

b．故障停机：当出现油压低、水温高、转速过高、电压异常等故障时，应能自动或手动停机。

c．紧急停机：当出现转速过高（飞车）或其他有发生人身事故或设备危险情况时，应立即切断油路和进气路紧急停机。

d．故障或紧急停机后应做好检查和记录，在机组未排除故障和恢复正常时不得重新开机运行。

（2）移动式油机发电机组的使用与维护

A．移动式油机发电机组（电站）包括：便携式油机、拖车式电站和车载式电站。

B．移动式发电机组不用时，应每个月做一次试机和试车。应启动运行至水温达到 60℃以上为止。

C．每个月给起动电池充一次电，保证汽车和油机的起动电池容量充足。检查润滑油和燃油箱的油量，不足的应及时补充。

D．每次使用后，注意补充（车和机组）润滑油和燃油，检查冷却水箱的液位情况。

E．作为备用发电的小型油机，在其运转供电时，要有专人在场；燃油不足时，停机后方可添加燃油。

F．移动式油机发电机组的其他维护要求参考固定式油机发电机组的相关规定。

G．移动式油机严禁在通风不畅的环境中使用。

（3）柴油机的维护保养

为了使柴油机保持正常运转，延长使用时间，除按操作规程进行正确操作外，还必须定期地对柴油机各部件进行系统的检查、调整和清洗，为柴油机创造正常运转所必需的良好工作条件，预防柴油机各零部件过早磨损，将可能发生的故障消除在萌芽中。因此，维护人员必须按照各种类型的柴油发电机组使用说明书的要求和技术规范进行维护和保养。

柴油机技术保养类别分为：

日常维护保养；

一级技术保养（建议累计工作 250 小时或据实际情况而定）；

二级技术保养（建议累计工作 500 小时或据实际情况而定）；

三级技术保养（建议累计工作 1500 小时或据实际情况而定）；

季节性技术保养（春季、秋季）。

① 建立柴油机技术保养制度

建立柴油机技术保养制度的目的是降低各零部件的磨损，预防故障的发生，延长柴油机的使用寿命。柴油机技术保养制度规定了各级技术保养的周期和作业内容。

A．建立技术保养制度的依据

a．不同类型、不同型号的柴油机，由于具有不同的结构特点，因此，在制定技术保养制度时，既要考虑各类柴油机的共性，又要顾及其特殊性，对不同机型应其结构特点和薄弱环节，在保养周期和作业项目做适当的调整。

b．根据使用环境条件我国幅员辽阔，各地区海拔、气候和风沙条件差别很大，而这些环境条件对柴油机的运行影响很大。例如寒冷地区要特别注意柴油机预热保温和蓄电池的保养；对于风沙地区要特别注意燃油、空气和机油的清洁。因此，在制定技术保养制度时，应根据这些不同的条件规定相应的保养周期和作业项目。

c．根据柴油机的工作性质，在制定技术保养制度时，应根据柴油机的用途（如发电用、工程机械用等），对其保养周期和作业项目作适当调整。

B．柴油机技术保养的分级和保养周期

由于柴油机运行时，各机构的零件的性能和工作条件不同，其磨损规律亦有所不同，因此在进行技术保养时，其作业范围、深度和保养周期也应有所区别。技术保养分级和保养周期，应根据两个方面来确定：

a．制造厂家使用说明书上规定的保养周期和作业内容；

b．技术主管部门根据原始资料拟定的技术保养分级和保养周期。

C．柴油机各级技术保养作业内容

a．一级技术保养的主要作业内容一级技术保养以各机构零部件的紧固和润滑为中心，其主要作业内容为：检查、紧固柴油机外部的螺栓、螺母；按规定的润滑部位加注润滑油；检查润滑油平面；清洗空气滤清器等零部件。

b．二级技术保养的主要作业内容以检查、调整为中心。其主要作业内容除完成一级技术保养全部作业内容外，还应检查、清洗曲轴箱和机油、柴油滤清器，并更换其滤芯、更换机油、检查调整喷油定时和气门间隙等。二级技术保养是确保柴油机各机构和零件在保养周期内的正常运行。

c．三级技术保养的主要作业内容以总成解体清洗、检查、调整和消除隐患为中心，其主要内容是燃油喷射系统部件、气门组、汽缸、活塞、连杆及其轴承和主轴等零部件的检查与调整。

D．柴油机常见故障及排除方法

a．判断故障的原则和方法

柴油机故障的原因通常是多方面因素造成的，不同故障表现为不同的现象，要排除故障，必须先查明故障的原因，在实践中通过看、听、摸、嗅等感觉来发现柴油机异常的表现，从而发现问题、解决问题、消除故障。判断柴油机故障的一般原则是：结合结构、联系原理、弄清现象、结合实际、从简到繁、由表及里、按系分段、查找原因。在长期的生产实践中，人们摸索总结出"一看、二听、三摸、四嗅"的一套检查方法，通过仪表监测和人体器官的感受去观察和判断柴油机的运行情况。

b．柴油机运转时的异常现象

柴油机长期运转后，发生了故障，通常会遇到下列几种现象。

运转时声音异常：柴油机运转时发出不正常的敲击声、放炮声、吹嘘声、排气声、周期性的摩擦声等。

运转异常：柴油机不易启动、工作时出现剧烈震动，拖不动负载，转速不稳定等。

外观异常：柴油机排气管冒白烟、黑烟、蓝烟，各系统出现漏油、漏水、漏气等。

温度异常：机油温度或冷却水温度过高，轴承过热等。

气味异常：柴油机运行时，发出臭味、焦味、烟味等气味。

柴油机运行时，发现上述异常现象后，必须进行仔细的调查，根据故障现象，分析判断找出故障的部位和原因。有时一种故障可能有好几种异常现象，例如高压油泵磨损后，既可表现启动困难，也可表现输出功率不足，还可表现低速运转不稳定等现象。有时一种异常现象可能是由几种故障造成的。因此，柴油机运行时出现异常现象，必须认真查清产生异常现象的原因，善于作分析推理判断，透过现象抓实质，找出发生故障的原因和部位，将故障排除。

② 柴油机故障的分析检查方法

根据异常的声响来判别故障的部位：用一把通心改锥或用一根 0.5m 长、一端磨尖的细铁条，进行"听针判断"，一端贴耳，另一端触及各检查部位表面，可较清晰地监听到异常声响产生的部位，声响的大小和性质。不同部位发出声响往往是不同的。例如主轴承间隙过大发生冲击声是沉闷的，气门与活塞碰击声是清脆的，若飞轮键槽配合松动发出"顷！顷！"的撞击声等，因此根据不同声响来判断故障的部位。

用局部停止法来判断：经故障分析后，若怀疑故障是由某一气缸引起的，可停止该缸工作，观察故障现象是否消失，从而确定故障原因和部位。例如柴油机冒黑烟，分析为某缸喷油嘴喷孔堵塞，可对该缸停止供油，若黑烟消失，说明判断正确。

用比较法来判断：根据故障分析，怀疑故障可能是由于某一零部件所造成的，可将该零件（或部件）更换一支新件，然后开机运行比较柴油机前后工作情况是否有变化，从而找出故障原因。

用试探法来判断：根据分析故障原因一时难以判断，可用改变局部范围内的技术状态，观察柴油机工作性能是否有影响，以此来判别故障的原因。例如柴油机发不出规定的功率，怀疑某缸压缩冲程压力不足，是汽缸与活塞间隙较大密封不严造成的，此时将缸盖打开向汽缸注入少量机油，以改善密封状况，然后重新装好缸盖，开机试验若压力增大，输出功率增加，说明分析是正确的。柴油机经长时间使用后，其故障现象很多，由于柴油机各种型号不同，国产的和进口的其结构和使用环境不同，故障原因也有所不同，因此，在处理问题时，具体问题应根据不同情况作具体分析。正确分析和判断柴油机故障的原因，是一项细致的工作，不应在未弄清故障原因之前就乱拆一通，这样不但不能消除故障，而且可能在重装开的零部件时，达不到技术要求造成新的故障。

③ 常见故障的处理

A．柴油机不能启动

a．故障原因：启动用蓄电池电力不足；启动系统电路接线错误或电气零件接触不良；启动电动机的炭刷与整流子接触不良。

排除方法：更换电力充足的蓄电池或增加蓄电池并联使用；检查启动电路接线是否正确和牢靠；修整或更换炭刷，用木砂纸清理整流子表面，并吹净灰尘。

b．故障原因：燃油系统内有空气；燃油管路或滤清器堵塞；输油泵不供油或断续供油。喷油压力大；喷油量很少或喷不出油。

排除方法：检查燃油管路接头是否松驰；检查管路各段找出故障部位使其畅通，若燃油滤清器阻塞应清洗或更换滤芯；检查进油管是否漏气，如果排除进油管漏气后，仍不供油，应检修输油泵；调整喷油器的喷油压力；将喷油器拆卸下来，仍接在高压油管上，撬喷油泵弹簧，观察喷油嘴的雾化是否良好。

c．故障原因：气门漏气；活塞环磨损严重，活塞环与缸套之间漏气。

排除方法：检查并调整气门间隙，使其符合说明书规定的技术要求；打开汽缸盖，清除气门积炭，清洗气门并在气门杆加润滑油；对气门进行研磨；拆卸活塞，更换活塞环。

B．冷却水温度过高

故障原因：水泵内或水管中有空气形成气塞；散热水箱内缺水；散热水箱散热片和铜管表面积垢太多；风扇传动皮带松弛，转速降低风量减少；冷却系统中水垢严重或水路通道堵塞；水泵叶轮损坏；节温器失灵；柴油机长时间超负载运行。

排除方法：排除水泵或水管中的空气，并检查各管接头处是否拧紧，不得漏气；检查水位并补充加足水；清除水垢，清洗表面；调整皮带张力或更换皮带；清洗水垢，疏通水路；更换水泵叶轮；检查节温器，修复或更换；降低负荷。

C．发动机机油压力较低

故障原因：润滑油系统堵塞；机油型号不对或机油老化；机油被稀释。

排除方法：清洗更换滤清器；更换机油；更换活塞环，检查冷却系统。

D．柴油机动力不足

故障原因：供油不足，燃油滤清器或油路堵塞；进油系统中有空气；装有燃油 AEC 控制器的活塞发卡或油道被堵；油嘴和油泵磨损。

排除方法：清理燃油通道，重新调整 AEC 控制器，需进行 C 级或 D 级保养。

E．运行中突然停车

故障原因：是否有告警、超载、进排气不畅等。

排除方法：检查是否报警、超载、进排气不畅停车，油管是否断裂松脱、检查油箱、油道、喷油泵是否损坏、调速器的弹簧是否断裂、测速传感器、电子调速板、执行器等。

F．飞车

故障原因：调速器失灵、油量是否过高等。

④ 发电机的日常维护

A．保持电机外表面及周围环境的清洁，在电机机壳上不许留有任何杂物，要擦净泥、油污和尘土，以免阻碍散热，使电机过热。

B．严防各种油类、水和其他液体滴漏或溅进电机内部。更不能使金属零件（如铁钉、螺丝刀等）或金属碎屑掉进电机内部去，如有发现必须设法取出，否则不能开机。

C．开机时，在柴油机怠速预热期间，应当监听电机转子的运转声音，不许有不正常的杂声，否则应停机检查。监听方法：用螺丝刀刀口一端顶放在电机的轴承等重要运动机件附近的外壳（或盖）上，耳朵贴在螺丝刀的绝缘手柄上，以运行经验来判断。正常情况下电机的声音是平稳、均匀有轻微的风声，如发现有敲打、碰擦之类的声音，说明有故障存在，应认真分析检查。

D．电机升速到额定值下运转时，应查看底脚螺钉的紧固情况和有无震动现象，发现震动剧烈时应停机检查。

E．发电机正常工作时，应密切关注视控制屏上的电流、频率、电压、功率因素、功率等输出指示情况，从而了解电机工作是否正常。发现指示数值超过规定值时，应及时调整。严重时要停机检查，排除故障。

F．发电机不允许在端盖进出风口无防护罩或防护罩损坏的情况下运行，发电机运行中禁止端盖进出风口被杂物堵塞住。

G．发电机运行中经常用手触摸电机外壳和轴承盖等处，观察电机各部位的温度变化情况，正常时应不太烫手（一般不大于 65℃）。

H．发电机运行中要注意查看集电环等导电接触部位的运转情况，正常时应无火花或有少量极暗的火花，电刷无明显的跳动，不破裂。

I. 发电机运行中要注意观察绕组的端部，在运行中有无闪光和火花以及焦臭味和烟雾发生，如果发现，说明有绝缘破损和击穿故障，应当停车检查。

J. 一般不许突加或突减大负载，并且严禁长期超载或三相负载严重不对称运行。

K. 定期检查电机各连接处的配合完好情况以及螺钉等的紧固情况，确保正确、牢靠。定期检查发电机的接地是否可靠。

L. 日常应注意发电机的通风、冷却，防止受潮或曝晒。

6.2.2.5　直流电源设备运行与维护操作

1. 整流设备运行与维护操作

（1）整流设备维护的基本要求

① 输入电压的变化范围应在设备允许工作电压变动范围之内。工作电流不应超过额定值，各种自动、告警和保护功能均应正常。

② 要保持布线整齐，各种开关、刀闸、熔断器、插接件、接线端子等部位接触良好，无电蚀与过热。

③ 机壳应有良好的保护接地。

④ 备用电路板、备用模块应半年试验一次，保持性能良好。

⑤ 整流设备输出电压必须保证蓄电池要求的浮充电压和均充电压，整流设备的容量必须满足负载电流和 $0.1C_{10}A$ 的蓄电池充电电流的需要。

（2）开关电源的周期维护项目（见表 6-38）

表 6-38　　　　　　　　　　　　开关电源周期维护项目

序号	项目	周期
1	检查告警指示、显示功能	月
2	接地保护检查	
3	测量直流熔断器压降或温升	
4	检查继电器、断路器、风扇是否正常	
5	检查负载均分性能	
6	清洁设备	
7	检查测试监控性能是否正常	
8	检查直流输出限流保护	季
9	检查防雷保护	
10	检查接线端子的接触是否良好	
11	检查开关、接触器接触是否良好	
12	测试中性线电流	
13	检查母排温度	半年
14	检查动力机房到专业机房的直流母排、输出电缆的绝缘防护	
15	测试衡重杂音电压	年

2. 铅酸蓄电池的维护

（1）阀控密封式铅酸蓄电池的运行和维护

① 阀控密封式铅酸蓄电池运行环境要求

阀控密封式铅酸蓄电池（包括 UPS 蓄电池，以下简称"密封蓄电池"）可不专设电池室，但运行环境应满足以下要求。

A. 安装密封蓄电池的机房应配有通风换气装置，温度不宜超过 28℃，建议环境温度应保持在 10℃～25℃之间。

B. 避免阳光对电池直射，朝阳窗户应作遮阳处理。

C. 确保电池组之间预留足够的维护空间。

D. UPS 等使用的高电压电池组的维护通道应铺设绝缘胶垫。

② 密封蓄电池的补充充电

密封蓄电池在使用前不需进行初充电，但应进行补充充电。补充充电方式及充电电压应按产品技术说明书规定进行。一般情况下应采取恒压限流充电方式，补充充电电流不得大于 $0.2C_{10}$（C_{10} 为电池的额定容量），充电电压和充电时间见表 6-39。

表 6-39 密封蓄电池补充充电电压和时间

单体电池额定电压（V）	单体电池电压（V）	充电时间（h）
2	2.30～2.35（含 2.35）	24
2	2.35～2.40	12
6	6.90～7.05（含 7.05）	24
6	7.05～7.20	12
12	13.80～14.10（含 14.10）	24
12	14.10～14.40	12

注：表中充电时间适用于环境温 25℃，如环境温度降低则充电时间应延长；如环境温度升高则充电时间可缩短。

③ 密封蓄电池的浮充运行

全浮充制供电方式如下。

A. 电池平时均处于浮充状态。

B. 电池的浮充电压：一般情况下，浮充电压为 2.23～2.25V（25℃，每 2V 单体），温度补偿为 $U=U(25℃)+(25-t)\times0.003$（$t$ 为环境温度）。

C. 浮充时全组各电池端电压的最大差值不大于 100mV。

D. 定期测量电池单体的端电压。

E. 产品技术说明书有特殊说明的，以说明书为准。

④ 密封蓄电池的充放电

A. 密封蓄电池的均衡充电：一般情况下，密封蓄电池组遇有下列情况之一时，应进行均充（有特殊技术要求的，以其产品技术说明书为准），充电电流不得大于 $0.2C_{10}$。浮充电压有两只以上低于 2.18V/只，搁置不用时间超过 3 个月，放电深度超过额定容量的 20%。

B．密封蓄电池充电终止的判据如下，达到下述 3 个条件之一，可视为充电终止：充电量不小于放出电量的 1.2 倍；充电后期充电电流小于 $0.01C_{10}$A；充电后期，充电电流连续 3 小时不变化。

C．蓄电池的放电：定容量的 30%～40%。

对于 2V 单体的电池，每 3 年应做一次容量试验。使用 6 年后应每年一次。对于 UPS 使用的 6V 及 12V 单体的电池应每年一次。

蓄电池放电期间，应定时测量单体端电压、单组放电电流。有条件的应采用专业蓄电池容量测试设备进行放电、记录、分析，以提高测试精度和工作效率。

D．电池放电终止的判据如下，达到下述三个条件之一，可视为放电终止：对于核对性放电试验，放出额定容量的 30%～40%；对于容量试验，放出额定容量的 80%；电池组中任意单体达到放电终止电压。对于放电电流不大于 $0.25C_{10}$，放电终止电压取 1.8V（2V 单体）；对于放电电流大于 $0.25C_{10}$，放电终止电压取 1.75V（2V 单体）。

⑤ 密封蓄电池的日常维护

a．密封蓄电池和防酸式电池禁止在一个供电系统中混合使用；不同规格、型号、设计使用寿命的电池禁止在同一直流供电系统中使用；新旧程度不同的电池不应大量在同一直流供电系统中混用。

b．密封蓄电池和防酸式电池不宜安放在同一房间内。

c．如具备动力及环境集中监控系统，应通过动力及环境集中监控系统对电池组的总电压、电流、标示电池的单体电压、温度进行监测，并定期对蓄电池组进行检测。通过电池监测装置了解电池充放电曲线及性能，发现故障及时处理。

d．应经常检查下列项目，发现问题及时处理：

物理性检查项目为：极柱、连接条是否清洁；有否损伤、变形或腐蚀现象；连接处有无松动，电池极柱处有否爬酸、漏液；安全阀周围是否有酸雾、酸液溢出；电池壳体有无损伤、渗漏和变形，电池及连接处温升有否异常。

参数设置的检查和调整如下：根据厂家提供的技术参数和现场环境条件，检查电池组及单体均、浮充电压是否满足要求，浮充电流是否稳定在正常范围。检测电池组的充电限流值设置是否正确。检测电池组的告警电压（低压告警、高压告警）设置是否正确。如直流系统中设有电池组脱离负载装置，应检测电池组脱离电压设置是否准确。

密封蓄电池周期维护项目见表 6-40。

表 6-40　　　　　　　　　　　密封蓄电池周期维护项目

序号	项目	周期
1	保持电池室清洁卫生	月
2	测量和记录电池室内的环境温度	
3	全面清洁蓄电池，进行端子、极柱、连接条、外壳、安全阀及盖的物理外观检查	
4	测量和记录电池系统的总电压、浮充电流、单体端电压	
5	测量单体电池内阻	季
6	检查是否达到充电条件，如达到应进行均充充电	

序号	项目	周期
7	检查引线及端子的接触情况，检查馈电母线、电缆及软连接头等各连接部位的连接是否可靠，并测量压降	
8	核对性放电试验（UPS 及 12V 电池）	半年
9	核对性放电试验（2V）	
10	校正仪表	3 年
11	容量测试（3 年一次；对于使用 6 年后的 2V 电池和 UPS 使用的 6V、12V 电池，应每年一次）	

（2）防酸隔爆铅酸蓄电池的维护

① 防酸式电池室的环境要求

A．防酸式电池应专室存放，室内通风良好，应装通风换气装置。

B．室内应有足够的照明。照明灯采用密封防爆灯具，开关设在室外。室内地面、墙壁、天花板、门窗、通风设备等均应做防酸处理。

C．临街窗户应有安全防护设施。

D．室内应有上、下水设施和贮酸间。

E．防酸式电池的室内温度应保持在 5℃～35℃之间，电池应避免受到阳光直射。

F．电池组之间应预留足够的维护空间。

② 初充电

蓄电池灌液后的第一次充电称为初充电。防酸式电池使用前必须进行初充电，初充电应采用两充一放，宜采用低压恒压充电方法。

A．电解液的配制

a．铅酸蓄电池电解液是用纯水（蒸馏水）和浓硫酸配制成的。

b．配制电解液的容器，必须是耐酸及耐温的有釉陶瓷、玻璃缸、塑料槽或铅衬木槽，配制时，工作人员必须穿戴好防护用具。

c．配制前将器皿洗刷干净，并用纯水清洗。

d．配制电解液时，应先将需用的纯水放入容器内，然后将浓硫酸缓慢注入纯水内，并不断用玻璃棒搅拌。严禁将水注入硫酸内，以免发生飞溅灼伤。

e．温度系数换算公式为

$$d_{25}=d_t+k（t-25）$$

式中，d_{25}：25℃电解液密度；d_t：温度为 t℃时所测得的电解液密度；k：温度系数，一般 k 取 0.0007；t：实测电解液温度。

f．电解液的计算

用浓硫酸与蒸馏水配置电解液可通过查稀硫酸调配表计算。

B．初充电程序

a．灌注的电解液密度应低于规定值 0.01～0.015g/cm³。

b．灌注的电解液其温度应低于 35℃，液面符合规定要求。

c．静置，使硫酸渗透到极板有效物质内部，当电解液温度下降到 35℃以下时进行充电。时间不应超过 24 小时。

d. 初始可采用恒流充电，充电电流宜不大于 $0.2C_{10}$，当充电电压达到 $2.35\sim2.40$V/只时，转入恒压充电，直至终止。

e. 全部初充电时间为 $96\sim120$h，充入的电量约为额定容量的两倍。

f. 每小时记录电流和总电压一次；每 2 小时记录标示电池端电压、密度、温度一次；每 4 小时记录全组各电池端电压、密度、温度一次；充电终止前要全面测量一次。

g. 充电终止时各电池端电压差值应不大于 0.10V，密度差值应不大于 0.015g/cm^3。

初充电应注意：充电过程中应保持电解液温度不超过 40℃，当电解液温度达到 40℃时，应采取降温措施。初充电后，应做一次容量试验，第一次放电应能放出额定容量的 80%。

③ 防酸式电池的浮充运行

A. 蓄电池平时均处于浮充状态时，蓄电池组的浮充电压（25℃）：

$$Ufc=单体电池电压\times N$$

式中，Ufc ——蓄电池组的浮充电压（V）；

N ——单组电池节数。

B. 单体电池浮充电压：

➢ 有人值守局、站：防酸式电池 2.18V/只或按说明书要求。

➢ 无人值守局、站：防酸式电池 2.25V/只。

➢ 浮充时全组各电池端电压的最大差值不大于 0.05V，密度差值应不大于 0.01g/cm^3。

④ 防酸式电池的充放电

A. 防酸式电池组遇有下列情况之一时，应进行均衡充电：出现两只以上落后电池；放出 20%以上额定容量；搁置不用时间超过一个月；全浮充运行达 3 个月；补充蒸馏水后。

充电过程中，应开动通风装置排除酸雾，使室内空气较为新鲜，以减少酸性分子对人员和设备的侵蚀。

B. 防酸式电池充电终止的判据。

充电量不小于放出电量的 1.2 倍。

不同电解液温度和充电电压的充电终期电流应不大于表 6-41 中的数值，并维持 3 小时不变。

表 6-41 不同电解液温度和充电电压的充电终期电流

充电电压（V/只）	充电终期电流（mA/AH）						
	10℃	15℃	20℃	25℃	30℃	35℃	40℃
2.25	0.8	1.1	2.1	2.8	5.2	7	11
2.3	1.4	2.4	3.9	5.2	8.6	11	20
2.35	3	4.2	8	8.8	15.4	20	36
2.4	5.6	8.4	12.6	14.8	23	32.4	55

电解液的密度在充电末期保持 2 小时不再上升，每个电池之间的电解液密度差不大于 0.005g/cm^3。

C. 防酸式电池的放电

每年应以实际负荷做一次核对性放电试验，放出额定容量的 30%～40%。

每 3 年应做一次容量试验。使用 6 年后宜每年一次。

应每小时测量一次标示电池的密度，放电停止前全测一次。

D．防酸式电池放电终止的判据

电池放电的容量已相当于电池在各种放电率时的保证容量。

每个电池的端电压在 10 小时放电率时降到 1.8～1.85V，平常只取 3/4 容量，每个电池的端电压约为 1.85V。

电解液的密度降为 1.175g/cm³（25℃）左右，比一般充电终期的密度下降 0.023～0.045g/cm³。

⑤ 防酸式蓄电池的日常维护

A．一般维护

a．每组至少选 2 只标示电池，作为了解全组工作情况的参考。

b．防酸式电池需经常检查的项目如下：端电压、电解液的密度和温度；极板有无弯曲、断裂、短路、损坏、脱粉、硫化；电池槽有无渗漏，液面是否在规定的高度；连接处有无松动、腐蚀现象；电池架及防震架防酸漆有无脱落。

c．如具备动力及环境集中监控系统，应通过动力及环境集中监控系统对电池组的总电压、电流、标示电池的单体电压、温度进行监测，并定期对蓄电池组进行检测。通过电池监测装置了解电池充放电曲线及性能，发现故障及时处理。

d．防酸式电池的液面应高出极板上缘 10～20mm，有液面上、下限刻度的应保持在上、下限之间，当低于上述要求时应及时补加蒸馏水，并进行充电。

e．防酸隔爆帽一年至少清洗一次，保持透气良好，有破裂的应及时更换。防酸隔爆帽和胶塞必须拧紧，避免漏气。

f．各类电解液密度的范围如下。

防酸式电池：1.210～1.220g/cm³（25℃）；

启动型铅酸蓄电池：1.280～1.300g/cm³（25℃）。

若电解液密度高于上限值，应补加蒸馏水；若低于下限值，应补加密度较大（1.400 左右）的稀硫酸。

B．防酸式蓄电池周期维护项目见表 6-42。

表 6-42　　　　　　　　　防酸式蓄电池周期维护项目表

序号	项目	周期
1	全面清洁	月
2	测量各电池端电压、电解液的密度和温度	
3	充电	季
4	调整浮充电压	（半年）
5	清洗防爆帽	年
6	补涂电池架、防震架耐酸漆	
7	检查引线及端子的接触情况，测量馈电母线、电缆及软连接头压降	
8	核对性放电试验	
9	校正仪表	

6.2.2.6　UPS 的运行与维护操作

1．UPS 维护的基本要求

① UPS 主机现场应放置操作指南，指导现场操作。

② UPS 的各项参数设置信息应全面记录、妥善归档保存并及时更新。

③ 检查各种自动、告警和保护功能是否正常。

④ 定期进行 UPS 各项功能测试。

⑤ 定期检查主机、电池及配电部分引线及端子的接触情况，检查馈电母线、电缆及软连接头等各连接部位的连接是否可靠，并测量压降和温升。

⑥ 经常检查设备的工作和故障指示是否正常。

⑦ 定期查看 UPS 内部的元器件的外观，发现异常及时处理。

⑧ 定期检查 UPS 各主要模块和风扇电机的运行温度有无异常。

⑨ 保持机器清洁，定期清洁散热风口、风扇及滤网。

⑩ 定期进行 UPS 电池组带载测试。

⑪ 各地应根据当地市电频率的变化情况，选择合适的跟踪速率。当输入频率波动频繁且速率较高，超出 UPS 跟踪范围时，严禁进行逆变/旁路切换操作。在油机供电时，尤其应注意避免该情况的发生。

⑫ UPS 应使用开放式电池架，以利于蓄电池的运行及维护。

2．UPS 周期维护项目

UPS 的周期维护项目见表 6-43。

表 6-43　　　　　　　　　　　UPS 周期维护项目表

序号	项目	周期
1	检查控制面板，确认所有指示正常，且面板上无报警	日
2	检查有无明显的高温、有无异常噪声	
3	确信通风栅无阻塞	
4	调出测量参数，观察有无异常	
5	测量并记录电池充电电压、电池充电电流、UPS	周
6	测量 UPS 输出电流，并记录新增负荷的大小、种类和位置等	
7	观察 UPS 内部可目测的元器件的物理外观	月
8	清洁设备，根据现场环境实际情况安排散热风口、风扇及滤网的清洁	
9	检查记录 UPS 的输入输出电压、电流及负载百分比	
10	检查告警指示及显示功能	
11	汇总分析设备运行数据	
12	检查主机、电池及配电部分引线及端子的接触情况，检查馈电母线、电缆及软连接头等各连接部位的连接是否可靠，并测量压降和温升	季
13	测试中性线电流	
14	检查 UPS 各主要模块和风扇电机的运行温度	
15	记录 UPS 控制面板中的各项运行参数，特别是电池自检参数	
16	检查输出波形是否正常	

序号	项目	周期
17	蓄电池组核对性容量试验	半年
18	UPS 各项功能测试，检查逆变器、整流器等启停、电池管理功能	
19	负荷均分系统单机运行测试，热备份系统负荷切换测试	年
20	检查防雷接地保护设施是否正常	

6.2.2.7 空调的运行及维护操作

1. 机房空调维护的基本要求

① 定期清洁各种空调设备表面，保持空调设备表面无积尘、无油污。设备应有专用的供电线路，供电质量应符合相关要求。

② 设备应有良好的保护接地，与局（站）联合接地可靠连接。

③ 空调室外机电源线室外部分穿放的保护套管及室外电源端子板、压力开关、温湿度传感器等的防水防晒措施应完好。

④ 空调的进、出水管路布放路由应尽量远离机房通信设备；检查管路接头处安装的水浸告警传感器是否完好有效；管路和制冷管道均应畅通，无渗漏、堵塞现象。

⑤ 确保空调室（内）外机周围的预留空间不被挤占，保证进（送）、排（回）风畅通，以提高空调制冷（暖）效果和设备的正常运行。

⑥ 使用的润滑油应符合要求，使用前应在室温下静置 24 小时以上，加油器具应洁净，不同规格的润滑油不能混用。

⑦ 保温层无破损；导线无老化现象。

⑧ 保持室内密封良好，气流组织合理和正压，必要时应具有送新风功能。

⑨ 空调系统应能按要求调节室内温、湿度，并能长期稳定工作；有可靠的报警和自动保护功能、来电自动启动功能。

⑩ 充注制冷剂、焊接制冷管路时应做好防护措施，戴好防护手套和防护眼镜。

⑪ 定期对空调系统进行工况检查，及时掌握系统各主要设备的性能、指标，并对空调系统设备进行有针对性的整修和调测，保证系统运行稳定可靠。

⑫ 定期检查和拧紧所有接点螺丝，重点检查空调机室外机架的加固与防蚀处理情况。

2. 机房专用空调的巡检

① 空调处理机的维护：表面清洁，风机转动部件无灰尘、油污，皮带转动无异常摩擦，过滤器清洁，滤料无破损，透气孔无阻塞、无变形。蒸发器翅片应明亮无阻塞、无污痕。翅片水槽和冷凝水盘应干净无沉积物，冷凝水管应通畅。送、回风道及静压箱无跑、冒漏风现象。

② 风冷冷凝器的维护：风扇支座紧固，基墩不松动，无风化现象。电机和风叶应无灰尘、油污，扇叶转动正常，无抖动和摩擦。定期用钳形电流表测试风机的工作电流，检查风扇的调速机构是否正常。经常检查、清洁冷凝器的翅片，应无灰尘、油污，接线盒和风机内无进水。电机的轴与轴承应配合紧密，发现扇叶摆动或转动不正常时应进行维修或更换。

③ 压缩机部分的维护：用高、低压氟利昂表测试高（24kg）、低（2kg）压保护装置，发现问题及时排除。经常用手触摸压缩机表面温度，有无过冷、过热现象，发现有较大温差时，

应查明原因。定期观察视镜内氟利昂的流动情况，判断有无水份，是否缺液。检查冷媒管固定位置有无松动或震动情况。检查冷媒管道保温层，发现破损应及时修补。制冷管道应畅通，发现堵塞及时排除。

④ 加湿器部分的维护：保持加湿水盘和加湿罐的清洁，定期清除水垢。检查给排水管路，保证畅通，无渗漏、无堵塞现象。检查电磁阀的动作、加湿负荷电流和控制器的工作情况，发现问题及时排除。检查电极、远红外管，保持其完好无损、无污垢。

⑤ 冷却系统的维护：冷却循环管路畅通，无跑、冒、滴、漏，各阀门动作可靠；定期清除冷却水池杂物及清除冷凝器水垢。冷却水泵运行正常，无锈蚀，水封严密。冷却塔风机运行正常，水流畅通，播洒均匀。冷却水池自动补水、水位显示及告警装置完好。定期清洁乙二醇冷却系统干冷器翅片。

⑥ 空气控制部分的维护：定期检查报警器声、光报警是否正常，接触器、熔断器接触是否良好，有无松动或过热，发现问题及时排除。检查电加热器的螺丝有无松动，热管有无尘埃，如有松动和尘埃应及时紧固和清洁。用钳形电流表测试所有电机的工作电流，测量数据与原始记录不符时，应查出原因，进行排除。检查继电器和电子元件有无损坏，发现问题及时更换。用干湿球温度计测量回风温度和相对湿度，偏差超出标准时，应进行校正。测量设备的保护接地线，如果引线接触不良，应及时紧固。测量设备绝缘，检查导线有无老化现象。定期检查配电盘、空调机零线接线端子接线是否紧固，不准用其他地线代替零线。

⑦ 工况测试：对空调系统每年应进行一次工况测试，及时掌握系统各主要部件的性能，并对空调设备进行一次有针对性的检修和调整，保证系统运行稳定可靠。

⑧ 具备动力与环境集中监控系统，应通过动力与环境集中监控系统对专用空调进行监控，发现故障及时处理。

3. 普通分体、柜式空调的巡检

① 机房内安装的普通空调设备应能够满足长时间运转的要求，并具备停电保存温度设置、来电自启动功能。

② 使用普通空调应注意以下事项。a. 勿受压：空调器外壳是塑料件，受压范围有限，若受压，面板变形，影响冷暖气通过，严重时甚至会损坏内部重要元件。b. 换季不用时：清扫滤清器，以免灰尘堆积影响下次使用；拔掉电源插头，以防意外损坏；干燥机体，以保持机内干燥。室外机置上保护罩，以免风吹、日晒、雨淋。c. 重新使用：检查滤清器是否清洁，并确认已装上；取下室外的保护罩，移走遮挡物体；冲洗室外机散热片；试机检查运行是否正常。

③ 普通空调设备维护的条件要求：空调维护人员应对普通空调系统进行定期巡检和不定期维护检修，巡检人员应具有较高维修能力和水平。

④ 检查普通空调室外机电源线部分的保护套管防护措施、室外电源端子板的防水防晒措施是否完好。

⑤ 定期检测、校准空调的显示温度与空调实际温度的误差。

⑥ 定期检查、清洁空调表面和过滤网、冷凝器等，需要时给空调机加制冷剂。

⑦ 具备动力与环境集中监控系统，应通过动力与环境集中监控系统对普通空调进行监控，发现故障及时处理。

4. 机房空调维护项目及周期表

（1）机房专用空调的维护项目及周期（见表 6-44）

表 6-44　　　　　　　　　　　机房专用空调周期维护项目表

维护项目	序号	维护内容	周期
空气处理机	1	检查水浸情况、水浸告警系统是否正常	月
冷凝器	1	清洁设备表面	
	2	测试风机工作电流，检查风扇调速状况、风扇支座	
	3	检查电机轴承	
	4	检查、清洁风扇	
	5	检查、清洁冷凝器翅片	
压缩机部分	1	检查和测试吸、排气压力	
加湿器部分	1	保持加湿水盘和加湿罐的清洁，清除水垢	
	2	检查电磁阀和加湿器的工作情况	
	3	检查给、排水路是否畅通	
电气控制部分	1	检查报警器声、光告警，接触器、熔断器是否正常	
空气处理机	1	检查和清洁风机的转动、皮带和轴承	季
	2	清洁或更换过滤器	
	3	检查及修补破漏现象	
	4	清除冷凝沉淀物	
冷却系统	1	检查冷却环管路、清洁冷却水池	
压缩机部分	1	检测压缩机表面温度有无过冷、过热现象	
	2	通过视镜检查并确定制冷剂情况是否正常	
加湿器部分	1	检查加湿器电极、远红外管是否正常	
电气控制部分	1	测量电机的负载电流、压缩机电流、风机电流是否正常	
空气处理机	1	检查和清洁蒸发器翅片	半年
压缩机部分	1	测试高低压保护装置	
加湿器部分	1	检查加湿器负荷电流和加湿器控制运行情况	
电气控制部分	1	检查所有电器触点和电气元件	
	2	测试回风温度、相对湿度并校正温度、湿度传感器	
空气处理机	1	测量出风口风速及温差	年
冷却系统	1	检查冷却水泵、除垢	
	2	检查冷却风机正常	
	3	检查冷却水自动补水系统及告警装置完好	
压缩机部分	1	检查制冷剂管道固定情况	
	2	检查并修补制冷剂管道保温层	
电气控制部分	1	检查电加热器可靠性	
	2	检查设备保护接地情况	
	3	检查设备绝缘状况	
	4	校正仪表、仪器	
	5	检查和处理所有接点螺丝、机架	

（2）普通空调维护项目及周期（见表 6-45）

表 6-45　　　　　　　　　　　普通空调周期维护项目表

序号	项目	周期
1	清洁室内机设备表面及机柜	月
2	检查压缩机工况	
3	检查清洁空调冷凝器、蒸发器、滤网等	
4	检查室内外风机工作及空调控制系统是否正常	季
5	检查空调制冷系统是否正常	
6	测量高低压等	
7	检查空调排水是否正常，排水管是否完好	年
8	拧紧和加固所有接点螺丝；检查和处理室外空调机架的腐蚀情况	
9	检测和校准空调显示的温湿度与实际达到的温湿度	
10	测量出风口风速及温度	

6.2.2.8　动力及环境监控系统运行与维护操作

1. 监控系统维护的一般要求

① 监控系统设备包括：各级监控中心服务器、监控主机和配套设备、传输设备、计算机监控网络、监控模块及前端采集设备。

② 监控中心服务器、监控主机和配套设备应安装在环境良好的房间，室内应有防静电措施及空调。

③ 监控中心服务器、监控主机和配套设备应由不间断电源供电，交流电压的变化范围应在额定值的 -15%～$+10\%$ 内；直流电压的变化范围应在额定值的 -15%～$+20\%$ 内。

④ 定期检查并确保监控中心服务器、监控主机和配套设备、监控模块及前端采集设备有良好的接地和必要的防雷设施。对智能设备的监控，要充分考虑到智能通信口与数据采集器之间的电气隔离及防雷措施。

⑤ 保持监控中心服务器、监控主机和配套设备的整齐和清洁。

⑥ 动力及环境集中监控系统作为通信电源的高级维护手段，其自身应有例行的常规巡检、维护操作和定期对系统功能与性能指标的测试。

⑦ 分析每天的各种告警数据报表、历史数据报表和参数曲线，结合月、季的阶段汇总报表，了解设备运行情况，制定相应的设备维护计划。

⑧ 日常值班人员应对系统终端发出的各种声光告警立即作出反应。对于一般告警，可以记录下来，进一步观察；对于紧急告警，应通知维护人员处理，如涉及设备停止运行或出现严重故障，影响电信网的正常运行，应立即通知维护人员抢修，并按规定及时上报；对于部分需现场确认恢复的告警信息，应由现场值守人员或专人（无人值守机房）确认恢复。

⑨ 监控中心和监控站中主机的系统软件有正规授权，应用软件有自主版权，系统软件应有安装盘，在系统出现意外时能够重新安装恢复。具备完善的安装手册、用户手册与技术手册，整套软件和文档由专人保管。加强对系统专用软件的版本管理，每次的软件调整均应编制相应的软件版本编号和记录。

⑩ 每次监控工程扩建或改造完工后，必须及时更新整理一份完整的工程文档，并且要与前期工程文档相衔接。

⑪ 数据库内保存的历史数据在定期倒入外存储设备后，贴上标签妥善保管。

⑫ 历史数据保存的期限可根据实际情况自行确定，至少5年。

⑬ 监控系统的功能、性能指标每月抽查一次，每半年全面检测一次，抽查检测过程以不影响供电系统的正常工作为原则。

2. 监控系统维护项目及周期表

监控系统维护项目及周期表见表6-46。

表6-46　　　　　　　　　　动力及环境监控系统周期维护项目表

序号	项目	周期
1	做好监控系统巡检记录	月
2	抽查监控系统的功能、性能指标	
3	备份上个月的历史数据	
4	对统计的数据进行分析，整理出分析报告，并妥善保管	
5	做阶段汇总月报表	
6	备份系统操作记录数据	季
7	做阶段汇总年报表	年
8	全面抽查监控系统的功能、性能指标	
9	整理历史数据	
10	检查并确保监控中心服务器、监控主机和配套设备、监控模块及前端采集设备	
	有良好的接地和必要的防雷设施	
11	检查智能通信口与数据采集器之间的电气隔离及防雷措施	

（1）（每月）应对监控系统做巡检记录

① 监控中心的设备，如服务器、业务台、打印机、音箱和大型显示设备等运行是否正常；

② 查看系统操作记录、操作系统和数据库日志，是否有违章操作和错误发生；

③ 前端采集设备的数据采集、处理以及上报数据是否正常；

④ 监控中心局域网和整个传输网络工作是否稳定和正常。

（2）数据的管理与维护

① 每月备份上个月的历史数据，每年定期整理过期数据便于以后分析；

② 系统配置参数必须备份，系统配置数据发生改变时，自身配置数据应重新备份，用于出现意外时恢复系统；

③ 系统操作记录数据，每季备份一次，以备查用；

④ 每月对统计的数据进行分析，整理出分析报告，并妥善保管。

（3）动力监控系统的技术资料

① 线路敷设路由总图和布线端子图；

② 机房设备平面图；

③ 变送器、传感器安装位置图；

④ 监控系统总图；

⑤ 各种智能设备及采集设备的通信协议；

⑥ 各种设备的使用说明书；

⑦ 技术文件（操作、维护手册，测试资料等）；

⑧ 软件总体结构流程图；

⑨ 备品备件、工具仪表清单。

3．监控系统的安全管理

（1）安全机制

① 应通过主机配置或网络配置实现系统的双机热备份或各主机之间互为备份的功能，确保监控中心系统安全运行。

② 监控系统应有自诊断功能，随时了解系统内各部分的运行情况，做到对故障的及时反应。

③ 采用拨号方式连接时，连接监控主机用的号码资源不对外公开。

④ 监控系统应做到专网专用，严禁上网、下载其他程序和游戏程序。

⑤ 监控系统主机应安装防病毒软件，防病毒软件应随时更新，并定期查杀计算机病毒。

（2）用户权限

① 为保证监控系统的正常运行，在监控中心和监控站，应分别对维护人员按照对监控系统拥有的权限分为一般用户、系统操作员和系统管理员。

② 一般用户是指完成正常例行业务的用户，能够登录系统，实现一般的查询和检索功能，定时打印所需报表，响应和处理一般告警。

③ 系统操作员除具有一般用户的权限以外，还能够通过自己的账号与口令登录系统，实现对具体设备的遥控功能。

④ 系统管理员除具有系统操作员的权利外，还具有配置系统参数、用户管理的职能。系统参数是保障系统正常运行的关键数据，必须由专人设置和管理；用户管理实现对一般用户和系统操作员的账号、密码和权限的分配与管理。

⑤ 所有登录密码均作机密处理，维护人员之间不许相互打听，系统管理员在必要时可以更改某账号的密码。不同的操作人员应有不同的密码，所有系统登录和遥控操作数据必须保存在不可修改的数据库内定期打印，作为安全记录。

⑥ 对于设备的遥控权，下级监控单位具有获得遥控的优先权。对关键设备进行遥控时，应该确认现场无人维修或调试设备；有人员在现场操作设备时，应该通知上级监控单位在监控主机上设置禁止远端遥控的功能，在人员撤离时，通知恢复。

⑦ 系统所有技术手册、安装手册、软件等资料作机密保管。

⑧ 值班人员须按交接班内容逐项核实，利用动力及环境集中监控系统进行检查，查看当前告警、操作维护报表、交接班报表以及巡检设备运行的实时数据。

⑨ 严格执行操作规程，遵守人机命令管理规定，未经批准不做超越职责范围的操作。

6.2.3　配套线路维护要求

6.2.3.1　线路维护人员技能要求

（1）光缆线路单位应能配置完成维护工作所必需的具有专业资质的维护人员及其他人员。

（2）具有专业资质的维护人员及其他人员的数量应视代维线路的重要程度、代维工作量、维护环境等具体情况配置。原则上，一、二干光缆线路日常维护的线路维护人员数量按每 30 管程/杆程公里不少于 1 人，城域网光缆线路日常维护的线路维护人员数量按每 50 管程/杆程公里不少于 1 人。并必须达到能完成维护合同所规定的维护内容及指标的要求。

（3）线路日常巡回应有固定的熟悉管道、线路路由的巡回人员，如因特殊情况更换巡回人员应事先跟随原巡回人员熟悉路由，做好交接工作。

（4）光缆线路设备代维人员技能要求见表 6-47。

表 6-47 光缆线路设备代维人员技能要求

岗位	专业	技能要求
管理岗	管理	1. 熟悉光缆线路设备日常维护的内容及周期
		2. 能根据光缆线路设备日常维护的内容及周期合理计划维护工作及进行工作总结
		3. 能根据维护工作计划对维护工作进行检查和考核
		4. 了解光缆线路设备各种仪器、仪表、机具的用途及配置标准
		5. 能根据光衰耗和 OTDR 测试结果初步判断的故障类型
		6. 了解光纤接续的过程，操作标准
		7. 了解各种杆路设备及拉撑设备、吊线的安装标准
		8. 了解通信管道工艺要求
		9. 熟练组织、指挥故障抢修工作
		10. 掌握运营商光缆线路设备维护的管理规定、维护细则中的有关要求
专业技术岗	光缆维护	1. 了解 G.652、G.655 光纤在 1310nm 和 1550nm 传输窗口的衰减常数并能正确测试
		2. 能熟练使用光源、光功率计和光衰耗器；能根据测试结果进行初步的故障分析
		3. 熟练使用 OTDR 对光缆进行测试，并能判断故障和确定障碍点
		4. 熟悉光缆金属构件的绝缘特性"防护接地装置地线电阻""金属护套对地绝缘电阻"和"直埋接头盒监测电极间绝缘电阻"的概念和标准并能熟练测试
		5. 能正确区分光缆的端别、纤序
		6. 能进行光缆的机械连接
		7. 能熟练使用光纤熔接机进行光纤接续
		8. 掌握各种类型光缆接头盒、光缆终端盒的安装方法；能对光缆接头进行安装、保护、处理
		9. 熟练使用光缆开剥工具进行光缆开剥
		10. 掌握带业务割接时的"纵向开剥"技能（可选）
		11. 了解 G.652、G.655 光纤色度色散和偏振模色散的概念并能正确测试
		12. 光缆自动监测系统操作（可选）
		13. 掌握运营商光缆线路设备维护的管理规定、维护细则中光缆维护的有关要求
	杆路维护	1. 了解各种标杆测量法、立杆方法及标准
		2. 了解电杆的种类、规格、性能及埋设标准、方法
		3. 了解各种异型杆式的架设原则标准及安装
		4. 掌握各种拉撑设备的安装标准及安装方法
		5. 掌握吊线强度的计算方法
		6. 能进行线路故障的查找与修复
		7. 能完成杆线线路的架设及附属设备的安装
		8. 掌握运营商光缆线路设备维护的管理规定、维护细则中杆路维护的有关要求

岗位	专业	技能要求
专业技术岗	管道维护	1. 能完成管道、塑料管道包封、支模板、钢筋绑扎、打混凝土及养护时间强度
		2. 能独立完成管道坑槽深度、宽度、放坡比例要求，槽底障碍处理，放出人孔边线及管道槽边线和护土板的支撑
		3. 能完成敷设水泥管、塑料管、钢管和引上铁管铺管工艺要求，管带、管缝抹灰，养护时间强度
		4. 能完成水泥砂石、混凝土及水泥砂浆的配比，管道基础宽度、厚度、养护时间强度
		5. 能完成碎石垫层、回填土方，原土抄平夯实、土质更换情况、管块两腮夯实密度、管顶回填高度夯实密度
		6. 能完成人孔的四壁抹灰，人孔上覆的安装管孔窗口抹灰，人孔铁件的安装
		7. 掌握运营商光缆线路设备维护的管理规定、维护细则中通信管道维护的有关要求

岗位	专业	技能要求
一般技术岗	巡线	1. 熟悉光缆线路路由
		2. 能根据光缆线路路由图查巡线路
		3. 熟悉并能完成光缆线路设备日常维护的内容中的巡线相关要求
		4. 能够初步判断光缆、杆路、通信管道及其他线路附属设备的故障

6.2.3.2　光缆线路维护的主要方法

光缆线路由于敷设方式不同，可分为架空、直埋、管道等几种类型，每种类型都有其不同的特点，其维护工作也同样是不同的。

1. 架空光缆的维护

（1）杆路维修

光缆杆路逐杆检修，每年应进行一次，要求做到：杆身牢靠，杆基稳固，杆身正直，杆号清晰，拉线及地锚强度可靠。

（2）吊线检修

① 检查吊线终结、吊线保护装置及吊线的锈蚀情况，严重锈蚀应予以更换。

② 每隔半年检查一次吊线垂度，若发现有明显下落，应调整垂度。

③ 更换损坏的挂钩，并经常整理。

（3）检查光缆的下垂情况，观察外护层有无异常现象。逐杆杆上检修，检查杆上预留光缆及保护套管安装是否牢靠，接头盒和预留箱安装是否牢固，有无锈蚀、损伤，发现问题及时处理。

（4）排除外力影响

剪除影响光缆的树枝，清除光缆及吊线上的杂物，电杆下的堆草；检查光缆吊线与电力线，广播线交越处的防护、宣传装置是否齐全有效并符合规定。

2. 硅管及直埋光缆的维护

（1）硅管及光缆埋深应符合要求，而且最浅不得小于标准的 2/3。

（2）路面维护：光缆路由上无杂草丛生、无严重坑洼，无挖掘、冲刷、光缆裸露等现象，无腐蚀物质、易燃易爆品、堆放重物，无影响光缆的建筑施工；规定隔距内无栽树种竹等违章建筑，否则应及时处理。直埋光缆与其他建筑物的隔距应符合标准要求。

（3）标石的设置与维护：光缆路由标石应位置准确，埋设正直，齐全完整，油漆相同，编写正确，字迹清晰，并符合以下规定。

① 光缆标石应埋在光缆的正上方。接头处的标石埋在直线光缆上，转弯处的标石埋在光缆线路转弯的交点上，编号和标志面向内角。当光缆沿公路敷设间距不大于 50m，标石编号和标志可面向公路。

② 标石应尽量埋在不易变迁，不影响耕作与交通的位置。

③ 标石的编号应根据传输出方向，由 A 端至 B 端排列，一般以一个中继段为独立单位。

④ 光缆接头、特殊预留点、排流线起止点、转弯处、同沟敷设光缆的起止点、与其他缆线交越点、穿越障碍物进入点和直线段每隔 50m 处均应设置普通标石，需要监测光缆金属护套对地绝缘和电位在光缆的接头处应设立监测标石。

⑤ 下列情况应增设标石，并绘入维护图：处理后的障碍点；增加的线路设备点；与后设的管线、建筑物的交越点；介入或更换短段光缆处或其他需要增设的地方。

⑥ 标石分接头、转弯、预留、直线、监测、障碍等种类，编号和书写应符合规定的要求。

⑦ 护线宣传牌应完好无损。

3. 管道及管道光缆的维护

（1）管道整体状况维护

通过车巡或者徒步巡查，对通信管道外观进行检查。在检查过程中发现在管道路由上方有塌陷、取土或者其他市政建筑情况时，应当密切注意，并及时采取保护措施保证管道不受损坏。

（2）人孔及附属设施维护

通过徒步巡查结合下井检查的方法，对人孔及附属设施进行检查。检查过程中如果发现人孔内外盖发生丢失、破损，立板、托架发生丢失、损坏的现象，应及时进行增补、修复；当发现人孔上覆、井脖子的高程与市政建设发生冲突时，应对其进行增高或者回落。

（3）接头盒以及预留光缆维护

为确保人孔内接头盒安置稳妥，光缆走向排列整齐，预留光缆绑扎、安置可靠，光缆标签字迹清晰（标明中继段名称、芯数、级别）。通过徒步巡查结合下井检查的方法，对接头盒、预留光缆以及光缆标签情况进行巡查：发现光缆外皮、接头盒存在破损情况应及时进行修补，发现光缆标签丢失或者字迹不清时及时更换。

（4）人孔内卫生以及积水情况检查

春秋两季以及上冻之前开井进行检查，发现积水及时抽水，确保人孔内清洁、干燥。

（5）布放管道人孔内的光缆必须标有醒目标志，当人孔内敷有多条干线光缆时，还应标明光缆的具体名称。

（6）定期检查人孔内光缆设备是否完好，光缆标志有无丢失，发现问题及时处理。

（7）定期清除人孔内光缆上的污垢。

（8）检查人孔内光缆走线是否合理，排列是否整齐，管孔口塑料子管是否封闭，预留光缆安装是否牢固等，发现问题要妥善处理。

（9）发现管道或人孔沉陷、破损以及井盖丢失等情况，及时采取措施进行修复。

6.2.3.3　光缆线路障碍点的定位

1.　光缆线路常见障碍现象及原因

光缆产生故障的原因很多，不同原因导致其故障的特点也不相同，只有抓住这些特点，才能迅速准确地判定故障所在，从而及时进行修复。光纤故障主要有两种形式，即光纤中断或损耗增大。

（1）光纤中断障碍

光纤中断障碍是指缆内光纤在某处发生部分断纤或全断，在光时域反射仪 OTDR 测得的后向散射信号曲线上，障碍点有一个菲涅尔反射峰。

① 人为因素造成的障碍

A．架空光缆会受到汽车撞杆、挂断、倒树倒杆砸断、鸟枪击断、放炮炸断等因素影响而造成障碍。汽车撞杆或挂断光缆其特点是全部光纤同时在一处折断。撞杆多发生在马路拐弯处或交通繁忙路段，如果又是下坡处或雨天，发生的概率就更大。

B．维护人员应当熟记光缆与公路交叉的次数、地点、杆号、距离、路面等级及车流量，以及易发生撞杆的路段。当出现上述故障时，主要考虑是汽车挂断或撞杆引起的。结合 OTDR 仪测定的距离（要换算成光缆的皮长）就能立即判定故障点，抢修人员可直接将车开到相应的位置找到断缆处。

C．汽枪子弹击断光缆的特点也是全部光纤同时在一处中断，这种情况多发生在晴天野外树林或多鸟处，一般春、秋季节多见。

D．放炮炸断光缆的特点也是全部光纤同时在一处中断，这多发生在晴天的午饭和晚饭前，采石场或砖瓦厂附近取土处以及修公路（或铁路）处。这是因为雨天不利于爆破作业，放炮时间通常安排在下班时作业人员疏散后进行。因此在维护资料中应准备标出各采石场、砖瓦厂的位置和距离，以便于分析判断。

E．硅管及直埋光缆会因各类施工被挖断，一般都是光纤在一处全断。这种故障地面有的开挖痕迹，容易查找。

F．管道光缆会因修建高层建筑深挖基坑造成塌方、其他管线建设单位在管道光缆路由附近顶管施工而断缆。其最大的特点是同管道敷设的其他缆均在同一处发生故障。这类故障修复难度大，应力求避免。

② 气象因素造成的故障

大风暴雨会造成倒杆、倒树砸断架空光缆。其特点是除光缆在一处全断外，故障发生时多伴有大风或暴雨。分析时要根据当时的情况和沿线路由两侧的地物分布情况判断故障点的位置。敷设在地势较低处，如谷地、河岸、水库下游等地带的光缆线路易被突发的洪水冲毁。其特点是线路损坏的不是一点而是一段，一般发生在雨季汛期，查找容易，修复难。雷击地下光缆多会造成护层破损、挡潮层接地、金属加强芯接地、缆内铜线接地或混线。当电弧较强时，可能将一根或几根光纤熔化变形、甚至熔断。熔断时后向反射信号曲线上会在同一处出现较小的菲涅尔反射峰。

③ 地形地貌变化造成的故障

硅管及直埋光缆会受到塌方、滑坡、地陷的危害而发生故障。其特点是光缆全断、挡潮层、加强芯有接地现象。多发生在土质山坡，且发生故障时下了较长时间的大雨。地陷则多发生在沙质土地势平坦的地段。判定时应结合当时的天气情况、沿线地形和地质等情况综合分析。

地陷还会造成管道光缆因管孔错位而发生故障，其特点是同管道敷设的其他线缆会同一处发生故障。

④ 虫鼠害造成的故障

A．架空光缆会受到木蜂和松鼠的危害。木蜂为了寻找繁殖或越冬场所，会误将光缆当作竹子蛀咬。此故障特点是护层先被咬破，接着啃咬光纤，使单根光纤的损耗逐渐增大，最后完全中断。整个过程 3～4 小时。发生故障后，应向传输设备人员了解故障发生的时间和过程，以便作出判断。这类故障多发生在 4～5 月和 9～10 月间，但在我国南方，因天气暖和，全年各个季节均可发生。木蜂蛀咬的孔洞一般在光缆的下部，站在地面用望远镜可观察到。在中国南方山区，存活着大量的松鼠，它们啃咬光缆造成光缆破裂或光纤断纤的数量也在明显增加。

B．老鼠和白蚁会咬坏敷设在地下的光缆，故障现象及过程与木蜂、松鼠蛀咬类似。被老鼠咬坏的故障点通常在种植各类谷物、甘薯或甘蔗的旱地以及公路边、桥边、涵洞等地段，钢带铠的光缆也见被咬坏。在地下水位较高处，因为白蚁及鼠类不能在地下 1.2m 处生存，故不会发生类似故障，维护人员应熟悉光缆线路沿线的旱地作物种植情况以及地下水位和白蚁、鼠类的分布，以便于分析判断。

⑤ 振动态疲劳造成的接头断纤

架空光缆及其吊线由于受风的影响振动，使得光缆及光纤接头处长期受力而疲劳，进而发生断纤故障。另一方面接头盒内光纤如果盘放不当，会使光纤接头补强管根部的光纤长期受力疲劳导致断纤。这类故障的特点是只有一根或少数光纤断根，在断纤前可能有损耗增大的现象。OTDR 仪上显示的障碍点菲涅尔反射峰明显且紧挨着光纤接头处的台阶，所以很容易判定。断纤点多发生在光缆与接头护套交界处或光纤与接头补强管交界处。硅管及直埋光缆靠公路或铁路及其他振动源处极易发生断纤故障。管道光缆位于车辆流量大的路段接头盒内容易发生断纤。

（2）光纤衰减增大障碍

光纤衰减增大是指光缆接收端可以接收到光功率低于正常值，OTDR 仪上的后向散射信号曲线上有异常台阶或大损耗区（曲线局部变陡），轻则使通信质量下降，严重时则中断通信。

① 光缆制造质量引起的损耗增大

光纤在制造过程中可能有杂质混入，随着时间推移，这些杂质会使损耗逐渐增大。这种故障的特点是缆内所有光纤在某一个或几个制造长度上损耗都增大，后向散射信号曲线上该段变陡，并且其损耗是逐渐变大的。这种故障容易判定，但修复工作量大。

② 弯曲或微弯引起的损耗

A．弯曲损耗是指光纤弯曲半径过小所产生的附加损耗，光纤传输系统在使用过程中发生的弯曲损耗一般是发生在新增接头处（因故打开过的接头内）。其特点是缆内一根或几根光纤在上述部位 OTDR 仪上显示有异常损耗台阶，即原"下台阶"变大，"上台阶"变小或消失，甚至变成"下台阶"。

B．微弯曲损耗是光纤受到侧压力而产生的。系统在运行过程中出现这种故障的原因有两个，一是改道段或换缆段回填时；二是光缆进水结冰后使光纤受到挤压所产生的。其特点，前者是发生在改道或换缆之后，损耗台阶都在改道（换缆）；后者是发生在冬天气温很低时，管道光缆多见。

③　雷击造成的损耗增大

光缆遭雷击时，电弧可能将光纤烧熔变形，并破坏光纤表面的套塑层，使损耗增大。其特点是缆内一根或多根光纤同时在某一点损耗增大，后向散射信号曲线上光纤在同一处出现较大的非接头台阶。这种故障通常伴有挡潮层等接地故障。

④　光缆进潮引起的损耗增大

光缆进潮后，使钢加强芯与铝箔层之间产生电位差，从而电解出氢，氢对的光会产生吸收损耗。另一方面，扩散进光纤的氢形成氢氧根（OH⁻），使损耗增大。这类故障的特点是所有的光纤损耗都上升，后向散射信号曲线上有一小段曲线变陡，这种损耗是随时间增长而逐渐变大的，同时伴有挡潮层与加强芯间绝缘下降和挡潮层接地故障。通常以查挡潮层接地故障为主，找到了接地故障也就找到了进潮故障。

2．光缆线路障碍的测试与查找步骤

一般情况下，传输设备与线路障碍不难分清。确认为线路障碍后，在端站或传输站使用 OTDR 对线路测试，以确定线路障碍的性质和部位。

其方法步骤大致如下。

（1）用 OTDR 测试出故障点到测试端的距离

在 ODF 架上将故障纤外线端活动连接器的插件从适配器中拔出，做清洁处理后插入 OTDR 的光输出口，观察线路的后向散射信号曲线。OTDR 的显示屏上通常显示以下 4 种情况之一。

①　显示屏上没有曲线

这说明光纤故障点在仪表的盲区内，包括局外光缆与局内软光缆的固定接头和活动连接器插件部分。这时可以串接一段（长度应大于 1000m）测试纤，并减小 OTDR 输出的光脉冲宽度以减小盲区范围，从而可以细致分辨出故障点的位置。

②　曲线远端位置与中继段总长明显不符

此时后向散射曲线的远端点即为故障点。如该点在光缆接头点附近，应首先判定为接头处断纤。如故障点明显偏离接头处，应准确测试障碍点与测试端之间的距离，然后对照线路维护明细表等资料，判定障碍点在哪两个标石之间（或哪两个接头之间），距离最近的标石多远，再由现场观察光缆路由的外观予以证实。

③　后向散射曲线的中部无异常，但远端点又与中继段总长相符，在这种情况下，应注意观察远端点的波形，可能有如下 3 种情况之一出现。

A．如远端出现强烈的菲涅尔反射峰，提示该处光纤端面与光纤轴垂直，该处应成为端点，不是断点。障碍点可能是终端活动连接器松脱或污染。

B．如远端无反射峰，说明该处光纤端面为自然断纤面。最大的可能是户外光缆与局内软光缆的连接处出现断纤或活动连接器损坏。

C．如远端出现较小的反射峰，呈现一个小突起，提示该处光纤出现裂缝，造成损耗很大。可打开终端盒或 ODF 架检查，剪断光纤插入匹配液中，观察曲线是否变化以确定故障点。

④ 显示屏上曲线显示高衰耗点或高衰耗区，高衰耗点一般与个别接头部位相对应。它与菲涅尔反射峰明显不同，该点前面的光纤仍然导通，高衰耗点的出现表明该处的接头损耗变大，可打开接头盒重新熔接。高衰耗区表现为某段曲线的斜率明显增大，提示该段光纤衰耗变大，如果必须修理，只有将该段光缆更换掉。

（2）查找光缆线路障碍点的具体位置

当遇到自然灾害或外界施工等外力影响造成光缆线路阻断时，查修人员要根据测试人员提供的故障现象和大致障碍地段，沿光缆线路路由巡查，一般比较容易找到障碍地点。如非上述情况，巡查人员就不容易从路由上的异常现象找到障碍地点。这时，必须根据 OTDR 测出的障碍点到测试端的距离，与原始测试资料进行核对，查出障碍点是处于哪两个标石（或哪两个接头）之间，通过必要的换算后，再精确丈量其间的地面距离，直至找到障碍点的具体位置。若有条件，可以进行双向测试，更有利于准确判断障碍点的具体位置。

（3）光缆线路障碍点的准确判定

光缆线路障碍，按障碍发生的现实情况可分为显见性障碍和隐蔽性障碍。显见性障碍查找比较容易，多数为外力影响所致。可用 OTDR 仪表测定出障碍点与局（站）间的距离和障碍性质，线路查修人员结合竣工资料及路由维护图，可确定障碍点的大体地理位置，沿线寻找光缆线路上是否有动土、建设施工，架空光缆线路是否有明显拉断、被盗、火灾，管道光缆线路是否在人孔内及管道上方有其他施工单位在施工过程中损伤光缆等。发现异常情况即可查找到障碍点发生的位置。隐蔽性障碍查找比较困难，如光缆雷击、鼠害、枪击（架空）管道塌陷等造成的光缆损伤及自然断纤。

6.2.3.4 光缆线路障碍点的处理

1. 光缆线路障碍点的应急抢修代通

线路故障处理中参与现场抢修的人员应配置多种联系方式，具备我公司及其他运营商的移动联系电话，以方便故障处理过程的联系、沟通。光缆线路障碍点查找到以后，维护人员必须分秒必争，尽快组织力量进行光缆线路障碍点的处理。

2. 布放应急光缆实施抢修代通

在没有条件临时调通电路，或临时调通的部分电路不能满足大容量通信需求的情况下，应布放应急光缆来抢通电路，临时恢复通信，然后再重新选择路由布放新光缆，进行正式恢复。

3. 光缆线路障碍的修复

光缆线路障碍点的修复分为直接修复和正式修复两种情况。操作方法基本相同，但程序上又有区别。直接修复应首先完成主用光纤的熔接、端站测试，合格后即可将业务开通或倒换回来，然后再进行其他光纤的熔接。正式修复时，则应尽量保持重要通信不中断。一般应先熔接光缆中未抢修代通的光纤，端站测试合格后，即可将业务倒换到已修复的光纤上，再进行其他光纤的修复，完成后再将业务倒换到原主用光纤上。

6.2.3.5　线路维护中的安全生产要求

1.　线路勘查与测量安全

（1）在勘察测量施工时，应对路由经过的沿线环境进行详细调查，如有毒植物、毒蛇、血吸虫、猛兽和狩猎器具、陷阱等；在施工前要详细交底并采取相应预防措施。

（2）在路由复测中传递标杆，禁止抛掷，不得耍弄标杆，以免伤人。

（3）测量时，移动大标旗或指挥旗时，遇有火车和船只等行驶，须将旗放倒或收起。

（4）在雪地测量施工应戴有色防护镜，以免雪光刺伤眼睛。

（5）遇有雷雨、雾、雪天气时，应停止线路测量、施工，不能停工的作业，要采取防护措施。

（6）在测量时，凡遇到河流、深沟、陡坡等，要小心通过，不能盲目泅渡和贸然跳跃。在河流、深沟、陡坡地段布放吊线、光（电）缆、排流线要采取措施，统一指挥，防止发生作业人员因线缆张力拉兜坠落事故。

2.　施工现场安全

（1）在城镇及道路的下列地点作业时，必须设立明显的安全警示标志和标牌，白天用红色标志，晚间用红灯，根据需要设置防护围栏等设施和警戒人员，必要时请交通管理部门协管。

①　街巷拐角、道路转弯处、交叉路口；

②　有碍行人或车辆通行处；

③　在跨越道路架线、放缆需要车辆临时限行处；

④　架空光（电）缆接头处及两侧；

⑤　挖掘的坑、洞、沟处；

⑥　已经揭开盖的人（手）孔处；

⑦　跨越十字路口或在直行道路中央施工区域两侧。

（2）安全警示标志和防护设施应随工作地点的变动而转移，作业完毕应立即撤除。

（3）凡需要阻断道路通行时，应事先取得当地有关单位和部门批准，并请求配合。

（4）在铁路、桥梁或船只航行的河道附近施工时，应使用有关规定的标志，不得使用红旗和红灯等警示标志，以免引起误会造成事故。

（5）施工作业区应防止一切非工作人员进入，严禁非作业人员接近和触碰下列工具与设施。

①　揭开的人（手）孔井口、立杆吊架、立起的梯子和悬挂物；

②　接续线缆的设备和材料、点燃的喷灯、照明灯、加热的焊锡、电热器具、有毒性的化工材料等；

③　使用的绳索、滑车、紧线钳及其他料具；

④　使用的各种机械设备和电气工器具；

⑤　正在敷设或拆除的光（电）缆和电杆及附属设施等。

（6）在道路和街道上挖沟、坑、洞，除需设置安全设施和安全警示标志外，必要时应搭设临时便桥，并设专人负责疏导车辆和行人。

（7）沿公路、高速公路作业应遵守的原则如下。

①　因工程建设需要占用、挖掘道路，或者跨越、穿越道路架设、增设管线设施，应

当事先征得道路主管部门的同意；影响交通安全的，还应当征得公安机关交通管理部门的同意。

② 应当在经批准的路段和时间内施工作业，并在距离施工作业地点来车方向安全距离（白天 50m，夜间 80m）提前设置施工标志、闪灯；施工现场围挡整齐，有专人维护交通，并按规定穿着反光背心。

③ 施工作业完毕，应当迅速清除道路上的障碍物，消除安全隐患，经道路主管部门和公安机关交通管理部门验收合格，符合通行要求后，方可恢复通行。

④ 在高速公路上进行施工等作业时，作业单位应在距离作业地点的来车方向 1000m、500m、300m、100m 处分别设置明显的警告标志牌，按国标规范高速公路施工标准设置 80km/h、60km/h、40km/h 限速标志及三面 LED 导向箭头灯，并有专人维护交通。夜间作业人员必须穿着带有反光条的警示工作服，并在作业路段两端增设交通警戒人员。

⑤ 作业人员在作业范围以外行走时，应当避让正常行驶的车辆。

（8）在机房作业时，要按照机房管理要求严禁在机房内饮水、吸烟。按照指定地点设置材料区、工器具区、剩余料区。打膨胀螺栓孔、开凿墙洞应采取必要的防尘措施。机房设备扩容、改建工程项目需要动用正在运行设备缆线、模块、电源等设备时，须经机房值班人员、或随工人员许可，并严格按照施工组织设计方案实施，本班施工结束后应检查动用设备运行是否正常，并及时清理现场。

（9）施工现场有两个以上施工单位交叉作业时，要根据建设单位意见，签订《施工现场安全生产协议》，明确各方安全职责，对施工现场实行统一管理。

3．施工现场防火

（1）光（电）缆地下室、水线房、无（有）人站、以及木工场地、机房施工现场、材料库等处，应按规定配置消防设备；在以上地点施工时要制定安全防火措施。

（2）消防器材应置于明显地方，并注意使其分布位置合理，便于取用；消防设施不得被遮挡，消防通道不得堵塞。

（3）电气设备着火，应首先切断电源，使用 ABC 型干粉灭火器、四氯化碳、1211 灭火器或使用沙土灭火，不得使用水和泡沫灭火器。

4．野外作业安全

（1）勘测路由复测线路，应对线路或管道沿线情况进行人文、风俗、地理、环境等综合调查，将线路走向所遇到的河流、铁路、公路、穿跨越其他线路等进行详细记录，从而熟悉线路环境，辨识危险源，以便在线路施工时，采取相应的预防措施。

（2）在山岭上不得攀爬有裂缝易松动的地方或不牢固石块。

（3）炎热或寒冷天气必须注意防暑、防寒；雪地上作业必须佩戴防护眼镜。雨天和雪天后进行高处作业时，必须采取可靠的防滑、防寒和防冻措施。

（4）遇有六级以上强风或暴雨、大雾、雷电、冰雹、沙尘暴等恶劣气象条件时，应停止露天作业。不准在电杆、铁塔、大树、广告牌下躲避。

（5）铁路沿线及江河岸边作业时注意事项：

① 在江河、海上及水库等水面上作业时，应配置与携带必要的救生用具，作业人员必须穿好救生衣，听从统一指挥。

② 在洪水暴发时禁止泅渡过河；在冰面承载力不够或融冰季节禁止从冰上通过。

③ 在铁路、桥梁及有船只航行的河道附近作业，遇有火车、船只通过时，应将使用的大旗、警示标志放倒或收起，以免引起误会而发生意外。

5. 环境保护

（1）施工作业应当按照规定采取预防扬尘、噪声、固体废物和废水等污染环境的有效措施。

（2）在城镇、居民区、道路两旁及人员稠密的地方开挖沟槽、杆洞、人井的土方应集中堆放，并采取覆盖措施；土方回填时要防止扬尘，必要时边洒水边回填。

（3）机房内施工打膨胀螺栓孔时，应制作防尘罩；开墙洞、地沟时，应做防尘隔离措施。

（4）施工现场垃圾包括包装箱（盒、纸）和塑料泡沫，应按指定地点堆放。严禁在施工现场焚烧施工垃圾。

（5）施工现场应按照国家标准《建筑施工厂界噪声限值》（GB 12523）制定降噪措施，夜间施工不得有强噪声，噪声扰民时应和建设单位一起到有关单位、部门提出申请，并做好周边居施工人员作。

（6）施工现场、生活区应设置排水沟及沉淀池，不得将废水直接排入河流；食堂、盥洗室的下水管线应设置隔离网，并应与市政污水管线连接，保证排水畅通。

（7）现场存放的油料、油漆、化学溶剂等应设专门的库房，地面应进行防渗漏处理。废油漆、废机油应做回收处理或深层掩埋。

（8）施工现场的机械设备、车辆的尾气排放应符合国家环保排放标准。

（9）野外施工应注意植被和农作物的保护，不得随意践踏，开挖土方时，应尽量减少对植被和农作物的破坏。

（10）夜间施工应对施工照明器具种类严格控制，特别是在居民区内，应减少施工照明对居民的影响。

6.2.3.6　光缆线路维护日常整治

由于光缆线路随时间变化会产生不同情况的隐患，在日常维护工作中应针对发现的隐患及时处理，避免故障的发生。

1. 直埋光缆安全隐患主要存在于过河、村屯附近挖沙取土点、埋深不够这 3 种场景。

（1）直埋光缆过河受河水冲刷容易出现问题，对原有直埋线路可采用出土架空过河，架空电杆应做水泥护墩加固；还可采用顶管过河（适用河底土层较厚）。

（2）直埋光缆靠近村屯附近挖沙取土段落，应改变路由及时迁走，远离挖沙取土点。

（3）直埋光缆埋深不够分为两种情况：① 土层较薄无法深埋可采用原路由架空，还可改变路由寻找土层较厚路由直埋；② 土层没有问题可采用原路由直埋。

2. 架空光缆安全隐患主要存在于靠流近河流受河水冲刷、过路高度不够、靠近有火险隐患的各类设施、雨季防雷击。

（1）架空光缆靠近河流分为两种情况：① 与河流同向平行应该变路由远离河流；② 与河流交越、过河应对原有电杆做水泥护墩加固。

（2）架空光缆过路高度不够，应使用高杆或品接杆对原有过路电杆进行替换。

（3）架空光缆靠近有火险隐患的各类设施，较常见的是农村堆放在村屯外的柴草垛，由于近年农村将柴草垛多堆放于村屯外、对我架空光缆造成了很大的安全隐患，靠近柴草垛的架空光缆应重新选定路由改迁至安全地段。

（4）雨季防雷击，对有雷击隐患的架空杆路光缆吊线应每隔 300～500m 利用电杆避雷线或拉线接地，每隔 1km 左右加装绝缘子进行电气断开。

6.2.4　分布系统维护要求

室内及小区覆盖分布系统所包含的天馈系统、耦合器、功分器、干线放大器等无源和有源器件、TD 室分设备 GPS 馈线和天线。

6.2.4.1　室内分布系统故障处理

室内分布系统是由基站设备、有源直放站设备、无源部分（天馈系统）三部分组成，如图 6-96 所示。因此，室内分布系统故障分为基站故障、有源设备故障、天馈系统故障和系统故障四大类。

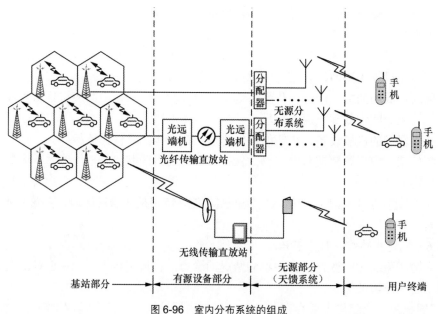

图 6-96　室内分布系统的组成

进行室内分布系统故障分析时，通常从基站部分开始检查，如果是基站故障，应根据故障现象及时通报联通公司，组织对基站进行检修；如果基站正常工作，则应对有源直放站设备进行检查，发现设备故障应及时对设备进行维修或更换；如果设备工作正常，则应对天馈系统进行检查，发现天馈系统故障应立即用驻波比测试仪确定故障点，并组织天馈系统整改。如果排除了基站故障、设备故障和天馈系统故障，则判定为系统故障，需要对整个室内分布系统进行综合分析，判断是否直放站自激、是否上行噪声干扰基站等原因，对系统参数进行相应的调整。室内系统的故障分析流程如图 6-97 所示。

首先检查设备电源模块是否正常，然后检查设备的输入输出功率是否正常。确定设备内有问题的模块后，及时对相应模块进行更换，或对整机进行更换。

如果直放站设备的供电不正常，可以判定电源模块故障，需要更换供电模块。如果设备供电正常，用频谱仪检查设备的下行输入功率、下行输出功率是否正常。如果下行输出功率不正常，则可以判断设备下行链路中某一模块故障，逐个检查各模块的输入输出功率是否正常，从而确定发生故障的模块。如果出现覆盖区内手机接收场强正常，但无法建立呼叫的现象，可以初步判定为直放站上行链路故障。在设备离网状态下，用频谱仪和信号源检查直放站设备的上行增益；在设备工作状态下，在设备上行输出端接频谱仪测量上行输出功率，如果判定设备上行增益过小，对上行各模块逐一进行检查，判断发生故障的模块，并进行更换。

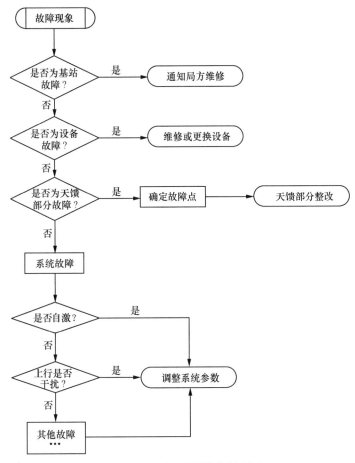

图 6-97　室内分布系统的故障分析流程图

对于光纤直放站，还应检查光/电转换模块的光收发功率是否正常。对于光近端机，如果光盘发光功率不正常，可以初步判定光盘故障，更换光盘看故障是否消除。如果光盘收光功率不正常，应检查远端机的发光功率和光纤、尾纤、光法兰盘、光衰耗器、光分路器等无源器件。

设备故障的分析流程如图 6-98 所示。

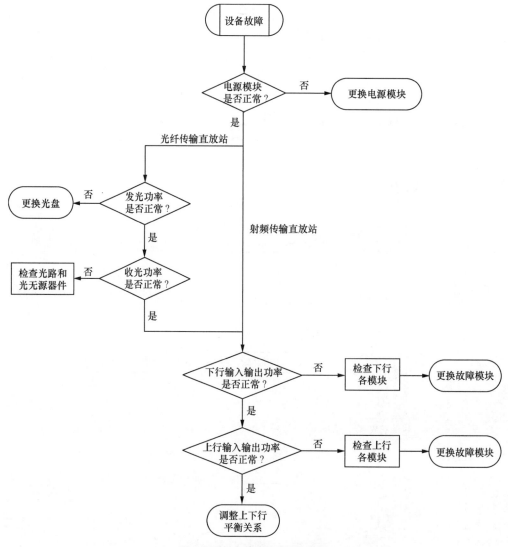

图 6-98　设备故障的分析流程图

6.2.4.2　常见故障现象分析及相应解决方法简述

针对移动网优人员反映的问题及平时收到的用户（移动手机用户和业主）投诉，以及在维护工作中常见的故障现象及其相应的解决方法，在此做简单概括和总结，希望可以指导维护工程师的日常维护工作。

1. 覆盖区域内无信号

一般室内系统无信号多为用户投诉较多，根据我公司日常维护经验，总结出现此类现象可能的原因有如下几点。

① 系统设备市电供应被切断；

② 室内覆盖系统设备故障引起覆盖区域无场强覆盖；

③ 无源天馈系统故障；

④ 微蜂窝基站故障。

若发现室内分布系统设备系电供应被切断，应及时判定电源被切断的原因，并与站点业主相关部门取得联系，在最短时间内恢复设备正常供电。

可通过针对在不同的具有代表性的天线先进行相应测试，并根据测试统计结果进行对比以确定具体设备故障。例如，若发现同一台覆盖端机驱动的 4 副天线下手机接收场强有较大差异（一个在–45dBm 以上，一个在–45dBm 以下），则可确认为光远端机故障，需进行更换，若确定纯 RF 覆盖区域天线下场强测试明显高于干放驱动天线下的手机接收场强，则可确认为干线放大器故障，应予以更换。

若怀疑由于无源天馈系统出现问题而导致无信号，则应以 SITEMASTER 测试无源分布系统的 VSWR 值，如此可准确定位故障点（如接头问题、天馈线安装工艺不合乎规范）。

BTS 故障或传输中断：如若在主机房内发现 BTS 载波板或主监控板上出现告警，可确认为 BTS 问题。若发现微波中断机光端机或 PSTN Modem 出现告警，则可确定为传输问题。出现以上现象，应及时电话通知 OMC 值班员并确认，交由移动公司相关部门解决，并跟踪确认处理的结果。

2．有信号但无法上线

如果覆盖区域内有信号，但手机用户无法上线或通话过程中手机上行发射功率偏高则可从以下几个方面进行分析判断。

① 系统上行底增益设置过低；

② 有源设备上行通路故障或参数设置不当；

③ 站点内存在带内干扰源；

④ 由于覆盖区域边缘出现乒乓效应而导致用户无法顺畅建立呼叫。

若发现手机用户在信号覆盖弱区出现频繁切换现象。则可确定为乒乓效应此现象可能由于有源设备故障或老化系统的下行输出功率降低引起的。排除设备故障原因后可考虑改变天线位置，或在有可能的条件下相应提高有源设备或 BTS 的输出功率。若以上方法都不能排除故障现象，则应考虑在相应位置进行补加天线点。

若天线下通话测试时发现手机上行发射功率极高（占用 900MHz 时上行为 5，占用 1800MHz 导频时为 0），则应着重检查有源设备上行通道是否正常。检查光覆盖系统上行光纤通道是否正常，检查射频上行通道增益是否正常并相应进行处理（熔光纤、更换设备）。应及时调整有源设备上行动态增益以满足移动台进行呼叫请求的要求。

若已分别排除以上故障原因的可能性，则应着重测试室内有无干扰源（如询问用户是否自行安装并使用手机信号屏蔽器）之类的干扰源，如确认有干扰源，应劝说用户关闭或上报移动公司协调解决。

（1）若 OMC-R 统计反映室内分布系统（严重）干扰基站，可着重从以下几方面进行检查：

① 有源设备上行链路增益参数设置不当使得系统上行底噪声设置过高；

② 覆盖区域边缘与室外小区之间有同频或者邻频干扰；

③ 覆盖区域内存在客观干扰源，具体方法如下。

A．在天线下进行多次拨打测试，并密切关注手机接收误码率是否过高或检查有源设备驱动的天线下手机在通话过程中上行 TxPwr 变化情况。以此可大概判断是否由于系统上行底噪设置过高而引起干扰。最终以频谱分析测试有源设备（特别是干线放大器）上行指标参数，并进行适当的调整，以消除室内分布系统对微蜂窝基站的上行干扰。

B．对于已经开通并投入运行很久的系统，则应考虑排除由于设备参数设置不当而引起的上行干扰，此时则应侧重考虑站点周围是否存在同频或者邻频干扰。可以用测试手机粗略查看有否同、邻频干扰。最好用 TEMS 测试软件确认是否有同/邻频干扰，若确认有同/邻频引起对系统的干扰，则应及时通知 OMC 及相关网络优化人员进行及时调整。

C．如果站点覆盖区域内存在客观的带内干扰源（如用户自行安装的"手机信号屏蔽器"或者业主曾经使用过其他的手机信号放大设备而未及时关闭），一般都可以通过询问业主得以确认。应劝说业主立即关闭干扰源。另外，由于其他室内分布系统中使用的有源设备带外抑制指标不合乎规范，也会引入一定的上行带内干扰，对此应引起足够的关注。

（2）若 OMC-R 统计结果显示室内分布系统掉话率过高，则应从以下几方面进行分析、处理。

① 系统内存在或者出现信号覆盖盲区、弱区；

② 由于室内小区与室外小区间小区邻序关系的改变而引起掉话；

③ 有源设备或其他系统引入的带内干扰导致掉话；

④ 由于小区内话务量突增而导致的话务拥塞引起掉话率的骤增。

A．检查是否由于设备故障、老化或由于室内某些区域功能的改变而导致原来未考虑进行覆盖的区域出现覆盖盲区或信号弱区，引起手机脱网导致掉话。若判断为室内出现盲区或过弱区，应根据具体情况分别进行处理（如更换设备或考虑申请补加天线点）。

B．考察站点切换敏感区（如大厦的门口）移动手机用户的切换是否通畅。并根据数据记录和现场测试判断周围是否有新开站点（室外新站）未及时与室内覆盖小区进行有效的小区邻序关系定义。并把相应判断结果上报至网优部门。对相应网络参数进行调整或重新定义，以解除由于移动台切换不成功而引发的掉话（对于近期内出现掉话率骤增的站点基本可以排除由于 BSC 间切及 MSC 间切换定义不当引起的掉话）。

C．若 OMC 反映话务忙时掉话率较高，则应考虑考虑是否由于小区出现短时话务拥塞，话务量超负荷引起掉话，所以与 OMC 及时、有效地沟通是十分有必要的。

D．另外，由于其他设备或系统引起的带内干扰也会引发小区掉话率的升高，在维护工作中应引起相当的重视。例如，可能由于中国联通 CDMA 系统使用的室内信号直放机带外抑制指标不合格而干扰移动室内分布系统，如怀疑由于干扰原因而引起掉话。可用相关网络覆盖测试软件（如 TEMS）进行详细测试并定位排除干扰源。

6.2.4.3 预防性维护的周期及维护内容

根据各站点开通及设备投入使用的时间及对各个站点的设备分布和故障率进行统计和分析，特别制定以每季度为周期的季度性巡检机制。针对个别特殊站点，制定不定期的巡检制度。通过季度性的预防性巡检和不定期的巡检工作，将故障发生率降到最低，将用户的投诉消灭在萌芽状态。使室内分布系统设备工作在最佳的工作环境和状态下，并不断针对原系统提出更合理的改造或扩容建议，以期更有效地发挥室内分布系统在网络优化中的作用。

1．巡检工作中需要着重进行测试的数据

① 测试手机进入室内小区覆盖区域内能否顺利实现小区重选；

② 测试各天线下 1m 处手机的下行接收功率 RxL 及通话时上行发射功率 TxPwr；

③ 通话质量测试；

④ 楼宇各门口处切换测试；

⑤ 分布系统内各有源设备性能指标参数测试。

2．巡检过程中需要进行统计和调查的内容

① 向移动网优值班人员了解系统掉话率情况；

② 统计各切换频繁区域内的切换成功率；

③ 调查覆盖区域内用户的使用情况和满意度。

3．巡检工作中需要留意的事项

① 信源基站（微蜂窝小区）有无载波调整；

② 是否有新的信号盲区或弱区（特别是室内分布系统已经使用很久的站点，应特别注意是否对电梯进行了有效覆盖，以及是否有因业主原因使得功能发生改变的区域需要覆盖）；

③ 机房、电井内的卫生状况及相对温度、湿度和通风状况，确保设备处在良好的运行环境中；

④ 有否可能对设备造成损毁的其他隐患；

⑤ 站点的自然信息是否发生变更（如业主联系人及其联系方式的变化）。

第7章
室分技术展望

移动通信室内信号覆盖除了采用传统的分布系统方式外，还有各种新型覆盖技术来补充解决。新型覆盖技术主要体现在新覆盖产品和新覆盖方式两方面，近几年设备厂家相继推出了光纤分布系统产品（如 MDAS）、Small Cell 覆盖产品等，同时各地运营商探索的光交箱、监控杆、路灯杆等新型覆盖方式可以较好地、更加便利地解决深度覆盖不足问题。

7.1 光纤分布系统产品

随着移动通信市场不断发展，对室分站点建设需求与日俱增，截止到 2013 年年底，室分物理站点数量已达到宏站的 50%以上。

现有典型室分站点工程建设形式为：安装 BBU/RRU 信源，通过馈线、无源器件、天线等进行分布系统改造及建设，完成对室分场景的多网无线覆盖，如图 7-1 所示。

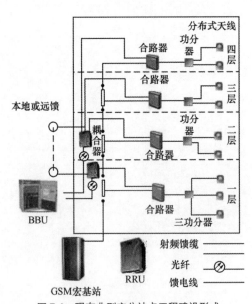

图 7-1　现有典型室分站点工程建设形式

现有由馈线、无源器件、天线等构成的传统分布系统的主要优缺点分析如下。

1. 优点

① 经典传统的组网方案,成熟度高。

② 如设计阶段考虑充分,后期新增网络可通过直接合路完成网络覆盖,简单有效且具备良好的兼容性。

③ 馈线、无源器件、天线等生产工艺较成熟;器件总体可靠性较高。

2. 缺点

① 馈线、无源器件、天线都是哑设备,无法主动发现故障,且排查难度大。

② 在大中型室分场景中,馈线、无源器件、天线数量多,施工安装难度大,对快速覆盖和隐蔽覆盖实现难度大,发生问题或故障后整改难度大。

③ 多网共分布系统时,多系统隔离需依赖无源器件完成,一旦使用不合格无源器件,容易造成系统干扰。

④ 安装集成后,如果遇到搬迁或拆除等情况,馈线及器件拆除工作量大,难以完全利旧复用。

7.1.1 新型室分工程建设技术及设备分析比较

结合宏站分布式设备的发展趋势,针对传统馈线、无源器件分布系统存在问题,目前业界主要有 3 种新型产品及解决方案。

1. 主设备厂家的分布式室分技术及产品

以华为公司的 LampSite 为代表,以 BBU、RHub、PRRU 为结构的系统如图 7-2 所示。

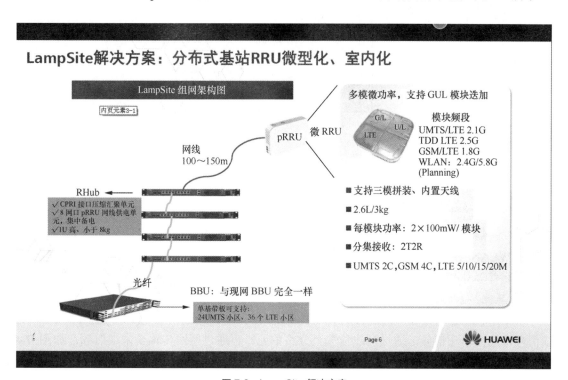

图 7-2 LampSite 解决方案

产品特点为：通过光纤连接 BBU、RHub，实现对移动通信基带信号的室分主干层传递，在平层通过网线或光纤接入 PRRU，实现末端室分覆盖。

目前支持 3G/4G 等多模 PRRU 远端，如果要支持 2G 网络覆盖的话，需要额外增加 RRU，同时 PRRU 内增加 2G 网络射频模块。

2. 室分集成商的数字光纤分布系统 MDAS

以京信等公司代表的 MDAS（Multi-service Distributed Access System Solution）为代表，是一种多业务分布系统，可支持多制式多载波，与传统模拟分布系统相比，同时具备混合组网、时延补偿、自动载波跟踪、上行底噪低等特点。MDAS 由接入单元（MAU）、扩展单元（MEU）和远端单元（MRU）组成，如图 7-3 所示。

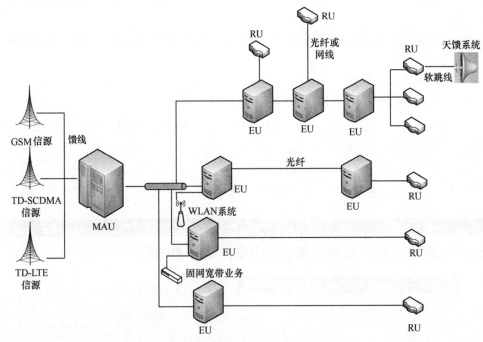

图 7-3　数字光纤分布系统 MDAS

产品特点为：本质是经过改进的光纤直放站，由 MAU 将多系统的近端 RRU 射频信号转换为光信号，通过光纤传递至 MEU 拓展单元，再通过混合光缆（光纤+电源线）接入末端的 MRU 完成多系统无线覆盖。同时支持在 MEU 接入 WLAN 的 ONU 信号，通过末端 MRU 透传实现 WLAN AP 同步覆盖。

目前有多种产品型号，支持 2G/3G/4G 覆盖。

3. 其他厂家的模拟分布系统及微放站

以无锡移动公司正在现网运行的英锐祺系统为例，采用模拟中频技术，将信源或基站无线信号转换为中频信号，通过网线传输至分路单元，再通过网线传输至末端射频，如图 7-4 所示。

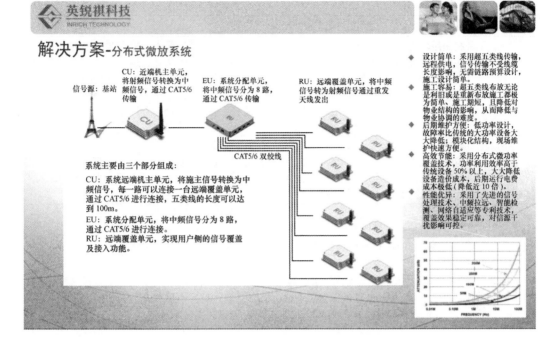

图 7-4 模拟分布系统及微放站

4. 新型室分产品与传统馈线无源器件分布系统的分析比较

具体优缺点分析比较见表 7-1。

表 7-1 新型室分产品与传统馈线无源器件分布系统的优劣对比

项目	新型室分产品	传统分布系统
组网方案	**好** 采用宏站分布式技术发展趋势，利用光缆或网线完成信源至拓展单元，以及拓展单元至天线覆盖点的连接，组网方案简单	**一般** 采用传统射频分配模式，组网方案较复杂
工程实施	**较方便** 在信源至拓展单元之间，以及拓展单元至有源天线覆盖点之间，取消了部分或全部馈线及无源器件连接模式，用相应光纤、电源线、网线替代，工程实施难度较低（电源取电和布放也会影响施工进度）	**较麻烦** 需要大量的馈线及无源器件，特别在主干层及平层没有良好布线环境的情况下，工程建设难度大
安全可靠	**相对较好** 取消了大量馈线及无源器件，大幅减少了可能引发问题的故障点数量。同时有源设备全部是明设备网管可以监控。 但有源器件的长期工作耐久性及指标一致性不如无源器件稳定	**较好** 无源器件一般不容易出现性能下降的问题，只要规范可靠连接，且器件质量良好，可以确保长期稳定质量。但是前三级器件在长时间工作后，容易老化，性能降低
维护网优	**较好** 不再是哑设备，可监控，利于排障维护。但是有源信源点较多，有源故障率和有源维护量将有所增加。 同时设备、器件数量大幅减少，利于维护排障	**一般** 日常维护量少，但是无源器件发生故障，由于是哑设备哑系统，无法监控，排障难度大

项目	新型室分产品	传统分布系统
投资效益	**在适用场景中，投资效益佳** 在普通建设场景中，投资效益一般 直接取消了主干层的馈线及无源器件，同时减少了原本布设这些馈线及器件的集成商。 在规模使用的情况下，分布式设备的单价会逐步下降	**在中小型场景中，投资效益较佳** 在大型及复杂建设场景中，投资效益一般。 在中小型场所，新方案增加的分布式设备的总费用会高于传统馈线及无源器件，但是在用户难以协调室分改造或者新选大型复杂室分场景的情况下，传统方案不如新型方案
实施速度	**较快** 省略了主干馈线、无源器件及平层的大部分馈线、无源器件连接，建设速度很快。 大型小区一般 2～5 天全部建完	**较慢** 传统方案复杂的馈线及无源器件产品，建设速度慢，大型小区一般需要 10～15 天才能建完
搬迁拆除利旧	**好** 全部设备都可以拆除利旧，如果主干层光缆无法拆除利旧，我方损失也很小	**较差** 主干层的馈线、无源器件很难拆除利旧，平层馈线、器件拆除利旧也不是很方便
四网兼容性	**较好** WLAN 都是末端合路支持为主； 主设备厂家的分布系统需要共址同厂家兼容；MDAS 有 2G/3G/4G 兼容产品。 但如果今后有新的移动通信技术制式，系统需要整体替换或升级	**较好** WLAN 都是末端合路或独立放装型为主； 通过替换合路器及分布系统改造，正常支持 2G/3G/4G 系统兼容； 只要天馈系统及无源器件频段支持，可以透传支持所有移动通信制式，不存在系统整体替换或升级问题

5. 3 种室分新技术新设备比较

3 种室分新技术新设备比较见表 7-2。

表 7-2　　　　　　　　　　　　　　3 种室分新技术新设备比较

项目	LampSite	MDAS	模拟分布系统微放站
代表厂家	华为、爱立信等	京信、虹信、三维、欣民等	英锐其等
产品成熟度	一般，正在推广过程中，有局部使用情况	良好，在全国有规模使用	一般，正在推广过程中，无锡等地有使用
是否支持 2G/3G/4G 三网	没有多模产品直接支持，有 3G/4G 双模产品，2G 需要额外 RRU 支持。2014 年下半年支持多模产品	支持	支持
如何支持 WLAN	末端合路或者独立放装	在拓展单元合路或者独立放装	拓展单元合路或者独立放装
是否额外需要 RRU 信号源？	3G/4G 双模产品不需要 RRU，2G 需要 RRU。 据说 2014 年新多模产品不再需要 2G RRU	2G/3G/4G 都需要	可以需要，也可以不需要无线耦合外部宏站信号
有无独立网管？	有，与大网网管共用	有，与 GRRU 网管共用	有，独立网管
网管监控模式	以太网	以太网或者无线 SIM 卡监控模式	以太网或者无线 SIM 卡监控模式
推荐连接线缆模式	信源与拓展单元用光纤，拓展单元至有源天线用网线	信源与拓展单元用光纤，拓展单元至有源天线用混合光电光缆或网线	全部是网线
拓展单元接入能力	能下接 8 个 PRRU	能下接 8 个 MRU	能下接 8 个 MRU

项目	lampsite	MDAS	模拟分布系统微放站
接入控制单元远端接入能力	32 个	128 个	32 个
拓展单元是否支持级联，级联能力	支持，4 级级联	支持，4～7 级级联	不支持
是否支持 MIMO	支持	支持	支持
远端覆盖单元是否支持外接天线	不支持	支持	支持
远端单元功率	100mW	500mW	50mW
远端单位的无线覆盖半径（按 4G 网络链路预算考虑）	20m 左右	30m 以上	10～20m
如果购买了 2G/3G 设备，是否支持平滑升级至 2G/3G/4G 设备	不支持	不支持	不支持
是否有国家或者行业标准	属于新型产品，厂家正在申报中	中国移动已有初步技术规范，正在进一步组织行标制订，京信公司牵头参与编制	属于新型产品，暂无，目前可参考京信的 MDAS 标准及规范
目前使用情况	在欧洲使用较早，目前在广东、浙江、江西、新疆等省公司有使用。我省 4G 二期规划部已提前借货 50 台 LampSite 产品试点使用	在广东、四川、贵州等省公司有规模招标使用，在 27 个省的地市公司有规模使用。我省各市分公司公司有规模不等的使用，其中无锡公司使用规模较大，50 套以上	有局部使用，如无锡、盐城、泰州等
初步建议适用场景	适用于 2G/3G/4G 室分主设备来源都是同一厂家（如华为）的室分新选场景。因为目前只有 3G/4G 共模产品，2G 覆盖仍需要增加 2G 网络 RRU，需要等主设备厂家 2014 年底多模产品能商用后再进一步推广	已有 2G/3G 室分覆盖，需要新建 4G 覆盖时遭遇业主阻挠或者现场施工环境不理想的室分场景（如居民小区、大型商务楼宇之类）；需要改造或新增 4G MIMO 双路的场景；年代久远无法进行大规模馈线无源器件改造的室分厂家，需要快速建设部署的室分场景；特别适用于无法建设传统宏站及室分的场景（房屋结构为 6～8 层的小高层，或存在业主阻挠建站纠纷，小区无电梯地下室无法建室分，小区无法建楼顶天线，大型居民区内部周边宏站覆盖不到）	只需要用最简单的方式，最节省的投资，完成 2G/3G 覆盖的室分场景，业务量不大主要是覆盖。如车间厂房、地库等

项目	lampsite	MDAS	模拟分布系统微放站
主要优点	主设备厂家研发，品质相对有保证。在 2G/3G/4G 全是同厂家设备时，年底可直连 BBU 的多模产品出现后（无需外接 2G 网络 RRU）会有良好的应用前景。 多模产品出现后，无需额外 RRU 安装及投资，建设效益佳	支持多厂家多制式的 2G/3G/4G 及 WLAN 信源接入，建设灵活度好。同时在传统直放站技术上进行了改良，增加了功率增益控制、噪声控制等功能，实际网络性能较好。 系统稳定性较好，无锡公司试用 1 年多，没有设备故障退服情况	不采用复杂的数字技术，选择有效够用的模拟中频技术，造价相对较低，能满足一般的室分覆盖要求
主要缺点	室分场景中出现 2G/3G/4G 不是一个主设备厂家时，建设意义不大	仍需要主设备 RRU 信源投入，网管性能上不如主设备厂家丰富，毕竟是有源设备，理论上分析，长期稳定性可靠性可能不如无源产品，需要现网观察验证。 今后有 5G 等新型移动通信技术制式时，系统需要整体替换或升级	模拟技术的可靠性及拓展能力不足。 总体性能不如数字系统

7.1.2 建议适用场景

1. LampSite 类产品

适用于 2G/3G/4G 室分主设备来源都是同一厂家（如华为）的室分新选场景。因为目前只有 3G/4G 共模产品，2G 覆盖仍需要增加 2G 网络 RRU，待主设备厂家多模产品能商用后再进一步推广。

2. MDAS 类产品

已有 2G/3G 室分覆盖，需要新建 4G 覆盖时遭遇业主阻扰或者现场施工环境不理想的室分场景（如居民小区、大型商务楼宇之类）；需要改造或新增 4G MIMO 双路的场景；年代久远无法进行大规模馈线无源器件改造的室分厂家，需要快速建设部署的室分场景；特别适用于无法建设传统宏站及室分的场景（房屋结构为 6～8 层的小高层，或存在业主阻挠建站纠纷，小区无电梯地下室无法建室分，小区无法建楼顶天线，大型居民区内部周边宏站覆盖不到。）

7.1.3 MDAS 产品工程建设要点提示

（1）本期中标厂家都提供 2G/3G/4G、2G/4G、2G/3G 等不同类型产品，同时远端分为室内内置天线型、室内外接天线型、室外内置天线型、室外外接天线型 4 类，请根据实际工程建设需求选择建设，原则上应加大 2G/3G/4G 类产品建设。

远端使用总体建议如下。

① 对于范围较大的空旷场景，如厂房、超市、体育场、大型地下停车场等，建议优先使用内置天线型远端。

② 对于隔断多的室内站点，如酒店、办公楼等，建议优先使用外接天线型远端。

③ 对于住宅小区等复杂场景站点，建议根据实际情况，混合使用内置天线型远端和外接天线型远端。

（2）2G 网络 900/1800MHz 至少支持 8 个载频，支持 3G 网络 A 频段，至少支持 4G 网络 2320～2370MHz 的 E 频段中任意 20MHz 频点（频点长短可选）。支持跟踪频点功能，具备频点自动修改功能。支持 3G 网络及 4G 网络各种时隙配比要求。

（3）1 个近端至少可以连接 4 个中继端，1 个中继端至少可以连接 8 个远端。分公司在进行接入端及中继端方案设计时，宜满足 20% 以上远端接入能力的扩容余量，确保今后扩容便利。

（4）MDAS 类产品支持从中继端接入，WLAN 透传覆盖的功能（详见后面章节）。

（5）MDAS 远端最大功率为 27dBm，在网管上可设置为分级可调，应根据覆盖要求灵活设置。

（6）MDAS 产品利用光纤传输，避免了 RRU 射频馈线传输衰耗，可有效减少 RRU 数量，在工程设计中应重点关注 RRU 数量需相比原有普通分布系统所需 RRU 有大幅减少，根据中国移动无锡分公司经验，采用 MDAS 系统后，RRU 需求数量减少 50% 以上。

（7）因采用分布式室分产品后，无需大量无源器件及馈线，可能会出现集成商新建站点集成费下降情况，各分公司应加强对集成商的沟通激励及日常管理，确保集成商保持工作积极性，满足我方新型分布式室分产品建设要求。

7.1.4　MDAS 类产品透传 WLAN 覆盖方案

光纤分布系统（MDAS 系统架构）如图 7-5 所示。

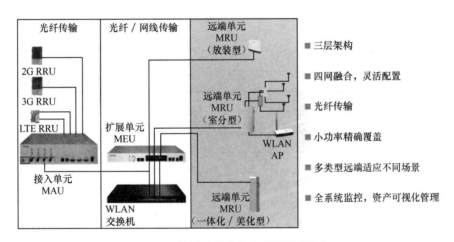

图 7-5　光纤分布系统（MDAS 系统架构）

光分布系统为 WLAN 预留和 WLAN 透明传输通道（见图 7-6），如需接入 WLAN，应在扩展单元（MEU）通过五类线接入 OUN（或 WLAN 交换机）远端单元（MRU）接入 AP，AP 与 MRU 之间为五类线连接，在安装过程中需注意以下事项。

① 接入端 OUN 可以是 POE OUN 或者普通 OUN，但是对于 POE OUN 必须保证 5 类线线序满足 IEEE 802.3at（或 IEEE_802.3af）标准，不能出错，否则容易造成 MEU 网口损坏，为了降低相应工程风险和造价，建议使用不带 POE 功能的 ONU。

② 原则上，京信、虹信和国人三家 MDAS 设备的 MRU 均提供了 POE 供电，但是三家

设备在 MRU 上的 POE 均不带标准的 PD 检测，从安全角度出发，第一，必须保证 MRU 至 AP 五类线线序必须符合 IEEE 802.3at（或 IEEE_802.3af）标准；第二，在 MRU 加电前保证 MRU 与 AP 无物理连接，待 MRU 加电稳定后，测试 POE 端口线序电压应满足如下要求后再将五类线连接至 AP。POE 端口线序电压满足要求见表 7-3。

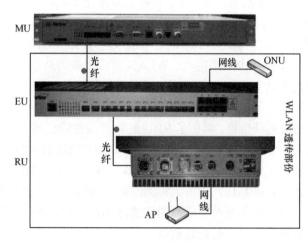

图 7-6　WLAN 透传部分

表 7-3　　　　　　　　　　　　POE 端口线序电压满足要求

Conductor	A4G 网络 rnative A（MDI-X）	A4G 网络 rnative A（MDI）	A4G 网络 rnative B（All）
1	Negative VPSE	Positive VPSE	
2	Negative VPSE	Positive VPSE	
3	Positive VPSE	Negative VPSE	
4			Positive VPSE
5			Positive VPSE
6	Positive VPSE	Negative VPSE	
7			Negative VPSE
8			Negative VPSE

1. Positive：正极，Negative：负极；

2. 电压在 46~54V 之间，典型值为 48V；

3. 以上条件只要满足 A4G 网络 rnative A（MDI-X）、A4G 网络 rnative A（MDI）、A4G 网络 rnative B（All）之一即可；

4. 因 POE 供电电压大于 36V 的人体安全电压，请在连接施工时注意用电安全！

7.2　Small Cell 覆盖产品

随着 3G 网络业务的拓展，用户对网络体验要求越来越高，而目前由于建筑物的阻挡、物业协调困难等问题，无线深度覆盖不足是当前运营商的重要难题。3G 网络企业级 Femto 可以为用户提供 3G 网络和 WLAN 接入信号，有效解决了信号覆盖率低的问题，适用于企业集团、写字楼、酒店、校园、小区、街道、场馆、地铁、应急通信等应用场景。

7.2.1　Femto 的功能特点

1. 产品 1——3G 网络企业级 Femto

设备主要功能特性如下。

① 3G 网络支持多载波，实现大容量、大范围的优质无线网络覆盖；

② 支持 3G 网络 F 或 A 频段，支持 WLAN；

③ 支持即插即用、侦听同步、自配置自优化功能，免人工干预；

④ 接入方式简单：ADSL、以太网；

⑤ 支持内置天线或连接室内分布系统；

⑥ 支持语音、视频通话、HSDPA 数据业务；

⑦ 3G 网络和 WLAN 输出功率均为 100mW；

⑧ 具备软件远程下载、升级等完善的网管操作功能；

⑨ 具备干扰指示、拥塞指示、设备异常指示功能；

⑩ 具备自恢复功能。

2. 产品 2——3G 网络企业级 Femto

（1）Femto 基本功能：即插即用

① 导频功率自动调整和设置；

② 扰码自动分配，避免小区干扰；

③ 频率自我学习；

④ 无线参数自规划；

⑤ 邻小区自感知道。

（2）Femto 特色功能

① 单点双模：同时提供 TD-Femto 和 WLAN FIT AP 功能，单点布设，双模覆盖；

② 自动组网：具有 Sniffer 和 SON 功能，提供简单的规划和配置方式；

③ 远程管理：使用 Femto 远程管理平台，远程进行管理，降低维护成本；

④ 精确定时：采用 A-GPS/Sniffer 混合同步模式，提供精确定时。

3. 室分、WLAN、Femto 三种技术定位

（1）室分：仍然是室内覆盖解决的主流方案，能有效解决室内语音、数据业务发展需求；如局部有高发数据业务量需求，3G 室分在容量上很难满足，需考虑其他方式辅助解决。

（2）WLAN：以承载高速数据为主，覆盖重要公共热点区域，分流 3G 网络的数据流量，降低网络建设成本，增加用户黏性；作为宽带末端接入技术，结合固定宽带为用户提供一揽子解决方案。

（3）Femto：主要面向小规模区域或家庭客户；对于容量需求小、重要的弱覆盖区或覆盖盲区，进行补盲应用；企业级 Femto 是在室内分布系统部署困难、且有宽带接入情况下的一种临时替代解决方案。

7.2.2　Femto 的关键技术参数

1. 产品 1——3G 网络企业级 Femto 关键技术参数

表 7-4   **企业级 Femto 3G 网络关键技术参数**

序号	要求类别	性能及指标
1	支持载波数	三载波
2	工作频段	F 频段（1880～1920MHz）或 A 频段（2010～2025MHz）
3	最大发射功率	100mW
4	接收机参考灵敏度	≤-104dBm
5	业务能力	支持两种配置方式： 第一种方式： 支持 1 个 HSDPA 载波、2 个 R4 载波； 时隙配比为 2:4 的情况下， HSDPA 业务能力： 支持平均速率为 1.3Mbit/s 的 HS 下载速率，支持 7 个 HS 用户； R4 业务能力： CS 12.2kbit/s AMR 语音业务 24 个； CS 64kbit/s 视频业务 7 个； PS 64/64kbit/s 数据业务 7 个； PS 64/128kbit/s 数据业务 7 个；
6	业务能力	PS 64/384kbit/s 数据业务 2 个。 第二种方式： 支持 2 个 HSDPA 载波、1 个 R4 载波； 时隙配比为 2:4 的情况下： HSDPA 业务能力： 每个 HSDPA 载波支持平均速率 1.3Mbit/s，支持 7 个 HS 用户； R4 业务能力： CS 12.2kbit/sAMR 语音业务 15 个； CS 64kbit/s 视频业务 3 个； PS 64/64kbit/s 数据业务 3 个； PS 64/128kbit/s 数据业务 3 个； PS 64/384kbit/s 数据业务 1 个。
7	支持同步方式	sniffer、天线拉远
8	自配置能力	具备自配置自优化功能

表 7-5   **企业级 Femto WLAN 关键技术参数**

序号	要求类别	性能及指标
1	遵循标准	IEEE 802.11b/g/n
		802.11i 安全（WEP、WPA/WPA2）
		802.11e WMM（多媒体优先权）
2	业务能力	支持多 SSID（8 个虚拟 AP）配置
		支持 NONE、开放式认证、共享密钥认证
		支持自动功率控制，功率调整范围 5～20dBm
		支持自适应动态接入速率控制
3	WAN 口配置	WAN 口支持静态地址、DHCP、PPPoE（ADSL）

序号	要求类别	性能及指标
4	工作频段	2.412～2.472GHz
5	发射功率	19dBm±1.5dBm/54Mbit/s， 17dBm±1.5dBm/HT20 MCS7
6	回传带宽要求	最低网络要求带宽为独享 4Mbit/s，时延≤300ms，抖动≤50ms，丢包率≤5%

表 7-6　　　　　　　　　　　　企业级 Femto 其他技术参数

序号	要求类别	性能及指标
1	电源特性（适配器）	输入：AC 100～240V，50/60Hz，1.5A 输出：DC 12V，7.0A
2	功耗	60W
3	机箱防护	机箱防护等级 IP30
4	工作温度	−5℃～+40℃
5	工作相对湿度	15%～85%
6	尺寸	360mm×250mm×51mm（长×宽×高）
7	重量	4kg
8	覆盖范围	约 1000m^2

2. 产品 2——3G 网络企业级 Femto 产品关键技术参数

表 7-7　　　　　　　　　　3G 网络企业级 Femto 产品 2 关键技术参数

序号	名称	型号	TD 载波	TD 功率	Wi-Fi 模式	Wi-Fi 功率
1	单模企业级 AP	EN1220	1	250mW	/	/
2	室分型企业级 AP	EN1221	1	250mW	瘦单频单流	500mW
3	室内放装型 AP	EN1222	1	250mW	瘦双频双流	100mW
4	室内放装型 AP	EN1223	1	250mW	瘦双频双流	250mW

表 7-8　　　　　　　　　　3G 网络企业级 Femto 产品 2 关键技术参数

规格参数	Enterprise AP（企业 AP）			
型号	EN1220	EN1221	EN1222	EN1223
频段	A/F 频段	A/F 频段	A/F 频段	A/F 频段
容量	1TRx			
	14 路 AMR12.2 语音通话			
	5 路 CS 64kbit/s 视频通话			
	16 个 PS/HSDPA 用户			
	7 个 CS+PS 并行用户			
HSDPA 速率	1.6Mbit/s	1.6Mbit/s	1.6Mbit/s	1.6Mbit/s
Tx power	24dBm	24dBm	24dBm	24dBm

续表

规格参数	Enterprise AP（企业 AP）			
Wi-Fi 性能	-			
	-	100mW		
		2.4/5.8GHz 2×2 MIMO	2.4/5.8GHz2×2 MIMO	2.4G Hz（单频谱）
整机功耗	12W	23W	30W	35W
电源	POE 或 48V DC Adaptor		48V DC Adaptor	

7.2.3　3G 网络企业级 Femto 产品与室内分布系统建设的选择

3G 网络企业级 Femto 室分依托不同场景内的 IP 宽带接入，完全利用现有的宽带资源，支持 VLAN 分流，楼层间无需走线，安装简便易行，与传统室分相比，Femto 室分成本较低：Femto 室分没有传输成本，没有物业租赁、电费成本低。

3G 网络企业级 Femto 产品可在小型站点或重点投诉区域进行使用，相比室分建设，其在造价低、需要快速解决、物业协调困难的情况下可使用，也可用于住宅小区的深入覆盖。对于小范围的空旷区域，Femto AP 可以直接布放覆盖，无需走线和布放天线；在小于 $10000m^2$ 的区域布放，Femto 室分方案有明显的成本优势和 3～6 倍的容量优势；对于投诉高的或者高档的写字楼，Femto 室分的信源点多，天线口功率均匀，功率误差小，能更好地保证写字楼内信号的质量；除以上场景外均采用室内分布系统。

选择 3G 网络企业级 Femto 产品的必要要求如下。

① 覆盖项目现场可提供 6MHz 宽带速率，回传带宽要求：时延≤200ms，抖动≤50ms，丢包率≤5%。

② 由于 TD 网络需要时钟同步，要保证 3G 网络企业级 Femto 产品的覆盖天线能接收到室外 TD 宏站信号强度必须（Femto 的信号输入端）达到–100dBm 以上；否则需要使用 GPS 天线；如不能满足该要求则采用室内分布系统进行覆盖。

③ 项目建设核算造价相比室分系统低，建议项目面积在 $1500m^2$ 左右较为适宜。

④ 项目设备安装现场可提供 220V 供电电源。

⑤ 项目单站覆盖用户数不超过 16 人。

1. 企业级 Femto 室内分布系统建设的选择

TD Femto 系统可以适用于 3G 网络室内分布系统的补盲覆盖，覆盖能力强，能很好地解决室内弱覆盖和深度覆盖问题。

TD Femto 系统适用多种场景。经过验证，TD Femto 系统适用于学校、住宅、写字楼、地下停车场等场景，比如 Femto 单个布放型（住宅）、Femto 多个布放型（写字楼）等。

在不同回传方式如满足回传带宽需求则可应用。但为了保证业务质量，建议使用自有固定宽带（含铁通）进行回传。

回传带宽的需求情况。为保证用户各项业务的 QoS，为 Femto-AP 提供的宽带网端口带宽至少在 4Mbit/s 以上，用户下载速率达 1Mbit/s。

覆盖计算模型见表 7-9。

表 7-9 　　　　　　　　　　　　　　　　**TD 室分传播模型**

$$PL(d)=20\times\log(f)+10\times n\log(d)-28dB+Lf(n)+Xb$$

f：频率，单位为 MHz，n：室内路径损耗因子，d：移动台与天线间距离，单位为 m，Xb：慢衰落余量，取值与覆盖概率要求和室内慢衰落标准差有关，通常室内取 6，$Lf(n)=\sum(n/i=0)P_i$，P_i 为第 i 面墙的穿透损耗，n 为隔墙数量。

室内路径损耗因子			
f（GHz）	住宅	办公室	商场
2.0GHz	2.8	3	2.2
项目	2000M 损耗（dB）	频率（MHz）	2000
玻璃挡板	5～8	覆盖半径（m）	11.3
钢筋承重墙	15～30	慢衰落余量（通常取值）	6
普通砖墙	8～15	场景—办公区	3
人体	3	办公区综合损耗	10
石膏板	5～10	$PL(d)$	85.6
天线口输出功率（dBm）	天线增益	边缘场强（dBm）	
0	0	−85.6	

　　家庭级 Femto 一般支持 16 个用户附着，支持 4～6 个用户同时使用。企业级 Femto 一般能够同时支持 8～16 个用户；限于用户数量限制，如在用户密集区域，建议采用室内分布系统建设覆盖。

2. Femto 建设条件

见表 7-10。

表 7-10 　　　　　　　　　　　　　　　**Femto 建设条件**

典型场景	分类	Femto 安装要求	Femto 数量	优势
写字楼	小于 1000m² 区域（如有实体隔断，4 间房间以内为佳）	1. 4Mbit/s 以上宽带接入（移动宽带最佳）；2. 时延低于 150ms；3. 丢包率低于 8%；4. 单层面积 1000m² 以内	1	1. 短信推送功能（可根据业主要求定制短信内容，只要 TD 手机进入覆盖区即可收到）；2. 同时提供 TD 与 WLAN 信号；3. 安装简单，即插即用，可挂墙，可放天花板
小区社区				
商业类建筑（商业广场）				
宾馆、酒店（酒店大厅）				
工业园区				
大型场馆				
高校场景				
交通枢纽				
地下车库				
茶餐厅				
超市				
银行				
售楼中心				
营业厅				

满足以上条件的场景优先考虑建设 Femto。

3．传统室分与 Femto 室分布局对比

企业级 Femto 射频口功率为 20dBm，采用 7/8″馈线，百米线损取 6.4dBm，串联方式，天线间距 10m，如果天线口功率为 8～10dBm，那么大约可以接 6 个天线。详情如图 7-7 所示。

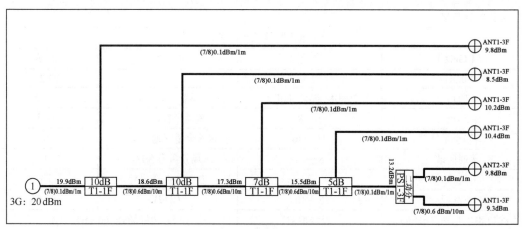

图 7-7　天线口功率计算图

（1）外置天线

AP 支持外置天线接口，提供射频信号的输出和输入。可以通过直接外接天线和外接分布系统两种方式对弱覆盖区进行全向和定向覆盖。该覆盖方式能灵活应对不同场景，有效拓展 AP 覆盖范围，提升覆盖质量和增加容量。

（2）Femto 室分覆盖模型：

① 以办公室无缝覆盖为模型：如图 7-8 和图 7-9 所示，单 AP 室分的覆盖范围为 $1500m^2$；天线覆盖半径为 8～12m；天线间距 16～24m；室分边缘场强–85dBm 左右；也可直接覆盖，不布放馈线，不带分布覆盖。

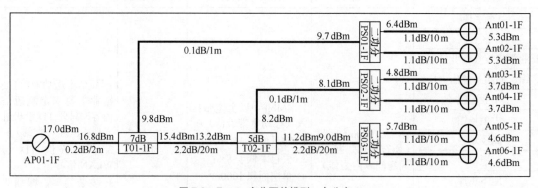

图 7-8　Femto 室分覆盖模型—办公室 1

优势如下：可根据需求灵活布局；多 AP 提升系统话务容量；同时解决无线 WLAN 覆盖；完全利用现有的宽带资源，支持 VLAN 分流；支持交流和 POE 供电方式，安装灵活；功率分配均匀，平均天线口导频 4.5dBm；楼层间无需走线；信源点多，天线口功率均匀。

② 传统室分覆盖模型如图 7-10 所示。

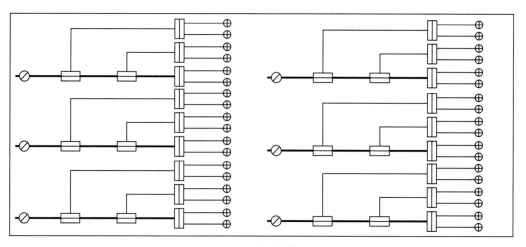

图 7-9　Femto 室分覆盖模型—办公室 2

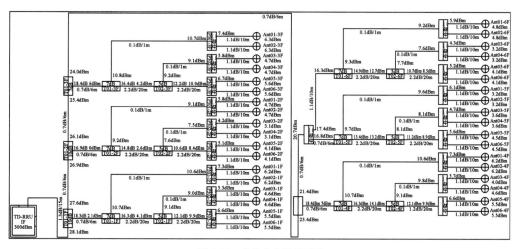

图 7-10　传统室分覆盖模型

系统特点：单一信源，小楼层功率有冗余；平均天线口功率 4.8dBm，功率误差大；楼层间需穿孔走线。

③ 布局对比如图 7-11 和表 7-11 所示。

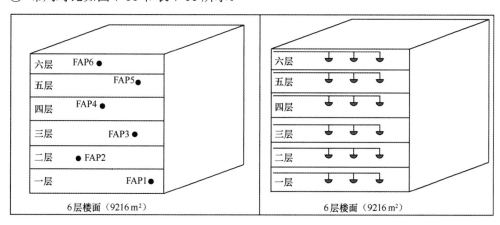

图 7-11　传统室分与 Femto 室分布局对比

表 7-11 传统室分与 Femto 室分布局对比

企业级 AP 按楼层安装	一套信源，楼层共享容量
不同楼层均可提供容量	楼层间由器件分配功率
AP 可直接覆盖，也可带分布覆盖	必须分布式覆盖
IP 宽带接入，简单易行	光纤传输接入，需协调施工
Femto 室分	传统室分

4. 传统室分与 Femto 室分建设材料对比

传统室分与 Femto 室分建设材料对比见表 7-12 至表 7-14。

表 7-12 传统室分建设材料

6 个 AP 的覆盖材料

序号	设备名称	数量	单位
1	Femto-AP	6	台
2	1/2″馈线	624	m
3	1/2″馈线接头	132	个
4	二功分	18	个
5	5dB 耦合器	6	个
6	7dB 耦合器	6	个
7	吸顶天线	36	个

表 7-13 Femto 建设材料

传统室分覆盖材料表

序号	设备名称	数量	单位
1	BBU+RRU	1	套
2	1/2″馈线	697	m
3	1/2″馈线接头	144	个
4	二功分	19	个
5	5dB 耦合器	7	个
6	7dB 耦合器	7	个
7	吸顶天线	36	个
8	10dB 耦合器	2	个

表 7-14 传统室分与 Femto 建设材料对比

6 层楼 6 个信源	6 层楼 1 个信源
馈线接头少	馈线接头多
分路器少	分路器多
Femto 室分	传统室分

5. 典型场景优势对比

典型场景优势对比见表 7-15。

表 7-15 典型场景优势对比

分类	典型场景	AP 数量	成本对比（万元）		优势
			Femto 估算	传统室分估算	
1500m² 左右的区域	办公室、网吧、KTV、营业厅、餐馆、候车室、VIP 贵宾室	1	0.7	3.6	成本低
10 000m² 内的连续楼宇覆盖	写字楼、商业中心、超市、小企业	6	4.2	4.5	容量高建设易
10 000m² 的室外覆盖	公园、广场、厂房	2	1.4	3.8	协调易布放快

6．投资对比

（1）建设成本比较（见图 7-12）

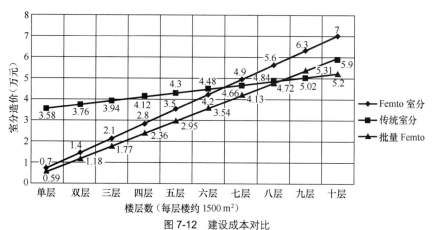

图 7-12　建设成本对比

（2）不同场景下 Femto 建设投资比较

Femto+分布系统建设投资成本与传统室分对比见表 7-16。

表 7-16 不同场景下 Femto 建设成本对比

分类	典型场景	场景细分	AP 数量	成本对比（万元）	
				Femto 估算	传统室分估算
1500m² 左右的区域/10 000m² 内的连续楼宇覆盖/大于 10 000m² 的连续楼宇覆盖	写字楼	回字型	1/6/≥7	0.7/4.2/≥4.9	3.6/4.5/≥4.7
		一字型			
		H 型			
		隔断式办公区（大开间）			
10 000m² 内的连续楼宇覆盖/10 000m² 的室外覆盖/大于 10 000m² 的连续楼宇覆盖	居民小区	高层塔楼	6/2/≥7	4.2/1.4-≥4.9	4.5/3.8-≥4.7
		高层板楼			
		中底层板楼			
		商业街区			
		别墅			

分类	典型场景	场景细分	AP 数量	成本对比（万元）	
				Femto 估算	传统室分估算
10 000m² 内的连续楼宇覆盖/大于 10 000m² 的连续楼宇覆盖	商业类建筑	大型商场	6/≥7	4.2/≥4.9	4.5/≥4.9
		大型超市			
		专业市场			
		街边底商			
1500m² 左右的区域/10 000m² 内的连续楼宇覆盖	宾馆、酒店	走廊+单边房间	1/6	0.7/4.2	3.6/4.5
		走廊+双边房间			
10 000m² 的室外覆盖	工业园区	厂房区	2	1.4	3.8
1500m² 左右的区域/10 000m² 内的连续楼宇覆盖		办公区	1/6	0.7/4.2	3.6/4.5
		宿舍区			
1500m² 左右的区域/10 000m² 内的连续楼宇覆盖	大型场馆	会展中心	1/6	0.7/4.2	3.6/4.5
10 000m² 的室外覆盖		室外体育场	2	1.4	3.8
10 000m² 内的连续楼宇覆盖/大于 10 000m² 的连续楼宇覆盖		室内体育馆	6/≥7	4.2/≥4.9	4.5/≥4.9
1500m² 左右的区域/10 000m² 内的连续楼宇覆盖/大于 10000m² 的连续楼宇覆盖	高校场景	宿舍楼	1/6/≥7	0.7/4.2/≥4.9	3.6/4.5/≥4.7
		教学楼			
		图书馆			
		食堂			
		体育馆			
		礼堂			
1500m² 左右的区域/10 000m² 内的连续楼宇覆盖	交通枢纽	机场	1/6	0.7/4.2	3.6/4.5
		火车站			
		地铁站			
		汽车站			
/	特殊场景	地铁隧道	/		
		公交站台			
		公交及机场大巴			

对比如下。

① 投资

A．在小于 10 000m² 的区域布放，Femto 室分方案有明显的成本优势和 3～6 倍的容量优势。

B．对于小范围的空旷区域，Femto AP 可以直接布放覆盖，无需走线和布放天线，Femto 室分没有传输成本。

C．Femto 室分没有物业租赁、电费成本极低。

② 工程

A．设备小，安装简单；

B．自组网提供容量，无需参数配置与环境选点测试；

C．无需网络规划；

D．无传输施工；

E．无基础工程（电力、接地、防雷）。

③ 维护

A．统一网管监控，故障易查且易定位；

B．单体覆盖面积小，故障影响面小；

C．设备小，更换简单容易；

D．无需专职维护人员。

7.2.4　3G 网络企业级 Femto 产品与室内分布系统建设案例

1. Femto 单个布放型

Femto 单个布放型案例如图 7-13 所示。对于重点投诉区域住宅小区，考虑到覆盖盲区，采用家庭型 Femto，依托宽带安装在住户家中，用于住宅小区的深入覆盖；快速地解决投诉，满足信号覆盖的要求。

图 7-13　Femto 单个布放型

2. Femto 多个布放型

Femto 多个布放型案例如图 7-14 所示。对于投诉高的或者高档的写字楼，需要快速解决、室分协调困难的情况下；对于用户数较多的重点区域覆盖方案，依托宽带将企业级 Femto 安装在办公室，使用多个 Femto 布放来解决覆盖。

图 7-14　Femto 多个布放型

3. 中小型室分施工难点解决案例

案例：某银行，如图 7-15 所示。

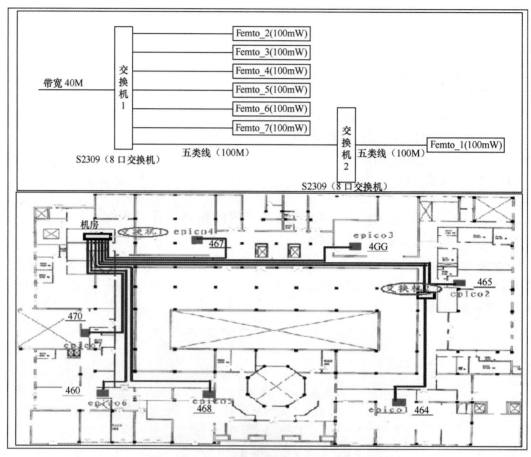

图 7-15　中小型室分施工难点解决案例

开通测试显示：用户手机信号显示满格；语音业务主被叫正常、话音清晰；可视电话业务正常、画面流畅；数据业务实现最高 5Mbit/s（下行）/1Mbit/s（上行）的单用户业务体验。综合来看，Femto 解决方案为用户提供了与室内覆盖相近的业务体验。

本试点是典型的由于室内分布式无法施工，却又必须重点保障 3G 覆盖的难点区域。采用 Femto 解决方案，有效地降低了施工和部署难度，但从经济效益上来看，7 个 Femto 仅覆盖 1500m^2 的二层办公楼，成本相对传统室内分布式系统较大，投资收益相对较低。

此方案推荐用于 3G 网络建设难点和重点形象保障区域。

4. Femto 信源与小型室内分布式相结合

案例一：某营业厅办公楼，如图 7-16 所示。

一栋 3 层高的办公楼，每层面积大约 1000m^2，其中一楼为营业厅，二楼和三楼为办公场所，每层约 20 人。由于墙壁较厚，附近宏基站较远，信号穿透能力弱，导致楼内信号强度低，影响营业厅的 3G 业务演示效果。

采用两个企业级 Femto 设备加小型室内分布系统的解决方案，以较低成本解决该楼一层营业厅和二三楼办公区域的 3G 覆盖问题。

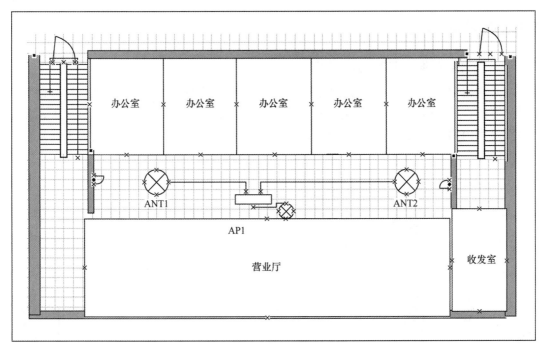

图 7-16　Femto 信源与小型室内分布式相结合案例 1

相比于传统的室分方案，Femto+小型分布式系统的优势在于部署快速灵活，同时比起单独 Femto 方案又有效控制了建设成本。建议在不方便部署室分系统并且用户数较少的中小型楼宇采用此方案。

案例二：某高校宿舍楼，如图 7-17 所示。

一栋 6 层高的宿舍楼，其中只有 3 层作为宿舍，其余 3 层堆放杂物；每层面积大约 2600m^2，每层约 40 人。由于校区距离宏基站较远，信号穿透能力弱，导致楼内信号强度低。

采用 3 个企业级 Femto 设备加小型室内分布系统的解决方案，以较低成本解决该楼的 3G 覆盖问题。

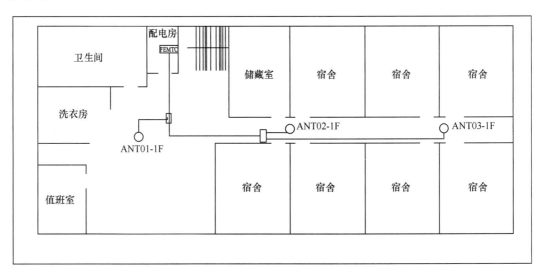

图 7-17　Femto 信源与小型室内分布式相结合案例 2

7.3 信号满格宝

7.3.1 信号满格宝的功能特点

信号满格宝是通过回传天线将 BTS 空间信号（墙体外 GSM、TD-LTE 等空间射频信号）耦合到室内，通过微放单元进行滤波放大后，最后经由接入天线进行射频信号放大、覆盖，从而满足室内用户的要求。信号满格宝产品由回传天线、微放单元和接入天线 3 部分组成。

组网方案如图 7-18 所示。

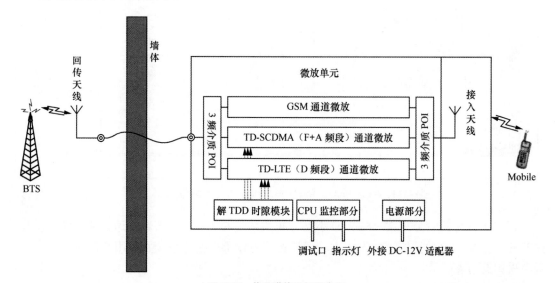

图 7-18　信号满格宝组网方案

信号满格宝具备特点如下。

① 满格宝支持 2G/3G/4G 多模且无需有线回传，适用于覆盖面积为几十至几百平方米的营业厅、商铺、地下室、居民家庭、电梯井等室内覆盖场景，具有部署简单快速、成本低的显著优势。

② 2G/3G/4G 多模的信号强度平均可改善 20dB 以上，LTE 上下行吞吐量显著提升，GSM 语音质量显著改善。

③ 具备穿透一堵承重墙或两堵非承重墙的能力，室内开阔场景下单台设备可覆盖 $1000m^2$ 左右。

④ 满格宝具有完善的防自激保护机制，单个 TD-LTE 小区同时开启 20 台满格宝，宏网上行底噪无抬升。

满格宝产品应用于公众场合时，增加支持远程监控等功能。

在不影响大网的前提下，可考虑适当增加满格宝设备的增益及发射功率，以满足面积较大的室内低价值区域覆盖需求，如地下停车场、隧道等。

7.3.2 信号满格宝的关键技术参数

1. 射频性能

信号满格宝射频性能见表 7-17。

表 7-17　　　　　　　　　　　　　　　　信号满格宝射频性能

		技术指标要求		
序号	参数名称	技术指标		
1	工作制式	GSM 上行	GSM 下行	TD-LTE：D/F 频段 TD-S：A 频段
2	工作频带	885～909MHz	930～954MHz	2575～2635MHz 1880～1920MHz 2010～2025MHz
3	额定输出功率	13dBm（20mW）		DL：17dBm（50mW） UL：10dBm（10mW）
4	增益	60dB（±3dB）		65dB（±3dB）
5	EVM	8PSK≤2%		64QAM≤5%
6	同步方案	—		基带同步
7	接收灵敏度	—		RSRP≤−115dBm
8	噪声系数	UL≤6dB	DL≤9dB	
9	ACLR	UL≥36dBc	DL≥45dBc	
10	频率误差	≤0.1ppm		
11	驻波比	≤1.8		
12	ALC功能	≥20dB		
13	传输时延	≤1μs		
14	带外杂散	≤−36dBm/100kHz		
15	整机功耗	≤16W		
16	带内波动	≤3dB		
17	最大输入功率	≤−10dBm		

2. 硬件指标

信号满格宝硬件指标见表 7-18。

表 7-18　　　　　　　　　　　　　　　　信号满格宝硬件指标

电气指标	
电源	DC12V
整机功耗	15W
机械指标	
主机重量（kg）	≤0.9
状态指示灯	支持信号强度指示，同步指示，自激告警及电源指示
回传天线口接头类型	50Ω　SMA
接入天线	内置/外置
微放尺寸	210mm（长度）×155mm（宽度）×45mm（厚度）
环境指标	
环境温度	工作温度−20℃～+50℃
相对湿度	≤85%
防护等级	防水、防尘等级满足 IP31

3. 回传天线性能

信号满格宝回传天线性能见表7-19。

表 7-19   信号满格宝回传天线性能

电气指标		
频率范围	880～960MHz	1880～2700MHz
增益	≥6.5dBi	≥8dBi
电压驻波比	≤1.5	≤1.5
水平波瓣宽度	90±15°	85±15°
垂直波瓣宽度	75°	65°
前后比	≥10dB	≥12dB
阻抗	50Ω	
机械指标		
接口型号	N-Female	
天线尺寸	165mm（长度）×155mm（宽度）×48mm（厚度）	
天线重量	320g	
温度范围	−40℃～+60℃	
天线罩	ABS	

7.3.3 信号满格宝电典型应用场景

1. 居民家庭

场景描述：某小区二楼居民家庭（建筑面积95m²，2室2厅），安装位置如图7-19所示。

图 7-19 信号满格宝应用场景 1

满格宝位于客厅电视柜旁，回传天线置于客厅阳台旁的空调井，回传天线处 RSRP 为 −90dBm、SINR 为 8dB。

开启满格宝：大部分区域 RSRP 可达到−80～−72dBm，RSRP 平均提升 25dB。大部分区域 SINR 由 3dB 以下提升至 10dB 以上，SINR 平均提升 11.6dB。

表 7-20　　　　　　　　　　　　　　信号满格宝 RSRP 和 SINR 测试

测试点位	RSRP（dBm）		SINR（dB）	
	关闭满格宝	开启满格宝	关闭满格宝	开启满格宝
客厅_靠窗	−91	−76	8	11
客厅_中间	−100	−77	3	12
客厅_靠墙	−105	−72	2	13
主卧_靠门	−101	−80	3	10
主卧_靠窗	−104	−81	-2	13
次卧_靠门	−108	−82	-1	12
次卧_靠窗	−111	−91	-6	10
厨房	−113	−79	-3	13
卫生间	−107	−74	0	14

2. 低层办公室

场景描述：某办公室室内（位于大楼 2 层，约 1000m^2），开启前 4G 信号为−120～−103dBm。回传天线放置在最里面的窗户边：RSRP 为−90dBm，如图 7-20 所示。

满格宝开启后 RSRP 提升至−100～−78dBm，整体提升约 25dB，且上下行速率显著提升。

测试点位置

图 7-20　信号满格宝应用场景 2

3. 高层办公室

场景描述：某办公层楼道呈"回"字形，楼内信号很弱，切换较多。

在东南角的办公室安装满格宝设备，如图 7-21 所示，可有效增强东南角区域信号覆盖，并且覆盖区域主覆盖明显，无切换。

2G：安装满格宝前，信号普遍较弱，电平–100～–85dBm。安装满格宝后，办公室及相邻区域覆盖电平–75～–50dBm，覆盖良好、无切换。

4G：安装满格宝前，RSRP普遍较弱，电平值–115dBm～–105dBm。安装后，覆盖电平平均可提高15dB左右（楼层过高，回传天线处的信号强度较好，RSRP：–110dBm）。

图 7-21　信号满格宝应用场景 3

4. 餐厅

场景描述：回传天线位于餐厅门口，回传天线处的RSRP约为–95dBm，满格宝位于餐厅的中部，如图7-22所示。

图 7-22　信号满格宝应用场景 4

某私家菜室内定点测试，满格宝开启前RSRP为–106～–103dBm，开启后提升到–70dBm，信号强度提高33dB。下行速率从26.9Mbit/s提升到32.7Mbit/s，吞吐量提升约21%。上行速率从1.2Mbit/s提升到2.9Mbit/s，提升约141%。

5. 营业厅

场景描述：某手机维修中心：面积400m²左右，上下两层，结构较为复杂，如图7-23所示。回传天线挂装于营业厅外墙，回传天线处的RSRP为–100dBm左右。

图 7-23　信号满格宝应用场景 5

安装前：室内 LTE 信号 RSRP 平均为 –108dBm，部分区域甚至脱网。

安装后：满格宝设备对室内弱覆盖改善较为明显，RSRP 平均改善 23dB，SINR 平均改善 17dB，下行平均吞吐量提升 147%，投诉客户表示 LTE 业务感知改善较大，上网速率明显提升。

6. 轮渡

场景描述：某轮渡船上。

4dBi 的全向回传天线安装于轮渡船顶，满格宝安装于轮渡一层，采用 10m 长的射频线缆连接满格宝和回传天线，如图 7-24 所示。回传天线处的 RSRP 为 –75dBm、SINR 为 20dB，轮渡二层宏站信号本身就有 –90dBm 左右，无需覆盖。

图 7-24　信号满格宝应用场景 6

轮渡一层面积约为 15 000×8000m²，信号覆盖强度比未开启设备要增强 20dB 左右，SINR 平均为 18dB 左右，下载速率 20Mbit/s。

轮渡底层面积约 8000×8000m²，开启前 RSRP 为 –125dB 左右，处于脱网状态，开启后 RSRP 改善 20dB，为 –105dBm 左右，SINR 平均为 10dB 左右，下载速率约为 15Mbit/s。

结论：使用一台信号满格宝设备，可解决轮渡底层、一层共计近 200m² 的覆盖问题。

7. 电梯井

场景描述：某银行大厦（共 7 层，地下 2 层，地上 5 层），满格宝设备放置在第 6 层机房内，如图 7-25 所示。

图 7-25　信号满格宝应用场景 7

回传天线安装在机房外的露天平台上，RSRP 为–97dBm，下载速率为 30Mbit/s，上传速率为 5Mbit/s；GSM 信号 Rx_level 为–65dBm。

接入天线安装在电梯井道的顶端。

信号满格宝网络性能测试见表 7-21。

图 7-21　　　　　　　　　　　　　　信号满格宝网络性能测试

测试位置	LTE			GSM
	RSRP（dBm）	下载速率（Mbit/s）	上传速率（Mbit/s）	Rx_level（dBm）
回传天线处	–97	30	5	–65
第 5 层	–93	18	4.5	–67
第 3 层	–94	15	5	–73
第 1 层	–98	20	5	–82
第–2 层	–100	16	1.7	–85

8．地下娱乐场所

场景描述：某小区地下一层的云鼎棋牌室。该地下棋牌室面积较大，200～300m²，且内部被分割成多个棋牌麻将室，布局不规则，如图 7-26 所示。

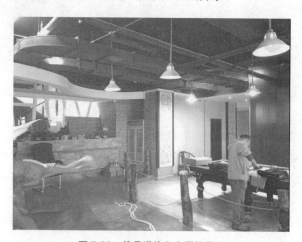

图 7-26　信号满格宝应用场景 8

GSM：安装前该地下棋牌室仅靠近楼梯处有 GSM 信号，强度为–100dBm 左右，往内部走 5m 左右则大部分区域出现脱网现象。安装后，80%区域信号强度为–75～–50dBm，最里面的房间电平为–85dBm，均可满足正常通话要求。

LTE：安装前室内无覆盖。回传天线处 RSRP 为–93dBm，SINR 为 30dB；安装满格宝后，覆盖电平为–79～115dBm，SINR 为 24.6dB，下载平均速率为 22.5Mbit/s。

7.4　深度覆盖小基站设备

7.4.1　灯杆站 Easymacro AAU3240

灯杆站 Easymacro AAU3240，如图 7-27 所示，灯杆站组成原理如图 7-28 所示。特点如下。

（1）简约：传统方案为 6 个 RRU+3 根天线+12 根馈线+N 个盒子，灯杆站 Easymacro AAU3240 方案为灯筒型基站设计，仅 3 个灯筒（0 占地，0 盒子，0 馈线），灯筒内置 "RRU+天线"，直径为 15cm，高度为 75cm，同时支持两模（3G/4G）3 个频段（F/A/D），总功率为 90W，天线增益为 15dBi，可远程电调。

（2）美观：特制 RRU 和天线，适合圆柱形美化外观，EasyMacro 新颖小巧，增加百万站点选择

图 7-27　灯杆站 Easymacro AAU3240

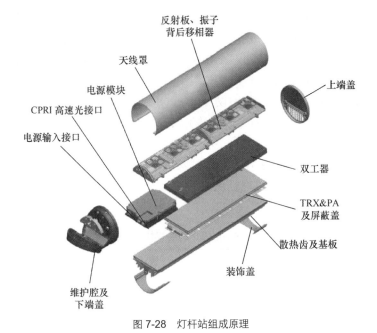

图 7-28　灯杆站组成原理

7.4.2　ATOM

ATOM 同时满足容量和覆盖的双方面需求，具备友好站点设计、无线波形优化、同频宏微协同三大创新亮点，为互联世界的终端用户提供了更好的业务体验。

ATOM 基于 One Site、One Box、One Cable 理念的友好站点设计，每个站点只需一台一

体化基站并通过一根带有 POE 功能的网线同时解决传输和供电。AtomCell 解决方案采用业界集成度最高的一体化小基站（集成度是业界的 2 倍），不仅具有业界最小、最轻、最低功耗等特点，还支持 POE 供电和拉远部署，AtomCell 的模块化设计非常容易实现多频段多模部署，可以支持 UMTS、LTE 和 Wi-Fi。其组成原理和优点如图 7-29 所示。

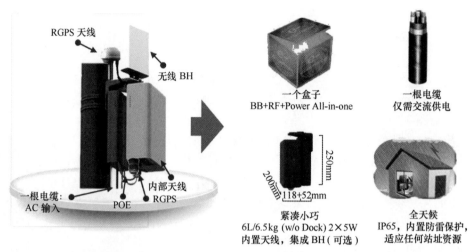

图 7-29　ATOM 组成原理及优点

　　AtomCell 创新地在小型基站中采用多天线技术，并支持小区级别的波束调整。窄波束可覆盖纵深的楼宇、街道，宽波束可覆盖宽面积的体育馆或广场，从而使一个设备可适应不同的场景。波束可通过软件调整，在覆盖场景变化时也无需上站调整。

　　AtomCell 提供了有更强适应性的站点和传输方案，使它不仅是一个迷你型、功能强大的基站，还可以降低运营商的部署与维护成本。

　　（1）AtomCell 的传输配套方案，不仅支持 xPON，也可支持 xDSL 双绞线方式。除了有线，丰富的创新的无线传输方案（如无线回传）以及传统的微波回传也可大大降低建网难度，提高建网速度。

　　（2）AtomCell 的站点可以安装在一个形式灵活的站点 Dock 上，当同时与无线回传模块搭配使用时，Dock 可以为多个模块进行供电。

　　产品规格见表 7-22。

表 7-22　　　　　　　　　　　　　　　　　AtomCell 产品规格

项目	规格
支持的频段	2575～2635MHz
带宽	2×20MHz，2T2R，MIMO
容量（SA1）	上行最大吞吐量：60Mbit/s；下行最大吞吐量：160Mbit/s
用户容量	激活用户数：600，调度用户数：200
输出功率	2×5W

项目	规格
体积及重量	6l/8l（不含/含 dock），6.5kg/9kg（不含/含 dock）
时钟	外部 RGPS，1588v2
传输接口	3FE/GE，两个电口 GE/FE，一个光口 GE/FE
环境温度	−40℃～+45/55℃（有/无太阳辐射）
防护等级	IP65
供电	交流 90～290V

7.4.3　室分用深度覆盖设备类型汇总

室分深度覆盖手段包括电缆分布系统、光纤分布系统、分布式皮基站/飞基站、一体化皮基站/飞基站，汇总简介情况如图 7-30 所示。

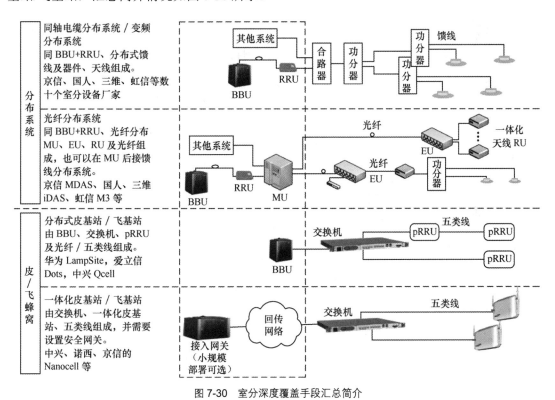

图 7-30　室分深度覆盖手段汇总简介

7.5　新型室内覆盖思路

异构网的室内覆盖思路——异构网络（HetNet），是指在宏蜂窝覆盖范围内部署低功率节点，通过"多样化的设备形态、差异化的覆盖方案、多频段组网方式"等实现分层立体网络，如图 7-31 所示。

室内覆盖层：针对重要的业务发生场景，利用室外辐射室内、室内覆盖系统等多种手段部署，全面提升室内覆盖

补盲层：针对宏覆盖边缘和覆盖盲区，通过小基站实现覆盖

补热层：针对业务热点区域，通过小基站实现热点区容量增强，实现覆盖和容量的均衡

图 7-31　异构网的室内覆盖思路

7.5.1　场景分类及特点

根据无线覆盖、业务需求、工程部署条件等，并根据网络、市场等部门及各省公司研讨，综合确定了 5 种场景类型、18 类场景，各类场景特性总结见表 7-23。

表 7-23　　　　　　　　　　　　　　场景分类及特点

序号	场景类型	场景	典型覆盖方案	场景特性		
				建筑特性	业务特性	工程实施特性
1	中大型居住群	多栋高层塔楼居民区	室外辐射室内	内部隔断多，建筑结构复杂，穿透覆盖难度大	固定宽带发达，业务量总体偏低	宏基站建设难度大，室内分布系统难以实施
2		多栋高层非塔楼居民区				
3		多栋低层居民区		内部建筑结构相对简单，穿透覆盖难度小		
4		高低层混合居民区		高低层建筑混合，各建筑内部结构差异大，穿透覆盖难度差异大		
5		城中村		建筑高度 10m 或以下，建筑物密度极大，内部建筑结构简单，穿透覆盖难度较小	流动人口多，固定宽带普及率低，整体业务量较高，移动数据业务需求强烈	物业协调难度相对小，具备较好的室外基站建设条件
6	商用建筑	写字楼	室内覆盖系统	建筑高度和形态多样，内部隔断多，建筑结构复杂，穿透覆盖难度大	业务需求量大，内部固话及固网分流明显，业务质量要求高	物业协调难度相对小，一般具备室内分布系统建设条件
7		酒店			异地用户为主，业务需求量大	

续表

序号	场景类型	场景	典型覆盖方案	场景特性		
				建筑特性	业务特性	工程实施特性
8	商用建筑	医院	室内覆盖系统	建筑高度和形态多样，内部隔断多，建筑结构复杂，穿透覆盖难度大	业务需求量大，挂号大厅、候诊区用户及业务密度大	物业协调难度相对小，一般具备室内分布系统建设条件在特点区域需满足特殊要求
9		商场		建筑结构以中低层为主，内部隔断少，空间大	用户休闲购物为主要活动，业务需求量大	物业协调难度相对小，一般具备室内分布系统建设条件
10		大卖场				物业协调难度相对小，一般具备室内分布系统建设条件
11	大型场馆	体育场馆	室内覆盖系统	含室内型、室外型两种，单体建筑中低层为主，面积大。场地部分空旷，办公区域隔断多，建筑结构复杂，穿透覆盖难度大	用户休闲购物为主要活动，业务需求量大	物业协调难度相对小，一般具备室内分布系统建设条件
12		会展中心				
13	交通枢纽	火车站		建筑结构以中低层为主，内部隔断少，空间大	用户及业务密度极大，突发业务量大	物业协调难度相对小，一般具备室内分布系统建设条件
14		长途汽车站			用户及业务密度大，突发业务量大	
15		机场			用户及业务密度大，突发业务量大，高端用户比例高	
16	其他场景	高校宿舍楼		建筑高度和形态多样，内部隔断多，建筑结构复杂，穿透覆盖难度大	用户及业务密度极大，数据业务需求更显著	物业协调难度相对小，一般具备室内分布系统建设条件
17		隧道		狭长带状分布，用户在交通工具内高速运行	用户及业务密度较小	物业协调难度大，一般具备室内分布系统施工条件，但受业务方管理约束明显
18		地铁		站台等乘客区域特性同交通枢纽，车辆运行区域同隧道	用户及业务密度大，数据业务需求更显著	

435

7.5.2　室内覆盖解决方案分类

1. 场景分类

利用各种主设备、分布系统、蜂窝系统按需组合形成 11 种覆盖方式，以满足不同场景的覆盖需求。

根据工程施工特点，可将室内覆盖解决方案分为室外辐射室内（覆盖系统主要在室外区域建设）、室内覆盖系统（覆盖系统主要在室内区域建设）两种类型。

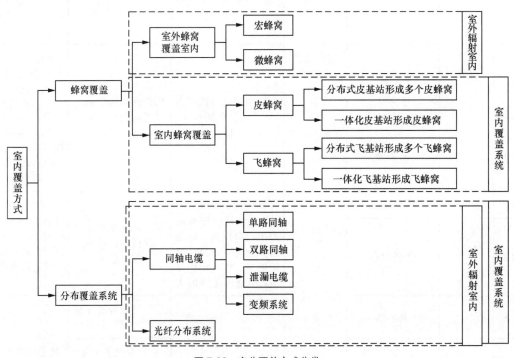

图 7-32　室分覆盖方式分类

2. 各种方案比较

见表 7-24。

表 7-24　　　　　　　　　　　　　各种方案比较

方案	建设难度	建设成本	多模支持	系统性能	维护难度	FDD 扩展性
单路同轴	高	低	2G/4G	中	高	高
双路同轴	最高	高	2G/4G	高	高	高
光纤分布	中	中	2G/4G	低	中	中
分布式皮、飞基站	中	最高	2G/4G	最高	低	低

3. 方案应用建议

见表 7-25。

表 7-25　　　　　　　　　　　　　方案应用建议

方案	应用场景	施工及配套建设要求
单路同轴	1. 容量需求较低且可通过载波扩容、小区分裂方式满足业务增长需求的中、大面积场景	1. 需进行馈线施工，新建场景施工量较大；

方案	应用场景	施工及配套建设要求
单路同轴	2. 隧道等场景	2. 需安装 BBU+RRU 及无线配套
双路同轴	容量需求较高、建设难度不大的中、大面积场景	1. 需进行双路馈线施工 2. 需安装 BBU+RRU 及无线配套
光纤分布	容量需求较低且预期未来容量增长不高的中、大面积场景	1. 需进行光缆施工，并进行远端调测； 2. 需安装 BBU+RRU 及无线配套
分布式皮、飞基站	预期未来容量需求极高的中、大面积场景	1. 需进行光缆/五类线施工，并进行远端调测； 2. 需安装 BBU 及无线配套
一体化皮、飞基站	覆盖面积较小的场景	1. 可使用多种宽带回传资源； 2. 无需机房配套

4. 天线应用方案建议

见表 7-26。

表 7-26　　　　　　　　　　　天线应用方案建议

覆盖方式	建设方案	天线安装方式	天线主要要求
室外覆盖室内	宏基站覆盖	塔顶安装/楼顶安装	定向智能天线，天线增益为 14/16dBi（F/D 频段）
	微基站覆盖	楼顶安装/楼侧面安装	定向天线，天线增益为 10～15dBi
			单点覆盖建筑物高度 10 层左右
		高灯杆安装	定向天线，天线增益为 10～15dBi
			单点覆盖建筑物高度 6～10 层
	分布系统（室外）	楼顶安装/楼侧面安装	定向天线，天线增益为 6～15dBi
			单点覆盖建筑物高度 6～8 层
		地面安装/低灯杆安装	全向或定向天线，天线增益为 4～10dBi
			单点覆盖建筑物高度 4～6 层
分布覆盖	室内布放皮基站、飞基站	基站集成天线安装在吊顶或侧壁	系统集成天线
			单点覆盖半径 6～16m
	分布系统（室内）	天线安装在吊顶或侧壁	全向天线，天线增益为 2dBi
			定向天线/对数周期天线，天线增益 4～10dBi
			单点覆盖半径 6～16m

图 7-33　天线应用于不同场景

附录一
室分工程建设管理办法

1. 管理建设总体原则

更好、更快、更省地完成建设任务。更好：质量好、性能优、服务到位；更快：查勘快、协调快、施工快；更省：造价低，减少重复投资。

2. 管理职责

从室分建设的 6 个阶段：网络规划、需求批复、方案设计、设计评审、工程施工，以及工程验收进行系统化、矩阵化管理。

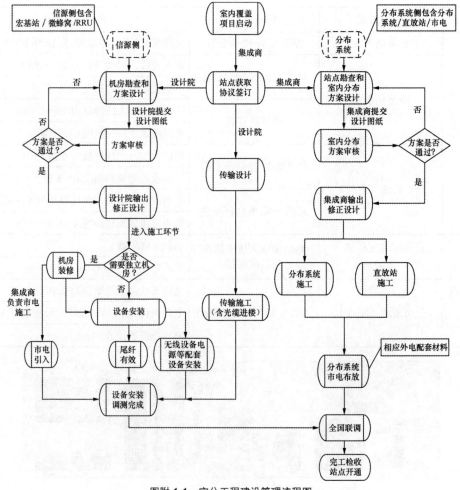

图附 1-1　室分工程建设管理流程图

3. 合作单位区域划分

合作单位入围由省公司招标，每个地市划分若干个标段，集成商投标后，由本地以及省公司共同确定入围集成商以及入围标段，标段与区域一一对应。

4. 项目立项管理

项目立项由省公司进行立项管理，省公司确定投资规模以及站点数量，分公司上报具体建设站点，省公司进行审核并进行立项批复。

5. 项目分配管理

项目分配原则：按标段分配，不同集成商对应相应的标段。

6. 项目设计与审批管理

项目立项后，分公司委托已选定的集成商进行勘察设计，设计院及分公司负责设计方案细审并核对造价清单。

分建设单位根据网优中心方案审核意见确定建设方案。

在工程实施中需要变更设计时，应由施工单位提出书面申请报告，经监理单位和建设单位组织设计单位确认，由设计单位出具书面意见，方可作为工程变更的依据。

7. 设备采购供应管理

为降低工程造价，集团及省公司已经完成室内外分布系统建设相关设备、器件及集成费用（包括勘察、设计、施工、集成、协调和工程辅材等服务）的集中招标工作。各建设单位需严格执行各项集团采购费用标准。采购供应管理流程如图附 1-2 所示。

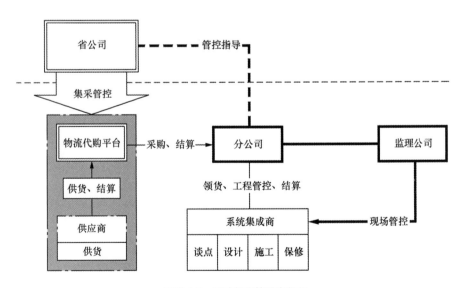

图附 1-2 采购供应管理流程图

8. 项目施工管理

系统集成商不得将工程转包或分包。

系统集成商在施工期间，应加强施工现场管理。对隐蔽工程须经监理工程师或随工代表签字后方可进入下一道工序。

系统集成商在完工后要向建设单位提交完工报告并及时按档案部门的归档要求整理竣工资料，测试数据必须认真填写，经监理工程师或随工签字后方为有效，设计图纸须加盖竣工图章并添入相关信息，对已作修改的图纸须用红笔注明或附加修改图纸。

9. 项目监理管理

监理单位应完善安全生产管理制度，根据工程项目特点，明确监理人员的安全监理职责。建立监理人员安全生产教育培训制度，总监理工程师和安全监理人员须经安全生产教育培训取得信息产业部（原）或省通信管理局颁发的《安全生产考核合格证书》后方可上岗。监理单位应当按照法律、法规和工程建设强制性标准实施监理，并对建设工程安全生产承担监理责任。

移动公司有权随时对监理单位的工作情况进行监督、检查。一旦发现监理单位在工程进程中工作不力，有权要求监理单位更换监理人员，对造成损失的向监理单位要求相应赔偿。

10. 项目验收管理

分公司在收到施工单位的完工报告和竣工资料后，要对竣工资料进行审核并及时组织维护部门、厂家等单位对工程项目进行验收，网优中心对工程质量是进行检查验收。

工程初验后，应按合同规定的试运行期对室内外分布系统进行试运行。试运行期结束时，由维护单位向建设单位提交正式书面试运行报告。分公司据此完成工程终验。

附录二
工程建设合作单位考核办法

为进一步规范通信工程建设管理，不断提升合作单位在设计、施工和监理管理方面的综合实力，规范合作单位相关服务要求，提高工程建设精细化管理水平，市公司工程建设部门作为通信工程合作单位的直接管理部门，制订本地区通信工程建设项目考核办法，并根据考核方法，督促合作单位按要求完成工作，对未能按要求完成工作的合作单位进行考核。

1. 集成商考核办法

在合同期内，集成商应无条件服从根据项目实施流程制定的项目管理办法。

若集成商作为主选集成商在接到派工单起 1 个月内无法完成业主协调进场施工，则移动公司有权以书面形式告知取消该派工单，同时执行现金考核罚款，罚款金额为 3000 元/点，同时当月考核直接扣 5 分（多站点可重复扣分），并重新发包给该业务区的备选集成商；若集成商作为备选集成商在接到第二次派工单起 1 个月内无法完成业主协调进场施工，则移动公司有权以书面形式告知取消该派工单，同时执行现金考核罚款，罚款金额为 2000 元/点，同时当月考核直接扣 4 分（多站点可重复扣分）。

集成商应对工程的各项材料进行合理利用和控制，并严格按照相关管理办法做好材料控制，相关管理办法参见《通信工程物资管理补充办法（试行）》。如因集成商原因造成工程材料和实际现场不符，移动公司有权对集成商进行材料差额两倍数量的等价罚款，并根据后果按比例扣除合同总价的 0.5%～5%，对于造成严重后果的，移动公司有权解除双方合作关系，并扣除合同总价的 50%。

移动公司在工程检查中发现集成商下述问题，一旦查实并确认，进行相应考核：① 现场施工未能按照设计施工并未做设计变更的现象；② 施工工艺严重不符合规范的现场；③ 勘察报告和现场根本不符，工程材料数量偏差 5%以上；④ 施工中的材料以次充好或者偷工减料；⑤ 施工过程存在明显的安全隐患；⑥ 认定其他属于严重工程质量问题的情况。

集成商自愿接受移动公司的项目考核，项目考核分为月度评分考核、矩阵考核和年度室分攻坚难点考核。月度评分考核：集成商跟进区域内随建工程、投诉站点、室分改造站点、WLAN 建设、4G 网络建设等室分工程，根据省公司及市公司的相关月度考核办法进行考核打分；矩阵考核：根据地区工程建设管理考核办法进行矩阵考核；年度室分攻坚难点考核：集成商在每县区设置 5 个攻坚难点，必须在规定时间内完成开通并验收交付，未按时完成站点将执行 10 000 元×攻坚难点系数的金额的扣款。

集成商本次招标考试合格的人员必须在地区服务至本合同期结束，如有离职或调离，必须报备移动公司批准，替换人员需具备上岗资质。若集成商在不通知移动公司的前提下发生人员变动，则移动公司有权对集成商进行相应考核。

当月未能开通的项目延续滚入下月建设计划，继续考核；项目验收是否合格根据省公司网优项目验收标准确定。

移动公司向集成商主张违约金，移动公司应在违约发生后的2周内以书面形式向集成商通知违约金数额及其有关解释。集成商应在移动公司主张违约金后的30天内向移动公司支付违约金。

如果因为移动公司原因导致项目未能在派工单规定的时间内完成执行，则项目进度可相应顺延。

如因移动公司原因造成工期延误的，则集成商工期顺延（具体顺延时间由双方商定）。

双方约定：系统初验一次性通过，按原定付款方式执行；若初验二次通过，集成商赔偿合同价格的2%给移动公司；若初验三次通过，集成商赔偿合同价格的10%给移动公司；若初验三次仍未通过，集成商自行拆除系统，并赔偿移动公司由此造成的一切损失。

集成商在工程中如不按相关通信工程建设规范实施，集成商应限期进行整改，如因此而造成的任何事故，集成商应承担所有责任，而移动公司保留向集成商进一步索赔的权利。

双方应共同遵守国家有关版权、专利、商标等知识产权方面的法律、法规及部颁的保密规定中的相关条文，相互尊重对方的知识产权，对所知悉的对方的技术秘密和商业秘密负有保密责任。如有违反，违约方应负相关法律责任。

集成商应对移动公司的网络情况进行保密，工程中的设计方案等技术资料产权和成果权双方共享，未经另一方同意，不得向第三方提供。

2. 设计、监理考核办法

（1）监理考核办法

按照国家、工业和信息化部有关通信工程监理规范及附件规定的监理内容和质量要求，如经双方确认，监理单位未能满足监理要求，移动公司有权按比例扣除相关部分监理费的5～50%。

工程开工前，监理单位应认真审核施工单位提交的施工组织方案，检查施工单位人员资质、工器具、车辆等各项准备情况，如因监理单位未认真审查造成不符合资质要求的人员进场施工或监理人员不符合要求的，每发现一个扣除相关工程监理费的0.5%，如某地区不符合资质人员要求的总数超过10人次，移动公司有权解除双方合作关系，并扣除监理费的50%。

工程材料是实现三大目标控制的物质基础，监理单位应对工程的各项材料根据合同及规范的相关要求进行认真细致的检查并做好检查记录，如因监理单位未认真审查造成不符合要求的材料进场安装的，每发现一起，移动公司有权根据后果按比例扣除监理费的0.5%～5%，对于造成严重后果的，移动公司有权解除双方合作关系，并扣除监理费的50%。

监理单位应对工程进度进行有效控制，确保工程按计划完工，如因监理单位原因造成工程延误的，每延误一个工作日，移动公司有权扣除监理单位监理费的0.5%。

监理单位应对工程质量进行有效控制，根据合同、规范要求进行认真检查，如因监理单位原因造成工程质量问题的，每发现一起，移动公司有权扣除监理单位监理费的0.5%。如因监理单位原因造成工程无法正常投产的，移动公司有权扣除监理费的70%并保留追诉赔偿的权利。

在工程实施过程中，如发生安全责任事故，监理单位须承担相应的安全责任。安全责任包括但不限于：及时采取补救措施、赔偿由此对移动公司造成的经济损失并消除不良影响。

（2）设计考核办法

按照国家、工业和信息化部有关通信工程设计规范及附件规定的设计内容和质量要求，如经双方确认，设计单位未能满足设计要求，移动公司有权按比例扣除相关部分勘察设计费的5%～50%。

由于设计单位设计原因，造成设计预算工日与实际明显不符的（因工程优惠等原因降低的工日及费用等与设计的误差不在此考核之列），超过工程结算工日 15%以上时，超出部分每增加1%，则移动公司有权扣除乙方该项工程设计费的5%，最多至设计费的50%。

由于设计单位设计原因造成设计单品种（单规格）材料预算量与实际明显不符的，造成超出实际应使用的 5%以上时，在 5%以上超出的部分据实照价赔偿，最多赔偿至设计费的50%。设计量低于实际需求量，造成不良后果，则移动公司有权要求乙方给予赔偿。

由于设计单位原因未能按附件规定的要求及时出版设计文件，每超过 1 个工作日，移动公司有权扣除设计单位该项工程设计费的 1%，最多至设计费的50%。因设计单位未按相关约定（要求），只出版施工图而未随图编制材料表及必要的说明，移动公司有权扣除相应设计费的20%。

搬迁工程应到待搬迁的机房按要求进行勘察，如未按要求到待搬迁机房现场履行勘察、复核等工作的，相关取费仅按同类新建工程计取。

3. 设备供应商考核办法

因设备供应商原因逾期交货的，设备供应商应以如下方式向移动公司支付逾期违约金。

每逾期交货一天，支付【逾期交货部分价款 1%的违约金】[①]；不满一天按一天计算。

上述逾期违约金的支付不影响设备供应商交货义务的履行。

逾期交货超过 10 周的，移动公司有权单方解除本合同。设备供应商应向移动公司支付合同总价10%的违约金。违约金不足以弥补移动公司的全部损失的，设备供应商还应予以赔偿。

移动公司依据上述条款解除本合同后，设备供应商在承担相应违约责任同时，应在移动公司解除合同的书面通知送达之日起 10 日内全额退还移动公司已支付的款额及相应的利息，计息时间从移动公司支付日期开始到设备供应商退还日期为止，利率以归还上述款额时中国人民银行公布的同期【存款】[②]利率为准。逾期退还的，按日需支付应退款额万分之 5 的违约金。移动公司应把已收货物退还给设备供应商，相关拆卸、搬运、运输和投保费用均由设备供应商负责，移动公司不承担此间发生的毁损、灭失的风险责任。

设备供应商未按本合同约定开具、送达增值税专用发票的，应按移动公司要求采取重新开具发票等补救措施，同时，移动公司有权要求设备供应商全额赔偿移动公司损失，设备供应商应予以执行；情节严重的，包括不限于出现设备供应商未按合同约定开具、送达发票次数达 2 次的、设备供应商违约给移动公司造成严重损失的、设备供应商违约致使合同无法继续履行等情况，移动公司可终止合同，设备供应商应赔偿移动公司因此遭受的全部损失，移

---

① 此处违约金也可按照合同总价款的一定比例计算，可表述为：支付合同全部价款（ ）%的违约金。
② 此处利率标准可以是中国人民银行同期存款利率或同期贷款利率。

动公司有权要求设备供应商加倍赔偿移动公司遭受的损失，设备供应商在移动公司终止合同之日起两年内不得参加移动公司及其关联公司相同产品的采购活动。

设备供应商违反国家法律、法规、规章、政策等规定开具、提供发票的，设备供应商应自行承担相应法律责任，并承担如下违约责任：

（1）设备供应商应按移动公司要求采取重新开具发票等补救措施；

（2）设备供应商应向移动公司全额赔偿损失，同时移动公司有权要求设备供应商加倍赔偿移动公司遭受的损失；

（3）设备供应商已经提交履约保证金的，移动公司将不予退还；

（4）移动公司有权终止合同，设备供应商在移动公司终止合同之日起两年内不得参加移动公司及其关联公司相同产品的采购活动。

设备供应商提供的增值税专用发票没有通过税务部门认证，造成移动公司不能抵扣的，设备供应商应承担移动公司因此发生的损失，移动公司有权终止合同并要求设备供应商加倍赔偿。

设备供应商违反保密约定，故意、过错或过失泄密的，除应立即采取措施停止泄密行为，减小泄密造成的损失外，还应向移动公司支付合同总价 5%的违约金。上述违约金不足以弥补移动公司所受损失的，泄密方还应予以赔偿。同时，移动公司还有权根据泄密造成损失的大小，单方解除本合同。

缩 略 语

GSM	Global System of Mobile communication	全球移动通信系统
TD-SCDMA	Time Division-Synchronous Code Division Multiple Access	时分同步码分多址
TD-LTE	TD-SCDMA Long Term Evolution	TD-SCDMA 的长期演进
RAU	Routing Area Update	路由区更新
TAU	Tracking Area Update	跟踪区更新
PS HO	Packet Switch Handover	分组域切换
eNode B	evolved Node B	演进型 Node B
CG	Charging Gateway	计费网关
EPC	Evolved Packet Core	演进的分组核心
EUTRAN	Evolved UTRAN	演进的全球陆地无线接入网
GUTI	Globally Unique Temporary UE Identity	全球唯一临时 UE 标识
MME	Mobility Management Entity	移动管理实体
HSS	Home Subscriber Server	归属签约用户服务器
PGW	Packet Data Network GW or Public Data Network GW	分组数据网络网关/公共数据网络网关
RSRP	Reference Signal Received Power	参考信号接收功率
RSRQ	Reference Signal Received Quality	参考信号接收质量
SGW	Serving Gate Way	服务网关
TCP	Transmission Control Protocol	传输控制协议
UDP	User Datagram Protocol	用户数据报协议
UE	User Equipment	用户设备
UL	UpLink	上行链路

参考文献

[1]《900/1800MHz TDMA 数字蜂窝移动通信网工程设计规范》

[2] 机房生产管理规范

[3]《电信设备安装抗震设计规范》

[4]《中国移动网络设备维护手册—GSM 基站》

[5]《中国移动网络设备维护手册—TD 基站》

[6]《中国移动网络设备维护手册—WLAN》

[7]《移动通信基站防雷与接地设计规范》

[8]《中国移动网络设备维护手册—传输线路》

[9]《中国移动网络设备维护手册—蓄电池》

[10]《无线设备维护规范》

[11]《动环监控设备维护规范》

[12]《中国移动室内分布系统技术规范》

[13]《室分及直放站入网质量管理细则》

[14]《中国移动网络运行维护规程

[15]《无线通信系统室内覆盖工程设计规范》

[16]《2GHz TD-SCDMA 数字蜂窝移动通信网工程设计暂行规定》

[17]《2GHz TD-SCDMA 数字蜂窝移动通信网工程验收暂行规定》

[18]《第三代移动通信基站设计暂行规范》

[19]《900/1800MHz TDMA 数字蜂窝移动通信网工程验收规范》

[20]《2GHz TD-SCDMA 数字蜂窝移动通信网工程验收暂行规定》

[21]《无线通信系统室内覆盖工程验收规范》

[22]《通信局（站）电源系统总技术要求》

[23]《通信局（站）防雷与接地工程设计规范》

[24]《通信电源集中监控系统工程设计规范》

[25]《通信电源设备安装工程设计规范》

[26]《通信局（站）防雷与接地工程验收规范》

[27]《通信电源用阻燃耐火软电缆》

[28]《通信用高频开关整流器》

[29]《通信用阀控式密封铅酸蓄电池》

[30]《中国移动江苏公司网优建设项目工程验收规范》

[31]《光同步传送网技术体制》

[32]《SDH 本地网光缆传输工程设计规范》

[33]《通信局（站）防雷与接地设计规范》

[34]《中国通信标准化协会关于分组传送网（PTN）总体技术要求》

[35]《中国通信标准化协会关于分组传送网（PTN）设备技术要求》

[36]《中国移动城域传送网 PTN 设备规范》

[37]《中国移动城域传送网 PTN 设备测试规范》

[38]《有线接入网设备安装工程设计规范》

[39]《有线接入网设备安装工程验收规范》

[40]《中国移动 PON 接入网总体技术要求》

[41]《中国移动 PON 网络工程施工及验收规范》

[42]《TD-LTE 维护优化丛书—无线优化分册电子版》

[43]《中国移动室分系统验收规范—第一分册—工程验收技术规范》

[44]《中国移动室分系统验收规范—第二分册—验收测试规范》

[45]《江苏移动室内分布系统四网协同设计指导意见》